"Ponho diante de ti a vida e a morte, a bênção e a maldição."

— DEUTERONÔMIO, CAPÍTULO 30, VERSÍCULO 19

NOSSA ESCOLHA

Um plano para solucionar a crise climática

AL GORE

Amarilys

Poucos tiveram a chance de ver esta imagem histórica da Terra acima do horizonte lunar. Capturada pela sonda não tripulada Lunar Orbiter 1 dois anos antes da famosa foto do "nascer da Terra", tirada em 1968 por Bill Anders durante a missão Apollo 8, esta imagem foi transmitida em uma resolução tão baixa que causou pouco impacto. Esquecida há 42 anos, ela passou por tratamentos digitais em 2008. Da mesma maneira, a crise climática está em foco — até certo ponto — há vários anos, mas por muito tempo teve baixo impacto em nosso modo de pensar.

Título original em inglês: *Our choice – A plan to solve the climate crisis*
Copyright © 2009 Al Gore

Amarilys é um selo editorial Manole.

Este livro contempla as regras do Acordo Ortográfico da Língua Portuguesa de 1990, que entrou em vigor no Brasil.

Tradução Fabiana de Carvalho, Maria Augusta Tedesco e Otávio Albuquerque
Ilustrações Don Foley/*Design* mgmt. design

O autor e a editora fizeram imensuráveis esforços para garantir a veracidade das informações contidas neste livro. Quaisquer erros percebidos por ambos serão corrigidos em futuras edições.

Dados Internacionais de Catalogação na Publicação (CIP)
(Câmara Brasileira do Livro, SP, Brasil)

Gore, Al
  Nossa escolha : um plano para solucionar a crise climática / Al Gore ; [tradução Fabiana de Carvalho, Maria Augusta Tedesco e Otávio Albuquerque]. -- Barueri, SP : Manole, 2010.

  Título original: Our choice : a plan to solve the climate crisis.

  1. Aquecimento global 2. Efeito estufa (atmosfera) 3. Ecologia humana 4. Estilo de vida alternativa 5. Política ambiental 6. Proteção ambiental.

09-11209   CDD-363.73874

Índices para catálogo sistemático:
1. Aquecimento global : Problemas sociais 363.73874

Todos os direitos reservados.
Nenhuma parte deste livro poderá ser reproduzida, por qualquer processo, sem a permissão expressa dos editores.
É proibida a reprodução por xerox.

A Editora Manole é filiada à ABDR – Associação Brasileira de Direitos Reprográficos.

Edição brasileira – 2010

Direitos em língua portuguesa adquiridos pela:
Editora Manole Ltda.
Av. Ceci, 672 – Tamboré
06460-120 – Barueri – SP – Brasil
Tel.: (11) 4196-6000/Fax: (11) 4196-6021
www.manole.com.br/www.amarilyseditora.com.br
info@amarilyseditora.com.br

Impresso no Brasil
Printed in Brazil

Para Karenna, Kristin, Sarah e Albert

SUMÁRIO

A CRISE

    INTRODUÇÃO 10
1   TUDO O QUE SOBE TEM QUE DESCER 30

NOSSAS FONTES DE ENERGIA

2   DE ONDE VEM NOSSA ENERGIA 50
    E PARA ONDE ELA VAI
3   ENERGIA SOLAR 62
4   DOMANDO O VENTO 76
5   A ENERGIA GEOTÉRMICA 92
6   CULTIVANDO COMBUSTÍVEL 112
7   CAPTURA E SEQUESTRO DE CARBONO 134
8   A OPÇÃO NUCLEAR 150

ECOSSISTEMAS

9   FLORESTAS 170
10   SOLO 196
11   POPULAÇÃO 224

COMO USAMOS A ENERGIA

12   MENOS É MAIS 242
13   A SUPER-REDE 272

OS OBSTÁCULOS QUE PRECISAMOS SUPERAR

14   MUDANDO O MODO COMO PENSAMOS 298
15   O VERDADEIRO PREÇO DO CARBONO 318
16   OBSTÁCULOS POLÍTICOS 348

AVANÇANDO COM RAPIDEZ

17   O PODER DA INFORMAÇÃO 370
18   NOSSA ESCOLHA 392

    ÍNDICE REMISSIVO 406
    AGRADECIMENTOS 411
    CRÉDITOS 415

A CRISE

INTRODUÇÃO

IXTAPALUCA, CIDADE EM RECENTE DESENVOLVIMENTO NA FRONTEIRA COM A CIDADE DO MÉXICO. O RÁPIDO CRESCIMENTO DA POPULAÇÃO MUNDIAL É UM DOS FATORES QUE ALTERARAM NOSSA RELAÇÃO COM O ECOSSISTEMA DA TERRA.

Quase vinte anos atrás, o falecido romancista norte-americano Kurt Vonnegut escreveu: "Além da juventude em si, não há mais nada dos Estados Unidos da minha juventude de que eu realmente sinta falta? Existe sim uma coisa da qual eu sinto tanta saudade que mal consigo suportar, que é a liberdade de não viver sabendo que os seres humanos muito em breve irão transformar este agradável planeta azul e verde em um lugar inabitável".

Com sua mistura característica de surrealismo, humor negro e cinismo, Vonnegut foi mais adiante: "Se alienígenas em discos voadores, anjos ou qualquer outro tipo de criatura vierem para cá, digamos, daqui a cem anos e nós tivermos desaparecido como os dinossauros, qual seria uma boa mensagem para a humanidade deixar a eles, talvez entalhada em letras garrafais em uma superfície do Grand Canyon?".

A sugestão dele para essa mensagem foi:

"NÓS PROVAVELMENTE PODERÍAMOS TER SALVADO NOSSAS VIDAS, MAS FOMOS UNS MALDITOS PREGUIÇOSOS PARA TENTAR DE VERDADE... E MESQUINHOS TAMBÉM".

A consciência de que graves danos já foram causados ao meio ambiente e ao equilíbrio climático saudável do qual a nossa civilização depende pode desencadear um desespero paralisante. O perigo é que esse desespero pode nos tornar incapazes de tomar as rédeas do nosso próprio destino a tempo de evitar a inimaginável catástrofe que assolará o planeta se não começarmos a fazer mudanças dramáticas rapidamente.

A maioria dos especialistas em crises climáticas concorda que nós provavelmente ainda temos tempo para evitar o pior dos impactos e abrir caminho para uma longa, mas sem dúvida bem-sucedida, recuperação do equilíbrio climático e integridade ecológica que são tão cruciais para a sobrevivência da nossa civilização.

De qualquer forma, esse desespero é inútil se a realidade ainda nos oferece esperanças. O desespero é apenas uma outra forma de negação, e leva ao comodismo. Nós não temos tempo para sentir desespero. As soluções estão ao nosso alcance! Nós precisamos fazer a escolha de entrar em ação agora.

Há um antigo provérbio africano que diz: "Se quiser ir rápido, vá sozinho; se quiser ir longe, vá em grupo".

Nós temos que chegar longe e rápido.

Este livro aborda soluções para a crise climática. Ao longo dos três anos e meio desde a publicação e lançamento de *Uma verdade inconveniente*, organizei e moderei mais de trinta longas e intensas Reuniões de Soluções, nas quais os maiores especialistas do mundo todo se reuniram para discutir e compartilhar seu conhecimento e experiências em temas relevantes à formulação de um plano para solucionar essa crise. Além de promover esses encontros coletivos, também rodei o mundo, participando de várias conversas particulares com outros grandes especialistas sobre essas soluções em um esforço adicional para chegar às medidas mais eficazes.

Da neurociência à economia, da tecnologia da informação à agricultura, muitos assuntos aparentemente distintos e relevantes ao esforço para se entender e mapear um plano de ação eficaz em uma

"Se quiser ir rápido, vá sozinho; se quiser ir longe, vá em grupo."

PROVÉRBIO AFRICANO

JOVENS ESTUDANTES INDIANAS PARTICIPAM DE UM EVENTO PARA A PLANTAÇÃO DE ÁRVORES EM HYDERABAD, NO ESTADO DE ANDHRA PRADESH, 2008. OS PROGRAMAS DE PLANTAÇÃO DE ÁRVORES TÊM AJUDADO A COMPENSAR A DEVASTAÇÃO DE FLORESTAS, UM DOS PRINCIPAIS RESPONSÁVEIS PELO AQUECIMENTO GLOBAL.

escala global foram explicados com toda a generosidade e paciência pelas mais proeminentes autoridades globais em seus respectivos ramos. *Nossa escolha* é o resultado das ideias revolucionárias propostas pelos participantes desse diálogo multifacetado. Esses especialistas tornaram possível a formulação de uma abordagem inovadora e original que eu nunca havia imaginado antes.

É por isso que escrevi este livro, escolhi estas imagens e encomendei as ilustrações — para reunir em um só lugar as soluções mais eficazes disponíveis no momento e que, juntas, irão solucionar esta crise. A ideia é inspirar os leitores a agirem — não apenas de uma forma individual, mas como participantes ativos nos processos políticos por meio dos quais todos os países, e o mundo como um todo, fazem a escolha que nós agora enfrentamos.

Para mim, esta tem sido uma jornada empolgante e inspiradora, pois já está mais do que claro que nós temos ao nosso alcance todas as ferramentas necessárias para solucionar três ou quatro crises climáticas — e nós só precisamos solucionar uma. O único ingrediente que ainda falta é a determinação coletiva. Mas estamos muito perto de um ponto de virada político no qual um número suficiente de pessoas em todos os países-chave reconhecerá a realidade dessa emergência global e aceitará o desafio de um esforço conjunto para salvar a nossa civilização.

Nós podemos solucionar esta crise climática. Será difícil, é claro, mas, se optarmos por solucioná-la, não tenho nenhuma dúvida de que podemos e iremos conseguir.

Além disso, deveríamos estar muito felizes, uma vez que aqueles que estão vivos hoje têm o raro privilégio que poucas gerações na história já tiveram: a chance de fazer parte de uma missão histórica digna dos nossos melhores esforços. Deveríamos encarar como uma honra o fato de vivermos em uma época que definirá para sempre o futuro da civilização humana com base nas escolhas que fazemos hoje.

Ao enfrentar esse desafio, nós encontraremos novas evidências de que o destino da nossa civilização depende de medidas eficientes, conjuntas e globais para manter o nosso planeta habitável e construir as bases para um mundo mais justo, humano e próspero.

Nós podemos solucionar esta crise climática. Será difícil, é claro, mas, se optarmos por solucioná-la, não tenho nenhuma dúvida de que podemos e iremos conseguir.

Se bem compreendida, a crise climática pode representar uma oportunidade única para finalmente abordar de maneira eficaz muitas das persistentes causas de sofrimento e miséria que há muito tempo são negligenciadas, e alterar as perspectivas das futuras gerações para que elas tenham vidas mais saudáveis e prósperas com maior chance de sucesso na busca da felicidade a cada nova geração.

A boa notícia em relação a fazer uma escolha definitiva para resolver a crise climática é que a escala da transformação sistêmica necessária trará, como benefício colateral, soluções altamente eficazes para muitos desses antigos problemas. Miséria, doenças ameaçadoras, fome generalizada e desnutrição estão entre os flagelos que castigaram grande parte da população humana ao longo da história. Na verdade, o nosso sucesso nessa empreitada para implementar um padrão de baixo carbono à economia global trará soluções muito aguardadas para problemas que vêm se alastrando graças à nossa complacência há vários séculos.

O segredo para o primeiro passo rumo à solução é o seguinte: nós precisamos fazer uma escolha. E quando digo "nós", refiro-me à nossa civilização global. E é nesse ponto que está "o obstáculo", como dizia Shakespeare — porque parece absurdo imaginar que seríamos capazes, como uma espécie, de tomar uma decisão consciente coletiva. Ainda assim, essa é a nossa tarefa.

Este livro se concentra nas decisões coletivas que agora enfrentamos: transformar a salvação da humanidade no princípio organizador central da nossa política, economia e ação social.

Chegamos a um momento diferente de qualquer outro em toda a história da humanidade. Nossa casa está em grande perigo. O que está sob o risco de ser destruído não é a Terra em si, é claro, mas as condições que a tornaram acolhedora aos seres humanos.

Embora essa escolha que nós precisamos fazer seja muito clara em seu nível mais simples, a decisão de embarcar nessa nova jornada será difícil, em especial porque a escala das mudanças necessárias é totalmente sem precedentes — e a velocidade com a qual teremos que começar a fazê-las também não possui nenhum paralelo na história e nos registros da nossa civilização.

É um erro imaginar que podemos nos ater meramente aos arcabouços tradicionais de conhecimento em todas as diferentes áreas que detêm os componentes essenciais para a solução. Esse problema extrapola as mais diversas disciplinas, fronteiras nacionais, ideologias e políticas.

Também seria ingênuo relegar o fardo das soluções a indivíduos isolados. Para solucionar a crise climática, precisamos reconhecer a necessidade de uma ação global conjunta. Cada um de nós como indivíduo tem

A CASA ONDE MINA WEYIOUANNA CRESCEU EM SHISHMAREF, ESTADO DO ALASCA, NOS EUA, DESABOU POR CAUSA DO DERRETIMENTO DO *PERMAFROST* — QUE, ALÉM DISSO, LIBERA METANO E CO$_2$ NA ATMOSFERA.

um papel a desempenhar, é claro, e as ações que tomamos em nossas próprias vidas, casas e trabalhos são de extrema relevância. Em conjunto, elas reforçam a esperança e o comprometimento necessários para que tenhamos sucesso. Mas precisamos mudar mais do que apenas nossas lâmpadas e janelas. É preciso mudar nossas leis e políticas.

Os indivíduos que desejam fazer parte da solução devem se tornar cidadãos ativos na defesa e lutar pelas novas leis e acordos que, em última instância, levarão às soluções necessárias em escala global. Assim, este livro não visa tratar de atitudes individuais e sim delinear um mapa para soluções maiores que exigem o nosso comprometimento mútuo.

Já ouvi muitas vezes pessoas dizerem que acham difícil acreditar que um compromisso conjunto como esse fosse possível até mesmo nos EUA, quanto mais em escala global. No entanto, neste exato momento, estamos começando a seguir com empenho na direção certa. Seja através da identificação de oportunidades de mercado pelas grandes corporações ou pela determinação de um grupo de alunos da quinta série em ajudar a "pôr fim ao aquecimento global", os sinais dessa mudança tão necessária estão começando a surgir por toda a parte.

O crescimento da população global, por exemplo, já está desacelerando e começando a se estabilizar, embora ainda possa chegar dentro de algumas décadas a um patamar cinco vezes e meia maior do que a população do início do século XX. Outra empolgante notícia dos últimos três anos foi o começo de uma grande mudança na consciência das pessoas do mundo todo sobre a crise climática e suas ligações aos outros grandes desafios que nós enfrentamos.

A eclosão de uma crise econômica global sem precedentes no segundo semestre de 2008 ressaltou a importância de um incentivo global voltado para a criação de empregos e a contenção dos efeitos dessa recessão incrivelmente profunda e sistêmica. Ao mesmo tempo, a piora do conflito militar no Afeganistão e o incessante esforço para a estabilização do Iraque servem como um lembrete das ameaças que provavelmente continuarão emanando da região do golfo Pérsico enquanto os Estados Unidos e o resto da economia global forem tão dependentes do petróleo — cujas maiores reservas continuam nas mãos de Estados totalitaristas no Oriente Médio.

Embora geólogos e economistas continuem debatendo sobre quando o pico de produção de petróleo será alcançado, a maioria das evidências atuais sugere que podemos estar próximos ou já tenhamos chegado a esse ponto — ao menos no que se refere às reservas que podem ser extraídas a um custo compatível com os padrões atuais. Em uma primeira análise aprofundada dos oitocentos maiores campos petrolíferos do mundo, a Agência Internacional de Energia mostrou, no ano passado, que a maioria dos grandes poços já superou seu ápice de produção, e que o ritmo do declínio esperado na produtividade está acelerando o dobro da taxa prevista em 2007.

Boone Pickens, o altamente bem-sucedido magnata veterano do ramo do petróleo e da gasolina, declarou em agosto passado que, na opinião dele, a produção global de petróleo na verdade atingiu seu ápice em 2006. Independente dessa análise e daqueles que concordam com ela estarem certos ou não, é apenas uma questão de tempo até que o mundo seja forçado a se ajustar à realidade de uma discrepância cada vez maior entre a diminuição de descobertas de novas reservas e a crescente demanda por petróleo das economias emergentes como China e Índia.

Enquanto os Estados Unidos continuarem gastando quase meio trilhão de dólares importando petróleo, o déficit da balança comercial seguirá crescendo e o valor do dólar ficará cada vez mais vulnerável. E enquanto a economia global for refém das reservas energéticas localizadas na região que talvez seja a mais instável do planeta, continuaremos vendo disparadas periódicas de preços como a que levou o valor do barril de petróleo a 145 dólares no primeiro semestre de 2008.

O FURACÃO KATRINA ARRASTOU ESTA PLATAFORMA DE PETRÓLEO POR QUASE 100 KM NO MAR ATÉ ELA ENCALHAR NO LITORAL DO ESTADO DO ALABAMA, NOS EUA. O NÚMERO RECORDE DE TEMPESTADES TEM FEITO DA CRISE CLIMÁTICA ALGO PERCEPTÍVEL.

DUNAS NA FRONTEIRA DO DESERTO DE GOBI, NA CHINA, AMEAÇAM AS TERRAS FÉRTEIS PRÓXIMAS AO RIO AMARELO. DE ACORDO COM AS NAÇÕES UNIDAS, O AQUECIMENTO GLOBAL É UMA DAS PRINCIPAIS CAUSAS DE PROLIFERAÇÃO DOS DESERTOS.

Por sua vez, a China vem usando seu imenso superávit comercial para comprar empresas de energia e posições de controle de campos petrolíferos em diversas partes do mundo. Os chineses também deram início a um ambicioso plano para dominar a produção de painéis solares que eles pretendem fabricar para uso interno e para a transição mundial ao estágio de produção de energia de baixo carbono. Eles também logo se tornarão a maior fonte de energia eólica no mundo, e estão construindo uma super-rede de 800 quilovolts conectando todas as regiões da China à rede de distribuição de eletricidade mais inteligente e sofisticada que o mundo já viu.

Em contrapartida, o déficit atual dos Estados Unidos está sendo conduzido pela ridícula alta dependência do petróleo estrangeiro, o que o Instituto Peterson — fundado pelo ex-secretário de comércio dos EUA, Pete Peterson — descreve como uma catástrofe econômica esperando para acontecer. No primeiro trimestre de 2009, o déficit da balança comercial dos EUA ficou em 101,5 bilhões de dólares (menor do que o esperado em virtude da recessão) — graças em parte aos 46 bilhões gastos com a importação de petróleo e seus subprodutos de outros países.

Todas essas três crises — a de segurança, a econômica e a climática — parecem irremediáveis quando encaradas como problemas isolados. Mas, sob uma análise mais cuidadosa, é fácil encontrar um fio comum que perpassa por todas elas de uma forma ironicamente muito simples: a nossa perigosa dependência exagerada dos combustíveis de carbono é a essência de todos esses três desafios.

Se conseguirmos agarrar esse fio e puxá-lo com força, todos esses problemas complexos começarão a se desemaranhar e então perceberemos que estamos com a resposta para todos eles bem em nossas mãos: precisamos de um comprometimento histórico para que as pessoas trabalhem na elaboração da infraestrutura e da base tecnológica em função de uma imensa e rápida mudança do carvão, petróleo e gasolina para outras formas renováveis de energia.

O pacote de incentivos lançado pelo presidente Obama foi um grande passo para a elaboração de uma infraestrutura de energia renovável nos Estados Unidos. No entanto, até o presente momento, as empresas de petróleo, carvão e gás natural, aliadas às usinas elétricas dependentes de combustíveis fósseis e refutadores ideológicos da crise climática, continuam influenciando as decisões tomadas pelo Congresso, vetando a legislação de clima e energia no Senado dos EUA.

Por enquanto, os Estados Unidos continuam pegando dinheiro emprestado da China para comprar petróleo do golfo Pérsico e queimá-lo de formas que destroem o planeta. Tudo isso precisa mudar.

Os estudos científicos mais recentes que mensuram o impacto da crise climática continuam a denunciar um padrão que vem se mostrando óbvio nos últimos vinte anos pelo menos. Essas novas análises aprofundadas comprovaram que as projeções anteriores dos piores cenários possíveis subestimaram a seriedade dessa crise e a rapidez com a qual ela está crescendo. Depois de vinte anos de estudos detalhados e quatro relatórios unânimes, a autoridade internacional sobre a crise climática, o Painel Intergovernamental de Mudanças Climáticas, afirma agora que as evidências são "inequívocas".

Mas o valioso fio da razão que antes era estendido ao máximo para que as fronteiras entre o conhecido e o desconhecido fossem delineadas agora é desrespeitado sem cerimônias. Vivemos hoje sob uma cultura política parcialmente enlouquecida pela transformação do "fórum público" que surgiu graças à imprensa escrita, que nos trouxe os jornais, os livros, a alfabetização em massa, o "reinado da razão", o igualitarismo e a democracia representativa.

Aquilo que os primeiros filósofos iluministas descreveram como a "República das Letras" foi destruído pelas imagens eletrônicas que, sem cuidado algum, misturam notícias com entretenimento, ideologias com propagandas e os interesses públicos com os privados.

CARROS E CAMINHÕES NA HORA DO *RUSH* NA RODOVIA I-75, EM ATLANTA, NOS EUA. O TRANSPORTE É RESPONSÁVEL POR PELO MENOS 10% DA POLUIÇÃO CAUSADORA DO AQUECIMENTO GLOBAL.

Os Estados Unidos continuam pegando dinheiro emprestado da China para comprar petróleo do golfo Pérsico e queimá-lo de formas que destroem o planeta. Tudo isso precisa mudar.

O falecido filósofo alemão Theodor Adorno descreveu primeiro esse processo em um contexto muito diferente 58 anos atrás: "A transformação das questões da verdade em questões de poder (...) atacou o próprio cerne da diferença entre a verdade e a mentira".

Eis um exemplo à primeira vista trivial, mas emblemático desse fenômeno: há pouco tempo, alguns adversários políticos do presidente Barack Obama afirmaram que ele não teria de fato nascido nos EUA e por isso não poderia continuar em seu cargo como presidente. Mesmo fazendo parte da oposição, o governador do Havaí, onde Obama nasceu, examinou pessoalmente e autenticou em público a certidão oficial que comprovava o nascimento do atual presidente em solo norte-americano 48 anos antes. As bibliotecas do Havaí disponibilizaram cópias dos anúncios de nascimento publicados na época em dois jornais de Honolulu, confirmando os dados como declarados na certidão de nascimento de Obama. Ainda assim, milhões de pessoas continuaram a rebater esses fatos comprovados; algumas delas inclusive sugeriram a possibilidade de uma antiga conspiração maquiavélica e bem orquestrada, chegando ao ponto de divulgarem uma certidão de nascimento queniana mal-feita e claramente forjada.

Essa bizarra controvérsia mal seria digna de nota, não fosse a grande semelhança do caso com a insistente relutância dos chamados "céticos climáticos" em aceitar a verdade sobre a crise climática, já exaustivamente comprovada pelo Painel Intergovernamental de Mudanças Climáticas em quatro estudos muito abrangentes nos últimos vinte anos. Eles tiveram suas conclusões endossadas em unanimidade pelas maiores instituições científicas dos principais países do mundo, incluindo Estados Unidos, China, Reino Unido, Índia, Rússia, Brasil, França, Itália, Canadá, Alemanha e Japão.

O falecido senador Pat Moynihan uma vez disse: "Todos têm o direito de formular suas próprias opiniões, mas não seus próprios fatos". Para chegarmos a um consenso global que sustente as soluções arrojadas que agora se mostram essenciais à nossa sobrevivência, precisamos de meios para chegar às melhores evidências disponíveis e testá-las em discussões abertas e contundentes. Mas quando indivíduos racionais concordam de boa-fé que a veracidade desses fatos encontrados é muito mais provável do que as explicações alternativas, é preciso aceitá-los e seguir em frente para estudar as implicações de tudo isso.

O segundo motivo que justifica a menção a esse episódio é a tentativa de traçar um segundo paralelo ao tratamento recebido pela ciência climática. De maneira perturbadora, algumas renomadas organizações de notícias — talvez por estarem confusas quanto a distinção entre dar notícias e oferecer entretenimento ficcional em busca de maiores índices de audiência, alimentando as chamas de uma pretensa controvérsia — passaram ao público a ideia de que os fatos ainda estavam em discussão, o que levou a uma nova e frenética onda de investigação dos dados.

> "Todos têm o direito de formular suas próprias opiniões, mas não seus próprios fatos."
>
> SENADOR PAT MOYNIHAN

EM NOVEMBRO DE 2007, A PIOR ENCHENTE DOS ÚLTIMOS CINQUENTA ANOS ATINGIU A CIDADE DE VILLAHERMOSA NO SUL DO MÉXICO.

MULHERES BUSCAM ÁGUA EM GOUROUKOUN, CHADE, UM VILAREJO QUE SE TORNOU LAR DE REFUGIADOS DO CONFLITO OCASIONADO POR QUESTÕES CLIMÁTICAS EM DARFUR, REGIÃO DO SUDÃO.

Foi nesse contexto que alguns dos opositores às mudanças progressistas se cansaram de ver alertas de possíveis catástrofes sendo usados como base de mobilização de apoio para mudanças políticas. Como resultado disso, com frequência, eles ignoram as evidências científicas. Esse é um dos motivos pelos quais vem sendo tão difícil convencer líderes civis e empresários que já deveriam saber que a crise climática não é um exagero.

A integridade do processo deliberativo do qual a autonomia governamental depende está sendo posta em risco pela insistente promoção intencional de uma falsa controvérsia em torno de fatos já comprovados há muito tempo que delineiam a magnitude e gravidade da crise climática. Certas vezes, prestar falso testemunho pode ter consequências fatais, e o autoengano pode ser um ato suicida. No primeiro *Livro dos provérbios*, o Rei Salomão deixou um alerta sobre aqueles que se dedicavam à violência como um estilo de vida: "Eles preparam armadilhas para eles mesmos".

No século VI a.C., Esopo contou a fábula sobre um jovem pastor que viu suas ovelhas serem devoradas sem poder fazer nada porque ele havia gritado "lobo!" sem nenhum motivo, diversas vezes, em ocasiões anteriores, para se divertir perversamente assistindo ao espetáculo dos fazendeiros vizinhos que corriam ao som de seus gritos para ajudá-lo.

Duzentos anos antes, um desconhecido contador de histórias chinês falou sobre um imperador que tocou várias vezes uma sineta que servia de alerta para quando a cidade fosse invadida apenas para divertir sua concubina favorita com os frenéticos preparativos imediatos de seus soldados para uma batalha iminente. Quando uma invasão de fato aconteceu, o alarme foi ouvido com indiferença, a cidade foi dominada e o imperador acabou sendo morto.

Na nossa geração, a decisão de poderosos ideólogos e mercenários corporativos de transformar as "questões da verdade em questões de poder" gerou uma apatia similar em reação aos alertas genuínos e baseados em fatos de uma tragédia em curso sem nenhum paralelo em toda a nossa história.

Alguns daqueles que rejeitam o consenso científico e minimizam a crise argumentam que a melhor opção para a humanidade seria simplesmente se adaptar às mudanças que estão acontecendo e reconhecer que impedi-las está além do nosso alcance. Outros entendem essa adaptação como um desvio perigoso da urgente necessidade de evitar a destruição das condições que favoreceram o desenvolvimento da humanidade no nosso planeta e são essenciais para a continuidade da nossa civilização como nós a conhecemos.

Mas, na verdade, esse é um falso dilema. Nós precisamos enfrentar esses dois desafios ao mesmo tempo, salvando aqueles que estão em perigo enquanto protegemos o futuro da humanidade. Qualquer outro tipo de estratégia seria devidamente reprovável.

Além disso, a compaixão e o auxílio aos que já estão sendo afetados pelos impactos iniciais da crise climática são imperativos para a construção e fortalecimento do consenso global necessário para a tarefa maior de solucionar a crise e evitar que o pior aconteça. A gritante realidade subestimada pelos defensores de uma simples adaptação é que, a menos que nós tomemos medidas drásticas para impedir a destruição do meio ambiente, essa adaptação será totalmente impossível.

Se não tomarmos medidas drásticas, os piores impactos da crise atingirão muitas gerações, causando cada vez mais destruição, década após década. Mas não podemos esperar pela eclosão total da crise para dar a devida resposta, pois já será tarde demais para deter esse processo que nós mesmos iniciamos.

A essa altura, a geração que finalmente perceber que a humanidade foi condenada a uma irreparável degradação de suas esperanças para o resto de sua existência, e da existência de seus filhos e netos, terá toda a razão em olhar para trás e nos julgar como uma geração criminosa a ser amaldiçoada para sempre como a responsável pela destruição da humanidade.

Em termos práticos, a salvação das futuras gerações precisa começar neste momento. Mesmo enquanto estendemos nossas mãos aos que estão sofrendo hoje, precisamos ter a consciência de que esse auxílio é apenas o início daquilo que realmente precisa ser feito.

Em um setembro próximo
Um continente inteiro desaparecerá
Sob o sol da meia-noite

O vapor sobe enquanto
A febre ferve um mar ácido
Dissolvendo os ossos de Netuno

A neve desce da montanha
Inundações de gelo sem fim
Uma chuva forte cai depressa

Então a lama está seca
Lenha é trazida à floresta
Para a celebração dos raios

Criaturas desconhecidas
Acomodam-se, inabaláveis
Cavaleiros preparam seus estribos

A paixão persegue heróis e amigos
O sino da cidade
Toca na colina

O pastor grita
A hora da escolha chegou
Estas são suas ferramentas

— Al Gore, Nashville, estado do Tennessee, EUA, 2009

A CRISE

CAPÍTULO UM

TUDO O QUE SOBE TEM QUE DESCER

A USINA DE CARVÃO DE NIEDERAUSSEM, NA ALEMANHA, É O TERCEIRO MAIOR EMISSOR DA EUROPA DE CO$_2$ POR QUILOWATT-HORA PRODUZIDO.

A civilização humana e o ecossistema terrestre estão entrando em choque, e a crise climática é a manifestação mais proeminente, destrutiva e ameaçadora desse embate. Muitas vezes, ela é associada a outras crises ecológicas, como a destruição da fauna oceânica e dos recifes de coral; a crescente escassez de água doce; o esgotamento do solo arável em diversas áreas agrícolas importantes; a derrubada e queimada de florestas antigas, inclusive as florestas tropicais e subtropicais ricas em biodiversidade; a extinção de inúmeras espécies; a emissão de poluentes tóxicos não degradáveis na biosfera e a acumulação de lixo tóxico resultante de atividades industriais, químicas e de mineração; e a poluição do ar e da água.

Todas essas manifestações do violento impacto causado pela civilização humana no ecossistema terrestre produziram uma crise ecológica global que afeta e ameaça as condições de vida do nosso planeta. Mas a deterioração da nossa atmosfera é de longe a manifestação mais grave dessa crise. Ela é inerentemente global e afeta todas as regiões da Terra; causa e contribui com a maioria das outras crises; e, se essa questão não for resolvida muito em breve, ela poderá destruir a civilização humana como nós a conhecemos.

Apesar da complexidade do problema, as causas dessa crise são incrivelmente simples e fáceis de se entender.

No mundo todo, os seres humanos estão lançando na atmosfera quantidades enormes de seis tipos diferentes de poluentes que retêm o calor e aumentam a temperatura do ar, dos oceanos e da superfície terrestre.

Depois de emitidos, esses seis poluentes sobem rapidamente pelo ar. Mas todos eles acabam voltando para a Terra, alguns mais rapidamente e outros de maneira muito mais lenta. E, como resultado disso, a famosa máxima "tudo o que sobe tem que descer" funcionará a nosso favor quando nós por fim decidirmos solucionar a crise climática.

Na verdade, a simplicidade das causas do aquecimento global aponta para uma solução que é igualmente simples, ainda que de complexa execução: precisamos reduzir drasticamente o que sobe e aumentar drasticamente o que desce. É disso que este livro trata.

O dióxido de carbono, que é de longe o maior causador do aquecimento global, é obtido principalmente da queima de carvão para a produção de calor e eletricidade, da queima de subprodutos do petróleo (gasolina, diesel e combustível de avião) em meios de transporte e da queima de carvão, petróleo e gás natural em atividades industriais. O dióxido de carbono produzido durante a queima desses combustíveis fósseis gera a maior parte da poluição responsável pela crise climática. É por isso que a maioria das discussões sobre como solucionar a crise climática tende a se concentrar em como produzir energia sem gerar emissões perigosas de CO_2.

Hoje em dia, no entanto, a queima de carvão, petróleo e gás natural representa não apenas a maior fonte de CO_2 como também a maior e mais crescente fonte da poluição causadora do aquecimento global.

Depois dos combustíveis fósseis, a segunda maior fonte de poluição de CO_2 causada pelos seres humanos — representando quase um quarto do total — vem de alterações do uso da terra — principalmente do desmatamento e da queima de florestas e vegetação. Como a maioria das queimadas ocorre em países relativamente

EXCEDENTE DE GÁS NATURAL SENDO QUEIMADO EM UMA PLATAFORMA DE GÁS NA COSTA DA TAILÂNDIA. ESSE PROCESSO GERA CO_2, MAS MINIMIZA A LIBERAÇÃO DE METANO, UM GÁS AINDA MAIS POTENTE QUANTO AO EFEITO ESTUFA. NÃO CAPTURAR ESSE METANO EXCEDENTE PROVOCA EFEITOS DEVASTADORES.

O QUE SOBE: GASES DE EFEITO ESTUFA

Os poluentes que causam o aquecimento global originam-se de diversos ramos de atividades diferentes, em especial da geração de eletricidade, indústrias, agricultura, desmatamento e meios de transporte. O dióxido de carbono, o maior responsável pelo efeito estufa, chega à atmosfera a partir do processamento e da queima de carvão (e outros combustíveis fósseis) para a obtenção de eletricidade e aquecimento; da queima de florestas e resíduos agrícolas; de meios de transporte terrestres, aéreos e marinhos; e do carbono congelado que está começando a ser emitido com o derretimento do permafrost; isso para citar apenas algumas fontes. Os mais renomados cientistas afirmam que precisamos reduzir o CO_2 em 350 partes por milhão na atmosfera. O metano, que é menos abundante, mas apresenta um impacto muito maior no efeito estufa, vem de fontes como criações de gado, cultivos de arroz, aterros com lixo em decomposição e "emissões fugitivas" de carvão, petróleo e processamento de gás. A poluição causada pelo carbono negro, que atualmente é vista como uma das grandes responsáveis pelo aquecimento global, vem da queima de florestas e pastos, fogões à lenha e outras fontes criadas pelo ser humano. Algumas indústrias e empresas emitem potentes gases de efeito estufa conhecidos como halocarbonetos, alguns dos quais podem ser milhares de vezes mais fortes molécula por molécula do que o CO_2. A agricultura industrial também é a maior fonte de óxido nitroso, monóxido de carbono e compostos orgânicos voláteis (COVs).

DERRETIMENTO DO *PERMAFROST*

MINERAÇÃO DE CARVÃO

USINAS DE CARVÃO

PROCESSOS INDUSTRIAIS

AGRICULTURA INDUSTRIAL

mais pobres e em desenvolvimento, e a maior parte da atividade industrial se concentra em países relativamente mais ricos e desenvolvidos, em geral, os negociadores de acordos globais para a solução da crise climática tentam chegar a um equilíbrio entre medidas que reduzam drasticamente tanto a queima de combustíveis fósseis quanto o desmatamento.

Há boas e más notícias sobre o CO_2. Vamos começar com as boas: se parássemos de produzir CO_2 em excesso, amanhã mesmo, quase metade do CO_2 gerado pelos seres humanos desceria pela atmosfera (e seria absorvido pelo oceano e pelas plantas e árvores) em trinta anos.

E agora as más notícias: o resto do CO_2 demoraria muito mais para descer, e até 20% do que foi lançado na atmosfera ao longo deste ano continuaria lá por mais mil anos. E nós estamos lançando 90 milhões de toneladas de CO_2 na atmosfera todos os dias!

As boas notícias devem nos encorajar a agir agora mesmo, para que nossos filhos e netos tenham o que nos agradecer. Embora algumas consequências maléficas da crise climática já estejam em andamento, os impactos mais terríveis ainda podem ser evitados. E as más notícias devem nos lembrar da urgência dessa situação, já que — para citar o velho provérbio chinês — uma jornada de mil anos começa com um único passo.

A segunda maior causa da crise climática é o metano. Embora o volume desse gás liberado seja muito menor do que o de CO_2, ao longo de um período de cem anos, o metano é cerca de vinte vezes mais potente do que o CO_2 quanto à sua capacidade de reter o calor na atmosfera — e 75 vezes mais potente em um período de vinte anos.

O metano é diferente do CO_2 em um outro aspecto-chave — ele é um elemento químico ativo na atmosfera. Em maior parte, o CO_2 não interage com as outras substâncias da atmosfera, mas o metano sim — e ele desempenha um grande papel em interações com o ozônio, partículas e outros componentes da atmosfera. O metano interage com outros elementos químicos na atmosfera até se decompor ao longo de um período

USINA DE PROCESSAMENTO DE AREIA BETUMINOSA DA SYNCRUDE NA PROVÍNCIA DE ALBERTA, CANADÁ. AO LONGO DE SEU CICLO DE VIDA, O COMBUSTÍVEL FEITO DE AREIA BETUMINOSA EMITE MUITO MAIS CO_2 DO QUE O CARVÃO OU O PETRÓLEO. UM AUTOMÓVEL TOYOTA PRIUS MOVIDO À GASOLINA FEITA DE AREIA BETUMINOSA EMITE A MESMA QUANTIDADE DE CO_2 QUE UM JIPE HUMMER.

FAZENDA DE GADO NAS PROXIMIDADES DE BAKERSFIELD, ESTADO DA CALIFÓRNIA, NOS EUA. QUASE METADE DAS EMISSÕES DE GASES RESPONSÁVEIS PELO EFEITO ESTUFA LIGADOS À NOSSA ALIMENTAÇÃO VEM DA PRODUÇÃO DE CARNE.

de dez a doze anos em CO_2 e vapor de água, ambos responsáveis pela retenção de calor na atmosfera, embora sejam menos potentes molécula por molécula do que o metano em si antes de ter seus componentes isolados. O impacto do metano também é potencializado por essas interações que o transformam, de certa maneira, em uma causa maior do aquecimento global do que os cientistas antes acreditavam. De modo geral, o metano atualmente é visto como responsável por cerca de dois terços do aquecimento global em comparação ao CO_2.

Mais da metade das emissões de metano causadas pelo ser humano acontece na agricultura. A maior parte do metano liberado em atividades agrícolas vem de animais, fezes de animais e do cultivo de arroz. E a maioria das outras emissões de metano vem da produção de petróleo e gás, atividades em minas de carvão, aterros, estações de tratamento de esgoto e da queima de combustíveis fósseis.

Mas há algumas boas notícias sobre o metano: como ele apresenta um valor econômico inerente, existem grandes incentivos para que sejam desenvolvidas formas de capturá-lo e impedir que ele seja lançado na atmosfera sempre que possível. O "gás natural" que aquece muitas casas, por exemplo, é composto principalmente de metano, então todo esse gás capturado pode ser muito útil. Além disso, quase um quarto das emissões de metano vem de vazamentos e da evaporação durante seu processamento, transporte, manuseio e uso. Por isso mesmo, a contenção de parte dessas emissões pode ser ainda mais fácil do que imaginamos.

No entanto, há também algumas más notícias sobre o metano: o aquecimento contínuo do *permafrost* nas porções de terra em volta do oceano Ártico (e de sedimentos do leito oceânico) está começando a lançar enormes quantidades de metano na atmosfera enquanto as estruturas congeladas cheias de metano derretem e micróbios digerem o carbono descongelado que estava enterrado na tundra. A única maneira de evitar essas emissões seria desacelerar e depois deter

QUEIMA DE CANA-DE-AÇÚCAR NO BRASIL. A QUEIMADA DE VEGETAÇÃO E TERRAS AGRÍCOLAS É GRANDE FONTE DE POLUIÇÃO DE CARBONO NEGRO E DIÓXIDO DE CARBONO.

por completo o aquecimento global em si — enquanto ainda é tempo.

A terceira maior causa da crise climática é o carbono negro, também chamado de fuligem. O carbono negro é diferente dos outros poluentes do ar que promovem o aquecimento global. Primeiro, ao contrário dos outros, ele tecnicamente não é um gás, já que é composto por pequeninas partículas de carbono como aquelas que podemos ver na fumaça suja, só que menores. Esse é um dos motivos pelos quais apenas há pouco tempo o carbono negro se tornou um foco importante dos cientistas que descobriram o assombroso papel que ele vinha desempenhando no aquecimento do planeta. E, segundo, ao contrário das outras cinco causas do aquecimento global que absorvem as ondas infravermelhas de calor emitidas pela Terra de volta para o espaço, o carbono negro absorve o calor que vem da luz do Sol. Ele é também o elemento mais degradável entre os seis culpados pelo aquecimento global.

A maior fonte de carbono negro é a queima de biomassa, especialmente as queimadas de florestas e pastos, em geral como preparação para a agricultura. Esse problema se concentra desproporcionalmente em três áreas: Brasil, Indonésia e África Central. Os incêndios florestais e as queimadas sazonais da vegetação rasteira na Sibéria e no Leste Europeu também produzem fuligem que é levada pelas correntes de vento para o Ártico, onde ela cai sobre a neve e o gelo e vem contribuindo bastante para o progressivo desaparecimento da camada de gelo no Ártico. Na verdade, estima-se que o carbono negro seja responsável por quase 1°C dos 2,5°C do aquecimento que já ocorreu no Ártico. Grandes quantidades de carbono negro também são produzidas por incêndios florestais na América do Norte, Austrália,

A LIMPEZA DO AR APÓS O GRANDE NEVOEIRO DE 1952

Em dezembro de 1952, uma camada letal de *smog* (mistura de neblina com fumaça) desceu sobre Londres, cobrindo a cidade com uma grossa camada de poluição por cinco dias de escuridão. Quatro mil pessoas morreram naquela semana e outras oito mil nos meses seguintes de infecções respiratórias e asfixia.

A tragédia foi resultado da intensa queima de carvão em decorrência de um período prolongado de frio. Os milhões de domicílios aquecidos a carvão da cidade lançaram ainda mais poluentes no denso *smog* industrial produzido pelas fábricas locais. Condições climáticas incomuns — incluindo uma inversão térmica — mantiveram os enormes níveis de fuligem negra e partículas de piche perto do chão, reduzindo a visibilidade e paralisando a cidade por completo.

Após esse desastre, o governo entrou em ação para melhorar a qualidade do ar no país. Em 1956, o parlamento britânico criou a Lei do Ar Limpo, proibindo a queima de carvão em fornalhas abertas e incentivando a substituição do carvão por fontes mais limpas de energia como eletricidade, gás e petróleo. Pouco depois, movimentos ambientais similares também surgiram nos Estados Unidos e em outros países.

Qualidade do ar durante o dia na Trafalgar Square, em Londres, 1952.

sul da África e outros lugares. Além da queima de biomassa, quase 20% do carbono negro vem da queima de madeira, esterco e resíduos de plantações no sul da Ásia na cozinha e como fonte de aquecimento, e da China, onde a queima de carvão para o aquecimento doméstico também é uma das grandes fontes.

O carbono negro também representa uma ameaça em particular para a Índia e a China, graças em parte ao padrão climático sazonal incomum do subcontinente indiano que costuma ficar sem muitas chuvas por seis meses do ano entre as temporadas de monções. A inversão térmica formada em grande parte do sul da Ásia durante esse período retém o carbono negro acima das geleiras e da neve, levando a poluição do ar para o alto do Himalaia e do platô tibetano. Hoje, em algumas dessas áreas, os níveis de poluição do ar são comparáveis aos de Los Angeles. Há tanto carbono negro depositado sobre o gelo e a neve que o degelo já iniciado pelo aquecimento atmosférico foi acelerado ainda mais. Segundo algumas estimativas, 75% de todas as geleiras do Himalaia com menos de 15 km² podem desaparecer em apenas dez anos.

Como metade da água usada para o consumo e para a agricultura na Índia e em grande parte da China e da Indochina vem do degelo sazonal dessas mesmas geleiras, as consequências para os seres humanos podem logo se tornar catastróficas. Por exemplo, 70% da água que flui pelo rio Ganges vêm do derretimento do gelo e da neve no Himalaia.

O carbono negro também é produzido pela

O CARBONO NEGRO E AS GELEIRAS DO HIMALAIA

Quase 20% do carbono negro na nossa atmosfera vêm da queima de madeira, esterco e resíduos agrícolas para a preparação de alimentos e para o aquecimento de casas na Índia, assim como da queima de carvão em casas na China. Entre as monções, nuvens marrons de poluição ficam retidas sobre o Himalaia. O carbono negro desce até as geleiras e escurece sua superfície, fazendo com que o gelo e a neve absorvam a luz do sol em vez de refleti-la, acelerando a taxa de derretimento. Em decorrência disso, os cientistas preveem que diversas geleiras do Himalaia vão desaparecer até 2020.

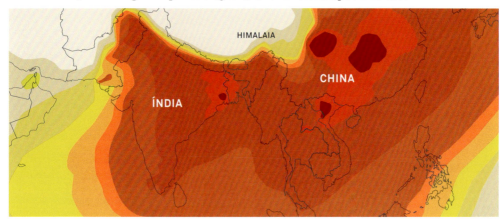

QUANTIDADE DE CARBONO NEGRO NA ATMOSFERA

MENOS　　　　　MAIS

FONTE: *The New York Times*, "Third-world soot is target in climate fight", 15 de abril de 2009.

UMA NUVEM DE FULIGEM PROVOCADA PELO HOMEM FLUI RUMO AO LESTE AO LONGO DO HIMALAIA NO NEPAL, NA ÍNDIA E NO BUTÃO.

queima de resíduos agrícolas, como o bagaço da cana-de-açúcar e a forragem de milho, e da queima de lenha no mundo todo.

Mais de um terço do carbono negro na atmosfera vem da queima de combustíveis fósseis, principalmente de caminhões a diesel sem dispositivos para reter as emissões liberadas pelos escapamentos. Embora esses dispositivos tenham sido criados há pouco tempo, eles ainda não são muito utilizados.

É importante dizer que grande parte da poluição de carbono negro vem de atividades que também produzem CO_2 ao mesmo tempo, incluindo motores ineficientes de veículos pequenos na Ásia e usinas antiecológicas de carvão. Mas isso não precisa ser assim. Por exemplo, a queima de carvão em países industrializados produz CO_2 sem gerar muito carbono negro, graças a medidas tomadas ao longo das últimas décadas para aumentar a eficiência da queima de combustíveis e controlar a poluição do ar local.

A maior parte do aquecimento global causado pelo carbono negro é resultado da sua absorção da luz solar. O carbono negro é um dos principais componentes das enormes nuvens marrons que cobrem imensas áreas da Eurásia e pairam pelo leste através do oceano Pacífico até a América do Norte e pelo oeste, partindo da Indonésia e atravessando o oceano Índico até Madagascar. Essas nuvens — como algumas outras formas de poluição do ar — mascaram parcialmente o aquecimento global bloqueando parte da luz do sol que, caso contrário, chegaria a camadas mais baixas da atmosfera. O carbono negro não costuma durar muito tempo na atmosfera, pois é eliminado do ar pela chuva (esse pode ser outro motivo pelo qual ele antes não aparecia na lista de gases poluentes causadores do efeito estufa). Como resultado disso, assim que cessarmos sua produção, a maior parte dele irá parar de reter calor na atmosfera em questão de semanas. Hoje em dia, no entanto, como lançamos quantidades enormes de carbono negro no ar todos os dias, a quantidade dessa substância na atmosfera é constantemente reabastecida. E os cientistas descobriram que, em áreas do mundo que passam por longos períodos de estiagem sem nenhuma chuva, as concentrações de carbono negro chegam a níveis extraordinariamente elevados.

Além disso, os cientistas estão cada vez mais preocupados com o carbono negro porque ele também causa o aquecimento global de uma segunda maneira: ao cair sobre o gelo e a neve, escurece tanto a superfície branca reflexiva dessas camadas que a luz do Sol, que antes era rebatida, passa a ser absorvida, causando um degelo ainda mais rápido.

A capacidade de reflexo geral da Terra é um fato importante para a compreensão do problema do aquecimento global. Quanto mais luz solar for rebatida pelos topos das nuvens e pelas partes altamente reflexivas da superfície terrestre, menos radiação solar será absorvida sob a forma de calor. Quanto menos calor for absorvido, menos será retido pela poluição na atmosfera quando for irradiado de volta para o espaço como radiação infravermelha.

Isso fez com que alguns cientistas sugerissem um plano para pintar milhões de telhados de branco, em conjunto com outras medidas, para ampliar a superfície reflexiva do planeta, e essas ideias merecem ser levadas a sério. Mas, enquanto isso, estamos perdendo grande parte da capacidade de reflexo natural da Terra (ou o "albedo", como chamam os cientistas) com o derretimento do gelo e da neve — especialmente no Ártico e no Himalaia.

A quarta causa mais significativa do aquecimento global é uma família de produtos químicos industriais, os halocarbonetos — incluindo os famosos clorofluorcarbonetos (CFCs). Muitos desses produtos químicos já estão sendo regulados e reduzidos graças a um tratado de 1987 (o Protocolo de Montreal), que foi adotado no mundo todo em resposta à primeira crise atmosférica global, a do buraco na camada de ozônio. Como resultado desse acordo, os níveis desses poluentes causadores do aquecimento global atualmente estão caindo em um ritmo lento, mas constante. Eles ainda representam

ALBEDO: MEDINDO A CAPACIDADE DE REFLEXO DO SOL

O albedo é medido pela capacidade de refletir diferentes objetos e superfícies da Terra: quanto menor o número, mais energia é absorvida, o que contribui para o aquecimento global. As superfícies mais reflexivas são a neve e o gelo, que mandam até 90% da energia solar de volta para o espaço. O derretimento do gelo marinho expõe a superfície do oceano, que absorve muito mais energia.

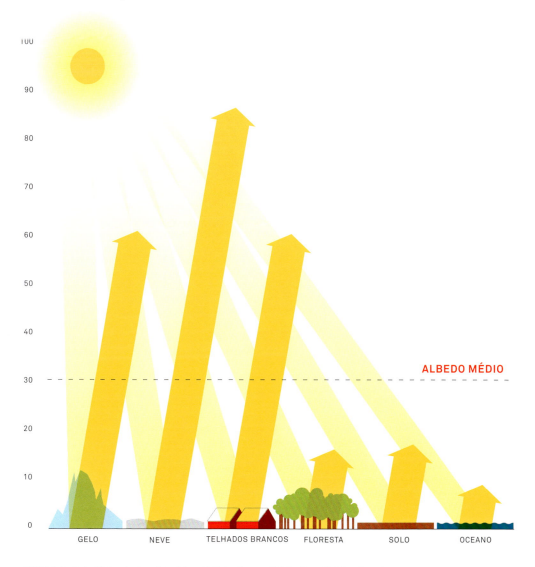

FONTE: Centro Nacional de Pesquisas Atmosféricas; Laboratório Nacional Lawrence Berkeley; Ahrens, C.D. *Meteorology today*.

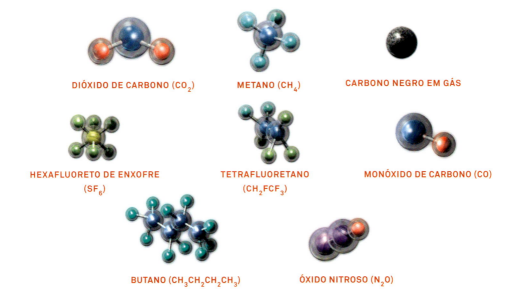

UM GUIA DOS POLUENTES DO AQUECIMENTO GLOBAL

O aquecimento global se origina direta ou indiretamente dos efeitos de seis famílias de poluentes (veja "As fontes do aquecimento global", à direita). O maior responsável é o dióxido de carbono (CO_2), o gás causador de efeito estufa mais abundante e de desenvolvimento mais rápido na atmosfera. O metano (CH_4), também um gás causador do efeito estufa, é o segundo maior responsável, seguido pelo carbono negro (fuligem). Impactos relevantes também são causados por produtos químicos industriais inventados no século XX — clorofluorcarbonetos; halocarbonetos, como o tetrafluoretano (CH_2FCF_3); e o hexafluoreto de enxofre (SF_6). Todos esses elementos químicos retêm calor na atmosfera. O monóxido de carbono (CO) e os compostos orgânicos voláteis (COVs) — como o butano — não retêm diretamente o calor, mas interagem com outros poluentes, criando compostos que possuem essa propriedade. Por fim, o óxido nitroso (N_2O) — que é em maior parte um subproduto do uso de nitrogênio em atividades agrícolas — desempenha um papel menor, mas ainda assim significativo, na retenção do calor na atmosfera terrestre.

quase 13% do problema total, um número considerável, então os recentes esforços para reforçar o Protocolo de Montreal são bem-vindos. Por exemplo, muitos cientistas criticaram a insistência dos Estados Unidos em 2006 para que a eliminação do brometo de metila fosse adiada indefinidamente para certos fins agrícolas. Além disso, há uma crescente preocupação entre os cientistas de que alguns produtos químicos utilizados como substitutos para os halocarbonetos — especialmente os conhecidos como hidrofluorcarbonetos — também deveriam ser controlados pelo Protocolo de Montreal,

já que são fortes poluentes causadores do aquecimento global e seu uso vem crescendo rapidamente.

Três outros compostos químicos da família dos halocarbonetos que não destroem o ozônio estratosférico (e por isso mesmo não foram citados nesse primeiro tratado) também são potentes causadores do efeito estufa. Esses gases são controlados pelo Protocolo de Kyoto (que não foi assinado pelos Estados Unidos). Alguns halocarbonetos permanecem na atmosfera por milhares de anos (um deles, o tetrafluoreto de carbono, pode continuar na atmosfera por incríveis 50 mil anos — embora, por sorte, ele seja produzido em pequena quantidade).

É importante dizer que os esforços mundiais para proteger a camada estratosférica de ozônio representam um sucesso histórico. Embora as indústrias afetadas, a princípio, tenham relutado em aceitar os fatos científicos que nos alertavam sobre a gravidade da ameaça, os líderes políticos de diversos países, independente de suas linhas ideológicas, não perderam tempo para se reunir e prepararam um tratado eficaz em vez de se ater a pequenas incertezas científicas residuais. Três anos depois da aprovação do tratado, a questão foi reavaliada e os padrões originais foram fortalecidos. Nos anos seguintes, essas normas ficaram ainda mais rígidas. Em número significativo, algumas das mesmas corporações que antes se opunham ao tratado original passaram a trabalhar a favor do fortalecimento dessas normas depois de adquirirem experiência com substitutos para esses produtos químicos poluentes. Como resultado disso, o mundo está prestes a solucionar esse problema em particular. Os cientistas dizem que a camada estratosférica de ozônio pode levar mais cinquenta ou cem anos para se recuperar por completo, mas que estamos caminhando na direção certa. Eles também nos alertam de que a única coisa capaz de reverter esse processo seria ignorar a questão do aquecimento global que, segundo alguns cientistas, poderia fazer com que o buraco na camada de ozônio acima da Antártica voltasse a crescer. O aquecimento contínuo da atmosfera (e o resfriamento da estratosfera) poderia reiniciar a destruição do ozônio estratosférico e reduzir a camada de ozônio a níveis que voltariam a ser perigosos à vida humana.

A outra família de poluentes do ar que contribui para o aquecimento global inclui o monóxido de carbono e compostos orgânicos voláteis (COVs). O monóxido de carbono é gerado principalmente pelos carros nos Estados Unidos, mas também é produzido em grandes quantidades no resto do mundo pela queima de biomassa. Os COVs são produzidos principalmente em processos industriais no mundo todo, mas um quarto dessas emissões nos Estados Unidos vem de carros e caminhões. Na verdade, esses poluentes em si não retêm calor, mas causam a produção de ozônio de baixo nível, que é um potente gás causador do efeito estufa e um poluente maléfico do ar.

Esses poluentes não estão na lista oficial de compostos químicos controlados pelo Protocolo de Kyoto, assim como o carbono negro, mas são citados pelos cientistas entre as causas do aquecimento global por interagirem com outros elementos químicos na atmosfera (incluindo o metano, sulfatos e, em menor proporção, o CO_2), retendo quantidades significativas de calor e contribuindo para o aquecimento global. Assim, toda e qualquer estratégia abrangente para solucionar a crise climática deverá se concentrar nesses poluentes, além das outras cinco causas do aquecimento global.

Essa estratégia também deve dar atenção a outros

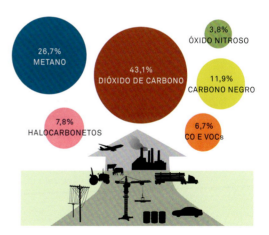

AS FONTES DO AQUECIMENTO GLOBAL

O aquecimento global tem sua origem em seis famílias de poluentes. O grau de participação de cada uma delas no problema pode ser visto acima. Esses gases e o carbono negro são emitidos durante diversas atividades humanas, do transporte até processos agrícolas e aquecimento de casas.

FONTE: Drew T. Shindell et al. *Science* (no prelo), 2009.

UM TRABALHADOR DESCARREGA BOLINHAS DE FERTILIZANTE EM UMA FAZENDA NO NORTE DO MÉXICO. A MAIOR PARTE DAS EMISSÕES DE ÓXIDO NITROSO VEM DE ATIVIDADES AGRÍCOLAS, INCLUINDO A UTILIZAÇÃO DE BOLINHAS DE FERTILIZANTE À BASE DE NITROGÊNIO SINTÉTICO QUE CONSOME ALTAS QUANTIDADES DE COMBUSTÍVEIS FÓSSEIS.

elementos presentes na atmosfera que aumentam a complexidade do problema, como o dióxido de enxofre (responsável pela formação de partícula de sulfato), óxidos de nitrogênio (que contribuem para a formação de ozônio), sulfatos, nitratos e carbono orgânico. Todos esses elementos são capazes de causar resfriamento quando sozinhos, mas eles também interagem com a poluição ligada ao aquecimento global e causam impactos na saúde pública e em ecossistemas, afetando as estratégias que visam solucionar esses problemas.

A última causa do aquecimento global é o óxido nitroso. A maioria de suas emissões vem de atividades agrícolas que fazem uso pesado de fertilizantes à base de nitrogênio, aumentando drasticamente as emissões naturais resultantes da decomposição bacteriana do nitrogênio no solo. Nos últimos cem anos — desde que dois químicos alemães descobriram um novo processo para se combinar hidrogênio com o nitrogênio atmosférico e criar amônia — nós dobramos as quantidades existentes de nitrogênio no meio ambiente. Tradicionalmente, os fazendeiros costumavam alternar suas plantações para repor o nitrogênio do solo, que era consumido depois de vários anos cultivando um único tipo de plantio. Os fazendeiros descobriram que era possível restaurar a fertilidade do solo por meio do cultivo de legumes e da utilização de esterco. No entanto, a agricultura moderna passou a depender fortemente de imensas quantidades de fertilizantes à base de amônia sintética que continuam injetando nitrogênio no solo que, de outra maneira, ficaria fraco demais para ser cultivado. Essa troca faustiana causou um grande aumento na produtividade das plantações, mas, por outro lado, desencadeou emissões de óxido nitroso na atmosfera e o aparecimento de resíduos de nitrogênio nos rios e riachos, estimulando o rápido e insustentável crescimento de algas. Quando essas algas morrem e entram em decomposição, o oxigênio da água é consumido, formando "zonas mortas" onde os peixes e diversas outras formas de vida não conseguem mais sobreviver. Além disso, como a fabricação desses fertilizantes de amônia sintética exige a queima de grandes quantidades de combustíveis fósseis, esse processo lança volumes significativos de CO_2 na atmosfera.

Quantidades menores de óxido nitroso também são emitidas pela queima de combustíveis fósseis que ocorre em diversos processos industriais e pela falta de tratamento de esterco animal e esgoto humano.

Embora o óxido nitroso seja o menor fator entre as seis outras causas do aquecimento global, ele ainda é um problema significativo e pode ser reduzido se mudarmos a forma como usamos o nitrogênio.

Por fim, também é importante ressaltar o papel desempenhado pelo vapor de água na atmosfera. Alguns especialistas costumam argumentar que ele retém mais calor do que o CO_2. Embora essa afirmação esteja tecnicamente correta, a extensão do impacto do vapor de água na retenção de calor na atmosfera é determinada pelo quanto os poluentes causadores do aquecimento global elevam a temperatura do ar e dos oceanos, aumentando a quantidade de vapor de água na atmosfera. Tal quantidade é responsável pela temperatura do ar e pelos padrões de circulação atmosférica que ajudam a determinar a umidade relativa. Como as mudanças nessas variáveis estão sendo afetadas pelas emissões de CO_2 e de outros poluentes causadores do aquecimento global, na verdade, as atividades humanas estão controlando a mudança dos níveis atmosféricos de vapor de água. Por consequência, a única forma de reduzir seu impacto seria solucionar a crise climática.

Em resumo, determinar a solução para o aquecimento global é tão fácil quanto é difícil colocá-la em prática. As emissões dos seis tipos de poluentes que causam o problema — CO_2, metano, carbono negro, halocarbonetos, óxido nitroso e monóxido de carbono, além dos COVs — devem ser reduzidas drasticamente. Ao mesmo tempo, também precisamos ampliar os processos que retiram esses elementos do ar e fazem com que eles sejam reabsorvidos pelos oceanos e pela biosfera.

NOSSAS FONTES DE ENERGIA

CAPÍTULO DOIS

DE ONDE VEM NOSSA ENERGIA E PARA ONDE ELA VAI

UM PETROLEIRO VAZIO DEIXA O PORTO RESERVATÓRIO EM HOUSTON, ESTADO DO TEXAS, NOS EUA, PARA BUSCAR MAIS PETRÓLEO.

A maior fonte humana da poluição responsável pelo aquecimento global é a produção de energia através de combustíveis fósseis — carvão, petróleo e gás natural. Por consequência, as soluções mais importantes para a crise climática exigem o rápido desenvolvimento e implementação de substitutos de baixo CO_2 para atender a demanda energética da economia global. A nossa dependência atual dos combustíveis fósseis é relativamente nova na história da humanidade. Embora o carvão e o petróleo já sejam conhecidos desde a Antiguidade, eles antes eram usados em volumes muito pequenos e em lugares onde sua extração era fácil na superfície terrestre.

A madeira continuou sendo nossa principal fonte de energia até a segunda parte do século XVIII. O lento, mas contínuo crescimento da população humana ao longo da Idade Média (que se acelerou depois da colonização das Américas pelos europeus), levou a uma dramática redução da cobertura arbórea europeia, indo de 95% na época da queda do Império Romano, em 476, até apenas 20% no início da revolução científica, no começo do século XVII.

A combinação de uma escassez generalizada de lenha e a invenção de novas máquinas movidas a energia (enquanto a revolução científica ganhava impulso) nos levou a um maior uso de carvão, que sempre foi considerado inferior à lenha como fonte para o aquecimento doméstico por causa da poluição do ar que ele produzia nas casas e cidades. Mas a maior razão entre peso e quantidade de energia gerada do carvão serviu para popularizá-lo — primeiro na metalurgia, em que temperaturas mais elevadas eram necessárias para a produção de ferro e aço, e depois em diversos outros novos processos de manufatura que deram origem à revolução industrial.

Conforme a busca por carvão nos levou para baixo da terra, a mineração de carvão e as principais tecnologias do início da revolução industrial se desenvolveram lado a lado. O motor a vapor e o uso de rodas em trilhos de aço surgiram primeiro nas minas de carvão. Conforme essas tecnologias foram aprimoradas, as locomotivas a vapor em ferrovias a céu aberto e o uso de motores a vapor como substitutos para as velas nas embarcações que cruzavam os mares na metade do século XIX contribuíram para que a demanda por carvão disparasse. Logo em seguida, a revolução industrial difundiu o uso do carvão como a principal fonte de energia nas fábricas. Mas foi a utilização de eletricidade para fins comerciais no final do século XIX que deu origem à predominância atual do uso de carvão.

Ao ponderar as melhores escolhas que podemos fazer quanto à produção de energia de baixo CO_2 por meio de novas fontes em vez de combustíveis fósseis, é importante pensar de forma diferenciada nas três formas distintas de energia que podem ser transportadas de um lugar para outro: combustíveis líquidos, combustíveis gasosos e eletricidade. Cada um desses três setores do mercado de energia tem suas próprias características especiais.

Quase todas as formas líquidas de energia vêm do petróleo e possuem características muito diferentes da eletricidade e do gás. Por serem de fácil armazenamento e conterem mais energia do que o carvão, comparados de igual para igual, os combustíveis líquidos derivados de petróleo representam quase toda a energia usada nos transportes no mundo inteiro. Nos Estados Unidos, mais da metade de todo o petróleo utilizado vai para carros e caminhões, com grande parte do volume restante sendo usado na indústria em moto-

UM TREM CARREGADO DE CARVÃO DESTINADO À GERAÇÃO DE ENERGIA SE PREPARA PARA SAIR DE UMA MINA PERTO DE WRIGHT, ESTADO DE WYOMING, NOS EUA.

res estacionários a diesel e como matéria-prima petroquímica. Pouco menos de 10% desse petróleo é usado para o aquecimento doméstico e comercial, e menos de 6% é utilizado para a geração de eletricidade.

De forma geral, o petróleo é hoje a nossa maior fonte energética, produzindo muito mais energia do que o carvão ou o gás. No entanto, a queima de derivados de petróleo produz quase um terço menos de CO_2 do que a queima de carvão por unidade de energia gerada.

(É irônico pensar que o primeiro poço de petróleo que teve êxito foi perfurado — na Pensilvânia — em 1859, o mesmo ano em que o grande cientista irlandês, John Tyndall, descobriu que as moléculas de CO_2 interceptam a radiação infravermelha, uma revelação que levou a ciência ao estudo do aquecimento global.)

Os combustíveis líquidos trazem desafios muito diferentes do que as duas outras formas de energia, a eletricidade e o gás natural. A maioria dos países, incluindo os EUA, depende de petróleo importado, e o mercado global é dominado por enormes reservas no Oriente Médio, cuja produção já foi interrompida diversas vezes nos últimos 35 anos por motivos geopolíticos. Além disso, as fortes oscilações dos preços do petróleo costumam causar problemas periódicos para os EUA e outros grandes consumidores desse combustível que tentam sustentar estratégias nacionais de investimento para acelerar a criação de formas renováveis de energia (as alternativas de baixo CO_2 para os combustíveis líquidos derivados de petróleo discutidas no Capítulo 6).

A nossa segunda maior fonte de energia, o gás natural, vem principalmente do metano. Hoje, o gás é responsável por aproximadamente 23% do consumo energético mundial. Quase 40% de todo o gás natural é usado na indústria como matéria-prima química e como fonte de aquecimento para caldeiras. Nas últimas décadas, quase um terço do gás natural tem servido para a produção de eletricidade e quase 20% é usado

DIÓXIDO DE CARBONO DE COMBUSTÍVEIS À BASE DE CARBONO

Os combustíveis à base de carbono têm características muito distintas. O petróleo e o gás natural possuem mais energia do que o carvão, comparados de igual para igual. Mas o petróleo produz 40% mais CO_2 do que o gás, e o carvão, 40% mais do que o petróleo. A madeira, o único combustível renovável à base de carbono, oferece a menor quantidade de energia em relação ao peso.

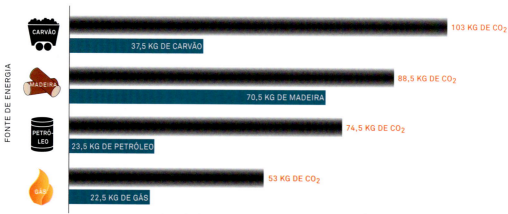

FONTE: Universidade da Califórnia, cidade de Irvine; Laboratório Nacional de Oak Ridge; conversão de gás: Tulsa Gas Technologies.

diretamente nas residências como gás de cozinha e fonte de aquecimento.

A princípio, os combustíveis gasosos à base de carbono eram produzidos do carvão, por meio de um caro processo de conversão, mas, com o tempo, as empresas de petróleo começaram a descobrir grandes quantidades de gás natural nas mesmas camadas subterrâneas onde o petróleo era encontrado. No início, esse gás era simplesmente queimado para que o petróleo pudesse ser extraído, mas agora tanto o petróleo quanto o gás são aproveitados. Com a crescente valorização desse outro combustível, os geólogos aprenderam a localizar poços contendo apenas o gás natural.

Como o metano tem muito mais átomos de hidrogênio por átomo de carbono do que o carvão ou o petróleo, ele produz apenas 70% do CO_2 liberado pelo petróleo — e quase metade do CO_2 liberado pelo carvão — para gerar a mesma quantidade de energia. É por isso que muitos consideram o gás natural um importante combustível transitório no processo de substituição do carvão e do petróleo. No entanto, ao longo das próximas décadas, as reduções de CO_2 necessárias para impedir o colapso do nosso clima exigirão que tanto o gás quanto o carvão e o petróleo sejam substituídos. Afinal, um quinto do CO_2 produzido no mercado energético já vem da queima de gás.

Os combustíveis gasosos têm características especiais. As melhores usinas de energia a gás são quase duas vezes mais eficientes do que uma usina comum de carvão.

A eletricidade é um condutor primário de energia criado a partir de diversas fontes como o carvão, a luz solar e o vento. Ela é responsável por grande parte de toda a energia do mundo e cresce mais rápido do que qualquer outro setor energético. A invenção das lâmpadas incandescentes por Thomas Edison, em 1879, e a subsequente invenção da corrente alternada por Nikola Tesla, nove anos depois, levaram ao uso cada vez mais intenso da eletricidade em carros, fábricas e residências, e à proliferação de uma vasta diversidade de aparelhos elétricos que ainda são muito presentes em nossas vidas.

No entanto, apesar de sua ampla utilização e conveniência, a eletricidade também tem desvantagens importantes. Primeiro, uma grande porcentagem da energia contida nos combustíveis queimados na produção da eletricidade se perdem durante a conversão de relativa ineficiência para uma corrente elétrica. Segundo, os custos para armazenar a eletricidade têm sido altos.

Por fim, é claro, com o rápido crescimento da demanda por eletricidade e a criação de geradores a vapor aquecidos a carvão para complementar os geradores hidrelétricos, a produção humana de CO_2 advinda do carvão disparou exponencialmente. Mais de 40% de toda a eletricidade do mundo ainda é produzida pela queima de carvão, e quase metade desse volume (20%) vem da queima de gás natural.

O resto da eletricidade utilizada no mundo vem de fontes que não produzem grandes quantidades de CO_2. As usinas hidrelétricas fornecem 18% do total e um volume menor ainda — 15% — vem da energia nuclear, que já chegou a ser vista como a sucessora natural dos combustíveis fósseis. Uma pequena quantidade vem de fontes solares, eólicas e geotérmicas que também deverão se expandir rapidamente nas próximas décadas.

A crescente popularização da eletricidade em detrimento das outras formas de energia não se deve apenas à facilidade com que ela pode ser utilizada, mas também à versatilidade de sua infraestrutura de transmissão e distribuição que pode utilizar diversas fontes energéticas para alimentar suas turbinas. Isso acontece porque, a não ser por algumas exceções — como a energia solar fotovoltaica e as células combustíveis, por exemplo —, a maioria dos processos de produção de eletricidade utiliza a energia para girar rapidamente as hélices de uma turbina e propelir bobinas de cobre ou ímãs entre si, criando uma corrente elétrica (veja "Como funciona uma turbina", na p. 60). Carvão, gás e petróleo podem ser queimados

"Eu apostaria meu dinheiro na energia solar. Que fonte incrível de energia!"

THOMAS EDISON

ESPELHOS REFLETEM E CONCENTRAM A LUZ DO SOL EM UMA "TORRE DE ENERGIA" PERTO DE SEVILHA, NA ESPANHA.

para gerar vapor, que é pressurizado para girar essas turbinas. Moinhos de vento e usinas hidrelétricas propelem suas turbinas diretamente.

No total, o petróleo, o carvão e o gás natural ainda representam 86,5% de toda a energia primária hoje utilizada (o petróleo é responsável por 36,5%; o carvão, por 27%; e o gás natural, por 23%). Em conjunto, a utilização desses três combustíveis fósseis é a maior causa do aquecimento global. É por isso que o mundo começou a se concentrar com tanta intensidade em novas alternativas para a produção de energia sem a emissão de grandes quantidades de CO_2.

A boa notícia sobre as fontes renováveis de energia de baixo CO_2 — em especial para a produção de eletricidade — é que elas estão disponíveis em uma quantidade quase ilimitada. Na verdade, todo o petróleo, carvão e gás natural do mundo contêm a mesma quantidade de energia que a Terra recebe do Sol em apenas cinquenta dias. A Terra é banhada com tanta energia solar que o volume energético recebido pela superfície do nosso planeta a cada hora é teoricamente igual ao consumo total de energia no mundo todo durante um ano inteiro. Mesmo levando em conta todas as dificuldades técnicas para a captação e utilização da energia solar, seriam necessários apenas sete dias de luz do Sol sobre a Terra para atender às necessidades anuais do planeta inteiro.

Quase cem anos atrás, em uma conversa com Henry Ford e Harvey Firestone, Thomas Edison disse: "Eu apostaria meu dinheiro na energia solar. Que fonte incrível de energia! Espero não termos que esperar até que o petróleo e o carvão acabem para aproveitá-la".

Da mesma forma, o volume energético que poderia ser produzido pelo vento e pela energia geotérmica emitida pela própria Terra em um único mês já seria o suficiente para abastecer a humanidade por um ano. Levando-se em conta também a energia contida nas correntes dos rios e nas ondas e marés oceânicas, fica óbvio que as fontes renováveis de energia — caso sejam desenvolvidas — poderiam substituir por completo os combustíveis fósseis ricos em CO_2.

A dificuldade, é claro, está no esforço concentrado e enorme investimento necessários para se desenvolver e construir sistemas de energia renovável com bom custo-benefício que nos permitam captar e utilizar de forma eficiente esses enormes fluxos energéticos.

Todas as formas de energia são caras, mas a energia renovável ficará mais barata com o passar do tempo, enquanto a energia à base de carbono tende a ficar mais cara. O preço da energia renovável cairá por três motivos.

Primeiro, porque o combustível não terá mais nenhum custo assim que a infraestrutura renovável for construída. Ao contrário dos combustíveis à base de carbono, o vento, o Sol e a Terra em si podem nos oferecer energia de graça em quantidades praticamente ilimitadas.

Em segundo lugar, embora as tecnologias dos combustíveis fósseis já estejam mais maduras, as tecnologias de energia renovável estão se aprimorando rapidamente. Assim, a inovação e a criatividade nos propiciam a chance de aumentar cada vez mais a eficiência da energia renovável e reduzir seus custos.

E terceiro, assim que o mundo assumir um compromisso claro com a mudança para as fontes renováveis de energia, o volume de produção por si próprio irá reduzir drasticamente os custos de cada moinho de vento e de cada painel solar, servindo como mais um incentivo para que novas pesquisas e projetos acelerem ainda mais o processo de inovação.

Analise, por exemplo, o que aconteceu com o custo e a eficiência dos computadores nos últimos vinte anos. A crescente demanda por equipamentos baratos levou a uma maior alocação de recursos pelos fabricantes de chips de computadores para a pesquisa e desenvolvimento de formas mais baratas e eficientes para se processar as informações.

O famoso fenômeno conhecido como a Lei de Moore (que prevê a duplicação do número de transistores em um chip de computador a cada 18 ou 24 meses) levou a uma redução de 50% no preço da mesma capacidade de processamento de informações a cada um ano e meio, mais ou menos, ao longo das últimas décadas. Essa lei serve como uma profecia autorrealizável pelas diferentes empresas, já que todas elas trabalham como se suas concorrentes estivessem sempre se esforçando para manter esse implacável ritmo de avanço.

Como cada empresa antecipa que a indústria como um todo continuará seguindo esse caminho, cada empresa compete com vigor para não ser deixada para trás. E como a demanda por computadores no mundo todo continuou a crescer vertiginosamente, o incentivo para se manter na frente da competição se mostrou alto o bastante para justificar maiores gastos com a fabricação dos melhores e mais potentes computadores pelo menor preço possível.

Além disso, conforme essa maior potência dos equipamentos permite que os cientistas e engenheiros explorem cada vez mais formas para se processar as informações — usando novos materiais, processos subatômicos, criando ferramentas de fabricação mais avançadas e testando novos modelos através de simulações sem que eles precisem ser realmente construídos — surge um ciclo virtuoso que fomenta ainda maiores inovações. Espera-se que essas inovações continuem nesse ritmo extraordinário de avanços radicais a cada 18 ou 24 meses por mais pelo menos duas décadas.

De forma muito similar, a explosão da demanda por soluções inovadoras para a produção de energia a partir de fontes renováveis está gerando orçamentos cada vez maiores para pesquisa e desenvolvimento de abordagens revolucionárias a baixos custos. Em outras palavras, o que aconteceu com os bits de dados está começando a acontecer com os elétrons. E conforme os preços caem, a demanda sobe, reforçando esse ritmo de avanços constantes, assim como na indústria dos computadores. Um compromisso global com uma mudança expressiva em busca da energia renovável acelerará ainda mais esse processo.

TURBINAS: AS MAIORES RESPONSÁVEIS PELA PRODUÇÃO DE ELETRICIDADE HOJE

A maior parte da eletricidade que usamos é produzida por turbinas. As usinas convertem uma fonte primária de energia — como o carvão, gás natural ou urânio — em calor. Esse calor transforma a água em vapor, que gira as lâminas de uma turbina. Estas acionam um gerador, produzindo eletricidade que pode então ser transmitida a residências e empresas para ser utilizada no dia a dia. (A energia hidrelétrica usa a força da queda de água para girar as lâminas das turbinas. Um moinho de vento é uma turbina que converte o vento em energia. As lâminas de um moinho são, na verdade, as lâminas de uma turbina.)

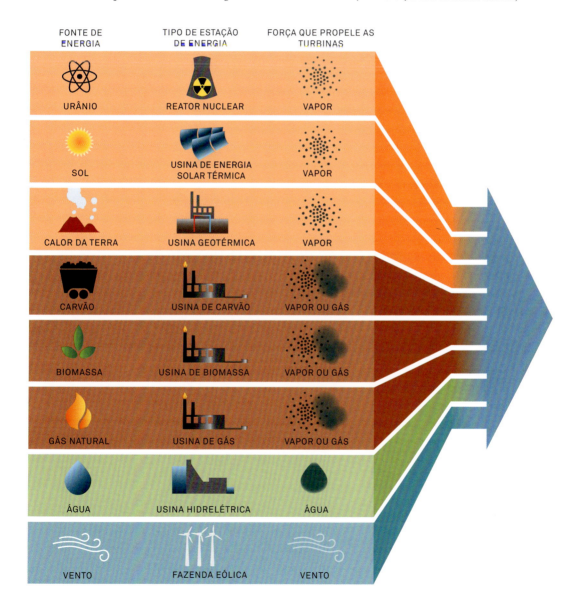

COMO FUNCIONA UMA TURBINA

Em um gerador comum, o vapor, o gás, a água ou o vento giram as lâminas da turbina. A turbina então gira uma haste conectada a um cilindro de bobinas de fios isolados dentro de ímãs ou a ímãs dentro de bobinas de fios. Independente da estrutura, os ímãs e as bobinas giram uns dentro dos outros. No desenho mostrado aqui, as bobinas giram dentro de dois polos opostos de um ímã.

Ao girar no campo magnético, cada parte do fio do gerador se transforma em um pequeno condutor eletromagnético; juntas, elas criam uma corrente maior. A corrente é enviada para um transformador que converte a eletricidade para que ela possa ser transmitida através das linhas de alta voltagem.

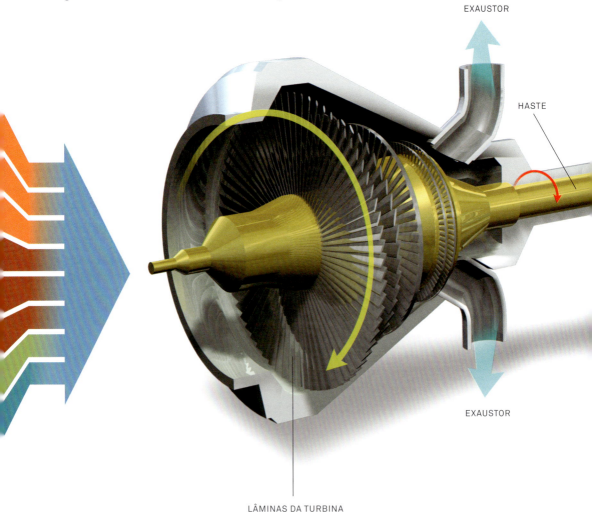

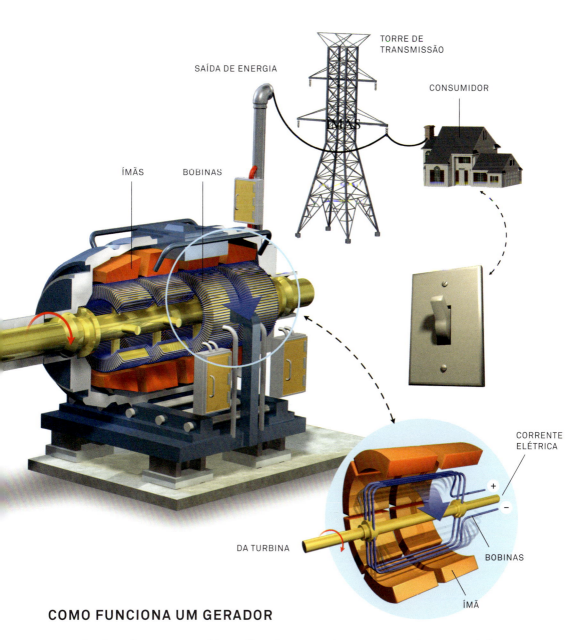

COMO FUNCIONA UM GERADOR

Ao girar dentro de um campo magnético, um fio condutor (como o de cobre) desloca os elétrons de suas órbitas para que eles possam se mover da órbita de um átomo para a de outro. O movimento desses elétrons "livres" é uma carga elétrica; quando diversas bobinas são giradas rapidamente, elas produzem uma corrente contínua de carga elétrica, ou seja, a eletricidade.

NOSSAS FONTES DE ENERGIA

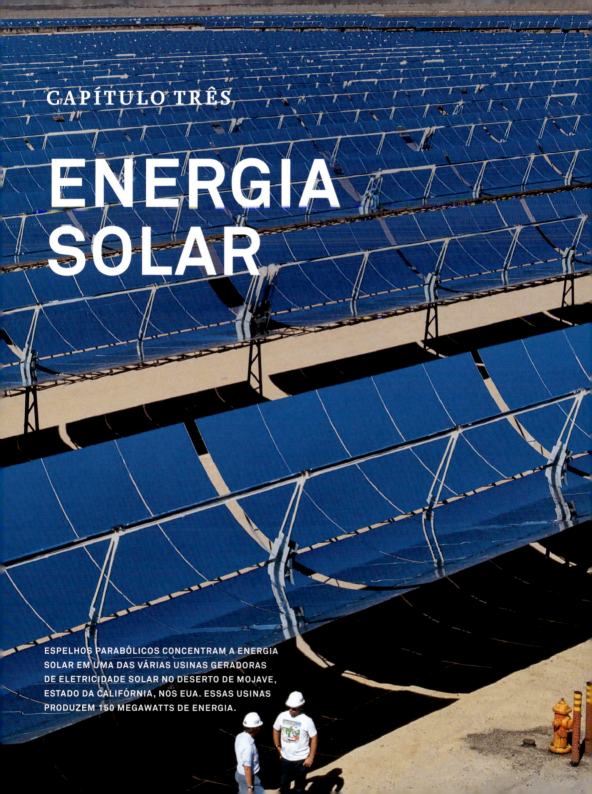

CAPÍTULO TRÊS

ENERGIA SOLAR

ESPELHOS PARABÓLICOS CONCENTRAM A ENERGIA SOLAR EM UMA DAS VÁRIAS USINAS GERADORAS DE ELETRICIDADE SOLAR NO DESERTO DE MOJAVE, ESTADO DA CALIFÓRNIA, NOS EUA. ESSAS USINAS PRODUZEM 150 MEGAWATTS DE ENERGIA.

Existem basicamente duas maneiras de gerar eletricidade a partir da luz do Sol: produzindo calor para acionar um gerador ou convertendo a luz do Sol diretamente em eletricidade usando células solares.

A primeira abordagem, conhecida como concentração de energia solar térmica (EST), utiliza a luz do Sol para aquecer líquidos que são usados para ativar geradores elétricos. Isso é feito utilizando-se espelhos que concentram a luz solar.

Existem diversas formas para se fazer isso. Algumas usinas de EST usam espelhos curvos (chamados de espelhos parabólicos) que seguem o movimento do Sol pelo céu e concentram a luz solar em um cano, aquecendo a água ou outro líquido qualquer. Outros modelos usam longas fileiras de espelhos rotativos quase planos para chegar basicamente ao mesmo resultado com materiais mais baratos.

Outro modelo inovador e visualmente interessante usa um enorme agrupamento de espelhos planos que seguem o Sol dispostos em um semicírculo em volta de uma "torre de energia". Essa estrutura sustenta um enorme contêiner de um líquido que é aquecido a altíssimas temperaturas pela energia solar concentrada por todos os espelhos ao mesmo tempo. Assim como em outros modelos, o calor coletado ferve a água e produz o vapor que ativa as turbinas elétricas. A maioria dos especialistas acredita que essa tecnologia envolva um risco mais alto — além de uma recompensa potencialmente maior — do que os outros dois modelos. Entre outras coisas, as temperaturas mais elevadas facilitam o armazenamento de energia por períodos de tempo mais longos para quando não houver luz solar disponível. No entanto, não se sabe ao certo se a torre de energia oferece de fato alguma vantagem em termos de custos.

Outro modelo capaz de produzir eletricidade solar térmica utiliza um motor Stirling de alta eficiência suspenso diante de cada espelho parabólico. O calor intenso da luz concentrada do Sol aciona o motor que é ligado a um pequeno gerador elétrico. Embora essa seja uma abordagem inovadora, a maioria dos especialistas acredita que ela continuará sendo mais cara do que as outras formas de EST em virtude do alto custo para se instalar um motor Stirling separado para cada série de espelhos.

Independentemente do modelo escolhido, as usinas de EST são instalações imensas que exigem uma quantidade substancial de investimentos. Por usarem aço, vidro e concreto, não exigindo nenhum material raro ou precioso, elas não são muito vulneráveis às variações estratégicas de oferta dos materiais necessários para a sua ampliação. Em decorrência disso, as usinas de EST poderiam ser implementadas imediatamente, oferecendo grandes volumes de eletricidade.

Essas usinas são interligadas a redes já existentes de transmissão e distribuição. No entanto, essa tecnologia é mais eficiente em áreas que recebem mais luz solar direta, como áreas desérticas, que ficam muito longe dos centros populacionais — onde está a maior parte da demanda por eletricidade. Como resultado, a utilização plena desse potencial exigirá a construção de novas linhas de transmissão de alta tecnologia interligadas a um sistema de distribuição de redes inteligentes. Além disso, algumas usinas de EST utilizam quase

O PARQUE FOTOVOLTAICO DE OLMEDILLA, NA ESPANHA, USA MAIS DE 160 MIL PAINÉIS FV PARA GERAR 60 MEGAWATTS DE ELETRICIDADE.

NA TORRE DE ENERGIA PERTO DE SEVILHA, NA ESPANHA, ESPELHOS CONCENTRAM A ENERGIA SOLAR EM UMA ESTRUTURA DE QUASE 92 M, TRANSFORMANDO A ÁGUA EM VAPOR PARA ATIVAR UMA TURBINA ELÉTRICA.

tanta água quanto as usinas convencionais de combustíveis fósseis, embora o mercado esteja concentrando-se em modelos que exigem bem menos água.

A segunda maneira de se produzir eletricidade a partir da luz do Sol é por meio de células solares feitas de materiais com propriedades específicas, capazes de converter a energia dos fótons da luz do Sol diretamente em eletricidade sem que nenhuma turbina a vapor seja necessária.

Essas células fotovoltaicas (FV) são semicondutoras, da mesma maneira como os transistores. A energia nos fótons de luz solar libera os elétrons dos átomos nas células FV para que eles possam deixar o painel sob a forma de uma corrente elétrica.

Até pouco tempo atrás, a maioria dos especialistas acreditava que a eletricidade fotovoltaica deveria continuar relativamente mais cara do que a produzida pela concentração de energia solar térmica. No entanto, os contínuos avanços na eficiência de todas as formas de células fotovoltaicas levaram os especialistas a concluir que nós já alcançamos — ou estamos muito perto de alcançar — um ponto a partir do qual as células fotovoltaicas passarão a oferecer uma vantagem financeira em relação à EST. Além disso, caso a curva de redução de custos continue forçando os preços das células fotovoltaicas para baixo nesse mesmo ritmo, elas logo poderão passar a oferecer vantagem financeira em relação à eletricidade gerada por combustíveis fósseis.

Isso não quer dizer que a energia solar térmica não terá um grande futuro mesmo se os preços das células fotovoltaicas continuarem a cair drasticamente. Na verdade, a facilidade para se construir instalações de EST a partir de materiais prontamente disponíveis e ligá-las a redes já existentes de transmissão e distribuição as tornará uma opção interessante para diversas áreas, em especial aquelas que recebem muita luz do Sol ou que estão interligadas por linhas de transmissão de alta eficiência.

As células FV mais avançadas poderão beneficiar-se de uma curva de inovação e redução de custos similar, ainda que não tão intensa, ao fenômeno conhecido como Lei de Moore, que vem produzindo drásticas reduções de custos entre os chips de computadores a cada 18 ou 24 meses. Em contrapartida, as usinas de EST utilizam materiais que são commodities, o que inviabiliza em grande parte uma redução de custos tão rápida como a das células fotovoltaicas.

Ademais, as células solares FV parecem se beneficiar da economia de escala na fase de produção de maneira muito mais intensa do que a EST. Até agora, cada duplicação do volume cumulativo de produção gerou um corte de 20% nos custos. E elas não dependem tanto da alta incidência de luz solar direta para serem eficientes como a EST.

Além disso, as células FV podem ser dispostas de maneira "distribuída". Ou seja, pequenas instalações oferecem tanta eficiência quanto um complexo inteiro. Células FV podem ser instaladas em tetos de prédios, por exemplo, o que obviamente não é possível com os modelos de EST. As células FV acabarão se tornando mais competitivas em diversas áreas do mundo, incluindo quase todos os Estados Unidos, ao passo que a EST provavelmente só será viável em áreas com alta incidência de luz solar direta.

O uso da "medição bidirecional", que dá aos consumidores domésticos e donos de empresas a oportunidade de instalar células fotovoltaicas em seus telhados para vender a eletricidade excedente de volta à rede,

COMO FUNCIONA A ENERGIA SOLAR TÉRMICA

Nas usinas de energia solar térmica (EST), a energia solar é concentrada por espelhos, que focam os raios do Sol em um cano cheio de água ou de um óleo sintético chamado Therminol, elevando-o a altíssimas temperaturas. O líquido é então bombeado através de todo o sistema e um trocador de calor usa essa energia térmica para gerar o vapor que ativa a turbina e produz eletricidade.

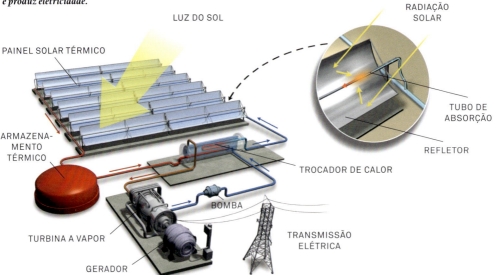

também servirá como um forte incentivo para a rápida disseminação dessa tecnologia.

Mais de 90% das células fotovoltaicas usadas atualmente são feitas de silício. A primeira geração de células fotovoltaicas exige o processamento e a transformação do silício em polissilício (diversos pequenos cristais únicos) ou silício amorfo.

O recente crescimento da demanda por eletricidade solar gerou um enorme aumento da capacidade de produção mundial de células fotovoltaicas à base de silício, gerando uma queda nos preços. Como o silício é a segunda substância mais abundante na crosta terrestre (depois do oxigênio), não há nenhum risco de escassez de matéria-prima. Além do mais, com a queda dos preços, a demanda cresceu ainda mais, criando um "ciclo virtuoso" de custo-benefício. Até pouco tempo, esse processo era ainda mais caro do que os métodos usados nas usinas de energia solar térmica concentrada, mas isso está mudando rapidamente, conforme novas formas de energia fotovoltaica estão sendo desenvolvidas.

O preço das células de cristais únicos de silício vem caindo e elas agora já são produzidas de maneiras cada vez mais eficientes. Essas células exigem a utilização de peças de vidro relativamente caras com armações metálicas, o que levou os cientistas a explorarem o uso de materiais e modelos mais inovadores e econômicos.

COMO FUNCIONA A ENERGIA FOTOVOLTAICA

As células solares fotovoltaicas (FV) produzem eletricidade diretamente, sem o uso de turbinas. Quando a luz do Sol atinge o painel, que em geral é feito de silício semicondutor, os fótons na luz do Sol liberam os elétrons dos átomos no material fotovoltaico para que eles possam escapar das células sob a forma de uma corrente elétrica. Ao serem forçados a se mover em uma determinada direção, os elétrons se tornam uma corrente elétrica. Um inversor é então usado para converter a corrente direta na corrente alternada que usamos em nossas casas.

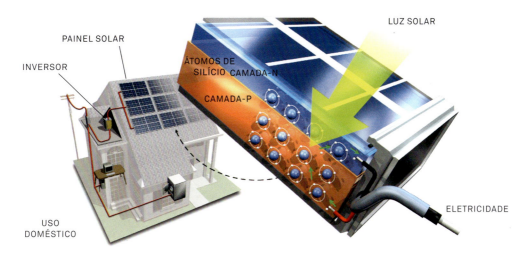

Os novos modelos de células de "filme fino" possuem menor custo de fabricação e instalação, embora ainda convertam fótons em elétrons de forma menos eficiente do que as células de cristais únicos de silício. Em geral, essas células são feitas de silício amorfo, uma combinação de cádmio com telúrio, ou de uma mistura de cobre, índio, gálio e selênio.

A escolha entre a primeira geração de células de silício e os modelos mais recentes das células de filme fino é uma questão de maior custo por maior eficiência ou menor custo por menor eficiência. Ainda assim, as duas opções estão ficando cada vez mais baratas e eficientes (embora, nos últimos tempos, os avanços tenham sido maiores entre as células de filme fino).

O surgimento de uma nova geração de células fotovoltaicas vem sendo muito comemorado entre pesquisadores e engenheiros. Novas estruturas moleculares que se tornaram possíveis por meio de processos químicos e tecnologias de fabricação inovadores nos oferecem uma promessa de níveis muito maiores de eficiência a preços muito menores. Essas células podem usar sofisticadas técnicas de nanotecnologia para alcançar imensos saltos de eficiência, capturando e usando mais fótons e deslocando mais elétrons. Talvez elas também possam deixar para trás a necessidade de peças de custo elevado usadas nas células da geração atual. Como a fabricação das células fotovoltaicas é relativamente cara, talvez seja possível baratear o processo utilizando lentes ou espelhos mais baratos para concentrar a luz do Sol em uma pequena célula de alta eficiência, embora de elevado custo. Na verdade, algumas células da nova geração podem usar nanoestruturas para realizar a concentração dentro da superfície da própria célula.

No entanto, alguns modelos das células de filme fino FV da nova geração utilizam materiais preciosos raros (como o selênio, por exemplo), o que aumenta as chances de períodos de escassez de matéria-prima e de custos potencialmente mais elevados caso esses modelos sejam fabricados em larga escala.

Diferentemente do que acontece com os combustíveis fósseis ou a energia nuclear, as usinas solares só são capazes de produzir uma corrente elétrica constante quando o Sol está brilhando. Embora esse combustível — a luz solar — seja gratuito, o Sol obviamente não brilha à noite e a movimentação de nuvens durante o dia pode afetar o fluxo da eletricidade solar. Essa limitação de "intermitência" exige que o papel da eletricidade solar seja pensado de modo diferente.

Uma grande vantagem das usinas solares é que elas atingem seu pico de produção quando o sol está mais forte. Felizmente, isso também coincide com o pico natural de demanda por eletricidade, que em geral ocorre em virtude do uso intenso de aparelhos de ar-condicionado.

As usinas de EST oferecem outra solução parcial para o problema da intermitência: o calor recebido pelo líquido nos tanques pode ser armazenado (em geral em sal derretido) para quando o sol for bloqueado pelas nuvens. Atualmente, o calor pode ser conservado por cerca de uma hora, mas esse período deverá chegar a cinco ou seis horas em breve. Estima-se que um novo modelo de torre de energia seja capaz de conservar o calor por até quinze horas! Como as células FV não geram calor durante a produção de eletricidade, elas não são capazes de realizar o armazenamento térmico. A maioria das usinas fotovoltaicas tem geradores a gás que ficam de prontidão para resolver eventuais problemas de intermitência.

Outra solução parcial para o problema da intermitência é a instalação de uma rede inteligente nacional unificada. Se estações de captação estiverem espalhadas ao longo de uma grande área geográfica, a falta de luz solar em uma determinada localidade poderá ser compensada pela luz solar de outra região.

Gerenciar a integração dos fluxos intermitentes de eletricidade pela rede elétrica não será um grande problema desde que a porcentagem geral de fontes intermitentes não extrapole 20% do total. No entanto, ao passar disso, o desafio se torna bem mais complexo.

Uma solução inovadora envolve um benefício colateral da mudança da frota automotiva para veículos elétricos híbridos (VEHs) e veículos totalmente elétricos (VEs), já que esses milhões de VEHs e VEs podem servir como baterias disseminadas em larga escala. Outras formas novas de armazenamento de energia elétrica também podem otimizar os fluxos intermitentes de eletricidade.

Atualmente, todas as formas de eletricidade solar ainda são mais caras do que a eletricidade obtida pela queima de carvão ou de gás, em grande parte porque o alto custo associado à poluição causadora do efeito estufa não é computado nos cálculos do verdadeiro custo da eletricidade produzida dessa forma. No entanto, as inovações no ramo da energia solar estão propiciando uma rápida queda nos preços. Muitos

ENERGIA SOLAR ESPACIAL

A proposta exótica da energia solar espacial vem sendo discutida e debatida há décadas. No espaço, o problema da intermitência não existe e a energia solar é mais forte. A luz do Sol que atinge os painéis solares nos telhados de prédios na América do Norte produz entre 125 e 375 watts por m², gerando cerca de 1 quilowatt-hora por dia de eletricidade. Teoricamente, seria possível lançar em órbita um enorme grupamento de células fotovoltaicas em um satélite geoestacionário 35 mil km acima da Terra, onde a potência da radiação solar é mais do que oito vezes maior.

Os cientistas propõem o lançamento de diversos satélites em uma órbita fixa. Cada um desses satélites usaria painéis refletores para captar a constante luz do sol e direcioná-la para células fotovoltaicas. Um único painel fotovoltaico no espaço seria capaz de captar de seis a oito vezes mais energia do que na Terra, e a órbita terrestre pode receber milhares desses painéis.

Os satélites enviariam a energia de volta para receptores em terra através de frequências de micro-ondas. Os defensores dessa estratégia afirmam que esses raios de micro-ondas serviriam como um sistema muito eficiente para a distribuição de energia e insistem que elas não oferecem nenhuma ameaça aos seres humanos, aves ou qualquer outra forma de vida. No entanto, ainda há muito ceticismo quanto à aceitação pública de raios de micro-ondas sendo enviados do espaço ou qualquer tipo de sistema que envolva o lançamento de diversos foguetes como parte de sua implementação.

Painéis enormes seriam usados para concentrar a energia do sol nos painéis FV. A eletricidade gerada seria então transmitida para estações de captação na Terra através de micro-ondas.

OS MAIS DE MIL PAINÉIS FV SOBRE O SALÃO PAULO VI, NO VATICANO, SÃO RESPONSÁVEIS PELO AQUECIMENTO, PELO AR-CONDICIONADO E PELA ILUMINAÇÃO DO PRÉDIO.

especialistas estimam que dentro de alguns poucos anos nós já seremos capazes de produzir eletricidade FV a preços competitivos em relação às usinas de carvão. Hoje em dia, no entanto, o alto custo da eletricidade solar faz com que o financiamento dessas tecnologias dependa de políticas governamentais para compensar a diferença artificial de custos entre a eletricidade solar e a eletricidade de combustíveis fósseis.

Em muitos países, especialmente nos Estados Unidos, essas políticas governamentais ainda são muito instáveis e têm seguido um ritmo atravancado e frustrante, que tem levado a indústria, de tempos em tempos, a se ver sem os recursos necessários para continuar em um caminho consistente de desenvolvimento.

Por exemplo, nove usinas experimentais de EST foram construídas entre 1984 e 1991 no deserto de Mojave, no sul da Califórnia (com uma área total de 2 milhões de m² de espelhos) e todas vêm operando de forma contínua e eficiente há mais de 25 anos. Embora nenhuma delas armazene energia, elas utilizam geradores a gás para produzir eletricidade durante períodos de tempo nublado. Esse histórico comprovado de sucesso encorajou muitas pessoas a acreditar que usinas similares usando avanços recém-desenvolvidos em conjunto com a tecnologia básica poderiam ser construídas rapidamente para fornecer grandes volumes de eletricidade. No entanto, ao longo do período após a construção dessas usinas, condições de mercado e mudanças desfavoráveis nas políticas governamentais causaram a falta do capital necessário para a criação de novas usinas.

De modo geral, existem duas causas principais por trás das mudanças erráticas na política energética dos Estados Unidos: a montanha-russa dos preços do petróleo e as mudanças periódicas do comando político na Casa Branca e no Congresso. Sempre que o petróleo atinge preços recordes, surge uma explosão de incentivos públicos para a criação de fontes alternativas de energia, mas, quando os preços voltam a cair, esse apoio tende a se dissipar rapidamente.

Já quanto ao segundo fator, as empresas de petróleo e carvão e outras indústrias que queimam carvão têm trabalhado muito para consolidar uma oposição à eletricidade solar em ambos os partidos políticos dos Estados Unidos.

Mesmo assim, ao longo da última década, novas usinas de EST ainda mais avançadas foram construídas no Arizona e em Nevada, e muitas outras estão agora em fase de desenvolvimento e/ou construção no oeste dos Estados Unidos e em diversos outros países. A recente criação de novos incentivos governamentais nos Estados Unidos para a eletricidade solar e de novas leis na Califórnia e em vários outros Estados que exigem que as empresas obtenham uma determinada porcentagem de sua eletricidade por meio de fontes renováveis trouxe novo fôlego à construção de mais usinas solares. Por exemplo, a Florida Power & Light começou recentemente a construir uma imensa usina fotovoltaica para fornecer eletricidade aos seus clientes.

Em outros países, como Espanha e Alemanha, políticas governamentais inovadoras estimularam a demanda e ampliaram de maneira acentuada o uso da tecnologia da eletricidade solar. China e Taiwan assumiram sérios compromissos para se tornarem líderes mundiais na produção de células fotovoltaicas. Em contrapartida, embora as células fotovoltaicas tenham sido criadas nos Estados Unidos, hoje apenas uma de cada dez empresas líderes nesse ramo fica nesse país.

Novas políticas governamentais mais sólidas e impactantes serão necessárias nos Estados Unidos e em todos os outros lugares para acelerar o desenvolvimento da demanda por eletricidade solar e criar milhões de novos empregos nesse ramo do novo milênio.

Assim que o mundo decidir estabelecer metas ambiciosas para expandir o desenvolvimento da energia solar e se comprometer a fazer os investimentos necessários para aprimorar as tecnologias envolvidas, não há dúvida alguma de que a energia solar representará uma grande porcentagem da eletricidade usada no mundo todo.

ARQUITETURA PARA O SOL: CASAS SOLARES PASSIVAS

Existem outras valiosas formas de energia solar que não produzem eletricidade. A chamada energia solar passiva pode desempenhar um papel significativo na redução do consumo de energia em casas ou prédios comerciais (cujo uso de energia é responsável por aproximadamente 40% de todas as emissões de gases de efeito estufa nos Estados Unidos).

As construções solares passivas usam a luz do Sol como uma fonte direta de calor. A arquitetura se baseia nas leis físicas de como o calor se move para que o próprio prédio possa servir como um sistema de captação, absorção e distribuição. A absorção de calor é maximizada no inverno e minimizada no verão. As casas são construídas de modo que as janelas fiquem voltadas para o trajeto do Sol e tenham arestas ajustáveis para receber mais energia solar durante o inverno e menos durante o verão. A massa térmica, como paredes de pedras, absorve e armazena o calor do Sol; um sistema adequado de ventilação permite que o calor circule pela casa; e as paredes e janelas são separadas de outros materiais condutores por um material isolante a fim de evitar que o calor (ou o ar frio) escape. Aquecedores solares de água no telhado também utilizam o Sol para reduzir o uso de energia.

A energia solar passiva pode reduzir em muito o consumo energético dos prédios. Em conjunto com os painéis solares FV ou outras tecnologias, o resultado pode ser um prédio de "consumo energético nulo", que não depende de energia externa.

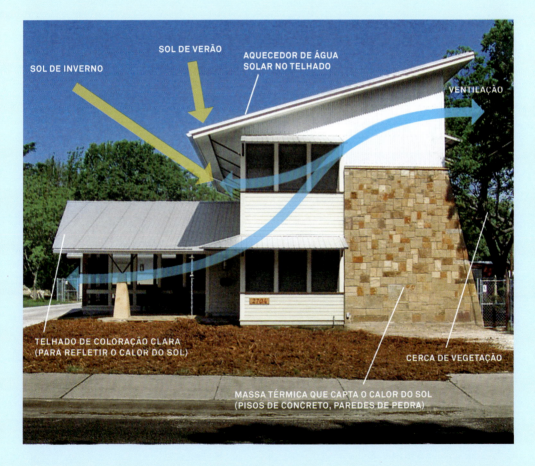

NOSSAS FONTES DE ENERGIA

CAPÍTULO QUATRO

DOMANDO O VENTO

TURBINAS EÓLICAS EM UMA FAZENDA NO CONDADO DE SHERMAN, ESTADO DO OREGON, EUA.

O vento, na verdade, é uma outra forma da energia do Sol. Como partes do nosso planeta recebem mais luz solar direta do que outras (os trópicos, obviamente, recebem mais luz do que as regiões polares, por exemplo), a diferença resultante na temperatura do ar cria enormes fluxos planetários de vento. Além disso, o ar acima das massas de terra se aquece mais rapidamente durante o dia e esfria mais rapidamente durante a noite do que o ar acima dos oceanos. As diferentes características das superfícies do terreno em si também afetam o aquecimento e o resfriamento do ar acima dele. Montanhas causam impacto na altitude e, consequentemente, na temperatura do ar. Os desertos são mais quentes durante o dia e mais frios durante a noite, ao passo que as florestas não sofrem muitas mudanças de temperatura nesses períodos. Sempre que o ar próximo à superfície se aquece, ele se expande e sobe, criando uma pressão a vácuo que puxa o ar frio. É assim que o vento se forma.

O caráter perene das formações geográficas — oceanos e continentes, montanhas e seus desfiladeiros, colinas e vales, desertos e florestas — faz com que os padrões do vento sejam previsíveis. Se o ar fosse visível como a água, nós poderíamos ver "lagos" de ar onde o vento está calmo, "riachos" fluindo onde sopra uma brisa, e "rios" revoltos em lugares onde o vento ultrapassa em média os 25 km/h, que é a velocidade necessária para a produção eficiente de eletricidade. É em lugares sujeitos a ventos mais rápidos como estes que os moinhos de vento são instalados.

De modo geral, os nossos recursos eólicos são tão vastos que poderiam fornecer, ao menos em teoria, cinco vezes o volume energético consumido no mundo inteiro e gerado por todos os outros recursos juntos. Tecnicamente, o volume de energia eólica disponível nos Estados Unidos poderia gerar uma quantidade equivalente a dez vezes o consumo elétrico anual do país.

Nos dois últimos anos, a energia eólica se firmou como a fonte geradora de eletricidade que mais cresceu nos Estados Unidos. Além de ser a fonte renovável de crescimento mais rápido, ela também apresentou o crescimento mais vertiginoso de todas as outras formas de energia, ultrapassando o potencial somado das usinas de carvão, gás e energia nuclear. Os Estados Unidos foram, aliás, os líderes mundiais na instalação de novos moinhos de vento em 2008.

Em termos do volume total de eletricidade que já está sendo produzido a partir do vento, os Estados Unidos estão no primeiro lugar. A Alemanha, que possui uma população muito menor, está bem perto, em segundo. Com a metade da população da Alemanha, a Espanha tem mais do que dois terços da capacidade eólica alemã. A China está em quarto lugar em termos de capacidade eólica já instalada, mas na segunda colocação em se tratando de novas instalações no último ano, perdendo apenas para os Estados Unidos; espera-se que os chineses cheguem ao segundo lugar geral já no ano que vem. A Índia ocupa o quinto lugar em capacidade instalada, mas chegou à terceira colocação quanto ao número de novos moinhos de vento instalados em 2008.

A Dinamarca, país líder entre todas as nações em termos da porcentagem de energia eólica em relação ao volume total, agora obtém mais de 21% de sua

UM TÉCNICO INSPECIONA A HÉLICE DE UMA TURBINA NA FAZENDA EÓLICA WETHERSFIELD, NO OESTE DE NOVA YORK, NOS EUA.

eletricidade de moinhos de vento (aliás, o primeiro moinho de vento moderno de escala comercial da Dinamarca foi construído depois da Segunda Guerra Mundial com ajuda do Plano Marshall). A Alemanha e a Espanha obtêm ambas mais de 5% de sua energia a partir do vento, e algumas regiões até muito mais.

A ampla disponibilidade do vento é um dos principais motivos pelos quais ele se tornou a nova fonte de eletricidade mais popular do mundo. Por enquanto, a energia eólica também é a mais barata de todas as outras formas renováveis de energia, a não ser pela geotérmica. Embora os preços das outras fontes, especialmente das células fotovoltaicas, deva cair muito rapidamente ao longo dos próximos anos, a energia eólica já representa uma tecnologia madura e competitiva mesmo sem maiores inovações. Com a tendência global de repensar o carbono para se estabelecer uma avaliação mais realista da eletricidade gerada por combustíveis fósseis, a energia eólica deverá continuar crescendo rapidamente como uma das principais fontes de eletricidade no mundo todo.

A maioria dos moinhos de vento de hoje possui uma aparência muito similar, com três grandes hélices no alto de uma torre. Um típico moinho de vento de escala comercial tem hélices de 27 a 45 m de comprimento, instaladas no alto de torres de 45 a 105 m de altura. O motor de turbina mais popular produz em média 1,5 megawatts de eletricidade, o bastante para atender 400 residências médias dos Estados Unidos. Esses enormes moinhos de vento são instalados geralmente em grupamentos com dezenas ou centenas deles em imensas "fazendas eólicas" interligadas à rede de transmissão e distribuição.

As hélices dos moinhos de vento modernos são projetadas com base em um princípio similar ao que é usado nas asas dos aviões. A forma curva da parte superior da hélice faz com que o vento acelere em relação ao fluxo mais lento na face inferior. A diferença resultante na pressão do ar faz as hélices girarem com grande força. A rotação das hélices gira uma haste que ativa um gerador elétrico e produz eletricidade mais ou menos como o vapor ativa as hélices de turbinas muito maiores em usinas de energia nuclear, solar térmica concentrada ou de combustíveis fósseis.

Ao longo do tempo, a construção de rotores maiores e torres mais altas aumentou a eficiência dos moinhos. A dificuldade para se transportar as enormes hélices pelas estradas é um dos fatores que nos leva a previsão de que as hélices já teriam alcançado ou estão muito perto de chegar ao seu limite dimensional. No entanto, diversas outras previsões anteriores quanto ao tamanho máximo das hélices já se mostraram equivocadas.

PRODUÇÃO GLOBAL DE ENERGIA EÓLICA

A energia eólica está experimentando um rápido crescimento e atualmente totaliza mais de 120 mil megawatts em todo o mundo. Em 2008, os Estados Unidos somaram 8.500 megawatts de energia eólica, um aumento de 50% em um único ano.

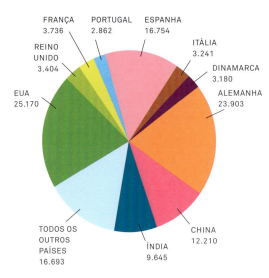

CAPACIDADE EÓLICA TOTAL INSTALADA, 2008
(em megawatts)

FONTE: Global Wind Energy Council.

ANGLESEY, UMA ILHA DO PAÍS DE GALES, ABRIGA DIVERSAS FAZENDAS EÓLICAS QUE APROVEITAM OS CONSTANTES VENTOS DA REGIÃO.

O alto custo do transporte dessas torres, hélices e turbinas por longas distâncias gera um incentivo financeiro para que os moinhos de vento sejam construídos no país onde serão utilizados. Dezenas de milhares de novas vagas já foram criadas nos Estados Unidos no ramo de manufatura e instalação de moinhos de vento. Por exemplo, a Cardinal Fastener, em Bedford Heights, Ohio, empresa que fez os pinos gigantes usados na Ponte Golden Gate e na Estátua da Liberdade, agora espera que metade de sua receita venha da produção de enormes pinos para novos moinhos de vento. Assim, muitos novos empregos ainda deverão ser criados.

Entre outras vantagens, as fazendas eólicas podem ser ampliadas: caso surja uma maior demanda no mercado, mais moinhos podem ser instalados. Na verdade, novos moinhos podem ser construídos e instalados em dois meses (por serem modulares, a montagem é rápida e simples). Isso os torna mais atrativos do que diversas outras fontes de eletricidade que podem levar mais de uma década para serem construídas. O custo de manutenção dos moinhos de vento é baixo, e a experiência mostra que eles podem durar muito tempo. Além disso, a energia eólica, ao contrário de diversas outras tecnologias, não necessita de água, uma vantagem cada vez mais importante em regiões secas. A energia eólica utiliza menos espaço do que qualquer outra opção de energia renovável, mas é a mais visível de longe no horizonte. Eu me enquadro entre aqueles que veem os moinhos de vento como detalhes lindos e cativantes em uma paisagem, mas existem pessoas que

OS MOINHOS DE VENTO PODEM AMEAÇAR OS PÁSSAROS?

O fato de alguns pássaros às vezes serem mortos ao voarem contra as hélices dos moinhos criou uma controvérsia em torno da instalação de novas fazendas eólicas.

O número total de pássaros mortos por moinhos de vento nos Estados Unidos a cada ano representa apenas 0,5% do número de pássaros mortos por torres de comunicação, 0,005% do número de mortes causadas por prédios e menos de 0,03% do total de pássaros mortos por gatos domésticos. Em termos estatísticos, isso significa que um gato doméstico comum nos Estados Unidos mata aproximadamente o mesmo número de pássaros que um moinho de vento comum a cada ano.

Além disso, o CO_2 produzido por usinas de combustíveis fósseis é uma das principais causas do aquecimento global — que, segundo um estudo, poderia contribuir para a extinção de mais de um quarto de todas as espécies de pássaros do mundo. Ainda assim, existe o interesse por avanços na arquitetura dos moinhos de vento que evitem a morte de mais pássaros, e muitos engenheiros estão trabalhando duro nessa questão.

Já estão sendo testados alguns sensores capazes de detectar a aproximação de grandes bandos de pássaros e interromper o funcionamento dos moinhos quando necessário.

CAUSA DE MORTES DE PÁSSAROS (em milhões por ano nos EUA)

FONTE: Wallace P. Erickson et al. In: *Bird Conservation Implementation and Integration in the Americas* [Implementação e integração da preservação de pássaros nas Américas], 2002.

GRANDE PARTE DO NOVO POTENCIAL EÓLICO DO REINO UNIDO FICA EM ALTO-MAR. ESTA TURBINA DE 5 MEGAWATTS FICA PERTO DE INVERNESS, NA ESCÓCIA.

são avessas à aparência deles e lançaram campanhas contra a instalação de novas unidades. Por outro lado, não podemos permitir que o entusiasmo com a energia eólica suplante objeções legítimas em determinados lugares. Por exemplo, a proposta de construir uma fazenda eólica em uma região pantanosa rica em carbono nas Ilhas Shetland anularia os benefícios da redução de CO_2 nesse projeto específico.

Embora a maioria dos moinhos de vento hoje fique em terra, o uso do vento em alto-mar está crescendo rapidamente por diversos motivos. Em primeiro lugar, a instalação de moinhos de vento no mar em geral enfrenta menos objeções. Os ventos são geralmente mais fortes, mais previsíveis e menos turbulentos sobre o oceano, já que a superfície é plana e possui poucas obstruções. A experiência acumulada com a construção de plataformas de petróleo em alto-mar desenvolveu a confiança e as técnicas necessárias para a construção de plataformas de moinhos de vento despontando do leito oceânico a preços aceitáveis. A bem dizer, alguns empreendedores do ramo eólico acreditam que diversas plataformas de petróleo estão localizadas em áreas onde seria economicamente vantajoso instalar moinhos de vento no alto dessas próprias plataformas. Duas empresas, a norueguesa StatoilHydro e a alemã Siemens, anunciaram ano passado que começaram a trabalhar no projeto de uma plataforma flutuante para moinhos de vento em alto-mar que poderá ser instalada em águas mais profundas, presa por três cabos de ancoragem no fundo do mar.

Fora isso, a instalação de cabos subterrâneos de transmissão no leito oceânico para levar a eletricidade para a terra é relativamente barata, mesmo que as plataformas fiquem a dezenas ou centenas de quilômetros da costa. Países como Dinamarca, Suécia, Reino Unido, Irlanda, Holanda e China estão todos começando a usar o vento em alto-mar como uma atraente fonte de eletricidade renovável e não poluente. Diversos projetos estão em fase de desenvolvimento nos Estados Unidos, mas nenhum foi implementado ainda.

Atualmente, a maior fazenda eólica em alto-mar do mundo fica perto de Skegness, na Inglaterra. A fazenda eólica Lynn and Inner Dowsing tem 54 enormes moinhos de vento, cada um deles com hélices de mais de 50 m de comprimento e uma turbina instalada 80 m acima do nível do mar. Juntos, esses equipamentos geram quase 200 megawatts de eletricidade em seu pico de produção. O Reino Unido também está construindo uma fazenda eólica muito maior, com 270 turbinas de 1.000 megawatts no estuário externo do Tâmisa, que será a maior instalação em alto-mar do mundo quando for terminada em 2012. No começo de 2010, a Dinamarca começará a operar um complexo de 209 megawatts, o Horns Rev 2, que conta com 91 turbinas instaladas a 34 km a oeste da Dinamarca, no mar do Norte.

A previsibilidade e a constância do vento em certas áreas levaram à exploração desse fluxo natural de energia desde os tempos antigos. O vento é usado como fonte energética no mínimo desde a invenção das velas, há mais de 5 mil anos.

A maioria dos historiadores dá crédito aos persas como os inventores dos moinhos de vento no primeiro milênio. A partir dali, a tecnologia chegou à China e depois foi levada à Europa pelos guerreiros que voltaram das cruzadas. A tecnologia foi aprimorada na Holanda e na Grã-Bretanha e então usada para moer grãos, bombear água e cortar madeira, entre outras finalidades. Antes da disseminação do uso das reservas subterrâneas de carvão no começo do século XVII, havia centenas de milhares de moinhos de vento na Europa e quase meio milhão deles na China.

O uso mais difundido do carvão gerou uma queda no interesse pelos moinhos de vento antes mesmo que eles fossem usados para produzir eletricidade. No entanto, os moinhos de vento continuaram sendo usados em áreas onde a obtenção de combustíveis fósseis era mais difícil. No começo do século XX, eles passaram a ser usados para gerar eletricidade em algumas áreas rurais que não eram atendidas por nenhuma grande usina de energia.

O GAROTO QUE DOMOU O VENTO

William Kamkwamba usou a bicicleta velha e quebrada do pai como armação, um amortecedor enferrujado como haste, uma ventoinha de trator como rotor e canos derretidos de PVC de um antigo balneário como hélices. Ele vasculhou os ferros-velhos da cidade em busca de esferas de rolamento e, por fim, encontrou as preciosas peças em uma velha máquina de moer amendoim. Com um prego cravado em um cabo de espiga de milho à guisa de furadeira e uma chave de fenda improvisada feita de raios de pneu de bicicleta, ele transformou todas essas peças em um moinho de vento, instalado precariamente no alto de uma escada feita de madeira de eucalipto. Terminada a construção do moinho, o vento soprou, as hélices giraram e uma lâmpada que estava na mão do garoto malauiano de 14 anos se acendeu.

William havia sido forçado a abandonar a escola no segundo grau quando sua família não pôde mais pagar seus estudos: eles sobreviveram por pouco durante um dos mais severos períodos de fome de Malauí. Triste pelo fim prematuro de seus estudos, William passou a acompanhar as anotações de seus antigos colegas em matérias como história, inglês, geografia e ciências. Certo dia, ao encontrar o livro inglês *Explicando a física* na biblioteca, sua empreitada independente ganhou a força da paixão de um inventor. Um amigo do pai de William tinha uma bicicleta com um dínamo acoplado que acendia uma lâmpada quando ele pedalava. Com esse conceito básico em mente — de que o movimento de bobinas dentro de um campo magnético cria uma corrente elétrica — e sabendo que a eletricidade poderia trazer uma vida mais fácil para Wimbe, sua cidade natal com cerca de sessenta famílias, ele começou a estudar por conta própria os princípios básicos da engenharia elétrica a partir das ilustrações do livro.

As fotos de um moinho de vento em um outro livro da biblioteca o inspiraram a começar a construir. "Nós temos muito vento em Malauí", disse ele. "E eu pensei em construir um desses moinhos para ter eletricidade em casa." Pouco depois de ter sucesso com a lâmpada, William se esforçou para ampliar a potência de sua invenção, instalando uma bateria de carro para armazenar energia, um disjuntor feito de pregos e ímãs de alto-falante e interruptores artesanais. Ele instalou lâmpadas em todos os cômodos de sua casa e duas na área externa, e até complementou o fornecimento de eletricidade com painéis solares no telhado. Agora, todas as casas de Wimbe têm painéis solares e uma bateria para armazenar energia.

Mas os objetivos de William vão além da luz. Em um ano normal, dois terços das famílias de Malauí não conseguem produzir milho suficiente para o próprio consumo.

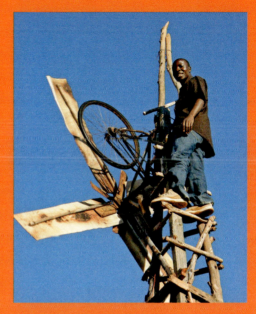

William Kamkwamba, no alto de um dos moinhos de vento que ele construiu a partir de peças encontradas em seu vilarejo, no Malauí.

Em 2001 e 2002, o período de estiagem do país se estendeu, causando um período de fome que matou diversos de seus 11 milhões de habitantes. Os mais novos moinhos de vento de William foram criados para impedir que seu vilarejo sofra. Um deles bombeia água para irrigar a horta da família dele, e uma bomba movida a luz solar no poço público enche os tanques de água para todos os moradores de Wimbe.

Ao longo dos seis anos desde a construção de seu primeiro moinho de vento, em 2003, William se tornou um símbolo da inovação popular na África. Em seu livro (*The boy who harnessed the wind* [O garoto que domou o vento]), em seu blog (http://www.williamkamkwamba.typepad.com [em inglês]) e em várias participações em conferências no mundo todo, ele passou uma mensagem de esperança e do potencial humano por meio da energia limpa. E ele agora voltou à escola, na African Leadership Academy de Joanesburgo, onde estuda para um dia poder criar uma empresa que construa moinhos de vento na África. "As pessoas querem mais tecnologia, mas elas não podem usá-la sem a eletricidade", disse William. "Meu objetivo é (produzir) eletricidade confiável."

O interesse mais recente pelos moinhos de vento para a produção de eletricidade cresceu depois dos embargos do Oriente Médio em 1973 e 1979 que causaram uma disparada dos preços dos combustíveis fósseis. A busca resultante por fontes alternativas de energia apontou imediatamente para o vento.

Novas políticas foram criadas em diversos países, especialmente nos Estados Unidos, onde muitas das principais tecnologias que hoje são usadas em todo o mundo foram criadas em resposta aos incentivos aprovados pelo presidente Jimmy Carter.

As primeiras gerações de moinhos de vento geradores de eletricidade em geral usavam hélices de avião modificadas, que eram muito barulhentas, causando reclamações por parte da população que vivia nas proximidades. No entanto, os modelos mais modernos eliminaram quase por completo as reclamações pelo barulho. As novas turbinas de alta eficiência não emitem quase nenhum ruído. E o barulho da turbulência no ar também foi minimizado a ponto de fazer com que as reclamações sejam poucas e inconstantes.

Os engenheiros reformularam os moinhos de vento para torná-los muito mais eficientes. Com o uso de materiais mais leves e modelos melhores, os antecessores dos moinhos de vento modernos puderam ser criados, aumentando ainda mais a eficiência do equipamento. Hélices e turbinas maiores foram instaladas em torres mais altas para aproveitar o vento mais forte de altitudes mais elevadas.

Poucos anos depois do início do programa Carter, 85% da energia eólica do mundo já estava sendo usada nos Estados Unidos. Além disso, essas e outras políticas de incentivo à energia renovável, em conjunto com o impacto dos altos preços do petróleo, levaram a uma drástica redução da dependência dos Estados Unidos do petróleo importado.

Infelizmente, a transição política de Jimmy Carter para Ronald Reagan em 1981 foi acompanhada por uma redução de 80% da verba dos programas de energia renovável, fazendo com que esse ramo da indústria parasse de avançar nos Estados Unidos. Com a queda do preço do petróleo, a dependência norte-americana do petróleo estrangeiro voltou mais uma vez a crescer rapidamente.

Essa lamentável história ilustra um desafio que a energia eólica tem em comum com a energia solar: ela precisa de políticas de incentivos inovadoras e consistentes que possam compensar a vantagem artificial que os subsídios e a avaliação distorcida de custos dão ao petróleo e ao carvão. Os países que mais avançaram no ramo da energia eólica são aqueles que possuem políticas consistentes de longo prazo para fomentar a demanda no mercado por energia renovável e ampliar os incentivos para a produção dos equipamentos necessários.

O governo Clinton-Gore renovou os incentivos à energia eólica (e também à solar e a outras fontes renováveis), mas a mudança no controle do congresso dos Estados Unidos nas eleições de 1994 cortou essas verbas mais uma vez. Por várias vezes, os incentivos fiscais que ajudaram a produzir a expansão inicial da energia eólica foram eliminados. E por várias outras vezes eles voltaram a vigorar por apenas dois anos, o que desencoraja o fluxo de investimento necessário para se ampliar o uso da eletricidade eólica. Como resultado direto disso, os Estados Unidos perderam a liderança que inicialmente tinham no ramo dessa tecnologia. Embora os Estados Unidos tenham mais moinhos de vento do que qualquer outra nação, metade deles agora são comprados de fábricas estrangeiras. E, mais importante ainda, das dez maiores empresas de tecnologia eólica do mundo, atualmente apenas uma delas, a General Electric, é dos Estados Unidos.

Felizmente, na falta de políticas federais consistentes, diversos estados, incluindo os líderes da expansão inicial, Texas e Califórnia, preencheram esse vácuo com incentivos estaduais que encorajam o desenvolvimento dessa importante indústria. O Texas, que a maioria das pessoas associa à produção de petróleo, é na verdade o líder em capacidade eólica instalada, com mais do que o dobro do que qualquer outro estado. O Iowa e a Califórnia estão em segundo e terceiro lugares, respectivamente. O Minnesota, na quarta coloca-

AS FAZENDAS EÓLICAS EM ALTAMONT PASS, NA CALIFÓRNIA, FORAM CONSTRUÍDAS NA DÉCADA DE 1970 E, JUNTAS, FORMAM UMA DAS MAIORES INSTALAÇÕES DOS ESTADOS UNIDOS.

ção, é líder entre todos os estados quanto à porcentagem da energia eólica em relação ao consumo elétrico total, com o Iowa logo atrás.

Atualmente, 22 estados norte-americanos têm mais de 100 megawatts de capacidade eólica instalada (o bastante para abastecer 30 mil casas) e mais moinhos de vento estão sendo instalados a cada dia. A maior fazenda eólica em terra do mundo fica no Texas, a oeste de Dallas. O Horse Hollow Wind Energy Center (que é propriedade da Florida Power & Light) tem 421 turbinas gigantes que podem gerar até 735 megawatts de eletricidade. Fazendas eólicas ainda maiores estão sendo construídas. Três estados — Minnesota, Iowa e Colorado — já suprem mais de 5% de sua demanda elétrica com moinhos de vento.

Com a energia eólica e solar, uma vez que os sistemas são instalados, o combustível é gratuito. No entanto, as limitações do uso da energia eólica são

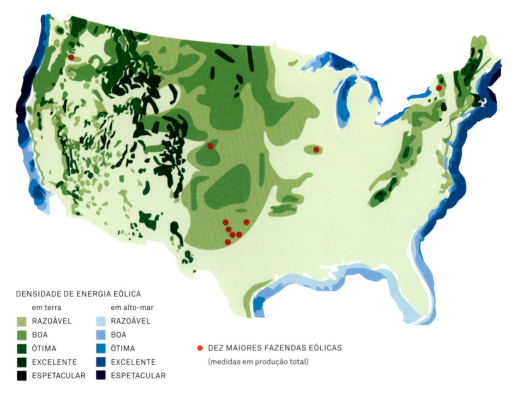

RECURSOS EÓLICOS NOS ESTADOS UNIDOS
Assim como os potenciais hidrelétricos, geotérmicos e solares variam conforme a geografia, a quantidade de energia que podemos captar do vento depende das condições da região. As áreas verdes e azuis mais escuras indicam regiões com ventos previsíveis e velocidades altas o bastante para gerar energia de forma constante. No entanto, até que os Estados Unidos construam uma super-rede, muitos desses lugares ainda ficam longe demais das linhas de transmissão elétrica para que o vento possa ser aproveitado.

FONTE: Associação Norte-americana de Energia Eólica, Laboratório Nacional de Energia Renovável do Departamento de Energia dos Estados Unidos.

parecidas em diversos aspectos às limitações do uso da energia solar. A eletricidade só pode ser produzida quando o vento está soprando com força o bastante para girar as hélices do moinho. Se o vento parar de soprar, o moinho para de gerar eletricidade.

A intermitência é um problema especialmente para a energia eólica e fotovoltaica, já que nenhum desses processos produz calor, apenas eletricidade. E a eletricidade, ao contrário da energia térmica, ainda é de difícil armazenamento. Isso tende a mudar com a construção de uma rede inteligente nacional unificada e com o uso disseminado de veículos elétricos híbridos, já que uma grande frota de VEH poderá ser usada como baterias de vasta distribuição e alta eficiência.

Uma outra limitação que a eletricidade eólica compartilha com a eletricidade solar, em especial a que é produzida em usinas de energia solar térmica concentrada, é que, em ambos os casos, as melhores fontes de luz do sol e de vento geralmente são encontradas em áreas distantes dos centros populacionais. Assim sendo, novas linhas de transmissão de longa distância e alta tecnologia seriam necessárias para maximizar o uso de ambos esses recursos.

Atualmente, as redes elétricas são projetadas de formas que dificultam a integração de fontes intermitentes de eletricidade caso elas sejam responsáveis por mais de 20% do total. Mas redes inteligentes instaladas em áreas maiores serão capazes de superar essa porcentagem. Além disso, a previsibilidade dos fluxos eólicos diminui em muito o risco de períodos não planejados de escassez energética, permitindo que os operadores das fazendas eólicas reduzam o impacto desse tempo ocioso. Quando diversas fazendas eólicas estiverem usando as mesmas linhas de transmissão, a paralisação de uma fazenda poderá normalmente ser compensada pela produção de uma outra.

Há também cada vez mais entusiasmo em relação a moinhos de vento menores que podem fornecer eletricidade para casas, fazendas e ranchos. Estima-se que nos Estados Unidos existam 13 milhões de casas que poderiam ser atendidas por esses pequenos moinhos de vento. Praticamente todas elas ficam em áreas rurais, já que os ambientes urbanos não possuem fluxos eólicos adequados para esses moinhos.

Nesse sentido, a energia eólica, assim como as células solares fotovoltaicas, é adequada para a estratégia conhecida como "energia distribuída", que permite uma drástica redução do volume da eletricidade comprada pelos consumidores de fontes externas. No entanto, como cada moinho precisa ter sua própria turbina elétrica e o custo de cada quilowatt/hora de eletricidade aumenta quanto menor for o moinho, o preço dos moinhos de pequeno porte deverá continuar mais alto do que o de painéis solares fotovoltaicos de escala doméstica — ainda mais enquanto o custo da energia fotovoltaica continuar caindo tão rapidamente.

Um moinho de vento pequeno comum (que tem entre 10 e 40 m nos modelos domésticos maiores) produz eletricidade o suficiente para se pagar ao longo de um prazo de 6 a 30 anos. Novos aumentos da eficiência e reduções de custos continuarão diminuindo esse período de retorno. No entanto, os especialistas em energia renovável alertam que, para todas as fontes renováveis de energia doméstica, esse período de retorno precisa ser de apenas alguns poucos anos para que surja amplo interesse entre os consumidores. Obviamente, qualquer aumento dos preços da eletricidade oferecida pelas usinas comerciais também reduziria esse período de retorno da energia gerada por moinhos de vento de pequeno porte, o que encorajaria a disseminação do uso desses sistemas.

Atualmente, 10 mil moinhos de pequeno porte estão sendo instalados a cada ano nos Estados Unidos, e esse número está crescendo rapidamente. Alguns especialistas acreditam que o mercado para moinhos de pequeno porte poderia passar por uma expansão significativa caso eles fossem adaptados para ventos de velocidades mais baixas em determinadas regiões.

NOSSAS FONTES DE ENERGIA

CAPÍTULO CINCO

A ENERGIA GEOTÉRMICA

O SPA BLUE LAGOON NA ISLÂNDIA É ABASTECIDO COM A ÁGUA QUENTE DE UMA USINA GEOTÉRMICA VIZINHA.

> O volume potencial da energia geotérmica disponível é "praticamente ilimitado".
>
> STEVEN CHU, SECRETÁRIO DE ENERGIA DOS EUA

O GÊISER OLD FAITHFUL NO PARQUE NACIONAL DE YELLOWSTONE É UM SÍMBOLO DO INCRÍVEL POTENCIAL GEOTÉRMICO DA TERRA.

A outra categoria de ponto de calor — não relacionada às fronteiras entre as placas tectônicas — diz respeito aos lugares em que o calor do magma nas profundezas do manto terrestre chega de forma natural à superfície. As fontes de água quente e borbulhante e as famosas atrações turísticas (como o gêiser Old Faithful) no Parque Nacional de Yellowstone são produzidas por esse segundo fenômeno geológico. Os cientistas encontraram em torno de 45 desses pontos de calor primários na superfície terrestre. O que produz esses fenômenos ainda não é bem compreendido, mas a ciência está começando a encontrar explicações intrigantes para a maioria deles (veja a seguir a seção "A origem dos pontos de calor").

A energia hidrotérmica convencional foi a primeira forma de energia geotérmica usada para se pro-

A ORIGEM DOS PONTOS DE CALOR

Descobertas recentes trazem fortes indícios de que pelo menos metade dos principais pontos de calor da Terra pode ter sido criada como resultado da colisão de grandes asteroides contra a Terra em áreas oceânicas em pontos diametralmente opostos no globo. Se traçarmos uma linha reta partindo de Yellowstone e atravessando o centro da Terra até o outro lado, chegaremos às ilhas Kerguelen, a 2.100 km ao norte da Antártica e 4.200 km ao sudeste da África. Evidências sugerem que um asteroide teria caído ali, no oceano Antártico, criando um ponto de calor no leito oceânico e transmitindo ondas de choque que atravessaram o planeta, passando pelo manto rochoso e voltando a convergir em um ponto focal no outro lado do globo. A deriva continental então levou esse ponto de calor ao longo dos últimos 15 milhões de anos para o ponto exato onde hoje fica Yellowstone. Durante esse mesmo período, as ilhas Kerguelen foram criadas pela atividade vulcânica no leito oceânico, no ponto de impacto do asteroide.

Estudos estatísticos sobre esses pares antípodas de pontos de calor demonstram com 99% de certeza que pelo menos metade dos pontos de calor similares aos de Yellowstone tem ligação com pontos de calor no leito oceânico do outro lado da Terra que, segundo algumas evidências, teriam sido criados por "impactos de grandes massas" vindas do espaço. De acordo com essa teoria, os antigos impactos de asteroides em terra não tiveram o mesmo efeito no lado oposto do planeta porque as massas de terra amorteciam e dissipavam as ondas de choque, evitando que elas se propagassem da mesma forma que nos impactos oceânicos.

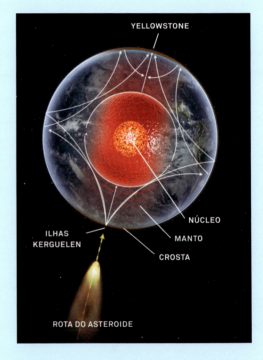

Para aqueles ainda céticos de que uma teoria inusitada como essa poderia ser realmente a explicação para esses fenômenos, vale lembrar que a teoria da deriva continental e das placas tectônicas também não foi muito bem aceita na comunidade científica até a década de 1960.

AS 22 USINAS GEOTÉRMICAS DO GRUPO THE GEYSERS, NO NORTE DA CALIFÓRNIA, FORMAM A MAIOR INSTALAÇÃO GEOTÉRMICA DO MUNDO.

duzir eletricidade — primeiro em 1904, em um lugar perto de Larderello, na Itália, que teve seu funcionamento interrompido durante as duas guerras mundiais. E, até hoje, o campo de Larderello produz cerca de 543 megawatts de carga constante. A tecnologia para a perfuração em pontos hidrotérmicos convencionais já está avançada, e o custo da eletricidade produzida em geral é competitivo com o de outras fontes. Como resultado, a eletricidade hidrotérmica pode ser gerada em grande escala, e cada vez mais novas usinas estão sendo construídas em países desenvolvidos e em desenvolvimento no mundo todo. Atualmente, a capacidade global de geração elétrica a partir dos recursos geotérmicos gira em torno de 10 mil megawatts.

Por exemplo, 60% do consumo elétrico médio na região da costa norte da Califórnia (da ponte Golden Gate até a fronteira com o Oregon) são abastecidos pelas turbinas elétricas movidas a vapor das fontes termais localizadas em uma área, conhecida como The Geysers, ao norte de São Francisco. Essas fontes alcançaram um pico de produção de 2 mil megawatts há 22 anos, mas agora produzem apenas a metade dessa energia. Na verdade, cerca de 22 pontos separados formam a área The Geysers. Em conjunto, eles ainda constituem o maior sistema desse tipo no mundo todo, embora uma nova usina hidrotérmica que deverá ser construída em Sarulla, situada na Sumatra do Norte, Indonésia, será muito maior do que cada uma das usinas individuais do campo do complexo The Geysers depois de terminada.

Os melhores campos hidrotérmicos possuem uma fonte natural de água no subsolo, altas temperaturas e rochas permeáveis para que a água possa circular e absorver o calor. A energia térmica pode então ser extraída sob a forma de vapor ou de água fervente. No entanto, essas usinas exigem a presença de muitos fluidos quentes naturais a profundidades relativamente baixas em rochas que sejam altamente porosas e permeáveis. E, como parte da água se perde durante o processo, muitas vezes também são necessários volumes adicionais de água para sustentar a produtividade inicial da usina. É isso o que está sendo feito agora no norte da Califórnia, no complexo The Geysers.

As usinas hidrotérmicas convencionais podem ser construídas de três formas diferentes: o vapor pode passar diretamente pela turbina e então ser condensado em água mais uma vez para voltar a circular; a água em altíssima temperatura pode ser despressurizada e transformada instantaneamente em vapor; ou então a água quente pode passar por um trocador de calor, transferindo essa energia térmica a outro líquido — como o isopentano — que ferve a uma temperatura mais elevada, produzindo vapor para ativar a turbina. Como a maior parte desses recursos está disponível sob a forma de água quente em um amplo espectro de temperaturas em vez de "vapor seco", a última dessas três categorias é vista como a de maior potencial para o uso prático, especialmente para recursos abaixo de 200°C.

O novo e crescente interesse pela eletricidade geotérmica se baseia nas novas tecnologias que possibilitam a exploração de campos nas profundezas da Terra com imensos potenciais térmicos, mas que não possuem uma ou mais das características encontradas nos reservatórios hidrotérmicos. Muitos desses campos não possuem água, por exemplo.

A tentativa de aproveitar a energia desses novos recursos não hidrotérmicos nos levou a abordagens inovadoras. Essa tecnologia para produzir energia geotérmica é conhecida como sistema geotérmico estimulado (SGE). Através dessa nova tecnologia, que explora os avanços na perfuração e na estimulação de reservatórios, desenvolvida em parte como resultado da frenética exploração de petróleo e gás no século XX para criar reservatórios ativos que simulam as propriedades de sistemas hidrotérmicos, os geólogos e engenheiros acreditam ter encontrado formas para produzir imensas fontes de energia geotérmica em regiões a vários quilômetros abaixo da superfície terrestre.

Em vez de procurar campos hidrotérmicos convencionais, os geólogos podem buscar áreas com rochas

COMO FUNCIONA UM SISTEMA GEOTÉRMICO ESTIMULADO

Nessa nova geração de energia geotérmica, poços são abertos a vários quilômetros abaixo da superfície para se chegar a rochas quentes e muitas vezes secas. É utilizado então um processo que injeta água pressurizada, "estimulando" esse poço ao abrir fraturas na rocha que permitam a passagem da água. Depois de ser aquecida, a água é então bombeada de volta à superfície, onde é convertida em vapor para ativar uma turbina e gerar eletricidade.

O USO DA ENERGIA GEOTÉRMICA É MUITO DIFUNDIDO NA ISLÂNDIA, ONDE ESTA ESTUFA É AQUECIDA PELO CALOR GEOTÉRMICO E ILUMINADA COM A ELETRICIDADE DE UMA USINA GEOTÉRMICA.

secas e quentes, de baixa permeabilidade e porosidade, e volumes mínimos de água ou salmoura em temperaturas que vão de 150 a 200°C, situadas perto o bastante da superfície, para que possam ser perfuradas a um bom custo-benefício. Ao injetar água em alta pressão nessas rochas, são criadas passagens permeáveis que se abrem a partir de fraturas seladas já existentes. Para se extrair a energia, a água é bombeada a partir da superfície, descendo através de poços injetores em direção às regiões fraturadas e depois retornando à superfície em poços de produção sob a forma de vapor ou água muito quente — o que então pode ser usado como fonte de energia para ativar um gerador de turbina elétrica. Essas técnicas básicas de "hidrofratura e estimulação" têm sido usadas há muito tempo na exploração de reservas de gás e petróleo.

Conforme a água injetada circula pelos veios recém-abertos na região fraturada, o vapor (ou líquido superaquecido) é retirado por um segundo conjunto de "poços de produção" instalado a certa distância dos poços injetores. Nesse processo, o calor retirado da zona fraturada é produzido mais ou menos da mesma forma que ele seria coletado em formações hidrotérmicas convencionais. Em essência, isso envolve a adição da parte "hídrica" à porção "térmica" da reserva para que a água possa então circular, criando um novo sistema geotérmico altamente produtivo.

Em alguns lugares, especialmente na parte oeste dos Estados Unidos, a indústria vem fazendo esforços especiais para reduzir a perda de água durante a operação de uma usina de SGE. Segundo testes experimentais em vários campos de SGE, quase 5% da água se perde por causa da permeação (fraturas nas rochas), mas o objetivo da indústria é reduzir esse desperdício para menos de 1%. Alguns operadores hoje afirmam já terem reduzido essa perda de água para zero.

Ironicamente, um dos fluidos alternativos que estão sendo cogitados para a utilização em reservatórios de SGE é o perigoso CO_2. Em seu estado líquido, o CO_2 possui uma alta densidade líquida e uma baixa viscosidade gasosa que o tornam mais eficaz do que a água para transferir o calor das rochas quentes em um reservatório de SGE até a superfície. Parte do CO_2 em circulação seria "sequestrado" dentro da formação rochosa, mas os volumes envolvidos — mesmo com uma imensa expansão dos SGEs — seriam triviais se comparados ao que seria necessário para uma captura de carbono em larga escala capaz de produzir impactos globais. E, mais importante ainda, a eletricidade e o calor gerados através de SGEs poderiam substituir as atuais usinas de carvão, petróleo e gás, eliminando assim suas pegadas de carbono diretamente.

A maior quantidade de energia geotérmica armazenada na crosta terrestre se encontra em rochas que não possuem grande permeabilidade natural. O grande desafio dos SGEs é criar artificialmente um determinado nível de permeabilidade para que o fluxo de água injetado possa transferir o calor de forma homogênea e con-

RECURSOS GEOTÉRMICOS NOS ESTADOS UNIDOS

Os sistemas geotérmicos estimulados (SGEs) permitem que a maioria das regiões dos Estados Unidos potencialize essa fonte energética. Este mapa indica onde e a que profundidade a temperatura do solo ultrapassa os 150°C — que é considerada por muitos cientistas a temperatura mínima para que o uso de um SGE na produção de eletricidade seja economicamente viável.

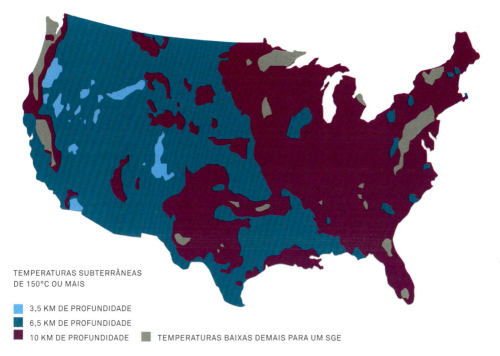

TEMPERATURAS SUBTERRÂNEAS DE 150°C OU MAIS

- 3,5 KM DE PROFUNDIDADE
- 6,5 KM DE PROFUNDIDADE
- 10 KM DE PROFUNDIDADE
- TEMPERATURAS BAIXAS DEMAIS PARA UM SGE

FONTE: Instituto de Tecnologia de Massachusetts, *The future of geothermal energy*, 2006.

NO PROJETO COOPER BASIN, NO SUL DA AUSTRÁLIA, OS TRABALHADORES SE PREPARAM PARA PERFURAR UM POÇO DE QUASE 5 KM DE PROFUNDIDADE PARA CHEGAR AO CALOR GEOTÉRMICO.

tínua. Os projetos de SGEs precisam assegurar que haja bastante conectividade na região estimulada para permitir que o máximo de calor seja extraído de cada poço sem diminuir a vida útil do reservatório ao resfriá-lo rápido demais durante o processo de geração de energia.

Como também acontece com a extração estimulada de petróleo e a captura e sequestro de carbono, a injeção de água pressurizada nas formações rochosas nas profundezas do subsolo pode, sob algumas circunstâncias, produzir pequenos abalos microssísmicos — que exigem a análise adequada de riscos sísmicos como parte do processo de produção. Áreas de alto risco sísmico, onde grandes falhas e terremotos perigosos podem ocorrer, devem ser evitadas, e o risco em outros locais deve ser medido e gerenciado. Por exemplo, o risco pode ser controlado por meio da redução das

POR DENTRO DA TERRA

Cientistas acreditam que o núcleo da Terra é composto principalmente por ferro em temperaturas comparáveis às da superfície do Sol. Em todos os lugares do mundo, a crosta terrestre absorve constantemente enormes quantidades de calor transmitidas através da convecção e condução externa a partir do centro escaldante do planeta.

O núcleo superaquecido de ferro sólido tem 2.575 km de diâmetro, com quase 70% do tamanho da Lua. Os cientistas não sabem ao certo qual é a verdadeira temperatura desse núcleo, mas as estimativas vão de 4.300 a 7.000°C (na verdade, eles não possuem nenhuma prova experimental de que o núcleo da Terra seja de ferro sólido; apenas supõem isso a partir do comportamento das ondas sísmicas ao passarem pelo núcleo). O núcleo interno é recoberto pelo metal derretido (ferro em maior parte) do núcleo externo que possui temperaturas estimadas entre 3.700 e 4.300°C. A espessura desse núcleo externo é de aproximadamente 2.250 km, o que significa que o diâmetro geral de ambos os núcleos juntos é de aproximadamente 4.825 km — o tamanho de Marte.

A próxima camada esférica — com 2.900 km de espessura — é o manto que cobre uma extensão de 100 a 200 km sob a superfície do planeta. A temperatura do manto varia de 3.700°C no manto interno até 980°C no manto externo. A última camada é a relativamente fina crosta terrestre, que chega a ter menos de 3 km de espessura no fundo dos oceanos e até quase 100 km de espessura abaixo das grandes cordilheiras. A profundidade média sob os continentes é de menos de 30 km.

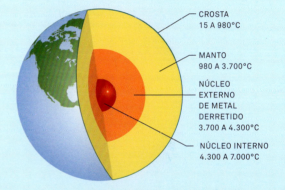

CROSTA
15 A 980°C

MANTO
980 A 3.700°C

NÚCLEO
EXTERNO
DE METAL
DERRETIDO
3.700 A 4.300°C

NÚCLEO INTERNO
4.300 A 7.000°C

Além do calor que é trazido do manto até a crosta terrestre, a crosta em si tem sua própria fonte independente de calor: ela contém quantidades significativas de urânio, tório, potássio e outros elementos radioativos que naturalmente emitem calor conforme se decompõem. Depois de medir as temperaturas de rochas inserindo um termômetro dentro de um poço, os cientistas descobriram que além da profundidade de algumas dezenas de metros, a temperatura começa a aumentar em um ritmo constante conforme mais ao fundo se chega. Na verdade, estima-se que o volume total de calor contido nos 10 km externos da crosta terrestre seja equivalente a 50 mil vezes o potencial energético de todas as reservas de petróleo e gás natural do mundo.

O COMPLEXO DE WAIREKEI, NA NOVA ZELÂNDIA, FOI UMA DAS PRIMEIRAS USINAS GEOTÉRMICAS DO MUNDO. HOJE ELA É CAPAZ DE PRODUZIR 181 MEGAWATTS DE ELETRICIDADE.

pressões abaixo da superfície, caso o monitoramento encontre qualquer atividade sísmica elevada. De qualquer forma, a análise de riscos sísmicos em determinados lugares faz parte de qualquer projeto geotérmico para avaliar a probabilidade de eventos maiores serem induzidos. Essas precauções não foram tomadas de forma adequada alguns anos atrás por uma empresa suíça que perfurou poços em uma região conhecida por suas falhas geológicas 5 km abaixo da Basileia, na Suíça, e causou um terremoto de 3,4 graus de magnitude (ainda bem fraco) durante o processo de pressurização. O incidente foi marcado por uma onda de choque audível e uma movimentação quase imperceptível do solo que levou o projeto a ser fechado. Claramente, existem lições a serem aprendidas com essa infeliz experiência, mas ela precisa ser analisada sob o prisma adequado de uma empreitada pioneira com uma nova tecnologia, o que sempre traz um certo grau de risco que deve ser compreendido e gerenciado.

Logo após o embargo do petróleo de 1973, quando os Estados Unidos e vários outros países começaram seriamente a buscar novas fontes de energia, os cientistas do governo norte-americano em Los Alamos realizaram o primeiro experimento com um SGE em Fenton Hill, no Novo México. Desde então, avanços internacionais de pesquisa e desenvolvimento consolidaram a maturação dessa tecnologia, e agora grande parte dos especialistas está muito confiante de que ela logo se firmará como uma das grandes novas fontes de energia renovável do mundo.

O maior custo de um SGE é o da perfuração. Esse processo em um único poço de 3 km de profundidade pode custar até 5 milhões de dólares ou mais, e a propensão dos investidores a continuarem financiando essas operações às vezes depende de sinais de sucesso do primeiro poço perfurado. A dinâmica econômica atual dos SGEs oferece maiores vantagens para pontos de calor encontrados em regiões a 3 ou 6 km de profundidade. Essa limitação primordial força as empresas a perfurarem regiões com maiores variações de tempe-

A CIDADE DE BEPPU, NO JAPÃO, UTILIZA O CALOR GEOTÉRMICO COMO FONTE DIRETA PARA O AQUECIMENTO DE PRÉDIOS E TAMBÉM PARA A GERAÇÃO DE ELETRICIDADE.

ratura, que possuem um maior potencial elétrico e oferecem menores riscos e custos de perfuração.

Quando os avanços em brocas, métodos de perfuração, revestimentos de tubulações e outras tecnologias associadas permitirem um menor custo para perfurações a mais de 6 km de profundidade, a dimensão dos recursos geotérmicos crescerá de forma considerável — o que ajudará a aliviar a pressão econômica sobre a indústria, facilitando ainda mais a utilização dos recursos geotérmicos em cada vez mais áreas.

Embora a tecnologia básica para os SGEs já tenha sido demonstrada em diversos testes de campo — e esteja despertando um enorme interesse entre os especialistas em energia cientes desse potencial —, os testes de reservatórios em escala comercial continuam sendo uma grande barreira que deve ser transposta antes que investidores particulares passem a ver os altos riscos financeiros envolvidos como aceitáveis. Em um estágio semelhante no ramo do petróleo, diversos empreendedores foram à falência para cada um dos que conseguiram perfurar algum poço com sucesso. Ainda assim, a quantidade de dinheiro necessária para desenvolver por completo essa empolgante nova tecnologia é trivial no contexto dos orçamentos governamentais de pesquisa e desenvolvimento. No entanto, por causa da disseminada má interpretação do potencial da energia geotérmica, os financiamentos para pesquisa e desenvolvimento necessários foram muitas vezes cortados, atrasando assim os avanços dessa fonte energética de imenso potencial. Há pouco tempo, o governo Bush-Cheney cortou totalmente o financiamento da energia geotérmica e cancelou os incentivos fiscais que até então vinham atraindo uma forte onda de investimentos privados.

Por sua vez, a falta de um programa federal coerente e bem financiado para o desenvolvimento da eletricidade geotérmica reforçou a impressão generalizada de que essa tecnologia não deve ser muito promissora. Afinal, caso contrário, ela seria incentivada. Isso é uma grande pena, pois diversos especialistas que estudaram os dados dessa incrível fonte energética vêm afirmando com veemência há muitos anos que os Estados Unidos estão cometendo um grande equívoco ao não desenvolverem as tecnologias da energia geotérmica com mais afinco.

Avanços estão sendo feitos não apenas na tecnologia de perfuração, como também nos processos de exploração usados para localizar os melhores recursos de rochas quentes, técnicas de estimulação de reservatórios e uma maior eficiência da conversão energética.

Mas o principal estudo sobre os SGEs do Instituto de Tecnologia de Massachusetts concluiu que "é importante enfatizar que, embora maiores avanços sejam necessários, nenhuma das barreiras técnicas e econômicas que hoje limitam um maior desenvolvimento dos SGEs como fonte de energia doméstica pode ser considerada instransponível".

Desde 2008, o financiamento para pesquisa e desenvolvimento da energia geotérmica e seus incentivos fiscais têm sido renovados ainda que tardiamente nos Estados Unidos, e outros obstáculos para o avanço dessa fonte energética estão sendo removidos. Isso fomentou novos projetos para a construção de novas usinas hidrotérmicas e também para aprimorar os SGEs. Por exemplo, um pequeno projeto experimental de SGE está sendo realizado agora em Desert Peak, Nevada. Quando for terminado, ele irá transformar um complexo hidrotérmico já existente de 11 megawatts em uma usina de SGE de 50 megawatts. A energia geotérmica também pode se beneficiar muito da adoção de um Padrão Nacional de Portfólio Renovável, que serviria como um poderoso incentivo para que as empresas buscassem novas maneiras de usar formas de energia renováveis e menos poluentes.

Cientistas e engenheiros também estão trabalhando em alternativas mais econômicas para se extrair energia de áreas com rochas de menor temperatura. Como essas rochas são encontradas por toda a crosta terrestre em diversas profundidades, a magnitude desses recursos é realmente imensa. Se tudo der certo, o potencial dessa fonte energética ficará ainda maior. Na verdade, se a tecnologia dos SGEs puder ser aprimorada para alcançar profundidades superiores a 10 km, praticamente todas as áreas dos Estados Unidos se tornariam aptas à geração de energia geotérmica (veja a seção "Recursos Geotérmicos nos Estados Unidos" na p. 103).

Na verdade, rochas de temperatura mais baixa (entre 89 e 120°C) podem ser usadas como fonte geotérmica para o aquecimento direto de prédios sem a perda de energia decorrente da conversão do calor em eletricidade. Os Estados Unidos instalaram o primeiro sistema de aquecimento geotérmico distrital em Boise, Idaho, há mais de cem anos. Até hoje, o Capitólio e diversos outros edifícios de Boise são aquecidos com água quente geotérmica. Em Klamath Falls, no Oregon, o calor de poços geotérmicos vem sendo usado para o aquecimento direto há mais de um século. Da mesma forma, desde que a Islândia enfrentou as crises do petróleo dos anos 1970, adaptando-se para utilizar seus próprios recursos, praticamente todos os prédios do país inteiro são aquecidos pelas fontes de água quente que existem perto da superfície do país, que é tectonicamente ativo.

Enquanto os Estados Unidos ficaram parados, outras nações começaram a pesquisar e desenvolver SGEs com grande afinco. A União Europeia está desenvolvendo um projeto de SGE em Soultz-sous-Forêts, na França, perto da fronteira com a Alemanha. Diversos projetos estão sendo preparados na Alemanha, Suíça, Reino Unido, República Checa e outros lugares. Os maiores incentivos governamentais podem ser encontrados na Austrália, onde sete empresas públicas estão agora pesquisando e desenvolvendo novas oportunidades para os SGEs.

Há pouco tempo, as Filipinas, El Salvador e a Costa Rica chegaram a produzir mais de 15% de sua eletricidade através de fontes geotérmicas, a exemplo do Quênia e da Islândia, dois países localizados em diferentes zonas tectônicas ativas. Outros países como a Nova Zelândia, Indonésia, Nicarágua e a ilha caribenha de Guadalupe obtêm entre 5 e 10% de sua eletricidade através de fontes geotérmicas.

Existem duas outras formas de geração energética em desenvolvimento na indústria geotérmica. Primeiro, a "coprodução" de água quente em alguns poços de petróleo ou gás pode render uma nova e lucrativa fonte de eletricidade. Em muitos casos, toda a energia térmica contida na água quente que sai dos poços de petróleo e gás é simplesmente descartada, mas o desenvolvimento de novos trocadores de calor e técnicas para transformar a água quente do solo em eletricidade trouxe a oportunidade para que os perfuradores de petróleo e gás explorem o que é, em essência, uma fonte gratuita de eletricidade.

Segundo, profundos reservatórios de água quente de alta pressão às vezes contêm metano dissolvido que pode ser reutilizado conforme a água quente é extraída, em vez de deixar que o metano seja liberado na atmosfera. Nos Estados Unidos, esses recursos se encontram muito concentrados no golfo do México, na região dos Apalaches e na Costa Oeste.

Por fim, existe ainda uma outra forma de energia geotérmica que é muito diferente: bombas de calor geotérmico, às vezes chamadas de bombas de calor de fontes subterrâneas. Embora essa seja a forma mais fraca da energia geotérmica, ela é a de mais fácil acesso e, segundo estimativas, poderia gerar mil gigawatts de energia só nos Estados Unidos — o bastante para suprir mais de um terço do consumo elétrico norte-americano anual.

As bombas de calor geotérmico oferecem uma forma altamente econômica e bem difundida para reduzir de forma considerável os custos do aquecimento e refrigeração de edificações. Enquanto os SGEs dependem de tecnologias de perfuração desenvolvidas para o petróleo e o gás, as bombas de calor geotérmico utilizam técnicas muito mais simples de perfuração, usadas em geral na escavação de poços artesianos. Em qualquer ponto entre quatro e algumas dezenas de metros abaixo da superfície, a temperatura da Terra fica em média a aproximadamente 15°C.

Mais precisamente, a temperatura nessas profundidades equivale à média anual da temperatura do ar na superfície de cada local. Através de um processo onde a água ou outro fluido não congelante circula por um sistema fechado subterrâneo ou até o fundo de um poço geotérmico e então é bombeada de volta à superfície, a energia térmica pode ser extraída (durante o inverno) ou armazenada (durante o verão). Essas bombas de calor geotérmico usam aparelhos convencionais de compressão de vapor à base de refrigerantes para transferir o calor de uma maneira quatro vezes mais eficiente do que as bombas de calor de superfície — diminuindo assim a demanda por eletricidade convencional.

É muito mais fácil aumentar uma temperatura de 15°C para 20°C ou 21°C do que partir das temperaturas a céu aberto da maioria dos lugares nas regiões temperadas. No verão, o processo é invertido para transformar o fundo da bomba de calor geotérmico em um depósito e fazer com que o ar mais frio suba para refrigerar casas e prédios. Mais uma vez, fica muito mais fácil resfriar o ar se você já tiver uma fonte de fluidos a 15°C.

Em geral, as bombas de calor geotérmico são integradas a equipamentos residenciais de aquecimento e ar-condicionado. Existem incentivos fiscais federais (e alguns benefícios fiscais estaduais) para a compra e utilização de bombas de calor geotérmico.

Atualmente, a principal desvantagem das bombas de calor geotérmico é o alto custo de instalação. Como a maioria dos construtores e empreiteiros dá menos atenção ao custo operacional anual dos prédios depois que eles são vendidos ou alugados, é menos provável que eles façam investimentos minimamente maiores que depois serão recuperados pelos proprietários ou usuários do prédio que pagarão as contas de aquecimento e ar-condicionado dele (veja o Capítulo 15).

As bombas de calor geotérmico costumam produzir em média uma economia de mais de 60% nas contas de aquecimento e de ar-condicionado, o que as torna muito interessantes em todas as regiões dos Estados Unidos — especialmente para novas construções. Adaptar prédios mais antigos em geral envolve maiores gastos, mas muitas vezes acaba sendo economicamente vantajoso.

USO DOMÉSTICO DA ENERGIA GEOTÉRMICA

Alguns anos atrás, minha esposa e eu decidimos instalar um novo sistema de bomba de calor geotérmico para fornecer aquecimento, ar-condicionado e água quente à nossa casa. Existem diversos tipos de sistemas geotérmicos domésticos: alguns usam água em circuitos abertos ou circuitos fechados; outros usam um refrigerante; e outros ainda usam poços muito profundos. Os sistemas mais novos são denominados sistemas de troca direta, porque trocam o calor diretamente entre o solo e um fluido refrigerante. Como não é necessário o uso de uma bomba de água, o *sistema de troca direta* em geral é mais eficiente e também é mais fácil de ser acomodado em terrenos menores. Na nossa casa, uma empresa local instalou um sistema de troca direta que circula um refrigerante ecológico através de uma tubulação subterrânea de cobre. O sistema foi instalado a 90 m de profundidade através de buracos feitos sob a nossa entrada de carros.

No subsolo, o calor natural da Terra é transferido para o fluido refrigerante mais frio que circula pelos tubos de cobre. Esse fluido (sob a forma de vapor quando está dentro dos tubos subterrâneos) é então comprimido através de um aparelho instalado no nosso porão. Esse processo aumenta a pressão e a temperatura. No inverno, o ar interno mais frio absorve o calor, aquecendo a casa. No verão, o sistema se inverte. A energia térmica do interior mais quente é absorvida pelo fluido que então circula pela tubulação e libera o calor no chão que está mais frio.

Esse sistema geotérmico fornece aquecimento e ar-condicionado praticamente sem o uso de combustíveis fósseis. Mas existem outras vantagens. Primeiro, a

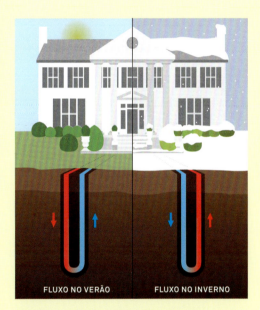

O calor da Terra é transferido para a casa no inverno e, no verão, o ar quente é enviado para o subsolo.

redução do uso de eletricidade durante os horários de pico ajuda a diminuir os custos das empresas de energia e, por consequência, os preços da eletricidade para o consumidor. Segundo, o sistema é silencioso, eliminando o zumbido de um ar-condicionado externo no verão. E, por fim, a temperatura dentro da casa fica mais aconchegante: morna no inverno e agradável, amena e não muito úmida no verão.

NOSSAS FONTES DE ENERGIA

CAPÍTULO SEIS

CULTIVANDO COMBUSTÍVEL

PLANTAÇÃO DE CANA-DE-AÇÚCAR EM SERTÃOZINHO, BRASIL. O BRASIL FOI O PRIMEIRO PAÍS A DESENVOLVER UM BIOCOMBUSTÍVEL EM GRANDE ESCALA. QUASE 50% DO COMBUSTÍVEL USADO NOS CARROS À GASOLINA SÃO DE ETANOL.

A energia de biomassa é uma das saídas mais promissoras para se reduzir de maneira significativa o volume de CO_2 liberado pela queima de carvão e gás natural. É uma pena que tantas pessoas ainda vejam a biomassa apenas como uma forma para se substituir o petróleo como fonte de combustível líquido para carros e caminhões, já que a maioria dos estudos especializados caiu como um balde de água fria sobre o entusiasmo inicial com a produção de álcool à base de culturas alimentares como o milho.

A boa notícia é que recursos não alimentares de biomassa podem ser queimados diretamente com tecnologias avançadas de combustão para produzir eletricidade e calor, gerando uma grande economia de energia e reduzindo as emissões de poluentes causadores do aquecimento global. Além disso, uma nova tecnologia para a criação de combustíveis líquidos à base de culturas não alimentares está quase pronta para ser comercializada.

Em teoria, a energia de biomassa é renovável. Como o carbono contido nos vegetais vem da luz do Sol através da fotossíntese, qualquer vegetal usado para a produção de energia pode ser reposto por outro que também tenha crescimento alimentado pela luz solar.

No entanto, a energia consumida na transformação do material vegetal em uma forma utilizável de energia muitas vezes vem de combustíveis fósseis não renováveis. Em geral, os benefícios ainda superam os custos, mas análises completas desse "ciclo de vida" serão necessárias para determinar com precisão quais abordagens realmente podem ser úteis para se solucionar a crise climática — e também para alcançar outros objetivos, como depender menos do petróleo importado, economizar água e preservar a biodiversidade.

A energia de biomassa pode ser produzida a partir de várias matérias-primas: árvores virgens e dejetos florestais; culturas alimentares (como milho e cana-de-açúcar); culturas de energia (como capim, miscanto e sorgo-doce); e lixo urbano, agrícola e industrial que contenha materiais orgânicos. Essas fontes de biomassa podem ser usadas para produzir eletricidade, energia térmica e também combustíveis líquidos para meios de transporte.

Além disso, os mesmos processos usados na produção de combustíveis líquidos à base de biomassa podem também ser modificados para produzir biomateriais. Assim como os combustíveis fósseis são usados na produção de materiais plásticos e químicos (quase um quinto de cada barril de petróleo é transformado nesses materiais e não em combustível), as biorrefinarias abastecem um crescente mercado de bioplásticos e moléculas usadas em processos químicos que muitas vezes trabalham com margens de lucros muito maiores do que as dos biocombustíveis líquidos.

Excluindo-se a queima de madeira para o aquecimento e preparação de alimentos em países menos desenvolvidos, mais de 90% da energia de biomassa moderna produzida no mundo é transformada em energia térmica para processos industriais, aquecimento de prédios e para produzir eletricidade através de geradores a vapor e geradores combinados de calor e energia.

No entanto, a maioria dos debates políticos se concentra na produção de etanol e biodiesel na tentativa de desenvolver substitutos baratos para os combustíveis líquidos à base de petróleo. Existe hoje nos Estados Unidos um grande interesse pelo etanol de milho que poderia substituir parte da gasolina utilizada nos carros.

O MISCANTO É UMA MATÉRIA-PRIMA PROMISSORA PARA OS BIOCOMBUSTÍVEIS. ELE POSSUI BAIXO CUSTO DE MANUTENÇÃO, PODE SER CULTIVADO EM TERRAS POUCO FÉRTEIS E CRESCE MUITO RÁPIDO.

A primeira geração da tecnologia, que hoje é usada para converter milho, azeite de dendê, soja e outras culturas alimentares em combustíveis líquidos para veículos, criou uma imensa controvérsia depois que repetidas análises do ciclo de vida desses processos levaram à crescente percepção de que eles em geral liberam quase tanto CO_2 na atmosfera quanto a produção e o uso dos combustíveis à base de petróleo que estão sendo substituídos.

A primeira geração do etanol também foi culpada por contribuir para o aumento dos preços dos alimentos no mundo todo ao desviar o uso de terras férteis para a produção de combustíveis em vez de comida. O desvio da capacidade de produção de alimentos também foi culpado por estimular um desmatamento ainda maior das florestas tropicais e subtropicais para a produção tanto de alimentos quanto de combustível de biomassa, de formas que ameaçam a biodiversidade e lançam ainda mais poluentes de efeito estufa na atmosfera. Por fim, os críticos dessa tecnologia também se concentraram nas grandes quantidades de água utilizadas nesses processos.

Ainda assim, a busca por uma menor dependência dos mercados globais de petróleo e o apoio de fazendeiros e investidores da indústria agrícola para uma maior produção de etanol estimularam o rápido crescimento dessa primeira geração de tecnologias para o etanol e o biodiesel.

Para que possamos fazer escolhas políticas inteligentes quanto à biomassa como fonte renovável de energia, precisamos antes de tudo dar os passos necessários para garantir que a matéria-prima da biomassa seja produzida de forma realmente sustentável:

▶ O cultivo de biomassa não deve causar a destruição de florestas virgens e o *habitat* que elas oferecem à biodiversidade.
▶ As emissões de CO_2 devem ser minimizadas no cultivo da biomassa.
▶ As culturas utilizadas devem ser não alimentares — para evitar qualquer pressão sobre os preços dos alimentos e um maior desmatamento.
▶ O uso da água deve ser sustentável — tanto em termos de quantidade quanto de qualidade.
▶ A fertilidade do solo deve ser preservada e, quando possível, aprimorada.
▶ O bem-estar social e econômico dos investidores deverá ser respeitado e, se possível, melhorado.

Depois de consolidar uma produção sustentável das matérias-primas de biomassa, os governos deverão também se garantir de que as tecnologias utilizadas para agregar, transportar e converter essas matérias-primas em energia, biocombustíveis e biomateriais sejam ambiental, econômica e socialmente sustentáveis.

A produção de etanol nas biorrefinarias de primeira geração tem sido decepcionante. No entanto,

MATÉRIAS-PRIMAS DE BIOCOMBUSTÍVEIS

SILAGEM DE MILHO

CARVÃO

ela trouxe um aumento de renda para os fazendeiros que levou à criação de uma infraestrutura que será muito importante quando a segunda geração de tecnologias estiver disponível para a produção de etanol a partir de culturas não alimentares.

Eu mesmo também me sinto decepcionado, já que fui responsável pelo voto decisivo como vice-presidente dos EUA em 1994 a favor de um maior compromisso nacional com a produção do etanol. Em 1978, em meus anos de jovem congressista saído de um distrito agrícola do Tennessee, organizei e ministrei um *workshop* de um dia inteiro sobre o que na época se chamava de "gasohol" para 5 mil pessoas, em maioria fazendeiros, todas ansiosas para fazer parte da empreitada nacional da época para reduzir nossa dependência do petróleo estrangeiro. Ao longo dos meus dezesseis anos no Congresso e no Senado dos EUA, eu sempre fui um atuante defensor de formas para ajudar os fazendeiros a ganharem dinheiro com a produção de álcool combustível.

No entanto, na metade da década de 1990, já existiam amplas evidências de que o equilíbrio entre a energia produzida e as emissões de CO_2 da primeira geração do etanol não chegavam nem perto do que eu esperava. Mas a minha vontade política de ajudar a economia agrícola (no estados do Tennessee e de Iowa, por exemplo), aliada ao meu otimismo quanto aos avanços na eficiência do cultivo e processamento das matérias-primas, foi parcialmente responsável pelo meu desejo de seguir em frente com o desenvolvimento em grande escala dessa tecnologia. Na verdade, através do plantio direto ou até mesmo de novas técnicas de "cultivo de precisão" para reduzir o uso de água, combustíveis e fertilizantes, o volume necessário de combustíveis fósseis para se cultivar e colher essas matérias-primas pode ser reduzido a um ponto onde o equilíbrio entre as emissões de CO_2 e a energia produzida seja mais favorável. Na prática, no entanto, os resultados ao longo dos últimos vários anos convenceram diversos especialistas de que produzir etanol de primeira geração à base de milho é um equívoco.

A cana-de-açúcar brasileira que cresce muito mais rápido e se favorece da abundância de sol e chuvas, além de custos mais baixos de mão de obra e conversão, é muito mais eficiente e — em maior parte — mais ecologicamente viável, produzindo aproximadamente um terço das emissões de gases de efeito estufa do etanol de milho dos EUA. O Brasil deu início ao Programa Brasileiro de Álcool em 1975, depois do embargo do petróleo no final de 1973. A cana-de-açúcar usa muito menos fertilizantes à base de petróleo porque é uma cultura perene; ela produz muito mais biomassa por hectare do que o milho; o bagaço da cana é usado como um combustível no processo de produção; e as principais empresas brasileiras de eta-

LASCAS DE MADEIRA

RESTOS DE PAPEL

nol usam ciclos fechados de água e seguem atentamente as normas de responsabilidade social e ambiental. Além disso, as áreas de cultivo de cana-de-açúcar, que ocupam hoje menos de 2% das terras aráveis do Brasil, ficam longe da Amazônia e não causaram nenhum impacto direto ou indireto significativo na floresta tropical. Em 2003, o Brasil começou a produzir e comercializar veículos bicombustíveis e, em 2005, começou a vender grandes volumes de etanol para o mercado estrangeiro. Estudos apontam que, por diversos motivos (incluindo o clima), o etanol feito à base de cana-de-açúcar nos EUA não é competitivo em relação ao etanol produzido no Brasil. Da mesma forma, as altas tarifas dos EUA limitam drasticamente a importação do etanol brasileiro.

Nas regiões onde o milho está concentrado, mesmo com o dramático aumento da produção por hectare viabilizada pela hibridização e, mais recentemente, pela inserção de novos traços genéticos, o milho produz cerca de 3.780 litros de etanol por hectare em comparação aos 6.150 litros por hectare da cana-de-açúcar, segundo especialistas da Universidade Estadual da Carolina do Norte. Ademais, como o milho rende muito menos energia por hectare do que a cana, os estoques de milho em geral não devem ficar a mais de 80 km da refinaria para que os custos de transporte da matéria-prima não prejudiquem os lucros. E como o produto refinado — o etanol — não pode ser enviado através das redes de tubulações já existentes, a distribuição do combustível líquido para os atacadistas também depende de grandes caminhões.

As emissões de automóveis movidos a etanol — seja de milho, cana-de-açúcar ou qualquer outro vegetal — são significativamente menores do que as dos movidos à gasolina. Mas essa conta se altera quando toda a energia à base de combustíveis fósseis usada para cultivar e colher essas plantações e depois refinar e transportar o etanol é incluída em uma análise mais completa.

Infelizmente, como a agricultura moderna depende muito de subprodutos do petróleo, o volume líquido das emissões de gases de efeito estufa acaba sendo quase igual ao que é produzido pela gasolina.

Além disso, como o etanol contém apenas 70% da energia de 1 litro de gasolina, os veículos movidos a misturas com etanol sofrem uma redução do número de quilômetros rodados por litro proporcional à quantidade de etanol presente no combustível. Hoje em dia, aproximadamente 19 bilhões de litros de etanol são misturados em quase metade dos 530 bilhões de litros de gasolina usados a cada ano nos EUA — em uma mistura de 10% ou menos na maioria dos casos, graças principalmente ao Padrão de Combustíveis Renováveis dos EUA.

E, por fim, existe também um limite máximo para o papel que o etanol de milho pode desempenhar no mercado de combustíveis para os meios de transporte, ainda que seja produzido e utilizado de maneira sustentável. A revista *Scientific American* publicou um estudo em 2009 mostrando que "simplesmente não existem terras aráveis o bastante para suprir mais do que 10% da demanda por combustíveis líquidos nos países desenvolvidos com a primeira geração de biocombustíveis". Através de um estudo de 2007, o Serviço de Pesquisa do Congresso descobriu que, ainda que toda a safra de milho dos EUA fosse destinada à produção de etanol de primeira geração, o resultado equivaleria a apenas 13,4% do consumo atual de gasolina no país.

Ainda assim, no final da década de 1980, os Estados Unidos criaram um programa de incentivos para encorajar as montadoras a fabricarem carros e caminhonetes capazes de usar combustíveis misturados contendo até 85% de etanol (E85). Em troca, as montadoras recebem créditos do governo por um consumo de combustível melhor do que os veículos na verdade oferecem. Como o custo é de apenas 100 dólares por veículo para a substituição de gaxetas e canos de combustível por modelos adaptados às misturas mais corrosivas com etanol, as montadoras podem economizar dinheiro evitando os investimentos muito maiores que seriam necessários para realmente aprimorar o consumo médio de combustível dos carros e caminhonetes que elas fabricam.

FILA DE CAMINHÕES CARREGADOS DE CANA-DE-AÇÚCAR EM UMA USINA DE ETANOL PERTO DE SÃO PAULO, NO BRASIL.

No entanto, mais de uma década depois da introdução desse programa de incentivos, estudos mostraram que apenas 6% dos veículos flex usam o E85 como seu principal combustível. Isso acontece em parte porque menos de 0,5% dos postos de combustível dos Estados Unidos vendem E85, e um número apenas um pouco maior oferece biodiesel. Além disso, os postos de combustíveis alternativos estão concentrados em sua maioria ao norte do meio-oeste, onde a produção de etanol é a maior. Em diversas outras regiões dos EUA, milhões de pessoas possuem veículos flex sem nem se darem conta disso. Alguns consumidores podem até reparar no logotipo que identifica seus carros como modelos "E85", mas não encontram postos que ofereçam esse combustível onde eles moram. O principal benefício desse programa até agora tem sido permitir que as montadoras de automóveis ignorem as exigências por melhores padrões de consumo de combustível.

Existem dois outros fatores que vêm influenciando negativamente a opinião dos especialistas quanto ao etanol de milho. Primeiro, o aumento significativo dos preços dos alimentos no mundo todo em 2007 e 2008 foi ligado parcialmente à utilização de terras aráveis para o cultivo de culturas para o etanol em vez de alimentos. Estudos detalhados descobriram depois que outras causas — incluindo uma estiagem histórica na Austrália, que consumiu uma grande porcentagem dos grãos do mercado mundial — foram responsáveis pela maior parte do aumento dos preços. A principal pressão sobre a base agrícola mundial vem do crescimento da população e da demanda cada vez maior por proteína animal que exige grandes extensões de terra, o que é resultado do aumento da renda da população e da mudança dos hábitos alimentares nos países em desenvolvimento. Mas não há dúvidas de que um maior desvio do uso de terras aráveis para a produção de combustível poderia pressionar ainda mais os preços dos alimentos agora que diversas regiões mais pobres do mundo estão enfrentando crescentes preocupações em relação ao abastecimento de alimentos.

Além disso, o apoio da opinião pública aos biocombustíveis nos países desenvolvidos em geral atinge seus picos quando os preços do petróleo estão altos, mas como o uso de petróleo na produção de alimentos é muito intenso, esses períodos também coincidem com os maiores preços dos alimentos — especialmente em países em desenvolvimento. Nós enfrentamos recorrentes ciclos marcados pela elevação dos preços dos alimentos e dos combustíveis, com cada ciclo renovando a preocupação com o latente conflito entre os alimentos e o biocombustível.

E, segundo, o Conselho Nacional de Pesquisa dos EUA descobriu que cada litro de etanol de milho utiliza essa quantidade quadruplicada de água ao ser refinado, mas dois outros itens dessa declaração — 537 litros para o cultivo do milho e 2.970 litros para as áreas irrigadas — têm origem em dois estudos adicionais. Embora a maior parte das plantações de milho dos Estados Unidos conte com níveis adequados de chuvas, a expansão do cultivo levou as plantações para áreas que exigem quantidades enormes de irrigação, o que causou um aumento dramático no consumo médio de água no cultivo do milho. Além disso, previsões de estiagens mais severas e mais frequentes nas principais áreas de plantio (uma tendência nas regiões centrais dos continentes de todo o mundo que há muito tempo é associada ao aquecimento global) aumentaram as preocupações com a viabilidade futura de um processo que depende tanto da água.

Algumas usinas de etanol de primeira geração já foram fechadas depois de terem feito pedidos para extrair água de aquíferos subterrâneos em quantidades que foram vistas como insustentáveis pelos órgãos reguladores. Algumas usinas de Minnesota e Wisconsin enfrentaram protestos de cidadãos preocupados com o acesso à água de seus poços. A criação de novas biorrefinarias também já foi proposta em áreas que atualmente extraem água de aquíferos subterrâneos de forma totalmente insustentável, como a de Ogallala.

Produzir etanol de primeira geração à base de milho é um equívoco.

PLANTAÇÃO DE MILHO PARA A PRODUÇÃO DE ETANOL PERTO DA USINA ELÉTRICA DE COTTAM, EM NOTTINGHAMSHIRE, NA INGLATERRA.

A primeira geração de biodiesel — feito em grande parte à base de soja nos EUA — produziu uma maior redução líquida das emissões de gases de efeito estufa do que o etanol de milho, mas o biodiesel também possui a maioria dos outros problemas do etanol de primeira geração. Em outras partes do mundo, a crescente demanda pelo biodiesel causou imensos abusos do meio ambiente, como o desmatamento de florestas de turfa na Indonésia e na Malásia para o cultivo de plantações de dendezeiros. A Indonésia agora se tornou o terceiro maior emissor de gases poluentes de efeito estufa, em grande parte como resultado dessa prática. (Gorduras animais também já foram usadas de forma mais limitada como matéria-prima para o biodiesel. Algumas matérias foram divulgadas mostrando empreendedores empolgados e usuários pioneiros de veículos movidos a óleo de fritura descartado por lanchonetes, mas projetos maiores agora estão sendo propostos para utilizar a gordura descartada de criadores de gado, aves e porcos.)

As oportunidades para aqueles que estão destruindo florestas de turfa para plantar dendezeiros como matéria-prima para o biodiesel podem ser ilustradas pela comparação da produtividade dos combustíveis equivalentes atuais. Os dendezeiros produzem 610 galões por acre, seguidos pelos cocos, a segunda fonte mais produtiva de matéria-prima para biodiesel, que rende 276 galões por acre, colza (122 galões por acre), amendoim (109 galões por acre), girassol (98 galões por acre) e soja — que, com uma produção de

PRODUTIVIDADE DAS CULTURAS PARA BIOCOMBUSTÍVEIS

As figuras abaixo mostram a produtividade das principais culturas usadas na produção de biocombustíveis, em galões de combustível por acre, e a produção projetada para a segunda geração de culturas de etanol. As culturas atuais para biocombustíveis são transformadas em biodiesel ou etanol. A próxima geração irá converter celulose e culturas não alimentares como capim e miscanto (capim-elefante) em etanol. Essa tecnologia ainda não está sendo usada.

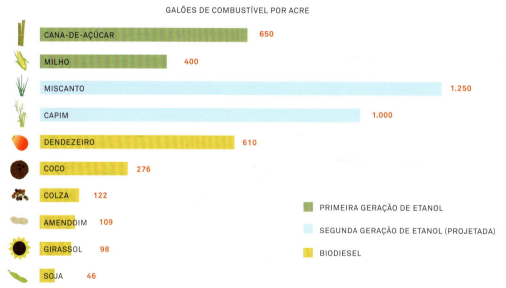

FONTE: Ethanol: Serviço de Extensão da Cooperativa da Carolina do Norte, outubro de 2007; biodiesel: Serviço de Informação Nacional de Agricultura Sustentável.

46 galões por acre, é a principal matéria-prima usada para a produção de biodiesel nos Estados Unidos. No ano passado, a maioria dos estoques de biodiesel dos Estados Unidos foi exportada, em grande parte para a Europa.

Cientes da decepcionante proporção entre os volumes de CO_2 e energia produzidos pelo etanol de milho, os governantes em geral se conformam com o argumento de que a expansão do mercado de biocombustíveis ao menos criou uma infraestrutura de produção e distribuição que em breve poderá ser utilizada por biocombustíveis mais econômicos e ecológicos produzidos pela tão aguardada tecnologia de segunda geração.

Biocombustíveis "celulósicos" podem ser feitos à base de capim (como o *Panicum virgatum*), árvores de crescimento rápido e outros vegetais com teores muito maiores de celulose do que as culturas alimentares, ou a partir de lixo orgânico agrícola, florestal e industrial. Por utilizar culturas não alimentares, essa tecnologia de segunda geração pode evitar alguns dos maiores problemas que surgiram com a produção de etanol de milho. Além disso, espera-se que os biocombustíveis celulósicos produzam emissões muito menores de gases de efeito estufa, embora as tecnologias empregadas possam variar. No entanto, o desenvolvimento de versões lucrativas dessa tecnologia de segunda geração tem demorado mais do que muitos esperavam.

Assim que for comercialmente disponibilizada, a segunda geração de tecnologia para o refino de etanol trará uma vantagem significativa em relação à primeira: em vez de usar culturas alimentares, ela poderá produzir combustíveis líquidos a partir de vegetações perenes, árvores de rápido crescimento e dejetos com alto teor de celulose.

Alguns dos vegetais usados como matéria-prima — como o capim — na verdade ajudam a sequestrar carbono do solo conforme crescem, e estudos indicam que a colheita regular do capim pode acelerar ainda mais o sequestro de carbono do solo. E, embora a maioria dos estudos sobre o etanol celulósico nos EUA tenha se concentrado no capim, dados recentes apontam que o miscanto (uma vegetação perene nativa da África e do sul da Ásia) pode ser significativamente mais produtivo.

Um dos principais benefícios desse processo de segunda geração é que os vegetais usados como matéria-prima crescem em terras inadequadas para o cultivo de alimentos — em consequência, elimina a problemática geopolítica e ambiental da competição entre o cultivo de alimentos e o de combustíveis — e também podem ser plantadas em terras degradadas que tenham sido abandonadas por fazendeiros, revigorando a fertilidade do solo conforme crescem. Ademais, a maioria dessas culturas não exige o uso pesado de subprodutos de petróleo na fertilização, cultivo ou replantio (elas são perenes).

Existem também propostas para o amplo uso de dejetos agrícolas, como a forragem de milho, como matéria-prima para o etanol celulósico, mas os agrônomos alertam que seria melhor deixar a maior parte desses dejetos agrícolas no chão para restaurar a fertilidade do solo. Ainda assim, segundo a maioria dos especialistas, esses dois objetivos poderiam ser atendidos caso a quantidade de dejetos removida dos campos seja menor do que 25% do total.

Em uma nova forma de rotação de culturas, alguns fazendeiros começaram a plantar "culturas de energia" depois da colheita de outono de culturas alimentares e antes do plantio seguinte na primavera. Outros estão usando sistemas de "cultivo misto", em que culturas alimentares e de energia estão sendo cultivadas ao mesmo tempo. Caso sejam implementadas com os devidos cuidados, essas duas estratégias podem, na verdade, aumentar a fertilidade do solo para as plantações alimentares e fornecer uma fonte extra de renda aos fazendeiros com a cultura de energia.

Da mesma forma, árvores de rápido crescimento — álamos, salgueiros híbridos, plátanos, liquidâmbares e eucaliptos — podem ser extraídas anualmente. Algumas delas podem ser cortadas rente ao chão (uma prática chamada rebrota), o que na verdade estimula um crescimento ainda mais rápido e continua estabilizando, fortalecendo e repondo o carbono do solo.

Além disso, os dejetos florestais da indústria madeireira, serrarias, fábricas de papel e celulose, da construção civil e do desmatamento de vegetações rasteiras durante processos de prevenção de incêndios poderiam fornecer mais de 350 milhões de toneladas de matéria-prima celulósica a cada ano, segundo os departamentos de energia e agricultura dos EUA. Um estudo feito por essas duas instituições descobriu que, de modo geral, os EUA poderiam processar pelo menos 1,3 bilhão de toneladas de biomassa celulósica por ano — o bastante para produzir um volume de biocombustíveis líquidos equivalente a um terço de todo o consumo atual de gasolina e diesel do país.

No entanto, é importante ressaltar que muitos ambientalistas veem com cautela a ideia de que a coleta de "dejetos florestais" e o corte "seletivo" em grande escala de árvores, em florestas maduras, possam de fato ser realizados de uma maneira realmente sustentável que respeite a biodiversidade e a complexidade ecológica que estariam em risco nesses ecossistemas florestais. Em diversos países em desenvolvimento, não existe aparato institucional suficiente para monitorar ou aplicar os princípios da "silvicultura sustentável". O histórico das ocasionais relações mais próximas entre empresas madeireiras e alguns agentes do serviço florestal dos EUA alimentou ainda mais preocupações com o impacto da retirada em grande escala de madeira das florestas nacionais como fonte de energia de biomassa.

Existem dois principais tipos de tecnologias para a produção de biocombustíveis de segunda geração. Enquanto o etanol de primeira geração é produzido em essência através do antigo processo de fermentação, que transforma os açúcares e amidos nas culturas alimentares em álcool, as tecnologias de segunda geração se concentram em separar as estruturas moleculares mais rígidas que são encontradas em vegetais com muito mais celulose, hemicelulose e lignina. O Laboratório Nacional de Energia Renovável apontou que "os vegetais evoluíram por várias centenas de milhões de anos para serem recalcitrantes — resistentes a ataques de organismos como bactérias, fungos, insetos e condições climáticas extremas (...) Para a produção de etanol celulósico, o principal desafio é quebrar (hidrolisar) as moléculas de celulose em seus açúcares".

A competição entre as diversas abordagens tecnológicas ainda não definiu uma clara vencedora para o processo de hidrólise, embora o uso de enzimas produzidas de modo especial possa surgir em 2010 como a primeira tecnologia comercialmente disponível para a produção competitiva de etanol celulósico de segunda geração.

A modificação genética de enzimas e micróbios para atuarem na conversão de biomassa em energia vem gerando grande entusiasmo nos últimos anos. Diversos empreendedores do ramo da biomassa também estão empolgados com o dramático aumento da produtividade que está sendo alcançado com a inserção de traços genéticos nas variedades vegetais usadas como matéria-prima, embora essa estratégia tenha causado controvérsias. Alguns produtores também estão inserindo traços que alteram a natureza química dos compostos criados pelos vegetais conforme crescem. Essas novas técnicas atraíram opositores — especialmente na Europa — preocupados com a ideia de que a seleção de traços pelos cientistas dessas empresas possa trazer modificações genéticas que ofereçam riscos ocultos às pessoas e sistemas ecológicos.

Vale lembrar que as culturas alimentares que hoje sustentam a humanidade também foram modificadas através de uma lenta seleção de traços ao longo de diversas gerações pelos nossos ancestrais na Idade da Pedra. Por outro lado, é claro, a engenharia genética é um processo não apenas mais rápido, mas também muito mais potente. E essas duas diferenças podem aumentar o risco de que algum traço colateral não identificado possa se disseminar antes de ser totalmente reconhecido e compreendido. Ainda assim, a escolha de seguir em frente com os processos de modificação genética já foi feita pela nossa sociedade. Na maior parte do mundo, culturas geneticamente modificadas (culturas GM) já estão sendo cultivadas em quantidades significativas. Na verdade, 8% de todas as terras aráveis do mundo foram cultivadas com culturas GM em 2008. E a maioria dos cientistas chegou à conclusão de que os riscos das modificações genéticas são baixíssimos, enquanto os benefícios econômicos são muito altos.

No entanto, já existiram casos em que mudanças genéticas trouxeram consequências inesperadas. Como o risco de eventos classificados como de "baixa probabilidade, mas de alto impacto" ainda existe, é importante que os governos estabeleçam um processo de monitoramento dessas poucas modificações que se encaixam nessa categoria.

O segundo principal candidato da segunda geração de biocombustíveis se baseia em um processo termoquímico que converte o material celulósico em gás de síntese, que pode então ser transformado de diversas formas para produzir biocombustível líquido. Hoje em dia, essas técnicas são mais caras, mas muitos esforços estão sendo feitos para reduzir os custos o bastante para torná-las mais competitivas.

Uma fonte muito mais barata e abundante de energia de biomassa em forma gasosa pode ser encontrada

COMO A BIOMASSA SE TRANSFORMA EM COMBUSTÍVEL

Os biocombustíveis de primeira geração convertem a biomassa com amidos já disponíveis — como o milho, dendê ou cana-de-açúcar. O amido da matéria-prima é então convertido em açúcar por meio de um processo chamado de moagem. Os biocombustíveis de segunda geração são produzidos por meio da quebra da estrutura celular de culturas não alimentares como o capim que libera seus açúcares. Nos dois tipos de biocombustível, os açúcares passam por um processo de fermentação que produz álcool, que é então destilado e se transforma no etanol em si.

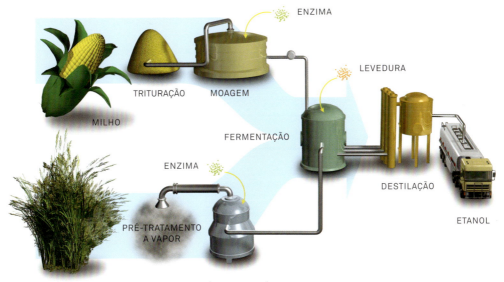

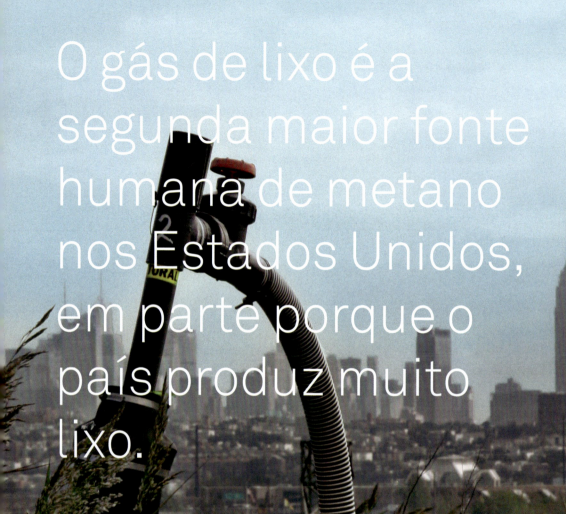

O gás de lixo é a segunda maior fonte humana de metano nos Estados Unidos, em parte porque o país produz muito lixo.

ALGUNS ATERROS AGORA CAPTURAM UMA PARTE DO METANO EMITIDO PELA DECOMPOSIÇÃO DA MATÉRIA ORGÂNICA. O GÁS DESTE ATERRO EM NOVA JERSEY AJUDA A FORNECER ENERGIA PARA 25 MIL CASAS DA REGIÃO.

sob os aterros municipais do mundo todo que hoje são responsáveis por quase 14% das emissões globais de metano. Como o metano (o principal componente do gás natural) é um recurso valioso, existem oportunidades econômicas na captura e uso produtivo dessas enormes quantidades produzidas a cada ano nos aterros.

O metano é o segundo maior responsável pela poluição causadora do aquecimento global, atrás apenas do CO_2. Cada molécula de metano é mais de vinte vezes mais potente do que uma de CO_2 quanto à retenção de calor. Os aterros representam a terceira maior fonte humana de emissões globais de metano (14%, comparados aos 50% da agricultura — em grande parte da criação de gado e cultivo de arroz — e 16% dos sistemas de gás natural, causados em geral por vazamentos).

O gás de lixo, que em geral é composto por 50% de metano e 50% de CO_2, é a segunda maior fonte humana de metano nos Estados Unidos, em parte porque o país produz muito lixo. A China, com uma população quatro vezes e meia maior, ainda não havia superado os EUA em volume de lixo doméstico até o começo de 2009. Os norte-americanos emitem uma quantidade de gás de lixo equivalente a todo o continente africano e mais de duas vezes e meia o volume gerado pela segunda maior fonte nacional, a China. A quantidade de gás de lixo capturada e queimada está crescendo a cada ano, mas o volume adicional de metano liberado pelo crescente número de aterros está aumentando de forma ainda mais rápida segundo a Agência de Proteção Ambiental dos EUA.

A tecnologia para a captura do metano de aterros já está bem desenvolvida, madura e proporciona um bom custo-benefício. Na técnica mais usada, uma série de poços de extração verticais é perfurada no aterro, ou trincheiras horizontais de coleta de gás conduzem o gás até uma central onde é coletado e processado. Muitos aterros com esses sistemas de coleta simplesmente queimam o gás de lixo, o que ao menos reduz o impacto do metano na atmosfera, emitindo CO_2 em seu lugar. No entanto, essa abordagem não é a ideal e desperdiça a oportunidade de usar o gás como fonte produtiva de energia. Ele pode ser queimado para produzir eletricidade ou vendido para empresas e usado em caldeiras para fornecer aquecimento interno. Algumas empresas e cidades possuem frotas de veículos modificados movidos a gás de lixo.

Muitos países em desenvolvimento descartam o lixo municipal em lixões a céu aberto, onde o lixo se decompõe aerobicamente, produzindo CO_2 em grande parte, com volumes muito menores de metano. O fluxo pluvial que passa por esses aterros também produz chorume, que contamina os aquíferos subterrâneos. Em contraste, o lixo descartado em aterros em geral recebe camadas periódicas de terra e é coberto de formas que estimulam a decomposição anaeróbica (na ausência do oxigênio), que depois de um ou dois anos começa a produzir metano. O chorume de aterros mais velhos e sem forro pode ser particularmente tóxico para os lençóis freáticos.

Em 1996, os Estados Unidos decretaram a Lei dos Aterros, exigindo que todos os novos aterros municipais capturassem o metano produzido para que ele fosse simplesmente queimado ou usado de forma produtiva. Por volta de 37% dos aterros dos Estados Unidos agora atendem a essas regulamentações, mas cerca de metade deles ainda queima o gás coletado. Existem então ainda quase 63% de aterros que não são obrigados a capturar seus gases. E, embora 20% desses aterros façam isso por conta própria, apenas um terço deles utiliza o gás coletado de forma produtiva em vez de queimá-lo.

Muitas empresas firmaram parcerias com operadores de aterros para produzir eletricidade e aquecimento a partir de gás de lixo. Por exemplo, a fábrica da BMW em Greer, na Carolina do Sul, supre 70% de suas necessidades energéticas com gás de lixo, que é usado para gerar tanto eletricidade quanto aquecimento. A empresa estima que em seis anos de operação, 5 milhões de dólares já tenham sido poupados em custos anuais de energia, graças ao uso do gás do lixo.

A Agência de Proteção Ambiental dos EUA fez uma parceria internacional, que agora inclui trinta países, em um esforço para explorar as oportunidades do uso do metano de aterros. Essa parceria dos "mercados de metano" foi criada para facilitar o desenvolvimento de projetos para que o gás de lixo seja recuperado.

Recentemente, empreendedores criaram uma nova técnica revolucionária capaz de capturar muito mais metano do lixo municipal sólido, colocando-o em grandes construções de concreto com portas hermeticamente fechadas e sistemas eficientes de coleta de gás que capturam o metano de forma contínua. O gás pode ser totalmente evacuado antes que as portas sejam abertas para permitir a chegada de mais lixo. E o processo pode ganhar ainda mais eficiência com a introdução de mais bactérias anaeróbicas que aceleram a produção de metano.

Com todo o foco voltado para a produção de combustíveis líquidos para os meios de transporte a partir da biomassa, muitos começaram a se perguntar se realmente faz sentido gastar tanto dinheiro, tempo e energia no aprimoramento da transformação de biossólidos em biolíquidos. Afinal, enquanto mais de 90% da controvérsia sobre a biomassa envolvem os biolíqui-

UMA NOVA REVOLUÇÃO INDUSTRIAL

"Eu passei 21 anos sem pensar no que nós estávamos fazendo com a Terra ao fabricar nossos produtos", admitiu o fundador da Interface Flooring, Ray Anderson. Mas, na década de 1990, os consumidores começaram a perguntar o que a Interface estava fazendo pelo meio ambiente. "Muito pouco era a resposta mais sincera", lembra-se ele.

Anderson entrou em pânico quando o livro *The ecology of commerce* [A ecologia do comércio] de Paul Hawken apareceu em sua mesa. Ao ler a obra, ele teve uma epifania simples: "A estratégia que eu estava usando para administrar a Interface estava fadada ao fracasso. Um dia, pessoas como eu vão acabar sendo presas".

Nos últimos quinze anos, Anderson se dedicou à Missão Zero, um compromisso de eliminar o impacto negativo da Interface no planeta até 2020. Para a indústria de carpetes (que, segundo estimativas, lança 2,2 bilhões de kg de seus produtos em aterros a cada ano), a redução do lixo é um ponto nevrálgico para garantir um futuro sustentável.

A Interface começou a usar materiais renováveis, substituindo polímeros à base de petróleo por subprodutos do milho. Em seguida, por um programa de devolução de produtos, a empresa começou a utilizar náilon e vinil usados para produzir carpetes novos. Ao longo dos últimos 23 anos, mais de 45 milhões de kg de materiais deixaram de ser jogados em aterros.

Em 2003, a Interface adotou as mesmas regras para seu consumo energético. A empresa lançou um programa com a Agência de Proteção Ambiental para converter gás metano do

Ray Anderson ao lado de máquinas que colam retalhos descartados de fibra na fábrica da Interface em West Point, estado da Geórgia, EUA.

aterro em LaGrange, na Geórgia, em uma fonte renovável de energia. O sistema captura e queima o metano do aterro, convertendo-o em uma fonte de aquecimento e energia.

Levando-se em conta a empresa inteira, as emissões líquidas de gases de efeito estufa da Interface caíram 83% em volumes absolutos. E a mudança foi ótima para os negócios. As vendas da Interface cresceram dois terços e os lucros dobraram. Anderson discorda daqueles que acreditam em um suposto dilema entre prioridades ambientais e financeiras.

dos, 90% da energia de biomassa realmente produzida no mundo são usados para a geração de eletricidade e aquecimento. Os pesquisadores da John F. Kennedy School of Government e do Instituto Ambiental de Estocolmo concluíram em 2007 que "caso a redução dos gases de efeito estufa seja o nosso principal objetivo, a estratégia mais eficaz seria priorizar o uso da biomassa para substituir o carvão como fonte energética e não os combustíveis dos meios de transporte".

Uma equipe de pesquisadores da Universidade Estadual de Michigan, da Universidade de Minnesota e da Universidade de Ciências Agrícolas da Suécia publicou um estudo em 2008 explicando como o uso da biomassa para a geração de eletricidade pode reduzir as emissões de gases de efeito estufa de forma muito mais eficiente do que através da dispendiosa transformação da biomassa em combustíveis líquidos. Eles constataram que mais de 30% da energia contida na biomassa celulósica é perdida hoje durante a recuperação de açúcares fermentáveis. Em seguida, outros 27% da energia contida nos açúcares se perde durante a fermentação. E, pior de tudo, 75% da energia restante nos combustíveis líquidos produzidos se perdem quando ele é queimado em motores de combustão interna ineficientes.

Por consequência, ainda que as usinas elétricas convencionais percam em média 65% da energia de seus combustíveis com o calor que é emitido durante o processo de queima desses combustíveis, a eficiência muito maior dos veículos elétricos faz com que o uso da biomassa para a eletricidade substitua o dobro do petróleo com biomassa do que quando ela é convertida em combustíveis líquidos. Além disso, caso as usinas elétricas de biomassa sejam adaptadas para fornecer eletricidade e aquecimento (cogeração), mais de 60% da energia contida na biomassa pode ser usada de forma eficiente.

Ademais, devemos antecipar e acelerar a progressiva conversão da frota global de automóveis para modelos elétricos, o que permitirá uma maior eficiência energética no setor de transportes, uma menor dependência dos instáveis mercados globais de petróleo e o uso mais eficiente da biomassa — que seria destinada à produção de eletricidade e energia térmica.

No entanto, é importante dizer que, mesmo que todos os carros sejam trocados por modelos elétricos ao longo do tempo, a construção de redes elétricas inteligentes capazes de abastecer esses veículos em países em desenvolvimento pode demorar muito mais do que nos países desenvolvidos. E, mesmo assim, a demanda por combustíveis líquidos de baixo carbono para caminhões e aviões ainda continuaria existindo. Por sorte, além de produzirem etanol e biodiesel, as biorrefinarias também podem produzir combustível de avião, e diversas empresas aéreas já estão explorando avidamente o uso de combustíveis feitos à base de biomassa.

Ao mesmo tempo, os cientistas estão trabalhando duro em um processo de terceira geração. Enquanto grande parte da segunda geração das técnicas com celulose está voltada para a produção de etanol à base de culturas não alimentares, o principal foco da terceira geração é em produtos finais superiores ao etanol, incluindo novas moléculas (como o biobutanol) que podem ser combinadas diretamente com a gasolina e o diesel, eliminando os problemas das misturas. A produção de combustíveis para meios de transporte à base de algas é também muitas vezes classificada como uma terceira geração desse tipo de tecnologia. Diversas grandes empresas de petróleo já estão se dedicando à ideia de produzir biocombustíveis a partir de algas. Em 2007, a Shell anunciou que irá construir uma usina piloto no Havaí e, um mês depois, a Chevron também anunciou uma parceria para estudar combustíveis de algas. No meio de 2009, a ExxonMobil anunciou uma parceria com uma empresa fundada pelo empreendedor da genética, Craig Venter. Um dos argumentos a favor das algas é que elas podem crescer em ambientes áridos em água salobra, marinha ou poluída. No entanto, apesar do entusiasmo dos empreendedores das algas — e das grandes apostas bancadas pelas empresas de energia —, alguns especialistas ainda não estão convencidos de que os combustíveis à base de algas possam se tornar competitivos no mercado num futuro próximo.

De qualquer forma, independente da tecnologia ou matérias-primas escolhidas, as leis da física podem impor um certo limite à eficiência da produção de combustíveis líquidos de biomassa — em comparação ao uso de avançadas técnicas de combustão capazes de aproveitar porcentagens muito maiores de energia contidas na biomassa sob a forma de energia térmica e eletricidade produzida por geradores a vapor ou de combustão a gás.

Atualmente, o uso da biomassa em combinação com geradores térmicos e elétricos é uma fonte mais barata de energia renovável do que a eletricidade solar e apenas um pouco mais cara do que a eletricidade eólica de moinhos em terra. Na verdade, muitos especialistas hoje acreditam que, na maioria dos casos, o uso mais eficiente da biomassa seria como combustível em um processo de queima direta para a produção de energia térmica para fornecer aquecimento ou ar-condicionado e para a geração de vapor usado na ativação de geradores elétricos. Além disso, a biomassa pode servir como uma fonte constante de energia, o que não acontece com o vento e a luz do Sol, então ela é uma saída mais eficaz para se reduzir a quantidade de carbono gerada pelo carvão e pelo gás natural que são queimados para se produzir eletricidade.

O Conselho de Defesa dos Recursos Naturais concluiu em um estudo de 2004 que, "considerando-se a combinação atual de combustíveis usada para a produção de eletricidade nos EUA, o uso de uma tonelada de biomassa para gerar eletricidade traz uma redução razoavelmente maior dos gases de efeito estufa do que qualquer outra alternativa possível. No entanto, essa situação irá mudar com o tempo, ainda mais se um esforço concentrado for feito para se reduzir as emissões de gases de efeito estufa como um todo".

A biomassa usada para a produção de eletricidade e energia térmica vem em maior parte da madeira — principalmente dejetos florestais. Pouco mais da metade de todo o consumo de energia de biomassa acontece sob a forma de madeira e 65% do consumo de madeira ocorrem no setor industrial, onde ela é usada *in loco* para a produção de calor destinada a processos industriais, assim como quantidades menores de eletricidade. O uso residencial e comercial totaliza 25% do consumo de madeira, e o setor elétrico é responsável por apenas 9%. Em 2006, a geração de eletricidade de biomassa (em usinas elétricas e da cogeração industrial) foi responsável por quase 7% da produção global de eletricidade renovável.

Os geradores combinados de calor e energia também podem ser usados em complexos distribuídos de pequena escala — evitando, assim, o pior dos pesadelos logísticos, que é o gerenciamento de uma série de grandes estoques de biomassa, vindos de uma enorme área geográfica, em volume suficiente para que as biorrefinarias sejam rentáveis. Como a madeira tem uma densidade energética muito menor do que o carvão, a logística para se conseguir as quantidades adequadas de matéria-prima para usinas muito grandes em um ritmo sustentável acaba sendo muitas vezes um grande desafio. Afinal, a alta densidade energética do carvão e do petróleo e sua ampla disponibilidade em reservas subterrâneas são os principais motivos pelos quais esses dois combustíveis se firmaram, desde o início, como as nossas maiores fontes energéticas.

A madeira para fábricas e usinas é muitas vezes processada em formato de grânulos, o que facilita o transporte, armazenamento e "cocombustão" com o carvão em caldeiras já existentes — substituindo quase 20% do carvão e reduzindo as emissões de CO_2 durante o processo. Segundo um estudo feito pelo Instituto Worldwatch em 2009, "a cocombustão nos oferece o maior potencial de todas as estratégias renováveis para reduzir uma quantidade significativa das emissões no curto prazo".

Geradores especializados modernos adaptados para o uso de grânulos de madeira e equipados com filtros de emissões de última geração podem produzir eletricidade com muito mais eficiência do que os

ALGAS CULTIVADAS EM SACOS PLÁSTICOS EM UM PROJETO EXPERIMENTAL PERTO DE PHOENIX, ESTADO DO ARIZONA, NOS EUA. SOB CONDIÇÕES ADEQUADAS, APROXIMADAMENTE MEIO HECTARE DE ALGAS PODE GERAR QUASE 19 MIL LITROS DE BIOCOMBUSTÍVEL POR ANO.

geradores a vapor aquecidos a carvão, além de reduzirem até 94% das emissões de CO_2. Por exemplo, o Reino Unido acabou de anunciar planos para construir um novíssimo gerador especializado de biomassa de 295 megawatts e outros modelos ainda maiores estão sendo desenvolvidos agora mesmo. O governo do Reino Unido anunciou suas intenções de exigir que essas usinas especializadas em biomassa passem a usar a captura e sequestro de carbono a partir de 2030.

A indústria da biomassa também desenvolveu biorrefinarias integradas que usam uma série de matérias-primas e diversas tecnologias de conversão diferentes para se produzir biocombustíveis, biomateriais, energia térmica e eletricidade. Embora esse conceito tenha sua lógica e possa permitir que as biorrefinarias cheguem a ser quase autossustentáveis quanto ao seu consumo energético, grande parte das biorrefinarias construídas até hoje tem se concentrado principalmente na produção de etanol e biodiesel.

Atualmente, o maior mercado para a produção à base de biomassa de eletricidade e calor a partir de grânulos de madeira se concentra na Europa, e a maior parte dessa matéria-prima vem de fornecedores instalados nas florestas do noroeste da América do Norte, que chegam através do Canal do Panamá. Depois da Europa, o segundo maior fluxo de grânulos de madeira ocorre na Austrália, com crescentes estoques sendo recebidos do sudeste dos Estados Unidos.

Na União Europeia, a queima de biomassa — principalmente de madeira e seus restos — é responsável por dois terços da energia renovável sendo produzida — embora o uso de energia solar, eólica e geotérmica também deva crescer drasticamente. Segundo o grupo de consultoria New Energy Finance, existem hoje 3,2 gigawatts de capacidade energética de biomassa anunciada, autorizada, financiada ou contratada na Europa, no Oriente Médio e na África. Diversas outras usinas de biomassa já estão sendo construídas ou foram anunciadas.

Espera-se que os mercados para a energia térmica e elétrica gerada à base de grânulos de madeira nos Estados Unidos cresçam rapidamente após a adoção do proposto Padrão de Eletricidade Renovável — que trará o desenvolvimento de relações de comércio regionais de biomassa, o surgimento de novos fornecedores de logística para a biomassa e ainda mais inovações na cadeia de abastecimento. Por exemplo, um processo chamado de torrefação, que vem sendo usado tradicionalmente na indústria do café, agora está sendo introduzido na indústria de biomassa para aquecer e secar os grânulos de madeira para que eles possam ser armazenados em áreas externas sem absorverem água. Há também um interesse cada vez maior da comunidade agrícola por um processo em que a biomassa é queimada na ausência do oxigênio (um processo chamado de pirólise), produzindo o biocarvão que, como será discutido no Capítulo 10, é uma forma extremamente eficaz para se regenerar a fertilidade do solo e sequestrar grandes quantidades de carbono das terras aráveis ao mesmo tempo.

No meio do ano passado, uma análise incrível publicada na revista *Science* feita por onze especialistas em políticas energéticas e biocombustíveis — incluindo defensores e céticos quanto ao potencial dos biocombustíveis — propôs uma metodologia para resolver as controvérsias sobre os biocombustíveis alternativos através da aplicação de "dois princípios simples": "Em um mundo ávido por soluções para os seus desafios energéticos, ambientais e alimentares, a sociedade não pode ser dar ao luxo de desperdiçar a redução das emissões de gases de efeito estufa e os benefícios locais, ambientais e sociais da utilização correta dos biocombustíveis. No entanto, a sociedade também não pode aceitar os impactos indesejáveis da má utilização dos biocombustíveis".

Esses especialistas também concluíram que "o debate recente sobre políticas de apoio aos biocombustíveis nos Estados Unidos é perturbador. A discussão vem se tornando cada vez mais polarizada e as influências políticas parecem estar atropelando a ciência".

Eles pleitearam a adoção de "iniciativas de proteção ambiental significativas com bases científicas", apoio governamental para uma "indústria robusta de biocombustíveis" e a garantia de um "caminho viável de avanço" para os investidores da primeira geração de biocombustíveis.

Um sinal positivo do desenvolvimento de uma política pública sábia e coerente de incentivo à biomassa surgiu dois anos atrás com a formação do Conselho para a Produção Sustentável de Biomassa dos Estados Unidos. Composto por fazendeiros, produtores, donos de refinarias, empresas petrolíferas e de biotecnologia, agentes federais e pesquisadores acadêmicos, esse conselho conquistou amplo respeito em pouco tempo e está desenvolvendo um programa voluntário de certificação e programas de educação e treinamento — que se baseiam em padrões criados para abordar "todas as questões da sustentabilidade através de princípios, critérios e indicadores aplicáveis tanto à agricultura quanto à silvicultura". O plano desse conselho é dar início à implementação desse programa de padronização no começo do ano que vem, "bem antes da produção em grande escala da bioenergia celulósica".

Entre os governos, a União Europeia assumiu a liderança na busca por padrões de sustentabilidade para o uso da biomassa. O Reino Unido, por exemplo, agora exige que as usinas elétricas de biomassa obtenham Certificados de Obrigação Renovável que incluem o suporte necessário para a análise e a supervisão cuidadosas da natureza, métodos de produção e origens de todas as matérias-primas de biomassa utilizadas.

O PEQUENO VILAREJO JÜHNDE, NA ALEMANHA, SUPRE TODO O SEU CONSUMO DE AQUECIMENTO E ELETRICIDADE POR MEIO DA BIOMASSA, INCLUINDO LASCAS DE MADEIRA E DEJETOS ANIMAIS.

NOSSAS FONTES DE ENERGIA

CAPÍTULO SETE

CAPTURA E SEQUESTRO DE CARBONO

O PROJETO DE CCS DE IN SALAH, NO CAMPO DE GÁS DE KRECHBA, NA ALGÉRIA, INJETA NO SUBSOLO APROXIMADAMENTE 1 MILHÃO DE TONELADAS DE CO_2 AO ANO.

A ideia de "captura e sequestro de carbono" (CCS, *carbon capture and sequestration*) é premente. Em teoria, o mundo poderia capturar todo o CO_2 emitido atualmente na atmosfera pelas usinas de geração de energia por combustíveis fósseis e sequestrá-lo com segurança em depósitos subterrâneos e suboceânicos. Dessa forma, poderíamos continuar utilizando o carvão como fonte primária de eletricidade sem, ao mesmo tempo, contribuir para a destruição da civilização.

Na realidade, entretanto, décadas após o CCS ser proposto pela primeira vez, nenhum governo ou empresa no mundo todo desenvolveu um único projeto de demonstração, em escala comercial, de captura e sequestro de grandes quantidades de CO_2 de uma usina de energia.

Todas as tecnologias de captura, compressão, transporte e sequestro de CO_2 foram desenvolvidas e testadas em pequena escala. Todas elas funcionam. Porém, os componentes jamais foram integrados e implementados em escala grande o suficiente a fim de estabelecer o grau de confiança necessário para um comprometimento verdadeiramente forte do mundo, caso essa opção fosse escolhida como uma das principais estratégias da civilização para solucionar a crise climática.

Por quê?

T.S. Eliot escreveu, uma vez: "entre a ideia e a realidade, entre o movimento e a ação, tomba a sombra".

A sombra do implausível que tomba entre a ideia do CCS e a incapacidade de torná-lo uma realidade é delineada por dois enormes obstáculos avultando no horizonte. Primeiro, a exorbitante penalidade, em termos de energia, para capturar o CO_2 exigiria que a indústria de carvão aumentasse em 25 a 35% a quantidade de carvão queimada para produzir a mesma quantidade de eletricidade gerada atualmente. Caso novas usinas de carvão não fossem construídas, a indústria produziria 25 a 35% menos eletricidade queimando a mesma quantidade de carvão. Segundo, questões extraordinariamente complexas e demoradas quanto à localização específica de depósitos subterrâneos adequados de grande escala — e a quantidade de CO_2 que poderia ser armazenada com segurança em cada um deles — ainda devem ser respondidas.

O volume absoluto de CO_2 emitido atualmente por geradores a carvão e a gás é, por si só, a razão fundamental para que tantos especialistas da indústria considerem o CCS uma ideia intrigante que ainda testa os limites da credulidade. Hoje, se todo o CO_2 descarregado na atmosfera por usinas de eletricidade a carvão dos Estados Unidos fosse capturado e convertido para a forma líquida, o volume seria equivalente a 30 milhões de barris de petróleo por dia — três vezes o volume de todo o petróleo importado pelos norte-americanos diariamente. Caso o CO_2 fosse transportado para os depósitos por tubulação, como se propõe, a quantidade (em volume) seria um terço de todo o gás natural transportado atualmente pelas tubulações do país.

Não existe um caminho mais curto para assegurar o armazenamento realmente seguro de gigantescas quantidades de CO_2 — ou para determinar quanto CO_2 pode ser armazenado em locais subterrâneos com segurança — embora a ciência básica dê razões para sermos otimistas nas duas questões. O armazenamento geológico subterrâneo pode, eventualmente, vir a se tornar viável e seguro, e os geólogos já conhecem muitas áreas em que esses depósitos poderiam ser quase que certamente encontrados.

Ainda assim, mesmo que se inicie o trabalho para localizar e caracterizar os possíveis depósitos, muitos especialistas em energia continuam céticos quanto à viabilidade de se queimar mais um terço de carvão para produzir a mesma quantidade de eletricidade. A ONG Union of Concerned Scientists (algo como "União dos Cientistas Engajados") alega do seguinte forma: "é como ter que construir uma nova usina de carvão apenas para gerar o processo de captura de carbono para cada três ou quatro usinas convencionais". O Instituto de Tecnologia de Massachusetts (MIT), em seu recente estudo "The future of coal" (O futuro do carvão), concluiu que, "se a captura e o sequestro de carbono forem adotados com sucesso, é provável que a utilização de carvão se expanda mesmo com a estabilização das emissões de CO_2". Contudo, Howard Herzog, do MIT, argumenta que, como o CCS seria parte obrigatória de uma política climática e elevaria o preço da eletricidade gerada pelo carvão, o resultado final seria uma redução no número de usinas de queima de carvão.

O CO_2 adicional associado a qualquer aumento na mineração e no transporte de mais carvão não seria capturado nem sequestrado; também não seria o resultante das atividades de transporte, injeção e sequestro.

Os custos ambientais associados a qualquer expansão na mineração e queima de carvão também seriam significativos. A mineração do carvão causa muita destruição ao meio ambiente. Por exemplo, a prática obscena de mineração de carvão no topo das montanhas — e o despejo de dejetos tóxicos em rios e vales na base delas — é uma atrocidade ambiental ainda presente. Não bastasse o cume das montanhas ser transformado em um feio platô, à semelhança da superfície lunar, os dejetos incluem arsênio, chumbo, cádmio e outras formas perigosas de poluição por metais pesados que se infiltram nas fontes de água potável.

Nos últimos vinte anos, conquistou-se significativo progresso com a imposição da redução de óxido de enxofre, óxido de nitrogênio e partículas da queima de carvão. A obrigatoriedade da redução do dióxido de enxofre pela lei amenizou a gravidade da chuva ácida, embora ela continue sendo um problema. Ela seria acentuada pelo aumento significativo da queima de carvão, que permanece a segunda maior fonte de óxido de nitrogênio (NO_x), um dos componentes de poluição que contribui para a chuva ácida.

Os recentes regulamentos para limitar as emissões de mercúrio por usinas de carvão são, em geral, considerados muito fracos. Alguns governos de estado norte-americanos — dos quais a Pensilvânia é líder — limitaram as emissões de mercúrio, porém, em grande parte dos Estados Unidos e em todo o mundo, a queima do carvão permanece a maior fonte de poluição de mercúrio causada pelo homem.

As 130 milhões de toneladas de cinzas e sedimentos produzidas pelas usinas de carvão dos Estados

> "É como ter que construir uma nova usina de carvão apenas para gerar o processo de captura de carbono para cada três ou quatro usinas convencionais."
>
> UNION OF CONCERNED SCIENTISTS

Unidos a cada ano já são consideradas um dos maiores fluxos de dejetos industriais do país. Em 2008, três dias antes do Natal, quase 3,8 bilhões de litros desses sedimentos tóxicos vazaram de seu confinamento e destruíram casas na vizinhança de Harriman, no estado do Tennessee.

No entanto, muitos consideram o risco tão grande que nenhuma opção concebível que possa ajudar a solucionar a crise climática deve ser descartada. O custo e o risco do CCS, afinal de contas, seria muito inferior ao que os cientistas estão alarmando se continuarmos depositando todo esse CO_2 direto na atmosfera. É imperativo encontrar, rapidamente, alternativas para interromper o processo de destruição da habitabilidade da civilização humana na Terra. Ademais, o CCS teoricamente permitiria que o mundo evitasse incorrer em enormes custos com a retirada de pelo menos algumas das usinas de combustível fóssil existentes antes do final de seu ciclo de vida original.

Todavia, devemos descartar qualquer ilusão de que o CCS estará disponível num futuro próximo em escala grande o suficiente para conseguirmos reduzir de modo considerável as emissões de CO_2. Estamos muitos anos aquém da compreensão das respostas às questões a serem resolvidas antes de o CCS poder se tornar uma das soluções viáveis para o alerta global.

Este último ponto é crucial, uma vez que algumas indústrias de carvão e termelétricas a carvão destinadas a serviço público promoveram intensamente a ilusão de que o CCS está muito próximo. Essas empresas têm um poderoso incentivo para criar essa impressão, pois se o público e as autoridades acreditarem que o CCS pode vir a se tornar disponível em curto prazo, podem ser persuadidos a permitir que as empresas de serviço público continuem construindo usinas de geração de energia a carvão e simplesmente comprem um terreno vazio adjacente, equipando-o com resolutos *outdoors* onde se lê "Futuro sítio de CCS".

Infelizmente, ao mesmo tempo que a indústria de carvão tem o poderoso incentivo de promover a ilusão de que o CCS está quase pronto, ela não tem qualquer tipo de estímulo para, de fato, investir somas significativas de dinheiro para tornar o CCS uma realidade — a menos e até que as nações do mundo imponham um alto preço para o CO_2 (um preço que pode ser evitado, caso o CO_2 seja capturado e sequestrado com segurança). A maior parte das indústrias de carvão certamente se opõe a qualquer preço sobre o CO_2, uma vez que isso permitiria que outras tecnologias de geração de energia, como de gás natural, nuclear, eólica e solar, roubassem sua fatia de mercado. Dessa forma, elas continuam promovendo a ilusão de que o CCS estará disponível em breve, assim podem continuar vendendo carvão para antigas e imundas usinas de energia.

Muitas empresas de serviço público hoje utilizam o CCS como desculpa para a inatividade. Algumas argumentam que deveriam ter permissão para avançar com a construção de novas usinas de geração de energia a carvão que estariam — em suas palavras — "prontas para a captura". As empresas afirmam que podem construir essas usinas de forma a prepará-las antecipadamente para serem aperfeiçoadas com a tecnologia do CCS, tão logo este esteja disponível para uso comercial.

Contudo, o estudo do MIT concluiu que a ideia de uma usina de carvão "pronta para a captura" ainda "não está comprovada e, portanto, é improvável que dê resultados". Os especialistas acrescentaram: "o pré-investimento em recursos 'prontos para a captura' para (...) usinas de combustão a carvão desenvolvidas para operar inicialmente sem o CCS não tem probabilidade de ser economicamente atrativo".

Estima-se que 75% do custo envolvido no CCS sejam representados pela energia necessária para capturar CO_2 das emissões de usinas de geração de energia. Isso representa um enorme desafio prático. A baixa pressão do gás eliminado pela chaminé das usinas — e a pequena porcentagem dessa mistura gasosa composta de CO_2 — significa que um volume muito alto de gás deve ser tratado a fim de remover grande parte do CO_2.

OS CUSTOS AMBIENTAIS DA QUEIMA DE MAIS CARVÃO INCLUEM A MINERAÇÃO DE CARVÃO EM MONTANHAS QUE, COM FREQUÊNCIA, LOTA VALES E RIACHOS DE DEJETOS.

Noventa e nove por cento de todas as usinas de energia a carvão nos Estados Unidos queimam carvão pulverizado (misturado com ar) e emitem enormes volumes de gás de combustão, que contém de 10 a 15% de CO_2. A grande maioria das usinas existentes baseia-se em tecnologia defasada e ineficiente, que utiliza de fato apenas 32%, em média, da energia em forma de calor contida no carvão. Atualmente, grandes montantes em dinheiro são necessários, de modo regular, apenas para manter essas usinas em operação.

Essas antigas e termicamente ineficientes usinas de geração de energia a carvão sofreriam um prejuízo tão grande que a maioria dos especialistas duvida que seja prático equipá-las com CCS. Entretanto, outros argu-

Tanto as usinas mais antigas quanto as mais novas teriam de ser substancialmente aperfeiçoadas com caldeiras, turbinas, sistemas de limpeza de gás e outros componentes importantes. Essas despesas aumentariam ainda mais, pois muitos dos mesmos fatores que produziram altas insustentáveis nos custos de construção de usinas de energia nuclear também elevaram os custos de construção de usinas de geração de energia a carvão.

Depois de capturado, o CO_2 é comprimido até um estado "supercrítico", nem gasoso nem líquido, mas com algumas propriedades de ambos. Nessa forma, ele está pronto para ser enviado através de tubulações para um local de armazenamento adequado (o CO_2

A ideia de uma usina de carvão "pronta para a captura" ainda "não está comprovada e, portanto, é improvável que dê resultados".

INSTITUTO DE TECNOLOGIA DE MASSACHUSETTS

mentam que será difícil para o mundo atingir as metas necessárias de redução de CO_2 sem, de alguma forma, lidar com as emissões desse poluente por usinas ineficientes — em particular as inúmeras e ineficientes usinas *novas* que estão sendo abertas na China. Isso explica o alto interesse em um programa conjunto entre China e Estados Unidos para explorar rapidamente essa opção.

Os mais recentes projetos de usinas de carvão pulverizado — tecnologias supercrítica e ultrassupercrítica — são capazes de utilizar até 40% da energia do carvão. Outro projeto — combustão em leito fluidizado — possibilita a mistura de níveis mais baixos de carvão ou biomassa e normalmente produz menos dióxido de enxofre e óxido de nitrogênio. Contudo, embora esses novos projetos sejam, de alguma maneira, mais eficientes, não tornam a tarefa do CCS mais fácil.

pode ser transportado na forma líquida ou na forma supercrítica, semelhante à líquida).

Quantidades significativas de energia são necessárias para pressurizar o CO_2, mas, de modo geral, o custo de seu transporte por tubulação a distâncias razoáveis não é considerado proibitivamente caro. Além disso, estudos econômicos indicam que o custo do transporte de CO_2 por tubulações pode ser reduzido de maneira significativa graças a economias de escala com volumes acima de 10 milhões de toneladas ao ano. Caso a opção pelo CCS fosse adotada em larga escala, o desenvolvimento das redes de tubulação reduziria a necessidade de tubulações específicas e mais caras entre cada local de origem e cada depósito.

Atualmente, há mais de 6 mil km de tubulação de CO_2 sendo utilizados na recuperação avançada de

COMO O DIÓXIDO DE CARBONO É SEQUESTRADO

Quando o carvão é gaseificado, o CO_2 pode ser separado do gás resultante antes de ser queimado. A tecnologia de CCS pós-combustão separa o CO_2 dos outros gases de combustão de uma usina de energia — vapor de água, óxidos de enxofre e óxidos de nitrogênio. Com ambas as técnicas, um compressor pressiona o gás CO_2 capturado para tubos de injeção a milhares de quilômetros abaixo da superfície. O CO_2, agora pressurizado em um estado "supercrítico" mais denso, similar ao estado líquido, é armazenado, ou sequestrado, em formações rochosas, onde fica preso nos poros das rochas. A alta pressão e as altas temperaturas a essa profundidade mantêm o gás em seu estado supercrítico.

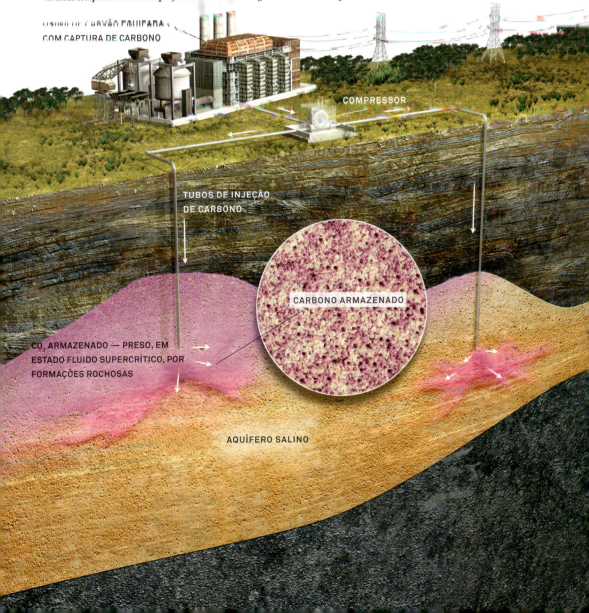

O CO_2 LÍQUIDO JÁ ESTÁ SENDO TRANSPORTADO POR TUBULAÇÃO E UTILIZADO NA RECUPERAÇÃO AVANÇADA DE PETRÓLEO, COMO OCORRE NO ESTADO DO TEXAS, NOS EUA (FOTO). O CO_2 É BOMBEADO PARA O SOLO, ONDE PRESSIONA O PETRÓLEO EM DIREÇÃO À SUPERFÍCIE.

petróleo nos Estados Unidos. Até o momento, não houve preocupações quanto à segurança. Embora a repentina liberação de uma grande quantidade de CO_2 em áreas povoadas seja perigosa em concentrações maiores que 7 a 10% no ar, não houve problemas significativos com as tubulações de CO_2 existentes. A maioria dos engenheiros acredita que o risco é muito baixo. A mais longa experiência com as tubulações de gás natural também produziu um alto nível de confiança pública de que a segurança da tubulação é um risco administrável.

Mais da metade de todas as usinas de carvão opera em locais onde os geólogos identificaram regiões subterrâneas próximas com possibilidade de apresentar áreas adequadas para o sequestro de CO_2. No entanto, os cientistas não podem ter certeza disso sem um extenso trabalho de caracterização de possíveis terrenos. É importante observar também que algumas usinas de geração de energia a carvão estão localizadas distantes de áreas consideradas possíveis candidatas para o sequestro subterrâneo.

O estágio final do processo do CCS é o sequestro do CO_2 capturado em um local seguro do qual não possa escapar de volta para a atmosfera. Cientistas e empreendedores trabalham arduamente na busca de tecnologias inovadoras e revolucionárias para capturar, estabilizar e "incorporar" o CO_2 em novos materiais de construção e pavimentação. Esses estimulantes avanços poderiam aprisionar quantidades significativas de CO_2 na estrutura dos próprios materiais. Porém, no momento, quase todo o foco está voltado para os sítios de armazenamento geológico nas profundidades terrestres.

Os candidatos mais prováveis ao sequestro geológico são os aquíferos salinos em rochas permeáveis o suficiente para absorver o CO_2 e estáveis e isoladas o bastante para garantir que ele permaneça ali indefinidamente. Os poros das rochas dentro dessas formações salinas aprisionam o CO_2 com o que os cientistas chamam de "forças capilares".

Em longos períodos de tempo, o CO_2 se dissolve nos líquidos da formação salina e nos minerais das rochas. Embora o CO_2 seja flutuante e migre naturalmente para a superfície caso não seja mantido no seu lugar de origem, quando é injetado no ambiente geoquímico correto, a 1 km ou mais de profundidade, a pressão e o calor subterrâneos o preservam em uma forma supercrítica, quase líquida, que deverá permanecer no lugar original, segundo os cientistas. Além disso, terrenos como esses em geral são cobertos por camadas impermeáveis de xisto ou sais e minerais que restaram de eras geológicas anteriores, quando grandes volumes de água se evaporaram.

A limitada experiência obtida até agora com essas formações salinas é encorajadora. Dois relevantes estudos — um do Painel Intergovernamental sobre Mudança Climática (IPCC) e outro do MIT — concluíram que, uma vez sequestrado de maneira adequada nessas formações, praticamente todo o CO_2 deverá permanecer lá. De acordo com essas pesquisas, o maior risco de vazamento ocorre durante o processo de injeção, quando o gás é armazenado pela primeira vez.

Mesmo havendo ainda incertezas quanto à forma como esses processos geoquímicos funcionarão em determinados locais, geólogos independentes expressam um nível muito alto de confiança de que o CO_2, uma vez sequestrado com sucesso, não apenas permanecerá com segurança debaixo da terra, como ficará cada vez mais mais seguro com o passar do tempo. Já se conhece o suficiente sobre as forças geológicas e químicas básicas para produzir um nível muito alto de confiança na segurança dessa técnica.

Porém, as naturezas geológica, geoquímica, geofísica e geográfica dos possíveis terrenos diferem significativamente de um para outro. Além do mais, é difícil e demanda tempo estimar o "volume de poros" em formações geológicas específicas que, mesmo adequadas para o sequestro de CO_2, podem apresentar complicações que limitem a quantidade de CO_2 que poderão conter com segurança.

A crosta terrestre é descrita por geólogos como "um sistema não linear, complexo e heterogêneo". Em outras palavras, há uma variedade tão grande de formações geológicas mescladas nas profundezas terrestres que é inerente a dificuldade de mapear os limites precisos dos reservatórios que, a princípio, parecem ser promissores para garantir que o CO_2 não seja injetado em uma área com rota de escape rápido para áreas geológicas adjacentes, de onde poderia migrar para a superfície.

Por exemplo, os geólogos teriam que tampar e cobrir adequadamente poços abandonados que podem ter sido perfurados em partes desses reservatórios e esquecidos desde então. Poços abandonados, se não tampados e protegidos, poderiam, em algumas circunstâncias, servir como chaminés através das quais o CO_2 sequestrado encontraria uma rota de saída para a superfície. Os geólogos também precisam localizar todos os aquíferos de água doce que podem ser contaminados por grandes volumes de CO_2.

Novas técnicas sísmicas avançadas, de granulação fina, nas quais a análise em *time-lapse*[1] é possível, mostraram-se promissoras em monitorar o comportamento do CO_2 injetado. Elas podem ser utilizadas como meio para detectar qualquer migração subterrânea rápida do CO_2 injetado em áreas onde não mais seria contido com segurança.

Várias equipes trabalham arduamente para aperfeiçoar seu conhecimento sobre esses riscos, mas isso leva tempo. Além do mais, o que se aprende com o estudo de um reservatório em potencial pode ter relevância apenas limitada para a compreensão do próximo. Difíceis questões relativas à indenização por prejuízos causados, domínio das marés em regiões abaixo da superfície, maneiras apropriadas de monito-

---

[1] N.E.: Técnica fotográfica em que se retrata um processo naturalmente lento, como o crescimento de uma planta, em *frames* intervalados cuja projeção sequenciada oferece uma visão acelerada do acontecimento.

A TRAGÉDIA DO LAGO NYOS

Especialistas concordam que a tragédia do lago Nyos, em Camarões, no ano de 1986, não é relevante para os riscos associados à captura e ao sequestro de carbono. No entanto, ela ilustra uma razão para a preocupação da população a respeito da localização dos depósitos de CCS.

A liberação repentina de grandes quantidades de CO_2 das profundezas do lago na região noroeste de Camarões exterminou mais de 1,7 mil pessoas e 3 mil cabeças de gado. A fonte original do CO_2 era o magma derretido a 80 km abaixo do fundo do lago. O gás subiu através de fendas nas rochas debaixo do lago e saturou a água no fundo do lago. A agitação natural da água doce, da superfície para o fundo, causou um gêiser repentino e explosivo de CO_2, que irrompeu com força para a superfície. Como é mais pesado que o ar, o CO_2 transbordou para a margem do lago e desceu por encostas e vales, asfixiando todos que estavam no caminho da nuvem mortal. Esse acontecimento raro da natureza já havia ocorrido antes no lago Nyos, em

Cientistas e trabalhadores lançam um bote com equipamento de monitoração de CO_2 no Lago Nyos, em Camarões.

outro lago de Camarões e em um lago na região do Congo. Esses três lagos estão agora equipados com sistemas de monitoramento relativamente baratos, desenvolvidos para alertar as pessoas antes do próximo e perigoso acúmulo de CO_2.

rar a segurança e regular práticas seguras, entre outras, devem ser abordadas também.

Apesar dessas incertezas, a maioria dos especialistas concorda que é bastante possível armazenar, de forma segura, grandes quantidades de CO_2 em aquíferos salinos. Esses mesmos especialistas, entretanto, enfatizam a importância de realizar estudos e projetos de demonstração em larga escala por vários anos, antes de se assegurar de que suas conclusões experimentais estão corretas.

E, assim como em qualquer grande projeto relacionado à energia, a oposição pública é um fator importante na escolha desses sítios. Um local proposto para o sequestro de CO_2 na Holanda foi bloqueado — pelo menos temporariamente — em virtude da resistente oposição de pessoas que vivem na região. A Royal Dutch Shell propôs situá-lo 2 a 3 km abaixo da superfície, em um local próximo a Barendrecht, e operá-lo através de uma *joint venture* com a ExxonMobil.

O conselho da cidade de Barendrecht votou contra o sítio, argumentando que ele ficaria abaixo de uma das regiões mais populosas da Holanda. Alguns grupos ambientalistas estão preocupados com a forma como a segurança dos sítios de sequestro será determinada e a eficiência com a qual serão monitorados. O governo holandês, entretanto, apoia com veemência o sítio. A decisão quanto a ir adiante ou não será altamente influenciada pelos resultados de um estudo minucioso por uma comissão independente.

Alguns cientistas sugerem que jazidas de carvão profundas e que não podem sofrer extração — aquelas que incluem minerais orgânicos contendo salmoura e alguns gases — também devem ser exploradas como prováveis sítios de armazenamento. Contudo, sabe-se muito menos sobre esses locais do que sobre as formações salinas que receberam maior atenção.

Até o momento, o sequestro foi obtido apenas em volumes pequenos, situados em lugares com condições reconhecidamente ideais. O esforço para armazenar volumes muito maiores de CO_2 pode nos levar a descobrir fraquezas no caso de sequestro geológico em sítios específicos. Por outro lado, volumes muito maiores de CO_2, por exemplo, poderiam colocar pressão suficiente em formações estáveis, produzindo fendas através das quais o gás poderia migrar inesperadamente.

Riscos sísmicos também são fatores determinantes para a segurança do terreno. Eles incluem não só terremotos naturais, como também os eventos sísmicos induzidos pela injeção de volumes muito grandes de CO_2 em algumas formações geológicas. Isso é particularmente verdade, de acordo com o estudo de especialistas do MIT, para a "injeção rápida de grandes volumes em rochas de permeabilidade moderada a baixa", pois "injeções rápidas em grande volume (...) têm maior chance de exceder limiares importantes no processo". A maioria dos terremotos induzidos até o momento foi pequena, embora, na década de 1960, vários terremotos consideráveis foram induzidos em Denver — o maior deles atingiu 5,3 graus na escala Richter.

Atualmente, o CO_2 é vendido em quantidades relativamente pequenas para exploradoras de petróleo, que o utilizam na recuperação avançada desse combustível fóssil. Ao injetar CO_2 no fundo de poços de petróleo maduros, a pressão do gás força o petróleo restante para cima, tornando-o recuperável. Nos Estados Unidos, a técnica é utilizada em campos de petróleo no oeste do Texas, sul de Louisiana, sudoeste de Oklahoma e na fronteira entre Utah, Colorado e Wyoming. Além disso, o CO_2 de uma usina de carvão para gás sintético em Dakota do Norte é utilizado na recuperação avançada de petróleo em Saskatchewan.

Os especialistas em CCS são praticamente unânimes ao concluir que o uso do CO_2 na recuperação avançada de petróleo oferece pouco do que seria relevante para o armazenamento seguro, em longo prazo, de grandes quantidades desse gás emitido por usinas de geração de energia elétrica. A geologia subterrânea dos poços de petróleo quase sempre é fraturada e rompida pelo processo de perfuração; as quantidades de CO_2 utilizadas são insignificantes quando comparadas ao que teria de ser armazenado em grandes depósitos subterrâneos e seguros a fim de tornar o CCS possível; e — com algumas exceções — os tipos de medidas e estudos necessários para se obter informações valiosas sobre a viabilidade do CCS em sítios de recuperação avançada de petróleo não foram determinados.

No momento, há em andamento três projetos pioneiros de CCS em grande volume que envolvem a produção de gás natural. Dois deles optaram por formações salinas como depósitos. A Noruega está sequestrando CO_2 debaixo do fundo do mar do Norte, entre a Noruega e a Escócia, no campo de gás de Sleipner. A Statoil, empresa norueguesa responsável pelo projeto Sleipner, também se uniu à British Petroleum e à Sonatrach (da Algéria) para verificar o sequestro de CO_2 em reservatórios de gás natural em In Salah, na Algéria. Além disso, um projeto de CCS foi lançado em Weyburn, Saskatchewan, no Canadá, junto à gaseificação de carvão. Esse projeto está utilizando o CO_2 com o objetivo determinado da recuperação avançada de petróleo. Embora seja um empreendimento comercial, foi desenvolvido como um projeto internacional de estudo do CCS, e alguns instrumentos foram utilizados para monitorar possíveis vazamentos.

Até o momento, nenhum desses três projetos pioneiros de CCS encontrou vazamento de CO_2. Contudo, o relatório do MIT observou que os projetos analisados — Sleipner, In Salah e Weyburn — "não abordam todas as questões relevantes (...) Vários parâmetros, que teriam de ser avaliados para circunscrever as questões científicas mais prementes, ainda não foram reunidos, incluindo a distribuição da saturação de CO_2, alterações de força de pressão e detecção de vazamentos em poços (...) Importantes respostas não lineares, que podem depender de certa pressão, pH ou volume, não foram obtidas".

Com sorte, estão por vir mais projetos de CCS que poderão responder algumas dessas questões. Recentemente, a Statoil abriu uma segunda operação de CCS, chamada Snøhvit Project, localizada debaixo do mar de Barents, ao norte do Círculo Ártico. O maior incentivo por trás da Statoil é a taxa de CO_2 que, de outra forma, teria que pagar para cada tonelada do gás sequestrada com segurança. Uma estatal sueca, a Vattenfall, que opera várias usinas de energia a carvão na Europa, anunciou há pouco tempo o início do trabalho de desenvolvimento da primeira usina de CCS em grande escala da Europa, a ser situada na Dinamarca. Se for bem-sucedida, a Vattenfall planeja construir um segundo sítio na usina de energia de Jänschwalde, na Alemanha.

Um projeto de sequestro de CO_2 em larga escala, associado à produção de etanol, também está perto de ser concluído em Illinois, Estados Unidos. A usina requer a injeção de até um milhão de toneladas métricas de CO_2 em uma formação salina a mais de 1,5 km abaixo da superfície. Vários outros projetos, com escala de um milhão de toneladas ao ano, foram propostos no Reino Unido, Austrália, Alemanha, Noruega, Canadá, China e Estados Unidos. Projetos de captura de CO_2 também estão em andamento no Brasil, Índia, Malásia e Alemanha, e na Austrália estão em andamento projetos de armazenamento geológico.

Uma usina de CCS inovadora, atualmente em estágio de planejamento, está sendo proposta para Linden, Nova Jersey, próximo à cidade de Nova York. Ela combina a geração de eletricidade pela queima de carvão com a produção de fertilizantes. Como o mercado da cidade de Nova York possui taxas muito altas de eletricidade, a usina pretende ser rentável vendendo eletricidade durante períodos de pico de preço e então — com o apertar de um botão — produzir fertilizantes até o próximo período de pico. Essencialmente, todo o CO_2 seria capturado e transportado por tubulação a mais de 100 km da costa, onde seria injetado 1,5 ou 2 km abaixo do fundo do oceano Atlântico, em um sítio de sequestro com todas as características geológicas, geofísicas e geoquímicas necessárias.

O único grande projeto de demonstração de CCS planejado para os Estados Unidos — chamado FutureGen — foi anunciado em 2003. Foi cance-

NO PROJETO-PILOTO DE CCS DA VATTENFALL, NA ALEMANHA, O CO₂ É COMPRIMIDO ATÉ SEU ESTADO SUPERCRÍTICO, SIMILAR AO LÍQUIDO, COMO PREPARAÇÃO PARA SER SEQUESTRADO NO SUBSOLO.

lado no início de 2008 por ultrapassar o orçamento e pelo que muitos consideraram objetivos desordenados. Uma piada frequente dos críticos era *too much future, too little gen* ("muito futuro, pouca geração"). Atualmente, o projeto FutureGen está sendo reiniciado, após o Congresso norte-americano ter destinado mais recursos para ele.

Parte dos argumentos para despender enormes somas de dinheiro dos contribuintes para facilitar a contínua dependência do carvão como fonte primária de energia nos Estados Unidos baseia-se na suposição difundida de que o país possui um suprimento de carvão suficiente para 250 anos, e que os suprimentos disponíveis nos demais países têm, da mesma forma, vida longa. Contudo, o Conselho Nacional de Pesquisa dos EUA, reverberando as avaliações de outros especialistas em energia, concluiu, há dois anos, que "não é possível confirmar a frequente sugestão de que existe um suprimento de carvão suficiente para 250 anos".

A China, que queima duas vezes mais carvão que os Estados Unidos, já passa por episódios de escassez e está importando quantidades maiores da Austrália e de outros países. A Índia também está passando por escassez, embora tanto lá como na China ela se deva principalmente a problemas na cadeia de suprimentos.

Essas restrições no suprimento de carvão serão mais significativas no futuro; todavia, devem ser vistas agora como fator decisivo para a capacidade de geração de energia futura. O suprimento limitado elevará os preços, mesmo que os valores da eletricidade fotovoltaica e de outras fontes renováveis continuem decrescendo.

Como a escala das operações de CCS é necessária para os enormes volumes de CO₂ emitidos hoje pelas usinas de energia, e as dificuldades previstas para a integração de todas as fases da operação, ao mesmo tempo, garantem a segurança dos sítios de sequestro por períodos de tempo muito maiores do que os empreendimentos comerciais conseguem prever, muitos — inclusive o painel de especialistas do MIT — recomendaram o estabelecimento de uma nova entidade federal para fiscalizar e monitorar todos os aspectos do CCS.

Uma legislação pendente no Congresso norte-americano em 2009 prevê 10 bilhões de dólares para estudo, demonstração e início do desenvolvimento do CCS, além de 6 bilhões de dólares adicionais em subsídios decretados nos quatro anos anteriores.

Muitos ambientalistas demonstraram apoio à pesquisa e ao desenvolvimento sólidos e eficientes para determinar se o CCS pode ou não se tornar uma opção prática como parte do arsenal da civilização para combater a crise climática. No momento, são necessários projetos de demonstração em larga escala de diferentes tipos de geologias subterrâneas para determinar o quão realista essa ideia pode ser para os enormes volumes de CO_2 que teriam de ser capturados e armazenados de maneira segura em longo prazo.

Muitos especialistas que estudaram a opção pelo CCS concluíram que provavelmente ele seja impraticável nos próximos anos, pois a tecnologia para capturar CO_2 exigiria um dramático aumento na utilização total de carvão e gás para a mesma quantidade de eletricidade, ou reduziria de maneira drástica a quantidade de eletricidade obtida com a queima da mesma quantidade de combustível atual — e por que cada um dos depósitos que seriam construídos representa um desafio único e extremamente difícil de caracterização da geologia subterrânea e estimativa da capacidade de armazenamento e segurança de armazenamento do CO_2.

Na verdade, há uma solução relativamente simples para resolver todas as questões e incertezas quanto à viabilidade econômica do CCS e, se for o caso, quais técnicas são as melhores: aumentar o preço do carbono. Quando a realidade da necessidade de reduzir radicalmente as emissões de CO_2 for integrada em todos os cálculos do mercado — incluindo nas decisões de empresas de serviço público e de seus investidores — as forças do mercado nos levarão rapidamente em direção às respostas de que precisamos.

O CAMPO DE GÁS DE SLEIPNER, NO MAR DO NORTE, PRÓXIMO À NORUEGA, FOI O PRIMEIRO PROJETO DE CCS COMERCIAL DO MUNDO.

NOSSAS FONTES DE ENERGIA

CAPÍTULO OITO
A OPÇÃO NUCLEAR

USINA DE ENERGIA NUCLEAR DE THREE MILE ISLAND, NO ESTADO DA PENSILVÂNIA, EUA. UM DOS REATORES AINDA ESTÁ ATIVO; O OUTRO SOFREU FUSÃO PARCIAL DO NÚCLEO EM 1979.

No centro do debate mundial sobre como produzir eletricidade sem gerar grandes quantidades de gases de efeito estufa há um elefante branco radioativo: a energia nuclear.

A ideia de utilizar a fissão nuclear controlada como fonte de calor para girar turbinas elétricas despertou enorme entusiasmo no primeiro quarto de século após a Segunda Guerra Mundial. A Comissão de Energia Atômica previu, no final da década de 1960, que os Estados Unidos teriam mais de mil usinas de energia nuclear em operação até o final de 2000. Contudo, apenas um décimo desse número se confirmou. A energia nuclear, antes considerada capaz de oferecer suprimentos praticamente ilimitados de eletricidade a baixo custo, tornou-se uma fonte de energia em crise nos últimos trinta anos.

Um estudo intensivo sobre o futuro da energia nuclear realizado pelo Instituto de Tecnologia de Massachusetts (MIT) em 2003, e atualizado em 2009, concluiu que "a energia nuclear poderia ser uma opção para reduzir as emissões de carbono. No momento, entretanto, isso é improvável: a energia nuclear enfrenta estagnação e declínio".

Os argumentos a favor da eletricidade nuclear, antes muito convincentes, continuam atrativos. Meio quilo de urânio contém tanta energia quanto 1,3 milhão de kg de carvão. A segurança foi aprimorada nas usinas nucleares e sua aceitação pelo público, de certa forma, aumentou. No processo de licenciamento, o tempo de vida útil da maioria das usinas mais antigas foi ampliado de quarenta para sessenta anos, em média. A crescente expectativa de taxação do CO_2 aumentará a competitividade pela eletricidade gerada por reatores, comparada à produzida por combustíveis fósseis. As usinas de energia nuclear prometem uma dependência um pouco menor das fontes de energia externas, considerando-se a perspectiva cada vez mais alentadora de que grande parte da frota de veículos nos Estados Unidos trocará o combustível à base de petróleo pela eletricidade. O "fator de capacidade" médio dos reatores nucleares existentes no país aumentou de 56% nos anos 1980 para 90% nos últimos sete anos. Assim, a eletricidade produzida pelos reatores existentes cresceu de maneira constante na última década.

No entanto, a indústria permanece moribunda no país, e seu crescimento desacelerou dramaticamente no mundo, sem novas unidades, mostrando um declínio real na capacidade e produção globais em 2008. Após 1972, os investimentos privados em novas usinas de energia nuclear sofreram uma interrupção significativa na década de 1970, e a maior parte dos reatores que estavam no papel foi cancelada ou postergada indefinidamente. Nos Estados Unidos, nenhuma usina de energia nuclear encomendada depois de 1972 chegou a ser concluída.

As usinas de energia nuclear geram calor através de uma reação em cadeia de fissão controlada. O urânio é o elemento natural mais pesado da Terra, portanto, a "força potente" que mantém o núcleo de todos os átomos unidos é atenuada e enfraquecida porque seu núcleo contém 92 prótons (em oposição a apenas um no núcleo de um átomo de hidrogênio). Isso permite que um átomo de urânio seja dividido com mais facilidade ao colidir com um nêutron.

Quando o núcleo de um átomo de urânio se divide, ele libera uma grande quantidade de energia na forma de calor e radiação. Ele também libera dois ou três nêu-

OPERÁRIOS DE UMA USINA NUCLEAR NA CAROLINA DO SUL SELAM UM CONTÊINER DE REJEITOS RADIOATIVOS DE BAIXO NÍVEL.

trons, os quais colidem com o núcleo de outros átomos de urânio próximos, causando liberações contínuas de calor, radiação e mais nêutrons no conhecido processo chamado "reação em cadeia". Esse processo pode ser modulado e controlado inserindo-se "barras de controle" (compostas de cádmio, boro, índio, prata ou háfnio), que absorvem alguns dos nêutrons flutuantes que, de outra forma, isolariam mais átomos de urânio.

Através dessas barras de controle, os engenheiros conseguem regular os níveis de calor gerados dentro do recipiente de contenção no centro de um reator nuclear. Esse calor é utilizado para aquecer a água, que ativa as turbinas elétricas a vapor que, por sua vez, produzem eletricidade. Muitos reatores transferem o calor primeiro para a água, que é mantida a altas pressões, e então o calor dessa água quente pressurizada para um segundo suprimento de água, que se transforma em vapor sem ficar radioativo.

Esse segundo projeto (denominado reator a água pressurizada) é a base de dois terços das usinas de ener-

COMO FUNCIONA UM REATOR NUCLEAR

No núcleo do reator, os átomos de urânio são divididos em uma reação em cadeia, desacelerada com barras de controle. A reação em cadeia libera raios gama, que geram calor de alta energia que, por sua vez, aquece a água. A água quente radioativa percorre uma tubulação por onde passa água fria, formando vapor que, por sua vez, faz funcionar uma turbina geradora de eletricidade. O calor residual, na forma de vapor, é liberado da torre de resfriamento.

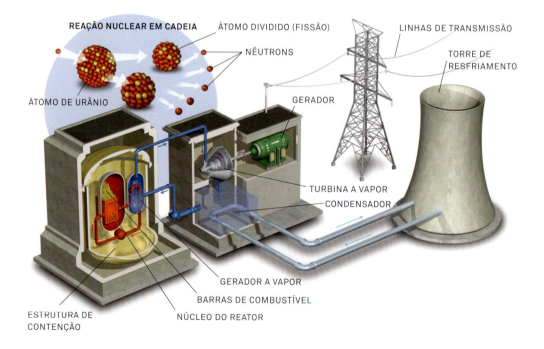

gia nuclear dos Estados Unidos e de mais de 60% das do mundo inteiro. Os demais reatores nos Estados Unidos são reatores a "água fervente". Outras variações do mesmo projeto básico são utilizadas em vários outros países, incluindo reatores a "água pesada" e reatores refrigerados a gás.

Na imaginação popular, a culpa por todos os problemas da indústria nuclear é atribuída, com frequencia, a dois fatores: o primeiro é o efeito combinado do acidente bastante divulgado de Three Mile Island, próxima a Harrisburg, na Pensilvânia, em março de 1979 e, sete anos depois, o acidente muito pior de Chernobyl, próxima à fronteira entre a Ucrânia e a Bielorússia. O segundo fator é a discussão prolongada e ainda não solucionada sobre o que fazer com o armazenamento de longo prazo dos resíduos radioativos, que permanecem perigosos por vários milhares de anos.

Ambos os problemas são reais e é quase certo que podem, eventualmente, ser solucionados. Ainda assim, nenhum dos dois é a real causa do acentuado declínio da indústria de energia nuclear. Por outro lado, dois outros problemas — que podem não ser tão passíveis de solução — são os principais responsáveis por bloquear a esperada expansão da energia nuclear.

Primeiro, a força motriz que converteu sonhos vibrantes em um pesadelo debilitante para as empresas de eletricidade destinada a uso público foi a economia excessivamente inaceitável da atual geração de reatores. Para começar, o custo de construção de usinas de energia nuclear aumentou de maneira desordenada, ao ponto de a maioria das empresas de eletricidade destinada a uso público abandonar qualquer ideia de solicitar novos reatores desde então. Já em 1985, a revista Forbes concluiu: "a falha do programa de energia nuclear norte-americano é considerada o maior desastre administrativo da história dos empreendimentos, um desastre em escala monumental". E acrescentou: "para os Estados Unidos, a energia nuclear está morta — morta no futuro próximo, como salvaguarda contra o aumento dos preços do petróleo, e morta num futuro distante, como fonte de energia. Ninguém realmente discute isso".

Na realidade, algumas pessoas da indústria nuclear discutem essa conclusão. A própria indústria aponta outras razões para o seu declínio. O tempo necessário para a aprovação da regulamentação é citado com frequência — embora os processos regulatórios tenham sido otimizados e redesenhados ao seu gosto. As con-

Em 1988, visitei Chernobyl e vi o reator que havia se fundido dois anos antes. Caminhei pela cidade fantasma, Pripyat, que permanece assustadoramente silenciosa. De acordo com a Comissão Reguladora Nuclear dos EUA e a Agência Internacional de Energia Atômica, estima-se que 4.000 pessoas perderão a vida em decorrência do acidente de Chernobyl, que liberou pelo menos cem vezes mais radiação que as bombas atômicas lançadas sobre Hiroshima e Nagasaki. Trezentas e cinquenta mil pessoas foram forçadas a mudar de endereço. A quase 3.000 km de distância, o País de Gales, no Reino Unido, sofreu os efeitos nocivos do acidente. Um quarto de século depois, ainda não é seguro ingerir carne de carneiro em algumas áreas desse país.

tínuas preocupações quanto à segurança (complicadas pela perda de especialistas importantes dentro do negócio de construção nuclear) mantêm a pressão sobre os reguladores para evitar atalhos perigosos.

Por um longo período, os defensores da energia nuclear apontaram os sucessos observados na França, Coreia do Sul e alguns outros países como evidências de que a tecnologia em si ainda é atrativa e deve ser vista como opção de escolha nos Estados Unidos e demais lugares do mundo.

A França, que recebe mais de três quartos de sua eletricidade de reatores nucleares, com frequência é citada como uma história de sucesso na energia nuclear. Pouco conhecido, entretanto, é o fato de que o programa francês é quase inteiramente estatal e a maior parte da eletricidade é vendida ao governo. O nível de subsídio governamental é difícil de definir pela falta de transparência nas finanças da operação. A França está além dos Estados Unidos no que diz respeito à solução do problema de armazenamento de longo prazo dos rejeitos nucleares — embora se baseie no processo caro e controverso do reprocessamento — e até agora obteve um recorde impressionante de segurança e confiabilidade. Porém, aparentemente está enfrentando sérias dificuldades financeiras. Além disso, o novo projeto modular que está construindo na Finlândia, que se supunha que seria mais rápido de construir e mais barato e seguro de operar, está muito atrás do cronograma e acima do orçamento.

O custo estimado de construção de uma usina de energia nuclear subiu de aproximadamente 400 milhões de dólares na década de 1970 para 4 bilhões de dólares na década de 1990, enquanto o tempo de construção dobrou no mesmo período. Mesmo antes da desaceleração econômica global iniciada em 2008, as estimativas de custo para construir uma usina de energia nuclear estavam aumentando a uma taxa de 15% ao ano (o que significa que o custo de uma nova usina de energia possivelmente aumentaria, na época de sua conclusão, dez vezes em menos de dezessete anos).

É incrível como é difícil encontrar uma única empresa de engenharia de reputação, nos Estados Unidos ou na Europa, com disposição para prever quanto custaria construir uma nova usina de energia nuclear no mundo de hoje.

Como escreveu Steve Kidd, diretor de estratégia e pesquisa da Associação Nuclear Mundial, no Nuclear Engineering International no ano passado: "O que está claro é que é completamente impossível dar estimativas definitivas dos novos custos nucleares neste momento". A experiência tem mostrado que cada ano de atraso na construção de uma usina de energia nuclear acrescenta em torno de 1 bilhão de dólares ao custo.

Como um jovem congressista do Tennessee, no final da década de 1970 e início da década de 1980, acompanhei em primeira mão esse fiasco à medida que ele se desenrolava na área de sete estados coberta pela Autoridade do Vale do Tennessee (TVA). A TVA, que esteve presente no nascimento da indústria nuclear na década de 1940 (e forneceu toda a eletricidade para o enriquecimento de urânio em Oak Ridge, no estado do Tennessee, EUA), foi uma das maiores entusiastas da energia nuclear. No decorrer dos anos 1960 e início dos anos 1970, a TVA solicitou dezessete reatores de energia nuclear numa época em que a utilização de eletricidade crescia a uma taxa de 7% ao ano.

Em meados de 1973, o embargo da Organização dos Países Exportadores de Petróleo (OPEP) elevou os preços do petróleo às alturas, levando a dramáticos aumentos no preço do carvão (cuja demanda cresceu após substituir o petróleo) e, portanto, a custos muito maiores de eletricidade. Em resposta a esses custos crescentes, a utilização de eletricidade se estabilizou.

Além disso, o Projeto Independência do presidente Richard Nixon e as políticas inovadoras do presidente Jimmy Carter que promoviam a conservação e o rendimento da energia, além da energia renovável, fizeram parte de uma mudança nacional em direção a um índice inferior de consumo de energia permanente para o rendimento econômico.

A ESPANHA INTERROMPEU A CONSTRUÇÃO DE NOVAS USINAS DE ENERGIA NUCLEAR EM 1984. ESTA INSTALAÇÃO NA CIDADE DE ARMINTZA PERMANECE INACABADA DESDE ENTÃO.

Quando a poeira baixou, a demanda de eletricidade estabilizou-se a uma taxa de crescimento mais lenta, de 1 a 2% ao ano, o que acabou levando a TVA a cancelar oito e a "postergar indefinidamente" outros três reatores. O custo total da eletricidade da TVA continuou a aumentar de maneira dramática, em parte porque o custo dos reatores não acabados tinha que ser incluído nas taxas cobradas pela eletricidade das usinas de geração de energia existentes. Outras empresas de serviço público passaram por experiências similares. De acordo com a Administração de Informação de Energia, em 1997, 123 reatores de energia nuclear foram cancelados, 3 foram "postergados indefinidamente" e 13 foram desligados, embora algumas usinas mais antigas, solicitadas antes de 1974, tenham sido concluídas após um hiato na construção.

Dos 253 reatores de energia nuclear encomendados no país de 1953 a 2008, 48% foram cancelados, 11% foram encerrados prematuramente, 14% passaram por pelo menos uma interrupção de um ano ou mais e 27% estão operando sem ter passado por interrupção de um ano ou mais. Portanto, somente cerca de um quarto dos reatores encomendados, ou metade dos concluídos, ainda está em operação e provou ser relativamente confiável.

O longo hiato na construção nuclear após o acidente de Three Mile Island levou à perda de pessoal qualificado e à deterioração de uma experiência crucial. As dúvidas dos engenheiros sobre o futuro da indústria nuclear os desencorajaram a adquirir o treinamento e a experiência necessários para torná-la uma opção de carreira — mais uma vez, reforçando as dúvidas das empresas de serviço público de que haveria pessoal qualificado à disposição para construir e operar usinas de energia nuclear. Mais de um terço da força de trabalho dessa área que restou nos Estados Unidos estará apta a se aposentar nos próximos três anos. Há trinta anos, havia 65 programas acadêmicos de engenharia nuclear no país. Hoje, há menos de 30.

Além disso, as dúvidas quanto ao futuro da indústria nuclear também desencorajaram os grandes investimentos na capacidade de manufatura fundamental para a expansão. Hoje em dia, por exemplo, há apenas uma empresa no mundo capaz de construir a parte principal do recipiente de contenção de um reator nuclear. Localizada no Japão, é capaz de produzir não mais de quatro desses recipientes de contenção em um ano. Embora essa capacidade esteja dobrando e outras empresas possam construir fundições novas e especializadas, o custo é muito alto, tanto em termos de recursos quanto de tempo, e outros setores competem por produtos similares dos mesmos fornecedores. As dúvidas de que serão realizados investimentos em novas fundições, por sua vez, reforçam as incertezas por parte das empresas de serviço público de que serão capazes de confiar nas projeções de tempo e recursos para construir novos reatores nucleares.

Há mais afunilamentos em quase todas as etapas da cadeia de suprimentos da produção. Os fornecedores de peças relutam em produzi-las caso não tenham a certeza de que receberão os pedidos, porém, as empresas de serviço público não farão pedidos se não tiverem a certeza de que receberão financiamento. E os investidores, por sua vez, não aprovarão os financiamentos se houver escassez e afunilamento no suprimento, levando ao aumento do custo e do tempo de construção. A consequente necessidade de solicitar peças de novos fabricantes também impõe dificuldades quanto à garantia de qualidade e segurança.

Além desses problemas, há o infeliz fato de que, com algumas exceções, cada um dos 436 reatores nucleares em operação no mundo hoje tem seu próprio projeto exclusivo. A falta de padronização aumentou ainda mais o custo de engenharia e construção e, ao mesmo tempo, comprometeu a eficiência do treinamento e da manutenção dos protocolos de segurança, que devem ser abordados de modo distinto em cada projeto. A necessidade de maior padronização foi reconhecida como imperativa desde o cancelamento de tantos reatores no início da década de 1980. A Coreia do Sul abordou o assunto em seu programa nacional, enquanto os reguladores nos Estados Unidos insistem na mesma direção. Contudo, até mesmo os fortes esforços de controle e padronização da França não protegeram seu programa nuclear do significativo aumento nos custos reais de capital e nos tempos de construção.

Existem, também, dúvidas quanto ao futuro da demanda de eletricidade em uma era caracterizada pelo reafirmado interesse em rendimento e conservação de energia, além da energia renovável. Essa incerteza quanto à demanda desencoraja empresas de serviço público com orçamentos limitados de construção a fazer maiores apostas em projetos nucleares de grande porte, dispendiosos e demorados. A relutância em fazer investimentos grandes e de maturação lenta é ainda mais intensificada pelo fato de que, no momento, as usinas de energia nuclear vêm em apenas um tamanho: extragrande.

Nos primeiros anos da indústria de energia nuclear, a maioria dos reatores era menor do que os gigantes em uso hoje em dia. Porém, as primeiras decepções com a dificuldade de produzir eletricidade a um custo baixo o suficiente para competir com o carvão levou as empresas de energia nuclear a aumentar o tamanho de suas usinas para 1.000 megawatts ou mais — até 1.600 megawatts — em um esforço para reduzir custos maximizando economias de escala. Infelizmente, essas empresas subestimaram o custo adicional necessário para dominar as novas complexidades da construção de usinas muito maiores.

Quando tiraram o controle da construção das mãos de empresas de serviço público que haviam entregado os reatores prontos para uso nos estágios iniciais da indústria, elas estavam despreparadas para os extraordinários desafios administrativos que enfrentaram. Em termos práticos, de um lado existe um enorme abismo entre a cultura e a prática da física nuclear e, de outro, a cultura e a prática da construção. Superar esse abismo

A ENERGIA NUCLEAR NO MUNDO

Existem atualmente 436 reatores nucleares ativos ao redor do mundo, com capacidade para gerar aproximadamente 372 gigawatts de eletricidade. No total, 30 países têm, pelo menos, um reator nuclear. Os Estados Unidos, com 104 reatores ativos, possui quase o dobro do que a França, com 59, e o Japão, com 53. A Rússia possui 31 reatores e outros 35 estão nas nações do antigo bloco soviético, incluindo a Ucrânia, com 15. A Coreia do Sul possui 20. O Reino Unido possui 19, seguido do Canadá, com 18. A Alemanha e a Índia possuem 17 reatores cada uma.

Nos Estados Unidos, 31 dos 50 estados possuem usinas de energia nuclear. Illinois gera a maior parte da eletricidade proveniente de usinas de energia nuclear, seguido pela Pensilvânia, Carolina do Sul, Nova York, Alabama, Texas e Carolina do Norte. Ao todo, os reatores nucleares norte-americanos são responsáveis por quase 31% de toda a eletricidade gerada através de energia nuclear no mundo.

Há mais 52 usinas em construção em 14 países, incluindo 16 na China, 9 na Rússia, 6 na Índia e 5 na Coreia do Sul.

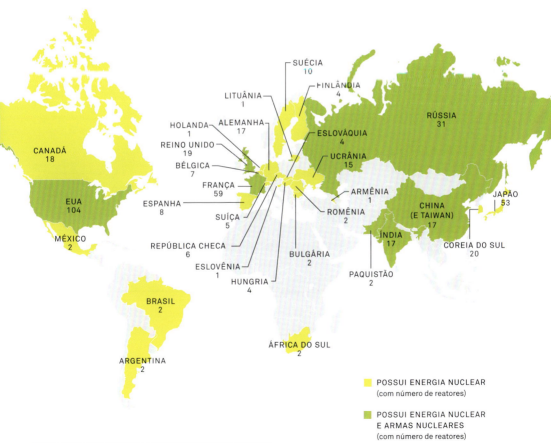

FONTE: Associação Nuclear Mundial; Federação de Cientistas Norte-americanos.

PRÓXIMA GERAÇÃO NUCLEAR

Alguns especialistas acreditam que o método mais promissor seja um reator *pebble bed* (leito de seixos), baseado em um projeto alemão de 1960. Em vez de utilizar barras de combustível, a cada dia 3.000 *pebbles* de óxido de urânio são adicionados aos 360.000 *pebbles* no núcleo do reator, substituindo os que são removidos do fundo como combustível utilizado. Cada *pebble* de combustível contém milhares de "núcleos" de dióxido de urânio, sendo cada um deles envolvido em carbeto de silício e em um revestimento pirolítico. O *pebble* inteiro, com o tamanho aproximado de uma bola de bilhar, fica inserido em uma concha de grafite que suporta temperaturas de até 2.800ºC — muito maior do que a temperatura máxima de reação.

Em teoria, com esse processo seria possível coletar o calor com o hélio fluindo livremente pelos espaços deixados entre as esferas à medida que elas estacionam, na descrição de um físico, como bolas de chiclete em uma "máquina de chiclete gigante". Essa combinação refinada do metal mais pesado da natureza — o urânio — e o gás inerte mais leve — o hélio — poderia tornar todo o processo muito mais seguro, uma vez que o hélio recupera o calor sem se tornar radioativo; é esse gás hélio aquecido que faz a turbina geradora funcionar.

Uma vantagem dessa abordagem é a possível eliminação da necessidade de parar o reator para reabastecê-lo. Além disso, como os *pebbles* têm menor probabilidade de pegar fogo e são mais difíceis de utilizar na produção de armas nucleares, esse projeto promete ser mais atrativo para aqueles que se preocupam com acidentes e proliferação. Igualmente importante é o fato de ser inerente ao projeto ser à "prova de fundição", pois os próprios *pebbles* absorvem os nêutrons em excesso se a temperatura começa a subir a níveis não seguros.

Um possível problema é a escassez de hélio. Se muitos reatores *pebble bed* fossem construídos, o suprimento de hélio poderia se tornar mais lento, limitando a escalabilidade do projeto. A China possui um modelo experimental pequeno, e a África do Sul deve construir um protótipo em breve. Porém, a maioria dos especialistas acredita que, até mesmo com o sucesso no desenvolvimento dessa opção, as usinas em escala comercial não seriam possíveis pelo menos nos próximos 25 anos.

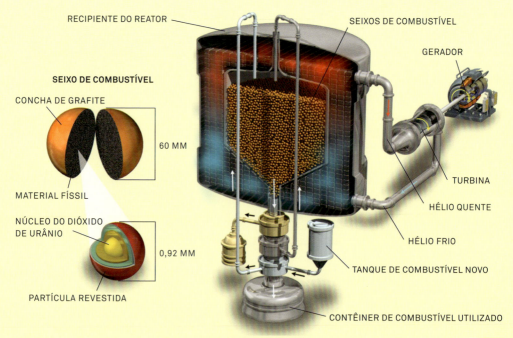

REATOR NUCLEAR *PEBBLE BED*

era mais fácil no início, quando cientistas e engenheiros das forças armadas e da Comissão de Energia Atômica mantinham controle coeso de todas as etapas do processo. A passagem da administração para as mãos das empresas de serviço público, com vários fornecedores de peças particulares e terceirizados, abriu brechas na cultura e no espírito do processo de desenvolvimento e construção nuclear.

Quando surgiram os afunilamentos em resposta às incertezas sobre a escala e a continuidade da construção nuclear, a busca por novos empreiteiros e trabalhadores terceirizados colocou ainda mais tensão sobre a integridade e a confiabilidade do processo.

Mudanças descontroladas no ambiente macroeconômico também impuseram ondas inflacionárias aos preços de todas as *commodities* necessárias para a conclusão de projetos de larga escala, incluindo não apenas o aço, o concreto e os serviços de engenharia e projeto, como também a disponibilidade de capital. Quando os prolongados períodos de construção e a elevação dos custos arrefeceram a crença na confiabilidade dos termos do contrato no início dos projetos, as empresas de serviço público começaram a se preocupar com o impacto de novas compras de reatores quanto aos seus índices de crédito e ao seu custo de capital como um todo.

O segundo maior problema a desacelerar a propagação dos reatores nucleares por todo o mundo foi a profunda preocupação com a proliferação das armas nucleares.

Durante os oito anos em que trabalhei na Casa Branca, todos os problemas de proliferação de armas nucleares que enfrentamos estavam ligados a um programa de reatores. Isso teria sido surpreendente para os entusiastas da energia nuclear nas décadas de 1950 e 1960. Eles acreditavam genuinamente que os desafios científicos e técnicos envolvidos na elaboração de armas nucleares eram tão diferentes daqueles necessários para construir usinas de energia nuclear que seria relativamente fácil construir reatores para geração de eletricidade sem aumentar o risco de colocar os recursos de elaboração de armas nucleares nas mãos erradas.

No entanto, os projetos de armas nucleares estão, infelizmente, à disposição daqueles que os procuram. E, enquanto as ferramentas especializadas, necessárias para a fabricação dos principais componentes de uma arma nuclear, são difíceis de obter e são monitoradas com todo o cuidado, o elemento mais crucial de uma bomba nuclear é o material físsil. Mais uma vez, as suposições antigas não se confirmaram.

É verdade que o enriquecimento de material para armas nucleares é muito mais difícil do que o enriquecimento de material para reatores nucleares; porém, avanços na tecnologia tornaram-no mais viável para as nações com suprimentos de material físsil destinado a reatores, a ponto de poderem enriquecer ainda mais esse material e utilizá-lo em uma arma nuclear. Uma equipe de cientistas e engenheiros capaz de gerir um programa de reatores nucleares e pelo menos parte do ciclo do combustível nuclear pode ser forçada por um ditador a trabalhar secretamente em um programa de armas nucleares. De fato, esse foi o principal fator causador da proliferação das armas nucleares nos últimos 25 anos.

O fluxo de material nuclear dos reatores para as armas também pode se mover na direção oposta. Em 1998, participei da negociação de um acordo entre os Estados Unidos e a Rússia para desmantelar grandes quantidades de armas nucleares do arsenal dos dois países. Isso resultou em um superávit de material que, tecnicamente, poderia ser convertido em combustível para reatores nucleares civis. Infelizmente, essa conversão provou ser difícil na prática, e a onda de suprimentos em potencial abalou e desestabilizou o mercado de combustível para reatores.

Inúmeras equipes de pesquisa e desenvolvimento estão trabalhando arduamente para tentar solucionar os problemas debilitantes da presente geração de reatores nucleares apresentando novos projetos. Elas esperam que os novos reatores sejam mais bara-

UM REATOR DE "TERCEIRA GERAÇÃO" ESTÁ EM CONSTRUÇÃO NA CIDADE DE FLAMANVILLE, NA FRANÇA. A CONSTRUÇÃO DA PRÓXIMA GERAÇÃO DE REATORES FOI PREJUDICADA POR ATRASOS E ORÇAMENTOS EXTRAPOLADOS.

tos de construir, mais seguros e baratos de operar, bem menos vulneráveis aos eventos catastróficos, menos vulneráveis ao terrorismo e econômicos em tamanhos menores — o que os tornará mais atrativos às empresas de serviço público que enfrentam um futuro incerto de demanda de eletricidade.

Há mais de cem projetos de reatores novos para as chamadas usinas nucleares de "Quarta Geração" — incluindo "reatores rápidos refrigerados a sódio" (ou "reatores rápidos integrais"), que utilizam sódio líquido como solução de resfriamento. Uma variação do projeto sul-africano, que agora está sendo explorada no Laboratório Nacional de Idaho, é um reator a gás em alta temperatura.

De qualquer modo, seja qual for a opção escolhida pelos Estados Unidos e por outras nações ricas e desenvolvidas como estratégia para solucionar a crise climática, servirá de modelo para influenciar os esforços de outras nações do mundo. Sendo esse o caso, é difícil imaginar as nações desenvolvidas se desculparem dizendo: "A energia nuclear é a nossa escolha, mas não vamos deixar vocês a utilizarem porque tememos a proliferação das armas nucleares".

De fato, se o mundo decidisse tornar a energia nuclear a solução ideal para a produção de eletricidade, milhares de reatores adicionais seriam construídos. E muitos deles seriam colocados em países que, a maioria das pessoas deve concordar, não deveriam possuir armas nucleares.

Uma possível solução proposta com frequência é o estabelecimento de uma autoridade internacional sob o controle de nações nucleares desenvolvidas, as quais forneceriam combustível nuclear protegido para os reatores de países menos desenvolvidos. Os termos dessa transação assegurariam que o combustível sempre permanecesse sob o controle da nação desenvolvida que o forneceu. Depois de utilizado, o combustível seria removido e substituído por um novo suprimento, mais uma vez de acordo com termos que assegurassem que ele jamais passasse para o controle de uma nação em desenvolvimento. Todavia, a maior parte dos países em desenvolvimento para os quais essa opção foi apresentada não a aceitou, temendo que esse acordo fosse colocar seus programas de energia sob o controle de outras nações.

Outro problema em tornar a energia nuclear a solução ideal é que um grande aumento no número de reatores em funcionamento no mundo ampliaria o suprimento de combustível disponível. Números significativamente maiores de reatores colocariam pressão não somente sobre as reservas atuais de urânio, como também sobre a limitada capacidade mundial de expandir as operações de mineração e processamento de urânio de maneira rápida e segura. No momento, é necessário um longo período de espera para abrir novas minas de urânio. Por muitos anos, reinvidicações trabalhistas nos Estados Unidos representavam mais da metade de todos os empregos na indústria do urânio. No entanto, a proporção de pessoas por ano voltadas a reinvidicações diminuiu nos últimos tempos.

Os entusiastas da energia nuclear oferecem uma solução a essa possível escassez de urânio processado: reprocessar o combustível utilizado pelos reatores a fim de ampliar sua vida útil. Afinal, dizem eles, os reatores atuais utilizam apenas 1% da energia disponível no minério, e o reprocessamento já está sendo realizado na Rússia, em partes da Europa e, desde o ano passado, no Japão. No entanto, esse é um processo que separa e recicla o plutônio, para depois transportá-lo para uso em reatores.

Há muito tempo, muitos daqueles que apoiam o uso da energia nuclear argumentam em favor do reprocessamento do combustível utilizado, a fim de criar novos suprimentos que podem ser novamente inseridos no núcleo dos reatores. Essa abordagem tem sido rotulada de "reciclagem" e, às vezes, é promovida como alternativa ao uso de depósitos de longa duração. Todavia, esse argumento é bastante enganoso, pois, na verdade, o reprocessamento aumenta o volume total de rejeitos, embora reduza o volume de rejeitos de alto nível. Se permitido, o reprocessamento aumentaria a quantidade de urânio disponível no mundo para uso em usinas de energia nuclear e permitiria a adaptação dos fluxos de rejeitos para os depósitos. Porém, o reprocessamento também aumenta de modo significativo o custo do ciclo do combustível nuclear e ainda assim requer depósitos de longa duração.

De maneira mais significativa ainda, o reprocessamento produz o plutônio, que pode ser utilizado na produção de armas nucleares. Essa opção controversa poderia resultar em uma disponibilidade muito maior de material nuclear ainda mais perigoso, junto às habilidades, ao conhecimento e aos equipamentos para aplicá-lo ao uso civil e militar. Nessas circunstâncias, seria consideravelmente mais difícil limitar a proliferação nuclear e manter as armas nucleares longe das mãos de terroristas desejosos de cometer assassinatos em massa em escala assustadora.

No momento, os fluxos de plutônio não possuem salvaguardas adequadas contra os desvios. Matthew Bunn, professor de Harvard e o maior especialista no atual conjunto de salvaguardas globais, descreve essas medidas como totalmente inadequadas. Ele argumenta que o mundo deveria dar maior prioridade ao fortalecimento radical do regime global de segurança nuclear. O atual regime de segurança internacional, ressalta Bunn, é "totalmente voluntário".

O risco é intensificado pelos esforços organizados de obtenção de plutônio pela al-Qaeda, Irã, Coreia do Norte e aqueles que foram identificados com a rede de A.Q. Khan no Paquistão. Graham Allison, também professor de Harvard e o maior especialista em proliferação e terrorismo nuclear, prevê que, a menos que salvaguardas adicionais significativas sejam rapidamente ativadas, a chance de um grupo terrorista detonar uma arma nuclear em alguma cidade dos Estados Unidos nos próximos dez anos é de 50%.

De qualquer forma, um número crescente de especialistas concluiu nos últimos anos que o reprocessamento é uma opção perigosa e ruim. Como enfatizaram recentemente especialistas do MIT: "Sabemos pouco sobre a segurança do ciclo total do combustível além da operação dos reatores".

Na outra ponta do ciclo do combustível nuclear, o desafio de armazenar os rejeitos gerados pelos reatores só fez paralisar por décadas o processo político nos Estados Unidos e em vários países. A conhecida expressão "não no meu quintal", lembrada sempre que projetos controversos são apresentados, é um obstáculo mais sério para os rejeitos nucleares altamente radioativos em longo prazo. Há um consenso internacional sobre a conveniência de armazenar rejeitos nucleares em depósitos subterrâneos profundos, em locais sele-

PROJEÇÃO RELATIVA DAS PEGADAS DE CO_2 DAS FONTES DE ELETRICIDADE

Muito do novo entusiasmo pela energia nuclear resulta da percepção de que ela é uma fonte de eletricidade livre de dióxido de carbono. Porém, essa ideia não está totalmente correta. O ciclo de vida de uma usina de energia nuclear — desde a sua construção até a mineração e o processamento do combustível de urânio, o transporte e o armazenamento dos rejeitos nucleares e o eventual encerramento da usina — produz uma quantidade considerável de CO_2. Quando todo esse gás é alocado entre os quilowatts de eletricidade produzidos por uma usina padrão durante o seu ciclo de vida, a quantidade por quilowatt-hora ainda é muito menor do que é emitido durante a geração de eletricidade pelo carvão. No entanto, o CO_2 associado às usinas nucleares é muitas vezes maior do que o associado à geração de eletricidade eólica, solar ou hidrelétrica, de acordo com a mesma análise de ciclo de vida.

EÓLICA 9 (da costa)–10 (para a costa)
SOLAR (CST) 13
SOLAR (FV) 32
GEOTÉRMICA 38
NUCLEAR 1–288
GÁS 443
CARVÃO 966 (com limpeza)–1.050 (sem limpeza)

GRAMAS DE CO_2 PRODUZIDOS POR QUILOWATT-HORA DE ENERGIA

FONTE: Benjamin K. Sovacool, *Energy Policy*, 2008; 36.

cionados por sua estabilidade e segurança geológica de longo prazo, estabilidade tectônica e ausência de risco imposto por lençóis freáticos. Esses sítios devem ser suficientemente profundos e distantes dos centros populacionais, ainda que acessíveis ao transporte dos rejeitos.

Apesar do consenso global sobre a conveniência dessa técnica de armazenamento, nenhuma nação no mundo abriu um local como esse até o momento. Uma vez que os rejeitos nucleares mais perigosos têm meia-vida de centenas de milhares de anos, o termo "longo prazo" adquire uma dimensão totalmente diferente ao se avaliar cada local em potencial. A Suécia e a Finlândia selecionaram depósitos geológicos que parecem ser adequados e garantiram a aceitação pública. A França também selecionou um local para o depósito e planeja usá-lo até 2025. Os demais países estão atrás dos Estados Unidos em termos de planejamento.

A Comissão Reguladora Nuclear dos Estados Unidos divide os rejeitos nucleares em quatro categorias: a primeira — "rejeito de alto nível" — é o combustível nuclear utilizado que sai dos reatores. Um típico reator a água leve de 1.000 megawatts produz aproximadamente 27 toneladas ao ano de rejeitos de alto

REVELANDO A FUSÃO NUCLEAR

Por muitos anos houve entusiasmo com a possibilidade de uma forma diferente de energia nuclear: a fusão. Enquanto os reatores nucleares convencionais geram calor dividindo átomos pesados, a fusão produz quantidades de calor muito maiores combinando átomos leves. As bombas atômicas utilizadas no final da Segunda Guerra Mundial eram baseadas em fissão, ao passo que as bombas de hidrogênio desenvolvidas durante a Guerra Fria, muito mais potentes, baseavam-se na fusão por fissão. A fusão é também o processo básico através do qual o Sol produz calor e luz. Embora enormes somas tenham sido despendidas no esforço de desenvolver uma forma prática de energia por fusão, o entusiasmo inicial deu lugar à conclusão contida de que um processo utilizável está, pelo menos, várias décadas à frente.

Os pesquisadores continuam explorando duas abordagens básicas: o confinamento magnético dos átomos a serem submetidos à fusão e o confinamento inercial, que utiliza raios laser de alta intensidade para desencadear a fusão. O projeto de fusão Tokamak, no Laboratório de Física de Plasma de Princeton, apresentou poucos avanços durante várias décadas. A nova instalação nacional de ignição do Laboratório Nacional Lawrence Livermore, inaugurada em meados de 2009, é a principal instalação a explorar o confinamento inercial.

A instalação nacional de ignição do Laboratório Nacional Lawrence Livermore dará início a experimentos em 2010. Em seu centro está esta câmara-alvo de 10 m, onde os cientistas pretendem realizar a ignição da fusão com raios laser.

nível. Os defensores da expansão da opção nuclear apontam que isso se compara a 400.000 toneladas ao ano de cinzas tóxicas de carvão produzidas em uma usina comum de geração de energia a carvão. Em torno de 10.000 m³ de rejeitos de alto nível são gerados por ano pela indústria global de energia nuclear. Embora representem apenas 3% do total de rejeitos radioativos dos reatores, contêm 95% da radioatividade. E foi o fluxo de rejeitos que gerou a paralisação política nos Estados Unidos.

A segunda categoria — "rejeitos de baixo nível" — é produzida em volumes muito maiores, dos quais grande parte — como o nome implica — é muito menos radioativa. Isso inclui roupas, filtros, trapos, tubos, ferramentas e outros itens. Em alguns casos, essa categoria inclui partes internas do recipiente de contenção do reator, que são altamente radioativas.

A terceira categoria — chamada "rejeitos sujeitos a reprocessamento" — foi criada pelo Departamento de Energia dos Estados Unidos para os subprodutos associados ao reprocessamento do combustível nuclear utilizado.

A quarta categoria — "resíduos da mineração de urânio" — inclui os rejeitos do processamento do minério no combustível do reator. Esses resíduos contêm rádio, que tem uma meia-vida de mais de mil anos. O urânio-238, a forma mais comum de urânio *in natura*, possui três nêutrons adicionais em cada átomo antes de ser separado do urânio-235, a forma mais rara utilizada no combustível da maioria dos reatores.

Embora grande parte da controvérsia a respeito do resíduo nuclear tenha envolvido a seleção de um depósito de longa duração, muito do risco de curto prazo está no transporte de grandes quantidades de rejeitos radioativos dos reatores para os locais de armazenamento.

Quando o governo norte-americano, em resposta ao contínuo impasse do seu esforço para finalizar um depósito de longa duração, tentou criar um depósito de curta duração onde os resíduos pudessem ser arma-

DEMANDA DE ÁGUA PARA A PRODUÇÃO DE ENERGIA

A maior parte das usinas nucleares requer grandes volumes de água, principalmente para o resfriamento. Aproximadamente 95.000 a 230.000 litros de água são necessários para cada megawatt-hora de eletricidade produzida por uma usina de energia nuclear, utilizando um sistema de resfriamento aberto, dos quais somente 1.685 a 3.295 litros são consumidos no processo, dependendo do tipo de usina. Aquelas que utilizam o sistema fechado requerem muito menos água, mas, ainda assim, consomem bastante. Esses fluxos não aumentam a radioatividade, mas a água — agora muito mais quente — retorna aos rios, lagos ou mares de onde foi retirada, às vezes matando peixes e criando outros problemas. Alguns estudiosos têm proposto ideias para captar esse calor residual.

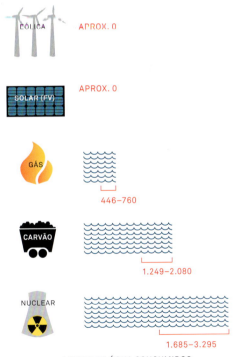

LITROS DE ÁGUA CONSUMIDOS
POR MEGAWATT-HORA DE ENERGIA

FONTE: Departamento de Energia dos EUA.

zenados até que o de longa duração fosse concluído, fez com que outra controvérsia surgisse. Esse esforço despertou mais oposição a todos os possíveis locais de curta duração. Os críticos observaram que a arquitetura desse plano dobraria o risco envolvido no transporte dos rejeitos: primeiro ao depósito de curta duração e depois ao depósito de longa duração. Por essa e por outras razões, o combustível utilizado no país está praticamente todo armazenado em barris secos, acima da superfície, no local de cada reator.

A escolha do Monte Yucca, no estado de Nevada, EUA, como principal opção ao depósito de longa duração, naturalmente gerou oposição fervorosa naquele estado. E as controvérsias sobre a segurança geológica do Monte Yucca levaram a mais oposição. Analisando mais a fundo, os especialistas descobriram que o local tem atividade tectônica e que seu ambiente geoquímico é "oxidante", o que viola os critérios de armazenamento de longa duração. Houve também oposição das comunidades ao longo das rotas de transporte onde se previa o maior tráfego de rejeitos de alto nível.

Embora a construção de novas usinas de energia nuclear tenha sido interrompida nos Estados Unidos, a Autoridade do Vale do Tennessee reformou e reativou um dos reatores inativos há mais de vinte anos. Retomou também a construção de outro reator que havia sido solicitado e cancelado anteriormente. Contudo, nenhum pedido de reator foi realizado pelas empresas de serviço público norte-americanas depois de 1978.

Até mesmo os grandes subsídios e as garantias governamentais foram insuficientes para atrair a iniciativa privada para a construção de novas usinas de energia nuclear. Esses subsídios, estimados pelo cofundador do Instituto Rocky Mountain, Amory Lovins, em mais de 500 bilhões de dólares, incluem garantias de empréstimo à construção; acréscimos nas contas de eletricidade dos contribuintes para financiar o esforço contínuo de buscar soluções de armazenamento de longa duração; garantias públicas de seguro sobre prejuízos causados por acidentes catastróficos; seguro financiado por contribuintes contra atrasos legais e/ou regulatórios; custo compartilhado do seguro com contribuintes durante o processo de licenciamento; despesas federais com pesquisa e desenvolvimento (mais de 150 bilhões de dólares); e garantias públicas para ajudar a cobrir "custos incorridos", como inadimplência em relação à dívida de construção de reatores nucleares antigos. Em resposta, algumas empresas de serviço público mais uma vez concordaram em "analisar com outros olhos" a opção da energia nuclear. Dezessete solicitações para 26 reatores novos foram submetidas à Comissão Reguladora Nuclear, porém, nenhuma delas conseguiu uma promessa de financiamento ou teve a construção iniciada.

Dos 104 reatores em operação nos Estados Unidos, 24 estão localizados em áreas que sofrem sérios índices de estiagem (principalmente no sudeste do país). Essas áreas estão entre aquelas das quais se esperam secas graves com muito mais frequência em razão do aquecimento global. Um reator da TVA no estado do Alabama já foi forçado a suspender temporariamente as operações quando temperaturas altas surpreendentes reduziram o fluxo dos rios e os níveis de água e limitaram a capacidade de desviá-la — e, em alguns casos, limitaram a capacidade de retornar água quente sem causar a morte de peixes.

Durante a histórica onda de calor europeia em 2003, a França, a Espanha e a Alemanha foram forçadas a fechar várias usinas de energia nuclear e a reduzir a produção de energia de outras usinas em decorrência dos baixos níveis de água. Conforme previsto por cientistas, se o aquecimento global tiver impacto ainda pior sobre os níveis de água e as condições de seca nos próximos anos, várias outras usinas nucleares às margens de rios e lagos poderão enfrentar interrupções periódicas — e caras —, tornando o custo da eletricidade nuclear ainda menos competitivo.

CADA UM DESTES DEPÓSITOS DE CONCRETO CONTÉM COMBUSTÍVEL UTILIZADO EM REATORES NUCLEARES. OS DEPÓSITOS AINDA AGUARDAM UM DESTINO PERMANENTE, APÓS O CANCELAMENTO DO ARMAZENAMENTO NO MONTE YUCCA, ESTADO DE NEVADA, NOS EUA.

ECOSSISTEMAS

CAPÍTULO NOVE

FLORESTAS

A AMAZÔNIA É A MAIOR FLORESTA TROPICAL DO PLANETA. NO ENTANTO, MAIS DE 10 MIL KM² DELA SÃO DESTRUÍDOS A CADA ANO.

As emissões de CO_2 derivadas do desmatamento estão atrás apenas da queima de combustíveis fósseis para a produção de eletricidade e calor como a maior fonte de poluição causadora do aquecimento global no planeta. De fato, estima-se que de 20 a 23% das emissões anuais de CO_2 — maiores do que as de todos os carros e caminhões do mundo — resultam da destruição e queima de florestas.

A maior causa direta do desmatamento é a técnica de "corte e queima", utilizada para limpar as florestas rapidamente a fim de formar fazendas de subsistência, agricultura e gado, sobretudo em países tropicais e subtropicais. O renomado ecologista Norman Myers estimou recentemente que 54% do desmatamento atual se deve à agricultura de corte e queima, 22% à propagação das plantações de palmeiras-de-óleo, 19% ao excessivo corte de madeira e 5% aos pastos para gado.

A boa notícia é que governos de todo o mundo vêm fazendo acordos experimentais na tentativa de empenhar esforços para reduzir drasticamente o desmatamento. No entanto, descobriram que, para que esses esforços tenham resultado, o mundo terá de lidar com as causas fundamentais dessa prática, que são:

▸ O crescimento da população e da pobreza em países subdesenvolvidos.

▸ O apetite voraz do mercado globalizado por fontes baratas de madeira e por óleo de palma, carne bovina, soja, cana-de-açúcar e outras *commodities* que os grandes desmatadores produzem na terra desmatada.

▸ O fato de a economia de mercado não valorizar as florestas existentes por razões que não sejam os ganhos produzidos pela sua destruição.

▸ O fracasso da comunidade mundial em alcançar um acordo entre os países a fim de colocar um preço sobre o carbono e auxiliar os países tropicais a monetizar o real valor de suas florestas para o mundo como um todo.

▸ A corrupção que solapa a eficiência das leis e dos regulamentos existentes, desenvolvidos para impedir o desmatamento irresponsável.

A maior mudança nos padrões de desmatamento em anos recentes, de acordo com Myers et al., é o significativo aumento da técnica de corte e queima. Enquanto antigamente os mesmos grupos pequenos de pessoas costumavam mudar de uma área da floresta para outra, nos últimos anos houve um grande influxo de migrantes empobrecidos praticando esse movimento sazonal, sobretudo na Amazônia brasileira e na bacia do Congo na África.

Pouco mais de 1 acre de floresta é eliminado do planeta por segundo. Isso representa mais de 40.000 hectares por dia e mais de 13,7 milhões de hectares por ano, uma área equivalente à Grécia. Esses números são parcialmente compensados pelo reflorestamento e pelos programas organizados de plantio de árvores, de maneira que o prejuízo líquido das florestas a cada ano totaliza 7,3 milhões de hectares.

Essa destruição frenética das florestas tem duplo impacto sobre a crise climática: primeiro, grande parte do carbono contido nas árvores é emitido para a atmosfera; segundo, o planeta perde parte da sua capacidade de reabsorver CO_2, porque as florestas, uma vez destruídas, não absorvem mais o CO_2 da atmosfera.

A PRODUÇÃO DE CARVÃO É UMA DAS CAUSAS DO DESMATAMENTO EM REGIÕES EM DESENVOLVIMENTO, ONDE A POPULAÇÃO O UTILIZA PARA COZINHAR. NESTA FOTO DE LIAONING, NA CHINA, O PROCESSO EMITE CO_2 E CARBONO NEGRO.

Muitos já sabem que os maiores responsáveis pelo aquecimento global são a China e os Estados Unidos, mas muitos se surpreendem ao saber que a terceira e a quarta nações da lista são a Indonésia e o Brasil, onde a maior emissão de CO_2 se deve, principalmente, ao desmatamento. Espantosamente, dados de satélite analisados pelo Instituto Mundial de Recursos mostram que mais de 60% do desmatamento mundial ocorrem no Brasil e na Indonésia — estando concentrado, respectivamente, na Amazônia pertencente ao estado de Mato Grosso e na província de Riau e suas áreas adjacentes, onde estão localizadas grandes florestas de turfa.

A Organização das Nações Unidas para a Alimentação e a Agricultura, que mantém dados estatísticos sobre o desmatamento, observou que os maiores responsáveis pelo desmatamento nos últimos anos — após o Brasil e a Indonésia — foram Sudão, Mianmar, Zâmbia, Tanzânia, Nigéria, República Democrática do Congo, Zimbábue e Venezuela. Por região, a América Latina foi a que mais perdeu árvores para o desmatamento, com a África logo atrás. O sudeste asiático está em terceiro e a América do Norte em quarto, porém distante.

Na Ásia e na América Latina, a única e maior causa do desmatamento é a conversão das florestas em agricultura de grande escala. Na África, por sua vez, a principal causa é a conversão das florestas em fazendas de pequena escala, embora a agricultura de larga escala esteja aumentando naquele continente com a aquisição de grandes extensões de terra pelos chineses para produzir alimentos para serem importados no futuro.

No Brasil, que sozinho é responsável por 48% de todo o desmatamento do mundo, a prática aumentou novamente em 2008. Quase 20% da floresta amazônica já foi destruída (ainda que o número oficial do governo brasileiro seja 17%). Depois que as melhores madeiras são removidas, o restante é queimado para dar lugar a pastos e plantações. Cerca de 80% das terras desmatadas na Amazônia entre 1996 e 2006 são hoje utilizadas como pasto para gado, de acordo com um relatório feito este ano pelo Greenpeace no Fórum Social Mundial em Belém, no Brasil.

Historicamente, o Brasil tem se mostrado cauteloso contra qualquer esforço da comunidade internacional para alcançar acordos que dariam ao resto do mundo um poder de decisão sobre o futuro da Amazônia. No entanto, anunciou uma meta nacional para reduzir o desmatamento em 70% até 2017. Em agosto de 2008, o presidente Luiz Inácio Lula da Silva anunciou a criação de um fundo e um conjunto de novos regulamentos desenvolvidos para proteger a Amazônia. Contudo, esses novos regulamentos ainda não estão sendo efetivamente cumpridos. Carlos Minc, ministro do meio ambiente do Brasil, reconheceu o insucesso dizendo: "Não estamos satisfeitos. O desmatamento tem de cair mais e as condições para o desenvolvimento sustentável devem melhorar".

Paradoxalmente, enquanto o Brasil está destruindo duas vezes mais florestas do que a Indonésia a cada ano, a Indonésia está emitindo duas vezes mais CO_2 com o desmatamento do que o Brasil, em especial porque as zonas úmidas ricas em carbono de onde as florestas indonésias estão sendo eliminadas secam quando a cobertura de árvores se acaba e queimam por mais tempo quando incendiadas, emitindo quantidades muito maiores de CO_2 na atmosfera.

Mais de 80% do óleo de palma do mundo vêm da Indonésia e de sua vizinha Malásia (na década passada, a Indonésia superou a Malásia como principal fornece-

AS DEZ PRINCIPAIS NAÇÕES RESPONSÁVEIS PELO DESMATAMENTO

O problema do desmatamento é mais grave nas nações em desenvolvimento de latitudes tropicais. O mapa abaixo mostra os dez principais países responsáveis pelo desmatamento, medindo-se em hectares de floresta perdidos por ano.

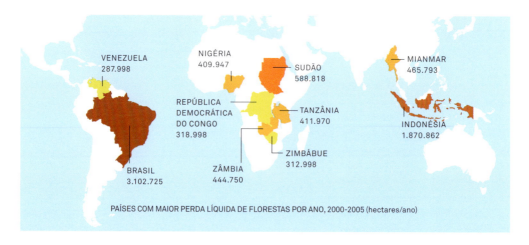

PAÍSES COM MAIOR PERDA LÍQUIDA DE FLORESTAS POR ANO, 2000-2005 (hectares/ano)

FONTE: Organização das Nações Unidas para a Alimentação e a Agricultura, *State of the world's forests 2007*.

dora de óleo de palma). Nos dois países, grandes florestas de turfa foram eliminadas e drenadas para dar lugar a essas plantações. Para acelerar o processo de drenagem, os responsáveis pelas plantações queimam as terras turfosas. Por essa razão, nuvens de fumaça e fuligem cobrem grandes partes do arquipélago do sudeste asiático todos os anos na época das queimadas.

Os dois países desistiram a liberação de subsídios e outros incentivos para a rápida expansão das plantações de palmeira-de-óleo. A política oficial da Indonésia requer a triplicação das plantações até 2020. O encorajamento oficial para desenvolver novas plantações teria permitido que algumas madeireiras utilizassem a intenção declarada de aumentar o plantio de palmeiras-de-óleo como desculpa para simplesmente eliminar madeiras que, de outra forma, seriam de florestas protegidas.

A Indonésia e a Malásia, ao lado do reino de Brunei, compartilham a grande ilha de Bornéu. Willie Smits, um conservacionista que vive em Bornéu e que deu início a um esforço para salvar o orangotango ameaçado de extinção e depois expandiu seu foco para recuperar o máximo possível de *habitats* para os orangotangos e os nativos da floresta, comentou: "O que eles estão fazendo, na verdade, é roubar a madeira porque precisam eliminá-la antes de plantar. Mas a madeira é tudo o que eles querem; eles não têm a intenção de replantar nada. É uma conspiração".

Mas grande parte do desmatamento resulta sim no desenvolvimento de plantações de palmeiras-de-óleo. Essas palmeiras podem gerar frutos por trinta anos, geram empregos e produzem mais óleo por hectare do que qualquer outra semente oleaginosa.

O óleo de palma não é apenas um dos mais populares óleos comestíveis do mundo, como também pode ser misturado ao óleo diesel para produzir uma das principais formas de biodiesel. Seus benefícios ambientais fundamentam-se na teoria de que o componente orgânico do combustível é reciclado quando o CO_2 emitido com a sua queima é posteriormente reabsorvido pela produção de mais óleo de palma. Contudo, extensas pesquisas baseadas em anos de experiência com o ciclo de vida do óleo de palma provaram que o desmatamento e a queima das florestas onde as árvores são plantadas contribuem com muito mais CO_2 para a atmosfera do que pode ser reabsorvido. Essa análise do ciclo de vida é um dos vários fatores que levam à reconsideração do impacto ambiental líquido do biodiesel, do etanol e de outros biocombustíveis.

A Indonésia aprovou uma lei que dá subsídios ao uso do óleo de palma nos carros do país. No entanto, a maior parte do óleo de palma da Indonésia e da Malásia é exportada para a América do Norte e para a Europa a fim de suprir a demanda de biocombustível. Ironicamente, os incentivos fiscais norte-americanos destinados à promoção dos biocombustíveis foram um fator que contribuiu de modo significativo para o desmatamento de florestas virgens com o intuito de expandir as plantações de palmeiras-de-óleo. Essa brecha fiscal permitiu aos importadores de óleo de palma dos Estados Unidos receber um subsídio de 1 dólar por galão (3,78 litros) se adicionassem um pouco de biodiesel ao óleo de palma e, em seguida, reexportassem a mistura para os mercados europeus, onde receberiam subsídios governamentais adicionais destinados a encorajar o uso do biocombustível.

O efeito líquido foi que os contribuintes norte-americanos e europeus estavam ativamente subsidiando a destruição de florestas tropicais virgens em nome do que, originalmente, seria um benefício ambiental. Em 2008, legisladores nos Estados Unidos conseguiram acabar com essa brecha fiscal no país.

Cada uma das soluções para o aquecimento global é difícil, pois suas causas estão profundamente arraigadas nos modelos de comportamento, comércio e cultura que se estabeleceram por longos períodos. Essas soluções se tornam mais complexas pelas complicações políticas e geopolíticas que há muito tempo frustram as ações construtivas. No caso do desmatamento, uma das

GRANDES FAIXAS DA ÚLTIMA FLORESTA DE TURFA REMANESCENTE NA ILHA DE SUMATRA, NA INDONÉSIA, ESTÃO SENDO CORTADAS, QUEIMADAS E DRENADAS PARA O CULTIVO DE PALMEIRAS-DE-ÓLEO.

A MADEIRA DAS FLORESTAS DE TURFA DA SUMATRA É TRANSPORTADA POR BARCAÇA PARA SER COMERCIALIZADA.

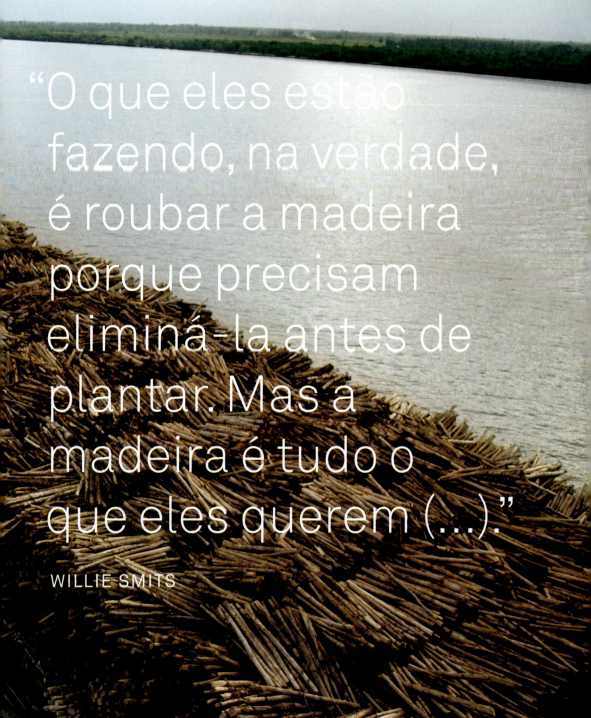

"O que eles estão fazendo, na verdade, é roubar a madeira porque precisam eliminá-la antes de plantar. Mas a madeira é tudo o que eles querem (...)."

WILLIE SMITS

WILLIE SMITS: A RECUPERAÇÃO DO ECOSSISTEMA EM SEU MELHOR

Em 1989, o cientista florestal holandês dr. Willie Smits encontrou uma filhote de orangotango à beira da morte em uma pilha de lixo de um mercado de rua em Balikpapan, na Indonésia. Ele resgatou e cuidou da filhote até ela se recuperar. Dois anos mais tarde, Smits criou a Fundação para a Sobrevivência dos Orangotangos de Bornéu, que hoje é o maior projeto mundial contra a extinção de orangotangos. A fundação ajudou a reabilitar 1.000 jovens orangotangos.

Smits havia acabado de chegar da Holanda para realizar uma pesquisa na floresta tropical quando o bebê orangotango entrou em sua vida. Ele considera o desmatamento, principalmente para a produção de óleo de palma, o responsável pela ameaça aos orangotangos. O desmatamento é também a principal razão para que a Indonésia seja uma das maiores emissoras de gases de efeito estufa do mundo. As florestas tropicais são compostas de ciclos hídricos que se autoperpetuam: a água transpira das árvores e da vegetação, condensa-se em nuvens e então cai novamente em forma de chuva. Quando esse ciclo é interrompido pelo desmatamento, o resultado são elevações na temperatura e chuvas menos frequentes ou irregulares. Os dados de Smits, após sete anos reflorestando os trópicos da Indonésia, mostram que o inverso também é verdadeiro: o reflorestamento ajuda a restaurar o ciclo natural da chuva.

Desde essa época, a fundação de Smits tem se dedicado a proteger e recuperar tanto as florestas indonésias como os orangotangos. Ele sabia que, se quisesse salvar os orangotangos, teria de encontrar um *habitat* rico e amplo o suficiente para manter as populações saudáveis, seguras e distantes de caçadores ilegais. Para proteger a floresta, Smits fez dos moradores locais seus defensores, construindo uma zona de conservação dentro de um sistema econômico dependente da saúde da floresta.

Em 2002, com a Fundação Masarang, Smits fundou a Samboja Lestari ("Floresta Eterna"), uma reserva de 2.023 hectares, 35 km ao nordeste de Balikpapan, em uma das áreas mais pobres da região. Ele combinou esforços intensivos de reflorestamento e agricultura, plantando abacaxi, papaia e feijão entre árvores de acácia. O plantio entre as árvores reduz a competição entre elas e ajuda o ecossistema a se regenerar mais rapidamente. Dentro dessa área reflorestada, está o centro de reabilitação dos orangotangos, longe das populações humanas.

Ao redor da área reflorestada, há um anel de 100 metros de palmeiras-de-açúcar resistentes a inundações

Dr. Willie Smits com um dos orangotangos que a Fundação para a Sobrevivência dos Orangotangos de Bornéu ajudou.

e incêndios. Essas árvores servem de proteção ecológica e também de cultivo comercial. As palmeiras são esmagadas duas vezes ao dia para obtenção da água de açúcar, que é processada na fábrica de açúcar de palmeira de Masarang. Foram gerados 3.000 empregos na região.

Hoje, Samboja Lestari abriga mais de 200 orangotangos saudáveis. E o reflorestamento parece ter, pelo menos temporariamente, revertido algumas tendências climáticas. No local, a temperatura média do ar caiu de 3 a 5°C, a ocorrência de nuvens aumentou 11% e, de chuvas, 20%. A terra, que havia sido reduzida praticamente a um deserto, agora abriga 1.800 espécies de árvores, 137 tipos de aves e 30 diferentes tipos de répteis.

A meta de Smits é gerar um valor para o ecossistema que seja alto o suficiente para mantê-lo intacto. Para ajudar os orangotangos, ele está se certificando de que as florestas e a população local se beneficiem.

maiores dificuldades foi a profunda divisão, no mundo moderno, entre os países ricos e industrializados — em sua maior parte no hemisfério Norte — e os países mais pobres e menos desenvolvidos — em sua maioria nos trópicos e subtrópicos. É certo que as razões dessas disparidades na riqueza estão profundamente enraizadas na história e na geografia e estão associadas ao amargo legado do colonialismo.

Os países menos desenvolvidos sempre apontam para o desmatamento na América do Norte e na Europa nos séculos passados como evidência da hipocrisia por parte dos países ricos que estão condenando a atual destruição das florestas nas nações pobres. E, é claro, eles têm um fundo de razão. Antes da acentuada expansão do petróleo e do carvão na segunda metade do século XX, o desmatamento era a maior fonte de emissão de CO_2 do planeta. Mesmo hoje, os cientistas estimam que mais de 40% do excesso de CO_2 acumulado na atmosfera tenha origem no desmatamento de séculos passados. De acordo com alguns cálculos, até os anos 1970, a utilização de combustível fóssil ainda não havia superado o desmatamento como principal causa do aquecimento global.

A área total de florestas da superfície do planeta é um pouco inferior a 4 bilhões de hectares, cobrindo um terço da área continental. O desmatamento ocorreu durante muitos milhares de anos, embora a taxas muito inferiores às atuais. De acordo com um estudo do Instituto Mundial de Recursos, temos hoje apenas metade da cobertura de florestas que tínhamos há 300 anos. As maiores áreas florestais estão na Rússia, no Brasil, no Canadá, nos EUA, na China, na Austrália, na República Democrática do Congo, na Indonésia, no Peru e na Índia. Ao todo, essas nações representam dois terços da área total de florestas do planeta.

Um terço de todas as florestas restantes ainda são "florestas primárias", nas quais a intervenção humana ainda não teve impacto. Embora a área total de florestas continue decrescendo, a taxa de perda líquida está começando a desacelerar.

De acordo com a Organização das Nações Unidas para a Alimentação e a Agricultura, "84% das florestas mundiais pertencem aos governos, mas a propriedade privada está aumentando. (...) Um terço das florestas mundiais é utilizado principalmente para a produção de madeira e outros produtos florestais".

Mas há vastas diferenças entre as florestas da zona temperada do hemisfério Norte e as florestas tropicais do lado sul do equador, que possuem densidade muito maior de carbono do que qualquer outro ecossistema do planeta; estima-se que componham 120 toneladas de carbono por hectare, comparadas a 64 toneladas de carbono por hectare nas florestas temperadas. As florestas tropicais representam um caso especial: embora cubram apenas 7% do continente terrestre, possuem quase metade de todas as árvores.

Além disso, o solo dessas florestas tropicais muitas vezes é surpreendentemente raso e pobre em nutrientes. Embora o solo vulcânico e o solo plano de inunda-

Os cientistas estimam que mais de 40% do excesso de CO_2 acumulado na atmosfera tenham origem no desmatamento de séculos passados.

Ironicamente, os incentivos fiscais norte-americanos destinados à promoção dos biocombustíveis foram um fator que contribuiu de modo significativo para o desmatamento de florestas virgens com o intuito de expandir as plantações de palmeiras-de-óleo.

ANTIGA REGIÃO DE FLORESTA DE TURFA EM BORNÉU, NA INDONÉSIA, AGORA UTILIZADA PARA O PLANTIO EM MASSA DE PALMEIRAS-DE-ÓLEO.

ção sejam em geral mais ricos, quase todo o conteúdo de nutrientes em muitas florestas tropicais está não no solo, mas nas catedrais verdes de árvores e plantas sobre ele e no material de decomposição sobre o solo.

As consequências da perda da biodiversidade são muito mais graves nas florestas tropicais, uma vez que grande parte da biodiversidade da Terra se concentra nessas florestas. Estima-se que 50 a 90% de todas as espécies do planeta estejam nas florestas, sendo o valor mais alto dessa faixa baseado na crença difundida entre os biólogos de que uma porcentagem muito grande de espécies ainda é desconhecida para a ciência e está apinhada nas florestas tropicais. Essas reservas extraordinariamente ricas em biodiversidade estão sendo destruídas junto a esse *habitat*. Entre as espécies mais conhecidas em risco de desaparecer, estão o orango-tango de Bornéu, o tigre da Sumatra, o elefante asiático, alguns dos maiores primatas da África (nossos parentes mais próximos), incontáveis fontes potenciais de novos medicamentos — e parentes selvagens de alimentos cuja sobrevivência depende da reposição ocasional do seu conjunto genético (dos primos distantes das florestas) para torná-los resistentes a pestes e pragas.

O impacto acumulado da destruição do *habitat* em toda a superfície do planeta está levando ao que alguns biólogos chamam hoje de a Sexta Grande Extinção (ver "A Sexta Grande Extinção", na p. 186).

No ano passado, Norman Myers falou em uma palestra em uma conferência florestal da Ásia e do Pacífico no Vietnã: "Vou transmitir a minha mensagem final abertamente agora: esta é uma supercrise, a que estamos enfrentando, é uma crise aterradora, uma das piores crises desde que saímos das cavernas há 10 mil anos. Estou me referindo, é claro, à eliminação das florestas tropicais e de seus milhões de espécies".

As primeiras cinco extinções ocorreram: há 65 milhões de anos, quando os dinossauros desapareceram; há 200 milhões de anos, quando 76% de todas as espécies foram extintas por razões que os cientistas até agora não entendem totalmente; há 250 milhões de anos, quando 96% das espécies oceânicas e dois terços das famílias de répteis e anfíbios foram extintos da Terra. Esses eventos, maiores do que todos, coincidiram com a convergência de todos os continentes na massa de terra única conhecida como Pangeia. Os outros dois eventos de extinção em massa, nenhum deles bem compreendido pelos cientistas, ocorreram 364 e de 440 a 450 milhões de anos atrás.

A subestimação da biodiversidade e da cobertura de florestas, em relação ao valor econômico da madeira e da agricultura de subsistência, levou a sérios erros de cálculo do impacto econômico líquido do desmatamento. De fato, o fracasso generalizado das economias de mercado em levar em conta os fatores ambientais é particularmente agudo quando se considera a avalia-

A erosão da margem de um rio na Amazônia revela como o solo tropical é fraco, além de, normalmente, ser pobre em nutrientes. A maior parte dos nutrientes das florestas tropicais está concentrada na biomassa viva e em uma camada de matéria orgânica em decomposição.

O PAPEL DAS FLORESTAS NO CICLO DO CARBONO

As florestas desempenham um papel duplo no movimento do carbono ao longo do ecossistema: absorvendo-o da atmosfera e armazenando-o nas árvores e no solo. Por meio do processo natural da fotossíntese, o CO_2 atmosférico é absorvido por minúsculos orifícios nas folhas e incorporado à árvore ou planta. Esse carbono "fixo" permanece intacto até que as plantas ou o solo sejam perturbados, como quando as árvores são queimadas ou a terra é arada. O processo pelo qual as florestas "inalam" CO_2 e "exalam" oxigênio — motivo pelo qual são frequentemente chamadas de pulmões do planeta — ocorre em nível microscópico. A fotossíntese ocorre dentro dos cloroplastos, subcélulas que podem chegar a 50 em cada célula da planta. Esses cloroplastos contêm estruturas chamadas grânulos, rodeados de um fluido aquoso chamado estroma. Os grânulos são os locais onde ocorre a fotólise, um processo que divide a água em hidrogênio e oxigênio. O oxigênio é liberado pela planta, enquanto o hidrogênio passa por um segundo processo, conhecido como ciclo de Calvin, que utiliza a energia produzida pela fotólise para combinar os átomos de hidrogênio e o CO_3, criando açúcares. Esses açúcares constituem a parte estrutural de células mais complexas da planta nas quais o carbono é armazenado por longos períodos.

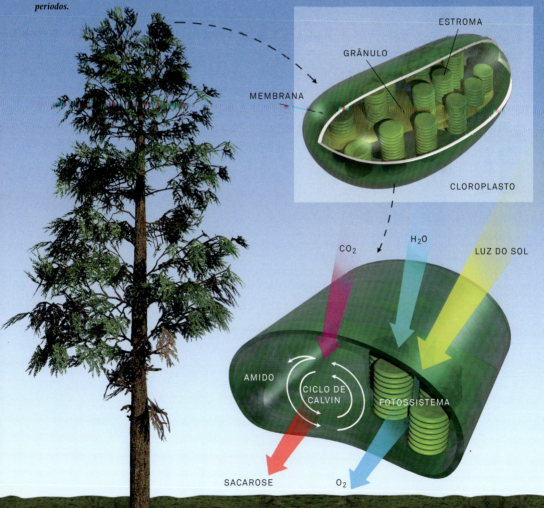

ção das árvores e florestas. Enquanto não houver preço sobre o carbono, o sistema de mercado continuará encorajando o despejo maciço de CO_2 na atmosfera e a injustificável destruição das florestas do planeta. Uma vez que o carbono seja levado em conta, o valor da absorção de grandes quantidades de CO_2 pelas árvores superará, em muitos casos, seu valor como madeira.

Larry Linden, um renomado especialista em economia de florestas, dá o seguinte exemplo que ilustra o absurdo de se ignorar o valor do carbono: um hectare de árvores (2,5 acres) devastado e vendido como terra para pasto pode gerar, em média, 300 dólares. No entanto, ao destruir essa terra, o equivalente a 15.000 dólares em carbono são liberados na atmosfera (assumindo um preço de 30 dólares por tonelada de carbono e 500 toneladas de CO_2 incorporadas nas mesmas árvores). Os cálculos de Linden indicam que, no mundo todo, um preço de 30 dólares por tonelada sobre o CO_2 resultaria em uma redução de 80% no desmatamento. E, a um preço de 20 dólares por tonelada, poderíamos atingir uma redução de 60% (contratos de cinco anos de CO_2 são fechados a 26 dólares por tonelada na Bolsa Europeia do Clima; esses preços devem subir caso um tratado global seja concluído em Copenhague).

A SEXTA GRANDE EXTINÇÃO

A maior parte dos biólogos acredita que estejamos vivendo a sexta grande extinção em massa da história do planeta. As espécies estão se extinguindo a taxas muito maiores do que as naturais — em grande parte pela rápida destruição de florestas tropicais e ecossistemas únicos que abrigam mais de 90% das espécies conhecidas da Terra. O renomado biólogo E.O. Wilson comentou em 1986 que "praticamente todos os estudiosos do processo de extinção concordam que a diversidade biológica está no meio da sexta grande crise, desta vez totalmente precipitada pelo homem".

Tom Lovejoy, um dos maiores especialistas em biodiversidade, expressou que "poucos contrariam que, se a atual tendência se mantiver, a proporção das espécies destinadas a desaparecer seja algo em torno da metade". Nos níveis atuais, os biólogos preveem que isso ocorrerá neste século, a menos que o mundo encontre uma forma de impedir a destruição das florestas e de outros ecossistemas importantes.

FONTE: David Raup e John Sepkoski, *Science*, 19 de março de 1982.

Nos países mais ricos, as práticas comuns de gestão de florestas também ignoram o valor econômico do papel que as árvores desempenham no sequestro de CO_2. Larry Schweiger, autor do excelente livro *Last chance: preserving life on Earth*, utiliza o exemplo ilustrativo dos carvalhos brancos (que são colhidos quando atingem o diâmetro de 30 cm à altura do peito; mas o padrão de crescimento dos carvalhos brancos não é diferente do de outras árvores decíduas das zonas temperadas do hemisfério Norte: eles crescem de uma forma que lembra a curva de um sino. Nos primeiros anos de vida, a árvore sequestra relativamente pouco carbono, porém, à medida que o carvalho branco cresce, a quantidade de carbono adicionada à sua massa a cada ano se acelera, atingindo o pico aos 120 anos de idade, depois do qual essa quantidade começa a decair lentamente, até que a árvore morre.

Se a curva de sequestro de carbono da árvore fosse reconhecida e valorizada pelo mercado, ela ainda poderia ser colhida, embora em uma idade mais avançada, depois que uma quantidade de carbono substancial tivesse sido sequestrada. Contudo, enquanto esse valor extra para a sociedade for ignorado nos preços de mercado pagos pelas árvores colhidas, a oportunidade de sequestrar muito mais carbono nas florestas será perdida.

Mesmo que o mundo tente recuperar a saúde e a integridade das florestas como estratégia fundamental para solucionar a crise climática, os cientistas expressam uma preocupação crescente quanto ao impacto dessa crise sobre a capacidade das florestas de continuar sequestrando CO_2 no futuro.

Uma das mais recentes e significativas descobertas sobre a vulnerabilidade das florestas de todo o mundo ao impacto da crise climática foi revelada por um estudo abrangente da União Internacional das Organizações de Pesquisa Florestal (IUFRO, do inglês, International Union of Forest Research Organizations) no ano passado, que concluiu que um aumento de 2,5°C na temperatura poderia levar muitas florestas a perderem seu papel de absorção líquida e passarem a ser fornecedoras líquidas de CO_2 para a atmosfera.

A IUFRO descobriu em seu estudo que "várias projeções indicam riscos significativos de que os atuais serviços de regulamentação de carbono sejam totalmente perdidos caso os ecossistemas terrestres se transformem em uma fonte líquida de carbono diante

ABSORÇÃO DE CARBONO PELAS ÁRVORES

A taxa de absorção de carbono por uma árvore ao longo de sua vida lembra a curva de um sino, com um início lento nas primeiras décadas e um pico de vários anos antes de começar a cair. Prestando atenção no crescimento das árvores e na taxa de absorção de CO_2, é possível definir o momento em que as árvores devem ser cortadas a fim de maximizar a quantidade de carbono que elas podem sequestrar. A curva abaixo se aplica às árvores em geral; a taxa de absorção específica das espécies varia.

TAXA DE FIXAÇÃO RELATIVA DE CO_2 DURANTE A VIDA DE UMA ÁRVORE

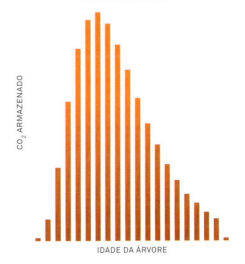

FONTE: Börje Kyrklund, *Unasylva* 1990; 163.

de um aquecimento global de 2,5°C (...). Além disso, como as florestas também liberam grandes quantidades de carbono quando desmatadas ou impactadas por outros fatores degradantes, elas agravam ainda mais a mudança climática".

Parece que isso já começou a acontecer nas florestas boreais do Canadá, de acordo com um estudo do Serviço de Florestas Canadense, que concluiu que as florestas daquele país passaram a ser fornecedoras líquidas de CO_2 para a atmosfera. As principais causas dessa mudança nas florestas canadenses foram os ataques enlouquecidos de besouros aos pinheiros das montanhas da Colúmbia Britânica e de Alberta, que já destruíram mais de 30 milhões de acres de florestas adultas. Nos Estados Unidos, 7 milhões de acres já foram afetados e estima-se que outros 14 milhões sejam afetados em breve. Esses besouros não são mais detidos por um número suficiente de dias frios para que seja mantido o equilíbrio. Além disso, os incêndios se espalharam em níveis recordes, e as árvores são mais vulneráveis ao fogo quando temperaturas mais quentes reduzem a umidade do solo e as expõem à seca e aos besouros.

De fato, as florestas perenes da parte ocidental da América do Norte e de grande parte da Europa estão passando por um histórico assalto de besouros a cortiças e pinheiros, tendo em vista a maior duração do verão e a acentuada redução das ondas de frio, que matariam suas larvas. O Serviço Geológico dos Estados Unidos descobriu em janeiro que a morte de árvores nas florestas antigas do oeste norte-americano mais que dobrou — uma tendência provavelmente devida ao aquecimento no oeste e às condições de seca a ele relacionadas.

Uma pesquisa independente realizada na instalação Biosfera 2 da Universidade do Arizona confirmou que as elevações na temperatura tornam algumas árvores mais predispostas a morrer em épocas de seca. Embora o estudo tenha elevado as temperaturas em 4°C, a experiência mostrou, pela primeira vez, que temperaturas mais quentes exaurem essas árvores, tornando-as mais vulneráveis a besouros e estiagens.

Uma equipe de pesquisadores liderada por A.L. Westerling, do Instituto de Oceanografia Scripps, publicou há quatro anos um estudo na revista *Science* que documentava o fato de que "os grandes incêndios em florestas aumentaram de forma repentina e notável em meados dos anos 1980, ocorrendo com maior frequência, maior duração e em estações mais longas. Os principais aumentos ocorreram nas florestas de altitudes médias de Northern Rockies, onde o histórico de utilização da terra teve pouco efeito relativo sobre os riscos de incêndio, e estão fortemente associados a temperaturas mais elevadas na primavera e no verão e ao precoce derretimento de neve na primavera".

Pesquisadores da Universidade de Tel Aviv também encontraram evidências convincentes de que futuras elevações de temperatura trarão um significativo aumento na ocorrência média de relâmpagos. De acordo com esse estudo, cada grau de elevação na temperatura pode ocasionar um aumento de 10% no número de relâmpagos — de modo que um aumento de 5°C pode levar, em média, a uma incidência 50% maior de relâmpagos, elevando ainda mais a ocorrência de incêndios.

Algumas árvores e plantas crescem mais rapidamente à medida que aumentam os níveis de CO_2. Contudo, enquanto algumas áreas poderão presenciar um crescimento mais rápido das florestas até que o calor e a seca superem o efeito de fertilização do CO_2, muitas não presenciarão. De fato, a maior parte não poderá, a menos que outras fontes, como água e nitrogênio, também aumentem. Além disso, novas pesquisas indicam que aumentos na temperatura média do solo podem danificar sua fertilidade, interferindo na disponibilidade de alguns componentes moleculares voláteis importantes para a nutrição das árvores, como o nitrogênio.

E a questão mais importante, como comprovam os estudos recentes, é que a pressão da temperatura,

OS INVERNOS NÃO TÊM SIDO FRIOS O SUFICIENTE PARA MATAR AS LARVAS DOS BESOUROS QUE ATACAM OS PINHEIROS DAS MONTANHAS DO COLORADO. MAIS DE 242 MIL HECTARES DE FLORESTAS NESSE ESTADO NORTE-AMERICANO SÃO AFETADOS PELA PESTE.

as infestações de besouros, as secas de maior intensidade e os incêndios levam à aceleração da perda de árvores e florestas.

Alguns pesquisadores observaram uma onda de crescimento de florestas secundárias em áreas desmatadas de países como o Panamá e a Costa Rica, onde a prosperidade relativa das cidades atraiu migrantes das áreas rurais e reduziu a pressão do crescimento populacional e da pobreza sobre as florestas. Na maioria dos países tropicais, porém, esse fenômeno ainda não foi repetido e a pressão sobre a terra continua sem descanso. Esse mesmo fenômeno demográfico é parcialmente responsável pelo novo crescimento natural, ao longo do século XX, de grandes áreas de terra antes desmatadas na América do Norte e na Europa, que, há muito tempo, vêm recuperando sua cobertura líquida de florestas, do mesmo modo que a China, que tem feito o mesmo de maneira muito mais eficaz do que qualquer outra nação do mundo.

Em geral, esse novo crescimento não substitui totalmente os serviços do ecossistema fornecidos pelas florestas que foram destruídas. Existe uma grande variação, dependendo da forma como o reflorestamento é conduzido. Se todas as árvores forem da mesma espécie, a falta de diversidade as torna muito mais vulneráveis a crescentes secas, incêndios e besouros, o que as faz muito menos hospitaleiras para a rica teia de biodiversidade que prospera em florestas diversificadas e maduras, particularmente nas florestas tropicais. Além disso, são necessárias décadas para que as novas árvores alcancem um nível em sua curva de crescimento que lhes permita começar a sequestrar grandes quantidades de CO_2 da atmosfera.

Por outro lado, as florestas maduras possuem tantas árvores que já ultrapassaram o pico de crescimento que a floresta como um todo chega a ser praticamente neutra em termos de CO_2. Ela contém uma enorme quantidade de carbono sequestrado, mas o sequestro líquido do CO_2 novo é muito inferior ao de árvores jovens em rápido crescimento. Como resultado, quando todo o carbono é descartado com a destruição das florestas maduras, leva-se muito tempo para que o CO_2 seja reincorporado pelas árvores plantadas para substituir a floresta antiga.

O sequestro de CO_2 e a preservação da biodiversidade da Terra são apenas dois dos benefícios ambientais — às vezes chamados de "serviços do ecossistema" — que as florestas proporcionam às pessoas. Eles atenuam os extremos de temperatura, são uma fonte de renda quando administrados adequadamente, reduzem a erosão do solo, aumentam a disponibilidade de água limpa, previnem a desertificação, protegem contra a erosão costeira, controlam avalanches, proporcionam o *habitat* para a vida selvagem necessária para a sociedade e servem de lar para até 90% das espécies conhecidas das áreas continentais do planeta. Além disso, também aumentam a produtividade da agricultura sustentável em áreas dentro e ao redor das florestas.

Na realidade, as florestas também trazem muito mais chuva do que existiria se não houvesse árvores, semeando as nuvens com bactérias que fluem das árvores e servem de "nucleadoras" para a formação de cristais de gelo, que marcam a primeira etapa da formação de chuva nas nuvens. Os vapores de água na atmosfera se unem para formar os cristais apenas a temperaturas muito inferiores à de congelamento. Entretanto, as bactérias das árvores possibilitam a ocorrência do processo de cristalização a temperaturas menos geladas, já que contêm um tipo de armação em sua estrutura de proteína que permite que o vapor de água no ar se aglutine e se ligue em torno das bactérias, causando a chuva. Brent Christner, microbiologista da Universidade Estadual da Louisiana, liderou uma equipe que descobriu recentemente que essa semeadura que as árvores produzem nas nuvens é muito mais comum e significativa do que se imaginava quando o fenômeno foi descoberto pela primeira vez na década de 1970.

As florestas também modulam o ciclo hidrológico absorvendo chuvas pesadas, aumentando a infiltração da água pelo solo, que é mantido firme pelas raízes, e reduzindo seu escoamento na superfície. A esse respeito, elas equilibram a disponibilidade de água ao longo do ano, do mesmo modo como o gelo e a neve fazem nas montanhas. Em florestas tropicais, como a Amazônia, a transpiração da umidade para o ar permite que ela se espalhe com o vento em ondas de vapor que nutrem a floresta inteira. De fato, Tom Lovejoy, um dos maiores especialistas mundiais na Amazônia, diz que ela produz metade da sua própria chuva e fornece umidade para outras partes do Brasil abaixo da Amazônia ocidental.

Por todas essas razões, o mundo inteiro tem um incentivo para dar valor suficiente ao carbono a fim de

O revolucionário estudo de Charles David Keeling, com a colaboração de Roger Revelle, no Observatório Mauna Loa do Havaí sobre os níveis de CO_2, revelou que o ciclo sazonal do CO_2 atmosférico e a quantidade dessa substância na atmosfera estão aumentando com o tempo.

encorajar a preservação da capacidade do planeta de reabsorver mais rapidamente o CO_2 produzido pelo homem e jogado na atmosfera, além de evitar a produção de mais dióxido de carbono com a destruição contínua das florestas.

A maioria das propostas de solução global para reduzir as emissões de CO_2 inclui, de uma forma ou de outra, uma grande barganha entre o Norte e o Sul, dentro da qual fluxos de auxílio dos países ricos para os países menos desenvolvidos são elevados a fim de financiar as mudanças necessárias para lutar contra a pobreza e, ao mesmo tempo, parar com o desmatamento desenfreado. Em virtude disso, bastante atenção tem sido desviada para descobrir formas de como

A CURVA KEELING

O enorme papel desempenhado pelas florestas no sequestro de CO_2 pode ser visto na famosa curva Keeling, que mede o rápido acúmulo de CO_2 na atmosfera desde o início das medições em 1958. O padrão em degrau reflete a inclinação anual do hemisfério Norte em direção ao Sol no verão e em oposição ao Sol no inverno. Quando as árvores decíduas do hemisfério Norte (muito maiores do que as do hemisfério Sul) perdem as folhas, a liberação de CO_2 na atmosfera causa um acentuado salto no volume dessa substância. Quando as folhas das mesmas árvores crescem na primavera e no verão seguintes, a quantidade de CO_2 na atmosfera cai novamente. O fato de essas concentrações continuarem aumentando de um ano para o outro reflete a grande queima de carvão, petróleo e gás natural, além do intenso desmatamento que está ocorrendo.

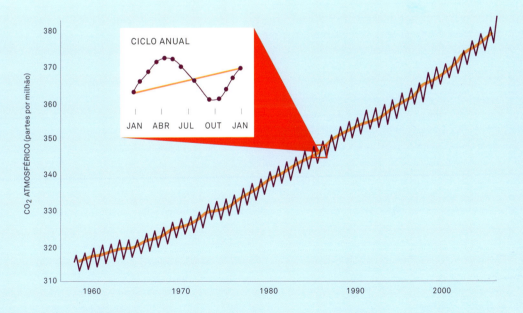

FONTE: NOAA/Instituto de Oceanografia Scripps, Universidade da Califórnia, San Diego.

a comunidade mundial pode ajudar países tropicais a mudarem seu padrão vigente de desmatamento.

O protocolo de Kyoto de 1997 aborda, especificamente no Artigo 3.3, a necessidade de controlar o desmatamento e manter as florestas do mundo por meio de florestamento e reflorestamento. Contudo, o tratado não incluiu nenhum mecanismo para atingir essa meta, em virtude das profundas preocupações por parte dos países desenvolvidos de que não havia um sistema de mensuração confiável e exato para determinar quais florestas teriam sido preservadas de qualquer forma na ausência do tratado, tampouco para detectar desvios, como desmatamentos não relatados.

Desde essa época, as técnicas de mensuração por satélite melhoraram de forma extraordinária, ao ponto de os cientistas terem confiança de poder monitorar com exatidão o que está acontecendo na superfície do planeta; em algumas áreas, inclusive, literalmente árvore por árvore. Hoje é possível estabelecer "parâmetros nacionais" altamente precisos e capazes de eliminar o problema dos desvios. Além disso, o aumento explosivo das ONGs ambientais em todos os países na última década ampliou de maneira notável o conhecimento das políticas de uso da terra e das intenções relativas a quase todas as florestas do mundo.

Em virtude disso, em dezembro de 2007, negociadores de Bali conseguiram casar metas de desmatamento com reduções nas emissões da indústria e dos transportes. Embora essa estrutura conceitual deva ser detalhada e ratificada durante as negociações de Copenhague, ela serviu como base para uma estrutura realmente global para reduzir o CO_2 e outros gases de efeito estufa, a qual, pela primeira vez, incluiu o uso da terra e a queima de combustíveis fósseis.

Diversos sistemas de certificação global foram organizados para identificar quais florestas são administradas de forma sustentável, de modo que os compradores podem evitar contribuir para o desmatamento. Junto à linha dura dos regulamentos contra a prática ilegal nas florestas e, com esperança, à taxação do carbono, esses esforços para afetar a demanda por produtos produzidos e colhidos de forma sustentável representam uma parte fundamental da solução para o desmatamento.

Uma segunda iniciativa, o programa The Forests Dialogue, foi instituída em 1999 pelo Banco Mundial, pelo Conselho Empresarial Mundial para o Desenvolvimento Sustentável e pelo Instituto Mundial de Recursos. Sua missão é fomentar um diálogo construtivo entre as partes envolvidas sobre o resultado das práticas florestais e abordar questões críticas que devem ser solucionadas por meio de entendimento mútuo e de acordos entre os envolvidos com diferentes prioridades e incentivos. Eles buscam proporcionar recursos substanciais adicionais para o desenvolvimento da capacidade institucional de países com florestas, para que enfrentem os responsáveis pelo desmatamento e apoiem o desenvolvimento sustentável, ao mesmo tempo permanecendo responsáveis pela boa governança das florestas.

Em muitas áreas, para se obter sucesso, será necessário atacar a corrupção entre autoridades locais, regionais e nacionais, a qual resulta na fraca fiscalização das leis e dos regulamentos existentes, desenvolvidos para impedir as práticas de desmatamento destrutivas e o corte ilegal de árvores. Em muitas áreas, incluindo a Amazônia e a bacia central do Congo, a ausência de direitos de propriedade claros para os nativos e residentes das florestas também é uma causa da contínua destruição.

Como muitos especialistas ressaltaram, não existe uma abordagem que sirva para todos, mas, no preparo para um esforço global que deverá fazer parte de um tratado climático abrangente, muitas organizações estão trabalhando para o estabelecimento de parâmetros nacionais como um primeiro passo para a criação de sistemas nacionais confiáveis de controle e monitoramento. A medida-chave para

NA CHINA, O GOVERNO PLANTOU MILHÕES DE ÁRVORES, INCLUINDO VASTOS CINTURÕES AO REDOR DE PEQUIM, COMO PARTE DO ESFORÇO DE TORNAR A CIDADE MAIS "VERDE" E REFLORESTAR A TERRA DEGRADADA.

se obter sucesso com a redução do desmatamento é a atribuição de um preço ao carbono.

Algumas nações continuam com programas nacionais de florestamento e reflorestamento, mesmo na ausência de um tratado global. A China lidera o mundo em plantio de árvores, com um programa altamente eficaz de florestamento e reflorestamento que já plantou 2,5 vezes mais árvores nos últimos anos do que o resto do mundo todo. Na realidade, a China vem plantando tantas árvores que agora está plantando, por ano, mais de um terço do que a nação mais responsável pelo desmatamento, o Brasil, tem cortado. Deve-se ressaltar, entretanto, que, ao mesmo tempo que está protegendo e expandindo suas próprias florestas, a China contribuiu fortemente para a demanda de madeira das florestas tropicais e, entre as suas recentes aquisições de terras africanas, estão 2,8 milhões de hectares da bacia do Congo, que pretende converter em plantações de palmeira-de-óleo.

A China interrompeu o desmatamento há mais de dez anos e, em 1981, o Congresso Nacional do Povo declarou que todos os cidadãos chineses de 11 a 60 anos têm o dever de plantar pelo menos três árvores ao ano. O plantio geralmente ocorre em março e abril, durante a primavera em grande parte da China. O programa de plantio de árvores chinês é controlado pelo governo central em Pequim, com a cooperação de líderes regionais. A população chinesa plantou 4,77 milhões de hectares de florestas somente em 2008 — um aumento de 22% sobre 2007, de acordo com as estatísticas divulgadas pelo Comitê Nacional Chinês para o Verde.

As escolas chinesas exigem que cada estudante plante ao menos uma árvore antes de se formar, e a maioria delas reserva algum tempo para um programa de "educação verde". O país anunciou ano passado que irá investir 9 bilhões de dólares em seu programa de plantação de árvores e estabeleceu como meta transformar 20% da nação em área florestal no próximo ano. O presidente da China, Hu Jintao, tomou parte pessoalmente da iniciativa para ressaltar sua importância como prioridade nacional.

A professora Wangari Maathai, laureada pelo Prêmio Nobel da Paz em 2004 e fundadora do Movimento Cinturão Verde no Quênia, foi responsável pelo plantio de mais de 30 milhões de árvores no Quênia e em outros onze países africanos nos últimos 30 anos. Foi responsável também por convencer o Programa das Nações Unidas para o Meio Ambiente a lançar uma iniciativa de máxima importância, o programa Plant for the Planet: Billion Tree Campaign, que já atingiu o plantio de mais de 3 bilhões de árvores e agora definiu uma nova meta de plantar 7 bilhões de árvores.

Além do programa chinês, os maiores programas de plantio de árvores estão na Espanha, no Vietnã, nos Estados Unidos, na Itália, no Chile, em Cuba, na Bulgária, na França e em Portugal.

Recentemente, o Brasil propôs um programa para pagar pequenos fazendeiros para plantarem novas árvores em áreas da Amazônia que foram desmatadas, mas, até o momento, o programa teve pouco impacto aparente.

O Centro Mundial de Agroflorestas recomenda o plantio de árvores decíduas em regiões onde as fontes de água são um problema, uma vez que essas árvores requerem menos água do que as árvores perenes e se adaptam melhor em períodos de escassez. Se cada habitante da Terra plantasse e cuidasse de, pelo menos, duas árvores por ano, o mundo poderia repor, nos próximos dez anos, a perda de árvores para o desmatamento dos últimos dez anos. Uma cooperação internacional poderia fornecer recursos para gerar empregos de plantio de árvores em países tropicais e, assim, lutar contra a pobreza e a crise climática simultaneamente. Da mesma forma, poderíamos ajudar a solucionar a crise da extinção.

ALDEÕES DE BURKINA FASO MOSTRAM UMA IMAGEM DE SUA TERRA TIRADA EM 1986, ANTES DE INICIAREM SEUS ESFORÇOS DE REFLORESTAMENTO.

ECOSSISTEMAS

CAPÍTULO DEZ

SOLO

O SOLO É A PELE VIVA DA TERRA. UM CIENTISTA ESTUDA OS PERFIS HISTÓRICOS DO SOLO QUE SOFREU EROSÃO NA BACIA DO RIO PALOUSE, ESTADO DE WASHINGTON, NOS EUA.

Quando eu era criança, passava todos os verões na fazenda da família no Tennessee, e aprendi com meu pai a reconhecer o solo mais rico e produtivo: ele é, em uma palavra, preto. É também poroso e úmido. Contudo, somente muito depois disso é que passei a conhecer a razão pela qual o solo fértil é preto: é por causa do carbono.

Os solos do planeta, só nos primeiros metros, contêm de 3 a 4,5 vezes a quantidade de carbono das plantas e árvores, e mais de 2 vezes a quantidade de carbono presente na atmosfera atualmente. Com o avanço das práticas agrícolas e de manejo da terra, podemos aumentar de maneira significativa a quantidade de CO_2 extraída da atmosfera pela vegetação e sequestrada pelo solo, e, ao mesmo tempo, melhorar a produtividade agrícola e a segurança dos alimentos, além de recuperar as terras degradadas.

Assim como outras soluções para o clima, porém, o sucesso dessa estratégia promissora depende de mudanças de larga escala em padrões estabelecidos há muito tempo.

Quando meu pai era jovem, a maior ameaça à produtividade da terra nos Estados Unidos era a erosão do solo. Os produtores e proprietários de terra de sua geração foram recrutados por Franklin Delano Roosevelt em um esforço nacional para impedir a erosão do solo, que havia levado à tempestade de areia conhecida como *Dust Bowl* nos anos 1930 e deixado muitas fazendas com valas profundas, por onde os melhores solos para a agricultura foram levados. Até hoje, eu me lembro das lições que ele me ensinou. Por exemplo, ao andar pela fazenda, mantenha os olhos abertos para os primeiros sinais de erosão; interrompa o início de uma vala antes que ela comece a se aprofundar.

A batalha contra a erosão do solo e a degradação de sua qualidade nas fazendas dos Estados Unidos é uma história de sucesso. E, com a desaceleração da erosão, o país também começou a recuperar o conteúdo de carbono do solo. A camada crucial de húmus dos solos saudáveis é composta, em média, de 58% de carbono. Existem, porém, novas ameaças à sua qualidade, mas também novas oportunidades de armazenar muito mais carbono nele.

Mais importante é que, em grande parte do mundo em desenvolvimento, particularmente na África subsaariana, a degradação da qualidade do solo continua piorando e tem atingido níveis que ameaçam a segurança dos alimentos de centenas de milhões de pessoas. A perda do carbono do solo pelas terras de plantio africanas degradadas já excedeu a magnitude das perdas que os Estados Unidos sofreram há oitenta anos, antes da grande tempestade de areia. Lidar com essa ameaça de forma eficaz pode não só tornar os solos africanos mais férteis e produtivos como também absorver, simultaneamente, enormes quantidades de CO_2 da atmosfera do planeta e sequestrá-las no solo, recuperando sua saúde.

A fina camada de solo acima da superfície externa da crosta terrestre é, de certa forma, análoga à nossa pele. É viva, uma vez que é coberta de micróbios, fungos, vermes, minerais e nutrientes, todos os quais tornam possível o crescimento das plantas e árvores, que, por sua vez, utilizam a fotossíntese para combinar o CO_2 do ar com água, nitrogênio, carbono orgânico, e outros nutrientes e minerais do solo. O complexo

O CARBONO EM NOSSO SOLO

O solo tem um papel ativo no ciclo de carbono da Terra, armazenando em torno de 3 a 4,5 vezes mais carbono do que toda a matéria das plantas do planeta combinadas. O carbono entra no solo através das raízes das plantas e da matéria orgânica em decomposição, como folhas e galhos de árvores. Parte desse carbono logo volta para a atmosfera, mas muito permanece no solo. Os fungos, bactérias e outros micro-organismos que ajudam na decomposição de material orgânico são uma via significativa para que o carbono orgânico seja armazenado no solo.

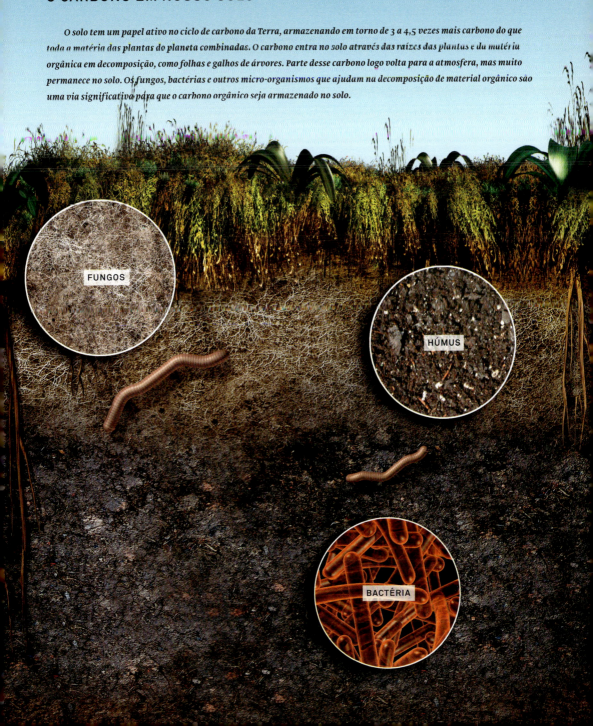

processo biogeoquímico de crescimento da planta se baseia fortemente em relacionamentos simbióticos entre a vegetação e os micróbios, que são responsáveis por realizar a troca de moléculas entre as raízes da planta e o solo.

Quando esses processos são comprometidos por métodos exploradores de uso da terra, por meio do corte e da queima de árvores e da vegetação, pela aragem e pelo uso excessivo e indiscriminado de compostos químicos sintéticos na terra, os resultados podem ser aumentos na produtividade, em curto prazo, à custa da fertilidade do solo em longo prazo. E a perda da fertilidade do solo resulta no inevitável descarte de grandes quantidades de carbono normalmente armazenadas em solos saudáveis e regenerativos.

A revolução agrícola iniciou-se logo após o final da última era do gelo, há mais de 10 mil anos, no Crescente Fértil, expandindo-se do Egito através da Mesopotâmia e surgindo na Índia e no sul da China na mesma era. No início do desenvolvimento da agricultura, a primeira versão primitiva de aragem da terra foi utilizada: um pedaço de madeira vertical puxado por duas pessoas ao longo da camada superficial do solo. Dois milênios mais tarde, quando o búfalo foi domesticado na Mesopotâmia, a aragem passou a ser mais eficiente. Mais tarde ainda, em torno de 3500 a.C., foi desenvolvida a lâmina do arado ao se adicionar uma haste de ferro à madeira para afofar a camada superficial de forma mais eficiente. O arado romano, feito inteiramente de ferro, datado do ano 1 d.C., representou um avanço nessa tecnologia, utilizada por milhares de anos até evoluir para o desenho básico de arado que revolve o solo à medida que o separa.

Em 1837, um ferreiro do Meio-oeste dos Estados Unidos, John Deere, desenvolveu e comercializou um arado aprimorado de ferro fundido que os colonizadores norte-americanos começaram a utilizar para trabalhar o solo à medida que avançavam em direção ao oeste. Quando os primeiros tratores foram ligados ao

ALGUMAS DAS PIORES EROSÕES DE SOLO DO MUNDO SÃO VISTAS NO LOESS PLATEAU, NA PROVÍNCIA DE SHAANXI, NA CHINA. APENAS PEQUENAS ÁREAS RESTARAM PARA O PLANTIO, ENQUANTO A TERRA DESMORONA.

TÉCNICAS DE ARAGEM CONVENCIONAIS PODEM ACELERAR A PERDA DA CAMADA SUPERFICIAL DO SOLO E DIMINUIR A QUANTIDADE DE CARBONO ARMAZENADA.

arado de John Deere, no início da primeira década do século XX, os prados foram abertos, liberando enormes quantidades de carbono do solo do Meio-oeste, enfraquecendo-o e dando início à calamidade da erosão que se transformou na tempestade de areia dos anos 1930. Foi isso que deu ênfase à conservação do solo e às lições que meu pai me ensinou mais tarde, quando eu ainda era criança.

Do final do século XIX até o início da Segunda Guerra Mundial, o conteúdo de carbono do solo dos Estados Unidos decresceu mais de 50%. Os responsáveis pelas reformas agrícolas começaram a pregar o abandono da aragem após a publicação, em 1943, de *Plowman's Folly*, de Edward Faulkner. Contudo, os movimentos para não arar a terra e realizar a aragem de conservação não deslancharam até a introdução dos herbicidas, após a Segunda Guerra Mundial, quando os estoques de armas químicas foram convertidos em herbicidas em massa.

Os principais objetivos da aragem são facilitar o depósito das sementes no solo e controlar as ervas daninhas. Esse processo também torna o solo mais poroso, mas a experiência do século XX prova decisivamente que qualquer benefício que possa resultar da absorção mais rápida de água e fertilizante é geralmente neutralizado quando o solo se torna mais vulnerável à erosão.

A combinação do uso de herbicidas com a mecanização do plantio torna a aragem quase totalmente desnecessária. No entanto, os herbicidas têm seus próprios problemas: inúmeros riscos à saúde estão associados aos herbicidas mais potentes, e cada 0,5 kg de herbicida faz com que quase 3 kg de carbono (10 kg de CO_2) sejam liberados durante a sua fabricação. Além disso, a semeadura requer tratores maiores e mais potentes (e um maior consumo de combustível) do que normalmente se encontra em países menos desenvolvidos.

O manejo dos resíduos das plantas também é um fator importante na conservação do solo e do carbono do solo. Se esses resíduos não forem removidos da terra para alimentar o gado ou produzir biocombustível, eles representam uma das proteções mais valiosas contra a erosão do solo pela água e pelo vento. Eles também são fontes importantes para a regeneração da fertilidade e de alimentos para os organismos do solo. Esse é, inclusive, um dos argumentos em favor dos métodos de cultivo sem aragem que deixam o solo menos degradado, exaurido e vulnerável à erosão.

No entanto, dos 3,75 bilhões de acres sob cultivo no mundo hoje, menos de 250 milhões utilizam essa técnica, principalmente nos Estados Unidos, no Brasil, na Argentina, no Canadá e na Austrália. Essa é uma das razões pelas quais o carbono e a fertilidade do solo ainda estão sendo degradados em níveis muito maiores nos países subdesenvolvidos. Além disso, muitos produtores agrícolas africanos têm garantido o direito de posse da terra apenas por um ano, o que os encoraja a remover os resíduos das plantas para uma fonte de renda adicional, em vez de deixá-los na terra para proteger e regenerar o solo para o ano seguinte.

Embora os primórdios da crise climática sejam normalmente datados do início da segunda revolução industrial, há um século e meio, as primeiras grandes adições de CO_2 produzido pelo homem à atmosfera, na verdade, vieram das vastas mudanças ocorridas no uso da terra sobre a superfície do planeta, quando as florestas foram desmatadas à medida que a revolução agrícola ganhava impulso. Mais tarde, o uso intenso da aragem descartou grandes quantidades adicionais de CO_2 da vegetação e do solo.

Aliás, alguns cientistas calculam que, até a década de 1970, a queima de combustíveis fósseis ainda não havia se tornado superior à combinação de agricultura e desmatamento como fonte de poluição responsável pelo aquecimento global. Rattan Lal, especialista no uso da terra da Universidade do Estado de Ohio, estima que, durante os últimos 10 mil anos, aproximadamente 470 gigatoneladas de carbono (4 gigatoneladas equivalem a uma parte por milhão de CO_2 na atmosfera) vieram do corte e da queima de árvores e da degradação do solo, ao passo que em torno de 300 gigatoneladas vieram da queima de combustíveis fósseis.

Essa relação sofreu uma mudança profunda na última metade do século passado, é claro. As emissões de CO_2 pela queima de combustíveis fósseis aceleraram de maneira considerável nas últimas décadas. Os cálculos de Lal indicam que o aquecimento global resultante da queima desses combustíveis seja quatro vezes superior ao das mudanças no uso da terra.

Além disso, grande parte do CO_2 liberado nos estágios iniciais da revolução agrícola há muito vem sendo reciclada de volta para a terra e sua vegetação. Charlotte Streck, uma das fundadoras da consultoria Climate Focus, comentou recentemente que "o fluxo de carbono orgânico do solo entre a terra e a atmosfera está entre os maiores fluxos globais de carbono do planeta". O dr. William H. Schlesinger, presidente do Instituto Cary de Estudos de Ecossistemas, calculou que aproximadamente 10% do CO_2 atmosférico passam pelo solo a cada ano, embora o dr. Lal calcule que esse número seja de 7,5%.

No entanto, o padrão atual de agricultura e degradação do solo continua sendo responsável pela enorme quantidade de agentes causadores do aquecimento global. Apesar do sucesso dos Estados Unidos em lidar com a erosão do solo, a mecanização da agricultura ao longo do século XX, a quadruplicação da população humana, as mudanças alimentares, a disponibilidade de fontes abundantes de diesel e gasolina à base de petróleo e o uso de fertilizantes sintéticos à base de nitrogênio se combinaram para tornar a agricultura moderna uma das maiores fontes da poluição responsável pelo aquecimento global.

O Painel Intergovernamental de Mudanças Climáticas (IPCC) indica que o uso da terra para a agricultura contribui com 12% das emissões de gases de efeito estufa, apenas de metano e óxido nitroso, os quais são muito mais potentes — molécula por molécula — em reter o calor do que o CO_2. Nos Estados Unidos, pesquisas do governo mostram que, com o uso de fertilizantes químicos, herbicidas e combustíveis fósseis pesados, a agricultura norte-americana contribui com quase 20% das emissões de CO_2 desse país.

Além disso, a contínua degradação do solo e as estratégias adotadas de corte e queima no uso da terra nos países menos desenvolvidos contribuem de maneira considerável para o impacto destrutivo que o atual sistema agrícola global tem sobre o clima do planeta.

Ao mudar esse padrão, não só podemos reduzir as emissões de CO_2, metano e óxido nitroso, como também fazer com que uma porcentagem significativa do CO_2 acumulado na atmosfera seja absorvida pelos solos, onde grande parte dele pode ser sequestrada por centenas ou até milhares de anos. E, como é o caso da maioria das soluções para a crise climática, os cobenefícios também são de grande valia para a civilização humana.

Ironicamente, as maiores oportunidades para sequestrar o CO_2 no solo estão em terras já degradadas. Por exemplo, a recuperação das pradarias de todo o mundo representa uma oportunidade inigualável para que o CO_2 da atmosfera seja absorvido pelo solo. As pradarias são particularmente eficazes em sequestrar carbono em virtude da alta contribuição de carbono das raízes de capins altos.

A África, em especial, como muitos especialistas acreditam, está enfrentando uma séria escassez iminente de alimentos em decorrência dos solos degradados e do rápido crescimento populacional. Hans van Ginkel, antigo subsecretário-geral das Nações Unidas, comentou que "a baixa fertilidade do solo africano é o único e mais crítico impedimento para o desenvolvimento econômico da região. Não podemos começar a ter progresso real na batalha contra a pobreza e a desnutrição na África até que o problema da degradação do solo seja solucionado".

A agricultura moderna é uma das maiores fontes da poluição responsável pelo aquecimento global.

PESTICIDAS SÃO ESPALHADOS NO AR SOBRE ESTE CAMPO PRÓXIMO A MEMPHIS, ESTADO DO TENNESSEE, NOS EUA.

De acordo com Lal, em toda a África subsaariana, "a maioria dos solos destinados à agricultura perdeu de 50 a 70% do carbono orgânico original, e a exaustão é exacerbada por mais degradação e desertificação". Ainda, "no oeste da África, as práticas extrativas, o excesso de pastos e a demanda por madeira de combustível levaram à séria degradação da terra".

Streck ressaltou recentemente que "mais de 80% das fazendas na África subsaariana são afetadas por séria degradação em decorrência do crescimento populacional, da impossibilidade de adquirir fertilizantes, do desmatamento e do uso de terras marginais".

lado do extremo norte, as tundras e os solos boreais do Ártico e Subártico contêm enormes quantidades de carbono acumulado no solo porque as baixas temperaturas impediram a atividade microbial que libera carbono.

Se o aquecimento global continuar a derreter esses solos congelados do extremo norte, grandes quantidades de CO_2 e metano poderão ser liberadas na atmosfera de forma relativamente rápida. O único caminho para impedir essa catástrofe é desacelerar e, depois, reverter o acúmulo de agentes causadores do aquecimento global que estão elevando as temperaturas do planeta.

"Não podemos começar a ter progresso real na batalha contra a pobreza e a desnutrição na África até que o problema da degradação do solo seja solucionado."

HANS VAN GINKEL

De acordo com o IPCC, a maior quantidade de carbono sequestrada atualmente no solo está na tundra congelada. As terras de turfa contêm a terceira maior quantidade de carbono, atrás das florestas tropicais. Muitos especialistas sustentam que a única e maior mudança necessária nos padrões de uso da terra para reduzir o aquecimento global é eliminar o desmatamento, a drenagem e a queima dessas terras. Por exemplo, Thomas Lovejoy, presidente de biodiversidade do Heinz Center, propôs que as terras de turfa expostas, de onde a cobertura de árvores foi removida, devem ser "reumedecidas" a fim de serem protegidas contra estiagem e de evitar que liberem CO_2. Mesmo tendo menos vegetação sobre a superfície, o chão frio e conge-

Enquanto os cientistas enfocam formas de as técnicas agrícolas avançadas sequestrarem mais carbono no solo, a produtividade da agricultura mundial também é ameaçada pela crise climática. Embora os impactos sejam diferentes de uma região para outra, o mundo inteiro poderá experimentar um sério declínio na produtividade agrícola com a continuidade do aquecimento global. Os países subdesenvolvidos dos trópicos e subtrópicos estão sob risco crescente de declínios significativos na produtividade agrícola, uma vez que as temperaturas já excederam os níveis de tolerância das plantações.

As plantas precisam de mais água para se manter frias para enfrentar as temperaturas maiores, e algu-

EM KEITA, NÍGER, ALDEÃS CAMINHAM 10 KM PARA COLETAR LENHA. AS FLORESTAS LOCAIS FORAM DESTRUÍDAS ANOS ATRÁS, ACELERANDO A DEGRADAÇÃO DO SOLO.

NA AUSTRÁLIA, A SECA E O CALOR RECORDES FORAM DESASTROSOS PARA A AGRICULTURA DO PAÍS. NO ESTADO DE VITÓRIA, AS MAÇÃS FORAM QUEIMADAS AINDA NA ÁRVORE PELO SOL.

mas têm um limite máximo de temperatura que conseguem tolerar sem morrer. Isso representará uma ameaça particularmente séria se as temperaturas aumentarem mais do que se prevê sob um cenário conservador: 6°C neste século.

Um dos países que deverá ser mais cruelmente afetado é a Índia, que, segundo os cientistas, poderia sofrer um declínio na produtividade agrícola de 30 a 40% ao longo deste século, considerando-se o cenário conservador, mesmo que ela alcance a China como nação mais populosa do mundo. Ainda pior, o Sudão enfrenta um declínio de até 50% na produção agrícola e o Senegal prevê uma queda de 52%. No México, a queda da produtividade deverá ser de um terço.

A natureza instável das mudanças em padrões climáticos há muito estabelecidos também complica a capacidade dos produtores em prever as épocas certas para o plantio. O dr. Jerry L. Hatfield, diretor do Laboratório Nacional de Pesquisa de Solos dos Estados Unidos, testemunhou neste ano que "eventos extremos, como ondas de calor e estiagens regionais, tornaram-se mais frequentes e intensos nos últimos cinquenta anos e afetaram as operações e decisões da produção agrícola".

Arthur Yap, Secretário da Agricultura das Filipinas, disse-me no ano passado que, ao longo de toda a sua vida, os produtores conseguiram prever com confiança a chegada das chuvas sazonais nas primeiras duas semanas de junho, mas agora esse padrão estável antigo foi interrompido e ele não consegue mais aconselhá-los sobre o que esperar e quando plantar. A mistura das estações representa um problema particular para as plantas, que crescem mais cedo com primaveras mais precoces e quentes, mas tornam-se vulneráveis a geadas quando as ondas de frio as atingem ainda no botão.

O IPCC alertou que as mudanças na disponibilidade de água, na quantidade e no momento certos, terão um impacto destruidor em muitas áreas de plantio. O número de chuvas muito fortes, associadas a inundações e erosões no solo, deve aumentar de forma significativa. Ao mesmo tempo, o número e a gravidade das secas na maioria das regiões continentais intermediárias também aumentarão. Espera-se que a combinação de chuvas fortes e secas mais intensas cause uma redução notável na produtividade média das safras em todo o mundo. Como em torno de 95% da agricultura norte-americana depende exclusivamente da chuva, e não da irrigação, o padrão de instabilidade crescente, alternando chuvas pesadas e secas prolongadas, teria um impacto cruel. De acordo com a Agência Federal de Controle de Emergências dos Estados Unidos, esse país já sofre perdas médias anuais de 6 a 8 bilhões de dólares com as secas, das quais muitas são perdas na safra.

Para as áreas agrícolas do oeste dos Estados Unidos que dependem do derretimento sazonal do gelo condensado nas montanhas, a rápida perda do gelo, somada ao derretimento precoce na primavera e à mudança pronunciada de neve para chuva, já impõe sérias dificuldades que devem piorar com o avanço do aquecimento global.

Nos Estados Unidos, os piores impactos são esperados no sudeste e nas planícies do sudoeste, com quedas previstas de 25 a 35% na produtividade agrícola. E essas projeções não incluem o impacto de mais insetos, mais secas e menos água para irrigação. Alguns estados da parte superior do Meio-oeste poderão ver um aumento na produtividade agrícola, dependendo do que acontecer com as chuvas da região.

Uma consequência da crescente confiança da agricultura moderna em algumas variedades de colheitas híbridas é a sua adaptação à limitada variedade de condições ecológicas, incluindo de temperatura e chuva, nas áreas em que são produzidas. Essa especialização também pode fazer com que fiquem mais vulneráveis aos aumentos previstos em eventos climáticos extremos, particularmente em períodos de temperaturas muito elevadas com duração de mais de alguns dias. Algumas plantas são especialmente vulneráveis a períodos prolongados de temperaturas noturnas elevadas, que aceleram seu ritmo de desenvolvimento e precipitam o estágio reprodutivo, encurtando de maneira significativa o seu período de crescimento e sua produtividade.

Outra consequência do aumento das chuvas pesadas, combinada a menos eventos de precipitação, é o plantio tardio na primavera, que tem seu impacto mais implacável sobre os produtores que dependem do prêmio pago pela produção antecipada de safras de alto valor. Da mesma forma, inundações na época da colheita geram perdas particularmente significativas.

Temperaturas mais elevadas também têm um impacto pronunciado sobre o índice de evaporação da umidade do solo, compondo o efeito das secas intermitentes. Temperaturas médias mais altas, em especial nos meses de verão, causarão o mais cruel prejuízo nas áreas onde já impõem um limite para a produção agrícola. Em algumas áreas mais secas, a crescente perda da umidade do solo também poderá levar a tempestades de areia. Em 2009, o Oeste norte-americano sofreu um aumento incomum nas tempestades de areia. Ondas de calor mais longas e mais quentes estressam os animais e têm sido responsáveis pela morte do gado.

Rattan Lal inclui em seu documento "Laws of Sustainable Soil Management" (Leis de manejo sustentável do solo) a lei número quatro, que diz que "o ritmo e o nível da degradação do solo crescem com o aumento da temperatura média anual e a queda da precipitação média anual".

A ameaça das infestações de insetos para a agricultura também deve aumentar em um mundo mais quente. Estações mais longas são acompanhadas de mais gerações e maiores populações de insetos.

Como foi observado no Capítulo 9, os maiores níveis de CO_2 podem estimular o crescimento da planta, mas somente onde a água e os outros nutrientes (em especial o nitrogênio) não impõem limites ao crescimento extra que ocorreria de outra forma. Além disso, essas plantas que se beneficiam de maiores níveis de dióxido de carbono geralmente ficam maiores, ainda que menos nutritivas, em virtude da redução do conteúdo de nitrogênio e proteína. Isso parece ser especialmente verdadeiro para o capim, fazendo com que os animais criados em pastos alimentem-se mais para obter a mesma quantidade de proteínas.

Além disso, níveis mais altos de CO_2 estimulam o crescimento de pragas muito mais do que o de alimentos. E essas pragas ricas em CO_2 tornam-se mais resistentes aos herbicidas.

Uma das pragas indesejadas que prospera em ambientes ricos em CO_2, a propósito, é a hera venenosa, que não apenas cresce mais com uma maior oferta de CO_2, como também produz uma forma muito mais potente de *urushiol*, um veneno ao qual 80% das pessoas são vulneráveis. De acordo com o Programa Norte-Americano de Pesquisa em Mudanças Globais, "considerando-se os contínuos aumentos nas emissões de dióxido de carbono, espera-se que a hera venenosa se torne mais abundante e tóxica no futuro".

Existe também uma projeção de que diversas pragas que hoje estão confinadas em latitudes do sul se expandam em direção ao norte.

A maior ocorrência de incêndios e os fortes ventos também deverão causar sérios danos à agricultura. Em algumas áreas, o aumento do ozônio de baixo nível, que é tóxico para as plantas e inibe o seu crescimento, também neutralizará qualquer crescimento com o enriquecimento do CO_2.

Outra lição que meu pai me ensinou em nossa fazenda foi que o milho que produzíamos em todos os verões para suplementar a alimentação no inverno tinha de ser alternado anualmente de um campo para outro, de forma que o solo da colheita do ano anterior

O CARBONO NO ECOSSISTEMA

A vegetação e o solo servem de enormes reservatórios de carbono. Há ainda mais carbono no solo do que em árvores e outras plantas. Os cientistas descobriram que os reservatórios no solo mais importantes são os pântanos, as pradarias e as terras de turfa. Alguns métodos de manejo da terra podem aumentar a quantidade de carbono no solo; no entanto, muitos métodos reduzem essa quantidade.

FONTE: IPCC.

O PLANTIO ORGÂNICO, EM GERAL PRATICADO EM PEQUENA ESCALA, PROVOU AUMENTAR O CONTEÚDO DE CARBONO DO SOLO. PRODUTOR E FILHO TRABALHAM NO CONDADO DE WHATCOM, ESTADO DE WASHINGTON, NOS EUA.

pudesse recuperar os nutrientes, espalhando-se esterco ou plantando cravo, alfafa ou outras plantas que devolvessem o nitrogênio ao solo.

A rotação de culturas e a distribuição do esterco animal costumavam ser formas primárias de recuperação do nitrogênio em solos exauridos pelo milho e por outras plantações que absorvem grandes quantidades de nitrogênio do solo à medida que crescem. Entretanto, a agricultura industrial moderna corrompeu o antigo equilíbrio ecológico entre os animais e as plantas das fazendas. Grande parte dos animais foi removida das fazendas e concentrada em grandes operações de confinamento, onde seu esterco não tem mais valor como fertilizante benéfico, mas é tratado como uma grande fonte de poluição. De fato, a alimentação forçada e não natural de milho para o gado, cujo sistema digestório evoluiu para que se alimentasse de capim, torna seu estômago e seu esterco mais ácidos.

O resultado líquido é que o estrume animal das fazendas de confinamento não serve como fertilizante porque sua toxicidade projetada recentemente pela engenharia reduz o crescimento das plantas e gera danos críticos à fertilidade do solo. Dessa forma, os produtores, sabiamente, não o utilizam.

Antes da descoberta na Alemanha, em 1909, de um método viável para criar amônia sintética, os produtores se baseavam na distribuição do esterco nos campos e no uso das técnicas de rotação de culturas para repor periodicamente o nitrogênio do solo e manter sua produtividade. Após a Segunda Guerra Mundial, porém, a utilização de fertilizantes de nitrogênio sintéticos cresceu rapidamente quando a tecnologia alemã para sintetizar amônia foi aplicada às grandes pilhas de nitrato de amônio residual da produção de munições durante a guerra. O petróleo barato do Oriente Médio e o posterior desenvolvimento de grandes reservas de gás natural proporcionaram os enormes suprimentos de energia e hidrogênio que possibilitaram a produção de vastas quantidades de fertilizante de nitrogênio sintético.

Como Michael Pollan descreve habilmente em O Dilema do Onívoro, a onda de novos suprimentos de fertilizantes de nitrogênio sintéticos acessíveis coincidiu com a introdução de novas variedades de híbridos de milho e com as mudanças na política agrícola para subsidiar a superprodução de grãos. De fato, desde o início da década de 1970, a política agrícola norte-americana subsidiou a produção de alimentos de maneira intensa, com o objetivo político de manter seu preço o mais baixo possível e estimular as exportações das fazendas produtoras para o resto do mundo. A maioria das operações de larga escala hoje perderia enormes somas de dinheiro não fosse pelos subsídios fiscais que encorajam a continuidade de práticas esbanjadoras e prejudiciais. A agricultura industrial utiliza hoje 10 calorias de energia dos combustíveis fósseis para produzir 1 caloria de alimento.

O que não se sabia na época em que esse novo padrão de produção foi adotado é que a aplicação de fertilizante de nitrogênio não só estimula o crescimento das plantas como também promove o crescimento das bactérias ávidas pelo carbono do solo. Cada tonelada de fertilizante de nitrogênio sintético requer a queima de gás natural suficiente para liberar 1,25 tonelada de carbono (ou 4,6 toneladas de CO_2) na atmosfera.

Quando o fertilizante é espalhado sobre o solo, cada tonelada consumida pelas suas bactérias faz com que elas consumam também 30 toneladas de carbono. Se o fertilizante de nitrogênio é aplicado com muita rapidez, as bactérias se multiplicam também rapidamente e exaurem o carbono do solo. Como todos esses tipos de processo, este é resistente à simplificação demasiada; o resultado líquido inclui a remoção do carbono do solo em grandes quantidades, embora o nitrogênio e outros elementos sejam necessários para a conversão do carbono da biomassa em húmus.

O uso excessivo de fertilizantes de nitrogênio gera uma sobrecarga de nutrientes nos fluxos de água por onde são drenados, o que estimula o crescimento de algas em áreas do oceano, como o golfo do México, para onde esses fluxos são por fim destinados. Quando essas algas estimuladas morrem, sua decomposição priva a água de oxigênio, mata os peixes e cria o que os cientistas chamam de "zonas mortas". O número e a extensão dessas zonas mortas no oceano estão crescendo em um ritmo acelerado.

Muitos descreveram nossa atual dependência dos fertilizantes de nitrogênio sintéticos como uma barganha faustiana, uma vez que assegura um prêmio farto no curto prazo, porém, à custa da exaustão do carbono do solo necessário no longo prazo. O uso desses fertilizantes é um pouco similar ao uso dos esteroides pelos atletas. Seus músculos se desenvolvem de forma anormal, porém, a saúde e a integridade do seu organismo são degradadas de forma tal que é difícil detectar a princípio, mas podem se tornar muito sérias ao longo do tempo.

Em anos recentes, o gás natural tem sido a principal fonte de energia e hidrogênio para a produção de amônia sintética — a fonte dos fertilizantes de nitrogênio sintéticos. De acordo com Ford B. West, presidente do Instituto de Fertilizantes dos Estados Unidos, "quase 90% do custo de produção de uma tonelada de amônia, a estrutura de todos os fertilizantes de nitrogênio, podem ser diretamente vinculados ao preço do gás natural. Isso torna a produção de nitrogênio um dos processos mais intensivos em energia que existem".

Os fabricantes domésticos forneceram 85% do nitrogênio utilizado pelas fazendas norte-americanas até o ano 2000. Desde essa época, 26 instalações fecharam, de acordo com West, "principalmente em virtude do alto custo do gás natural". Mais da metade do fertilizante de nitrogênio sintético utilizado hoje nos Estados Unidos é importada.

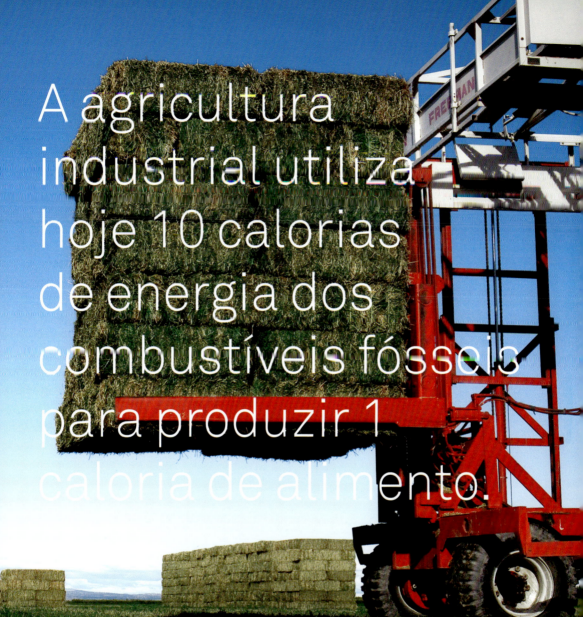

A agricultura industrial utiliza hoje 10 calorias de energia dos combustíveis fósseis para produzir 1 caloria de alimento.

CAMINHÕES E EMPILHADEIRAS A DIESEL SÃO UTILIZADOS PARA MOVER GRANDES BLOCOS DE ALFAFA DESTINADOS A ALIMENTAR O GADO LEITEIRO NO NORTE DA CALIFÓRNIA.

São necessários mais de 3 kg de proteína das plantas para produzir 0,5 kg de carne bovina — e mais de 22 mil litros de água!

EM OPERAÇÕES DE GADO EM ESCALA INDUSTRIAL, O ESTRUME DO ANIMAL DEVE SER TRATADO COMO RESÍDUO E NÃO PODE SER UTILIZADO COMO FERTILIZANTE PORQUE É MUITO ÁCIDO.

Deve ser ressaltado, porém, que algumas áreas do mundo com terras em estado grave estão desesperadamente necessitadas de mais fertilizantes, não menos. O impacto do fertilizante de nitrogênio não é o mesmo em todos os solos ou em todos os países. Por exemplo, os produtores que colocam palha na terra devem adicionar fertilizante de nitrogênio para aumentar seus benefícios. Outros fertilizantes, incluindo o fósforo e o enxofre, também são benéficos.

Na África subsaariana, o conteúdo de carbono dos solos agrícolas degradados é, em média, menor do que 10 a 20% do limite mínimo necessário para uma produtividade adequada. Adicionando-se apenas 3,5 kg de fertilizante por acre de terra (menos de 2% do que normalmente é utilizado no Meio-oeste dos Estados Unidos, e menos de 0,5% do que é utilizado no norte da China), esses países estão obtendo uma produtividade média de apenas 1 tonelada de grãos por hectare de terra, comparada a uma média de 10 toneladas por hectare em grande parte do Meio-oeste norte-americano e 5 ou 6 toneladas na Ásia.

As mudanças na alimentação também intensificaram o impacto da agricultura moderna sobre a crise climática. Muitas pessoas comem mais carne do que seus pais e avós costumavam comer. Em média, são necessários mais de 3 kg de proteína das plantas para produzir 0,5 kg de carne bovina — e mais de 22 mil litros de água! A explosão dos gados bovino e suíno e de aves também aumentou de maneira acentuada as emissões de metano da agricultura (a revista norte-americana *Science Daily* divulgou recentemente um estudo que demonstrou que 72% de toda a emissão de metano no Canadá é produzida pelo gado). Alguns pesquisadores estão descobrindo formas de mudar a dieta dos animais, com o intuito de reduzir a quantidade de metano que ingerem, sem reduzir a qualidade ou modificar o sabor da carne.

O consumo de carne *per capita* aumentou 50% nos países desenvolvidos nos últimos cinquenta anos, mas 200% nos países em desenvolvimento. As consequências à saúde de uma alimentação mais intensiva em carne (maiores índices de doença cardíaca, hipertensão, câncer e obesidade), que apareceram primeiro nos países ricos, estão espalhando-se rapidamente nos países pobres.

A dependência da agricultura industrial de larga escala, em oposição às inúmeras fazendas pequenas que ficavam próximas de cada cidade, aumenta a quantidade de combustível necessário para transportar o alimento do campo ou do confinamento para a mesa. Além disso, as enormes quantidades de energia de combustível fóssil necessárias para movimentar os tratores e caminhões, produzir os fertilizantes e herbicidas e entregar o alimento, muitas vezes de um continente para outro, resultam em acréscimos significativos de gases de efeito estufa na atmosfera.

A boa notícia é que todos esses padrões podem ser mudados, de modo a tornar o uso da agricultura e o manejo da terra importantes soluções para a crise climática. Rattan Lal afirmou que o melhor manejo do solo tem o potencial de sequestrar até 15% das emissões anuais de combustíveis fósseis do mundo no solo. A recarbonização do planeta por intermédio do sequestro de carbono nos solos e árvores tem a capacidade de remover até 50 partes por milhão de CO_2 atmosférico nos próximos cinquenta anos.

O dr. Timothy J. LaSalle, presidente do Instituto Rodale, é um dos líderes que propuseram uma mudança profunda nas práticas e políticas agrícolas a fim de enfocar o desenvolvimento da matéria orgânica do solo, incluindo a recuperação do carbono, manejando-o e enriquecendo-o organicamente. LaSalle aponta que a aplicação de fertilizantes de nitrogênio solúveis estimula "a decomposição mais rápida e completa do material orgânico, enviando carbono para a atmosfera em vez de retê-lo no solo como fazem os sistemas orgânicos". Utilizando técnicas sem aragem e enriquecendo o solo com fontes naturais de nutrientes, os produtores podem economizar custos e melhorar a produtividade e a rentabilidade.

"A implementação bem-sucedida de práticas de produção orgânicas regenerativas em nível nacional dependerá de dois fatores", disse LaSalle, "uma forte demanda por mudanças de baixo para cima e uma mudança de cima para baixo nas políticas estaduais e nacionais de suporte aos produtores nessa transição (...). Os produtores devem ser pagos pela quantidade de carbono que conseguem armazenar e manter no solo, e não apenas pela quantidade de grãos que conseguem produzir. Incentivos podem encorajar a conservação dos recursos e de outros meios de produção de alimentos, ração e fibras que aumentem o carbono".

LaSalle é mais otimista do que qualquer outro analista quanto à escala que seria alcançada com uma mudança tão drástica na agricultura. Ele acredita que a agricultura regenerativa, se praticada em todos os acres cultiváveis do planeta, "poderia sequestrar quase 40% das emissões atuais de CO_2". Outros especialistas acreditam que LaSalle e Lal são otimistas demais. Outro importante especialista no conteúdo de carbono no solo, William Schlesinger, acredita que "seria necessário o plantio de terras equivalentes ao tamanho do estado do Texas para acumular em árvores e solos 10% das emissões anuais de CO_2 da combustão de combustíveis fósseis do país". Todavia, Schlesinger reconhece que "se pudéssemos recapturar até mesmo uma porcentagem pequena das perdas históricas de carbono do solo, uma grande quantidade de dióxido de carbono atmosférico poderia ser sequestrada no solo".

A diferença entre otimistas e pessimistas quanto ao que é possível fazer no campo da ciência do solo é, em parte, atribuída às opiniões divergentes sobre o potencial das técnicas descobertas nos últimos tempos para o aumento acentuado e relativamente rápido do conteúdo de carbono do solo. Uma das estratégias mais estimulantes para restaurar o carbono de solos degradados e sequestrar quantidades significativas de CO_2 por mil anos ou mais é o biocarvão.

O biocarvão é uma forma de carvão poroso, de grão fino, altamente flexível à decomposição na maioria dos solos. Ele ocorre naturalmente, mas pode ser produzido em grandes quantidades a preços baixos pela queima de madeira, capim, estrume ou outras formas de biomassa em um ambiente livre ou com baixo teor de oxigênio, que transforma a biomassa em mais de 80% de carbono puro.

O processo por meio do qual o biocarvão é produzido também pode ser desenvolvido para produzir combustível gasoso ou líquido, que, por sua vez, pode ser utilizado para gerar eletricidade e servir como fonte de energia para a produção de mais biocarvão. Além disso, um novo projeto de fogão de cozinha para os países menos desenvolvidos, que queimam rotineiramente a madeira ou o estrume, possibilita a queima apenas dos óleos e gases da madeira, resultando em um fogão mais limpo e menos poluidor e, ao mesmo tempo, na produção de biocarvão.

Enterrar o biocarvão recupera o conteúdo de carbono do solo, protege seus importantes micróbios e o ajuda a reter nutrientes e água. Reduz também o acúmulo de gases de efeito estufa, evitando as liberações que ocorreriam com a decomposição da biomassa na superfície, sequestrando o CO_2 contido no biocarvão e auxiliando no processo pelo qual as plantas que crescem no solo absorvem o CO_2 do ar com a fotossíntese.

Além disso, aumenta a saúde orgânica do solo estimulando o crescimento de bactérias rizóbias e fungos micorrízicos, os quais melhoram ainda mais a qualidade geral do solo. David Shearer, empreendedor do biocarvão que estudou esse sistema de maneira extensiva, diz: "Se você coloca biocarvão no solo, ele tem rigorosamente um período de residência da ordem de séculos ou milênios. Ele é uma malha de carbono que cria um *habitat* para os fungos e as bactérias, um *habitat* que gera grande condutividade para a capacidade de troca".

Nas últimas décadas, cientistas do solo descobriram que os nativos da Amazônia já utilizavam o biocarvão há pelo menos mil anos para criar solos negros e férteis, ainda mais produtivos do que os solos ao redor, embora o biocarvão estivesse enterrado há um

NOS ÚLTIMOS TRINTA ANOS, O INSTITUTO RODALE, ESTADO DA PENSILVÂNIA, NOS EUA, EXPLOROU MÉTODOS DE PRODUÇÃO ORGÂNICA PARA REGENERAR A PRODUTIVIDADE DO SOLO.

EM WEST VIRGINIA, NOS EUA, UMA FAZENDA AVÍCOLA PRODUZ BIOCARVÃO A PARTIR DE RESÍDUOS DE AVES E LASCAS DE MADEIRA, TORNANDO-OS UMA FONTE VALIOSA PARA RECARBONIZAR O SOLO.

milênio. Esses solos, chamados de terra preta, são uma forma única de avaliar a longevidade dos benefícios conferidos aos solos com o uso do biocarvão. Além disso, parece que esses solos ricos adquirem a capacidade de se autorregenerar.

Especialistas em clima, incluindo Tim Flannery, da Austrália, e James Lovelock, do Reino Unido, estão entusiasmados com uma possível estratégia agrícola global para o biocarvão. Johannes Lehmann, cientista do solo da Universidade Cornell, afirmou que "qualquer matéria orgânica que seja retirada do rápido ciclo da fotossíntese (...) e colocada em um ciclo de biocarvão muito mais lento representa uma retirada efetiva de dióxido de carbono da atmosfera".

Em uma carta aberta de 2008, Flannery escreveu: "O biocarvão pode representar a única e premente iniciativa para o futuro ambiental da humanidade. O biocarvão oferece uma solução extraordinariamente poderosa, pois nos permite abordar a segurança dos alimentos, a crise dos combustíveis e o problema climático, todos de forma imensamente prática. O biocarvão é um conceito, ao mesmo tempo, muito antigo e muito novo para nós". Ele descreveu a estratégia do biocarvão como "o mecanismo mais potente que possuímos para limpar a atmosfera".

Em resposta ao entusiasmo desenfreado pelo biocarvão, demonstrado por muitos cientistas do clima e do solo, alguns ativistas ambientais expressaram a

> "O biocarvão pode representar a única e premente iniciativa para o futuro ambiental da humanidade."
>
> TIM FLANNERY

Lovelock, que tem sido invariavelmente o especialista mais descrente quanto ao futuro da crise climática, disse em 2009: "Há apenas uma maneira de nos salvarmos, que é enterrar grandes quantidades de carvão. Isso significa que os produtores teriam de transformar todos os seus resíduos agrícolas, que contêm o carbono que as plantas passaram o verão inteiro sequestrando, em carvão não biodegradável, e enterrá-lo no solo. Assim, seria possível começar a deslocar quantidades pesadíssimas de carbono do sistema e reduzir o CO_2 de forma relativamente rápida. (....) Essa é a única solução que faria a diferença, mas aposto que eles não farão isso".

preocupação de que a estratégia global do carvão, se mal projetada, poderia repetir o *boom* do óleo de palma, que levou à destruição das florestas tropicais para o plantio de palmeiras-de-óleo no sudeste asiático. Esse pesadelo com "plantações de biocarvão" parte da premissa de que as florestas virgens seriam eliminadas para produzir o biocarvão e, em seguida, replantadas com árvores otimizadas para o processo.

É fácil entender os fundamentos dessa preocupação. Os subsídios para a produção de etanol, que eu apoiei quando candidato, foram implementados até agora de forma a causar mais danos do que benefícios. Análises do ciclo de vida do processo de produção do etanol confirmam que, em muitos casos, mais gases de efeito estufa são adicionados ao ambiente do que removidos. Além disso, o uso iminente de processos de etanol de celulose algumas vezes presume o uso de híbridos de milho, bagaço de cana-de-açúcar e outros resíduos das plantas como insumos para a produção de combustíveis derivados do álcool. No entanto, os resíduos das colheitas, se devidamente entendidos, não são de fato resíduos. Eles são importantes para a proteção e a regeneração do solo.

Contudo, os defensores da estratégia do biocarvão ressaltam que as fontes de biomassa, como estrume, capim, alga e casca de arroz, seriam insumos muito mais eficientes, em termos de custo, para a produção do biocarvão. Qualquer árvore ou capim alto poderia ser plantado em terras já degradadas e, depois, colhidos e manejados de forma a recuperar a terra e a produzir grandes quantidades de biocarvão para repor os nutrientes do solo de outros lugares.

A principal barreira ao uso dessa estratégia é a falta de um preço para o carbono, que motivaria a economia a buscar formas mais eficazes de sequestrá-lo. Atualmente, não existe uma rede formal de canais de distribuição de biocarvão em instalações de produção de escala comercial. Mas um preço estável para o carvão as faria surgir rapidamente, pois o biocarvão promete ser uma forma barata e altamente eficiente de sequestrar o carbono no solo. Pelo menos uma empresa, a Mantria Industries, em Dunlap, no estado do Tennessee, nos EUA, já construiu uma usina de biocarvão em escala comercial, aberta em agosto de 2009, e vende o biocarvão sob a marca EternaGreen. Ela se descreve como a "primeira instalação de biocarvão em escala comercial do mundo".

Há também um entusiasmo crescente com a adição de rizóbias, bactérias e fungos micorrízicos ao solo durante o plantio das sementes. As rizóbias são bactérias altamente especializadas que absorvem o carbono das raízes das plantas leguminosas e o sequestram no solo, tornando-o mais fértil ao longo do processo, ao mesmo tempo em que "fixam" átomos de nitrogênio (separando os dois átomos do nitrogênio orgânico e anexando-os ao hidrogênio para alimentar as plantas de nitrogênio). Como os agrônomos ensinam há muito tempo, o carbono é responsável pelo maior volume de matéria das plantas, como as paredes das suas células, ao passo que o nitrogênio é utilizado como a parte estrutural dos aminoácidos e das enzimas, que formam a proteína, a clorofila e outros elementos das plantas que determinam sua qualidade e seu valor. Essas bactérias são o verdadeiro motivo pelo qual a rotação de culturas foi e continua sendo uma estratégia eficiente para se recuperar a saúde do solo.

Nas últimas décadas, os cientistas também ficaram surpresos em conhecer o grande papel desempenhado pelos fungos micorrízicos em estimular o crescimento natural da planta e, ao mesmo tempo, aumentar o sequestro de carbono no solo. Alguns especialistas em fungos, como Paul Stamets, da Fungi Perfecti, propuseram projetos de larga escala para utilizar esses fungos para se aumentar a produtividade.

Os fungos, que foram uma das primeiras formas de vida a povoar a terra, estão, ao contrário do que se imagina, mais próximos do reino animal do que do vegetal. Por exemplo, eles retiram oxigênio e emitem CO_2. No entanto, enquanto parte da sua produção de carbono vai para o crescimento da planta, outra parte permanece no solo. Os fungos micorrízicos desenvolveram um relacionamento simbiótico intricado com as plantas. Eles lançam redes microscópicas de micélio — tranças ultrafinas visíveis apenas por microscópio — por todo o solo e produzem uma substância pegajosa chamada glomalina, que, por sua vez, ajuda a manter o solo compacto, tornando-o mais resistente à erosão e aumentando a sua absorção de água. Esses fungos decompõem o material das raízes das plantas, produzindo mais nutrientes e sequestrando mais carbono. Eles alimentam as plantas de nutrientes e, em resposta, as plantas os alimentam de minúsculas gotas de açúcar. Essa simbiose mutuamente benéfica melhora a produtividade e aumenta os nutrientes e o carbono do solo ao mesmo tempo. Entre outras consequências prejudiciais da aragem pesada está o rompimento dessas delicadas redes micorrízicas.

Se tornássemos premente o resgate do ambiente global, incluindo, de maneira destacada, a solução da crise climática, mudaríamos os parâmetros dos subsídios agrícolas de um sistema que recompensa a superprodução para outro que recompensa o acúmulo de carbono no solo e recupera a produtividade da terra.

▸ Comer menos carne.
▸ Adquirir o máximo possível de alimentos de fontes da agricultura local.
▸ Dar suporte à comercialização dos produtores agrícolas.
▸ Deixar os resíduos das colheitas na terra.
▸ Utilizar o biocarvão de acordo com um programa global cuidadosamente administrado e subsidiado pelo governo (tomando o cuidado para utilizar as fontes certas de biocarvão e de não utilizar híbridos de milho ou

Mudaríamos os parâmetros dos subsídios agrícolas de um sistema que recompensa a superprodução para outro que recompensa o acúmulo de carbono no solo e recupera a produtividade da terra.

Um plano global para sequestrar mais carbono no solo envolveria várias ações:
▸ Restaurar pântanos e proibir a drenagem e o cultivo em terras de turfa.
▸ Reduzir a aragem da terra de maneira significativa e convertê-la ao máximo em cultivo sem aragem com a utilização de esterco.
▸ Realizar um complexo ciclo de rotação anual de culturas.
▸ Plantar árvores leguminosas a cada 10 metros como cerca viva ou faixa de proteção para evitar erosão e repor o nitrogênio do solo.
▸ Retornar os animais para as fazendas e utilizar seu estrume como fertilizante natural.

outros resíduos da colheita, que devem ser devolvidos à terra como cobertura de proteção e regeneração).
▸ Adicionar bactérias rizóbias e fungos micorrízicos ao solo como forma de acelerar a recuperação de sua fertilidade e seu sequestro de carbono.
▸ Conservar, captar e reciclar a água de bacias hidrográficas ou fazendas.

Um plano efetivo exigiria a criação de orçamentos positivos de carbono e nutrientes para o agroecossistema, nos quais as entradas de carbono superariam as saídas de forma consistente. Dentro desses orçamentos, o manejo integrado de nutrientes, aliado a estratégias criteriosas de uso da terra, poderia, na opinião de muitos especialistas, ter um forte impacto na redução da quantidade de CO_2 da atmosfera. E, como observado anteriormente, os cobenefícios dessa estratégia incluiriam aumentos da produtividade do solo e progressos da luta contra a pobreza, a desnutrição e a fome.

A chave para implementar tal estratégia é atribuir um preço ao carbono e incluir a entrada e a saída de carbono do solo como parte de um tratado global. Foram necessários muitos anos para se desenvolver a base da integração das florestas na estrutura de um tratado internacional de redução das emissões de carbono, e esse trabalho está prestes a ser concluído no texto do tratado de Copenhague.

Infelizmente, os negociadores dos países desenvolvidos alegam que as dificuldades em medir a quantidade de carbono do solo, a fim de se estabelecer parâmetros nacionais e monitorar regularmente as reduções e adições, ainda são muito grandes para garantir a inclusão desse assunto em um tratado global. No momento, o maior sistema de negociação de emissões, o Sistema de Negociação de Emissão de Gases de Efeito Estufa da União Europeia (EU ETS), não inclui as florestas e as emissões de carbono do solo. Somente a Bolsa do Clima de Chicago (CCX) reconhece as reduções certificadas nessas emissões. O mundo deve adotar padrões como uma condição prévia para criar reduções confiáveis nas emissões de carbono do solo.

No entanto, a enorme oportunidade de sequestrar carbono no solo deve motivar os negociadores em direção a soluções para os problemas que eles citaram como obstáculos para esse avanço do tratado. Além disso, a África subsaariana seria a maior perdedora em qualquer acordo que falhasse em reconhecer o sequestro de carbono no solo, pois a sua recuperação naquele continente representaria uma enorme oportunidade, não apenas de remover o carbono da atmosfera como também de recuperar a fertilidade do solo.

Em 2009, com recursos da Fundação Bill e Melinda Gates, um grupo de cientistas do solo lançou um ambicioso projeto para criar um mapa digital global dos solos de todo o mundo. Essa iniciativa, chamada de GlobalSoilMap.net e liderada por Alfred Hartemink, do Centro Internacional de Informação e Referência do Solo, prioriza o mapeamento dos solos africanos. "As pessoas estão percebendo que o alimento vem da terra e que, se você quiser acabar com a fome, precisa conhecer seu solo e do que ele necessita para ficar em boas condições", comentou Hartemink.

Quanto à dificuldade de se medir o carbono do solo, muitos dos principais especialistas em solo discordam de forma veemente e argumentam que essa visão dos negociadores dos países desenvolvidos tornou-se obsoleta pela ciência. A confiança desses especialistas aumentou depois de muito trabalho, fazendo-os acreditar que essa tarefa é eminentemente manejável.

O Laboratório Nacional Brookhaven dos EUA inovou o uso de uma tecnologia, chamada espalhamento inelástico de nêutrons, para ler com exatidão o conteúdo de carbono no solo até uma profundidade de 60 cm quando um trator passa sobre ele. A espectroscopia infravermelha por satélite também pode ser utilizada para monitorar o conteúdo de carbono do solo. O Laboratório Nacional Los Alamos desenvolveu a espectroscopia de emissão em plasma induzido por *laser*, capaz de analisar amostras representativas do conteúdo de carbono.

Quando combinadas com a amostragem sofisticada dos tipos de solo em diferentes áreas, essas e outras técnicas emergentes conseguem produzir medidas altamente precisas do carbono do solo de cada país e facilitar o monitoramento exato da quantidade que está sendo perdida ou sequestrada.

Os benefícios para o ambiente global e para a consolidação de uma barganha entre os países mais ricos e os mais pobres tornam esse desafio extremamente importante.

BACIA DO RIO PALOUSE, ESTADO DE WASHINGTON, NOS EUA. AS PRADARIAS APRESENTAM UMA TENDÊNCIA PARTICULAR PARA SEQUESTRAR CARBONO.

ECOSSISTEMAS

CAPÍTULO ONZE

POPULAÇÃO

MERCADO OSHODI, EM LAGOS, NA NIGÉRIA. MAIS DE 99% DO CRESCIMENTO DA POPULAÇÃO URBANA DEVE OCORRER NOS PAÍSES EM DESENVOLVIMENTO.

O extraordinário crescimento da população mundial desde o século XVIII — e particularmente durante o século XX, quando ela quase quadruplicou — é obviamente uma das principais causas de uma mudança radical no relacionamento entre a civilização humana e o sistema ecológico da Terra. O impacto de quantidades maiores de seres humanos seria menor, claro, se o consumo médio dos recursos naturais fosse menor e se as tecnologias que usamos atualmente para explorar as riquezas do planeta fossem substituídas por outras melhores e mais eficientes, que minimizassem os danos ambientais que causamos.

Pelo fato da população ter crescido de 1,6 bilhões em 1900 para quase 6,8 bilhões hoje, poderosas novas tecnologias se espalharam pelo mundo ainda mais rapidamente — em especial durante a segunda metade do século. Essas novas tecnologias alimentaram uma imensa expansão da atividade econômica, que foi acelerada durante o *boom* pós-Segunda Guerra Mundial. A globalização das indústrias e do comércio levou a grandes aumentos nas quantias de carvão e petróleo utilizados — e, consequentemente, a uma produção de CO_2 ainda mais rápida — e comparáveis crescimentos na produção de metano e outros gases de efeito estufa. Além disso, somaremos o equivalente à população de outra China até 2025, com a maior parte em países pobres e em desenvolvimento. Em todos esses países, há um crescente acesso a tecnologias mais poderosas, que muitas vezes ampliam os impactos prejudiciais ao meio ambiente.

Por todas essas razões, qualquer plano para solucionar a crise climática precisa lidar com o desafio de estabilizar a população mundial o mais rápido possível. Mas ainda é raro que a maioria das discussões sobre a crise climática toque na questão da população, levando alguns especialistas a se perguntar se isso, de alguma forma, se tornou um tabu. De fato, as pessoas muitas vezes me perguntam por que a população não é citada com mais destaque nos debates sobre como salvar o equilíbrio do clima terrestre.

A resposta é que o esforço mundial para estabilizar o crescimento do número de seres humanos é, na verdade, um caso histórico de sucesso, ainda que em câmera lenta. Ainda assim, a questão de como estabilizar a população é, em geral, uma das raras sobre as quais existe um consenso mundial e uma prova registrada de sucesso emergente.

Nos últimos 25 anos, demógrafos e outros cientistas sociais têm feito enormes avanços em sua detalhada compreensão das complexidades envolvendo o crescimento e a estabilização da população. A aplicação desse novo conhecimento já levou a grandes reduções nos índices de crescimento populacional em países ao redor do mundo. Com persistência contínua, o mundo pode agora ansiar por uma população mundial estável de pouco mais de 9 bilhões de pessoas até a metade do século XXI.

| A.D. 1 | 50 | 100 | 150 | 200 | 250 | 300 | 350 | 400 | 450 | 500 | 550 | 600 | 650 | 700 | 750 | 800 | 850 | 900 | 950 | 1.000 |

FONTE: Censo dos Estados Unidos. "World population to 2300", da ONU, 2004; Centro de Análise das Informações sobre o Dióxido de Carbono; AAAS Atlas of population and environment.

CRESCIMENTO DA POPULAÇÃO MUNDIAL E EMISSÕES DE CARBONO

A população mundial ainda está crescendo, mas espera-se que ela se estabilize em pouco mais de 9 bilhões de pessoas na segunda metade do século XXI. Entretanto, mesmo que a população humana fique estabilizada, as taxas de emissão de gases de efeito estufa estão aumentando. As emissões anuais de carbono quadruplicaram desde 1950 e seu ritmo de crescimento aumentou incrivelmente entre 1990 e 2013. Muitos cientistas afirmam que a concentração de CO_2 na atmosfera deve ser estabilizada em 350 partes por milhão, o que exigiria uma efetiva redução da concentração atual.

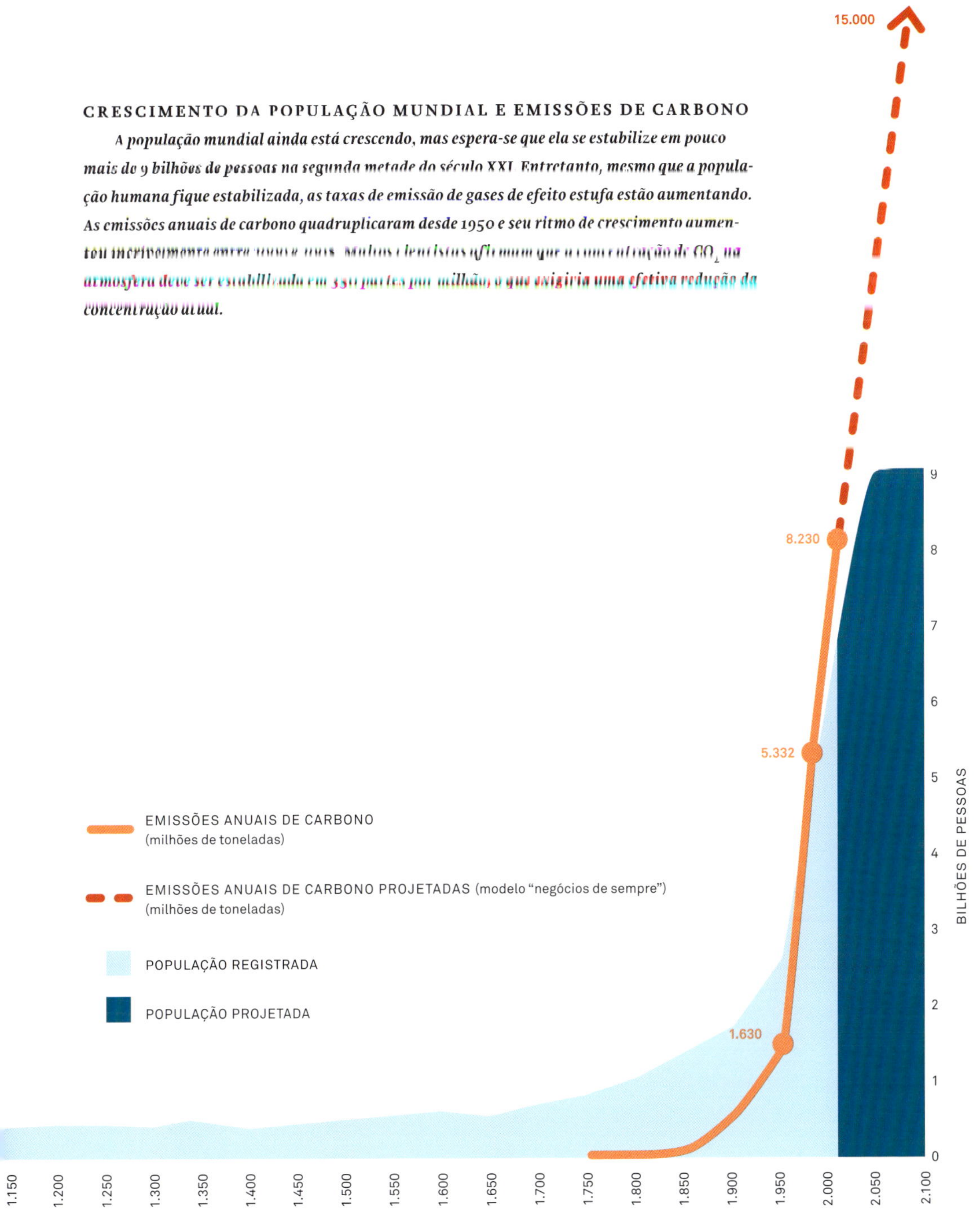

— EMISSÕES ANUAIS DE CARBONO
(milhões de toneladas)

-- EMISSÕES ANUAIS DE CARBONO PROJETADAS (modelo "negócios de sempre")
(milhões de toneladas)

POPULAÇÃO REGISTRADA

POPULAÇÃO PROJETADA

No entanto, há grande incerteza em relação a essa projeção e dúvidas entre muitos especialistas se os líderes políticos mundiais irão continuar a fazer os avanços necessários para atingir essa meta. Enquanto a questão da população certamente não é um tabu nas discussões do clima, alguns assuntos relacionados — como contracepção e igualdade de condições para as mulheres — são complicados de se lidar em numerosos países em todo o mundo.

Há décadas, os demógrafos perceberam que as nações com maiores rendas tinham desacelerado o crescimento populacional, e que esses mesmos países tinham níveis maiores de industrialização. Baseando-se nessa correlação, eles concluíram que a menor maneira de reduzir o crescimento populacional era acelerar a industrialização nos países de baixa renda e com populações que se expandiam rapidamente. Anos depois, entretanto, eles notaram que as maiores rendas estavam correlacionadas com um menor crescimento populacional fundamentalmente porque os países com as rendas mais altas estavam fazendo outras coisas, que, na verdade, eram as responsáveis pelo movimento em direção a famílias menores.

O novo consenso, que foi incorporado no visionário acordo realizado na Conferência Internacional sobre População e Desenvolvimento das Nações Unidas, no Cairo, em 1994, é de que a dinâmica no trabalho na população de qualquer nação é, na verdade, um complexo sistema que, de tempos em tempos, muda de um padrão — caracterizado por altas taxas de mortalidade e natalidade e famílias numerosas — para outro padrão equilibrado, caracterizado por baixos índices de mortalidade e natalidade e famílias pequenas.

Além disso, os especialistas em demografia isolaram os quatro fatores que provocam a mudança do primeiro para o segundo padrão. Esses fatores são:

QUATRO FATORES PARA ESTABILIZAR A POPULAÇÃO

ESCOLA PRIMÁRIA NO BALOQUISTÃO, PAQUISTÃO

ELEIÇÃO EM TEERÃ, IRÃ

1. Uma ampla rede de educação para meninas.

2. O fortalecimento social e político das mulheres, para que participem nas decisões de suas famílias, comunidades e países.

POPULAÇÃO 229

- Uma ampla rede de educação para meninas.
- O fortalecimento social e político das mulheres, para que participem nas decisões de suas famílias, comunidades e países.
- Altos índices de sobrevivência infantil, levando os pais a ficarem confiantes de que a maioria ou todos os filhos chegarão à idade adulta.
- A capacidade das mulheres de determinar a quantidade e o intervalo de tempo entre seus filhos.

Todos esses quatro fatores estão ligados e precisam estar presentes para que a mudança na dinâmica da população aconteça. Mas a boa notícia é que a experiência atual demonstra conclusivamente que, quando todos os quatro fatores estão presentes, a mudança de padrão para famílias menores e um menor crescimento populacional é inexorável. Na verdade, essa transição — chamada de transição demográfica — está em andamento em quase todos os países. Essa mudança aconteceu tão rapidamente e com tanta força nos países mais ricos que todas as 45 nações desenvolvidas com mais de 100 mil habitantes têm atualmente índices de fertilidade menores do que os necessários para manter sua população no tamanho atual. Novas análises demográficas completadas em 2009 mostram o início de uma surpreendente nova tendência: muitos países avançados, quando alcançam níveis ainda maiores de desenvolvimento, aparentemente experimentam um leve crescimento na natalidade. Enquanto os especialistas ainda estão tentando entender o significado e uma possível continuidade dessa nova tendência, não se espera que isso vá alterar o crescimento geral da população mundial, porque poucos países têm o nível de desenvolvimento característico daqueles onde esse fenômeno aparece. É uma notícia bem-vinda para países ricos com populações envelhecendo e com preocupações crescentes quanto à força de trabalho, em relação aos índices de aposentadoria da população. Por enquanto, porém, sem a imigração, os países desenvol-

3. Altos índices de sobrevivência infantil, que leva os pais a ficarem confiantes de que a maioria ou todos os filhos chegarão à idade adulta.

4. A capacidade das mulheres de determinar a quantidade e o intervalo de tempo entre seus filhos.

UM TRABALHADOR RURAL PLANTA PASTO EM UMA FLORESTA RECÉM-QUEIMADA PERTO DA VILA CANOPUS, NO BRASIL.

vidos, analisados como um grupo, estariam na verdade com sua população em declínio (a propósito, o crescimento da população norte-americana, comparado com o da Europa, é uma razão significativa pela qual as emissões de CO_2 cresceram mais rapidamente nos Estados Unidos do que no continente europeu).

Na verdade, mesmo que as medições das populações sejam geralmente consideradas pelos totais de cada país, as estatísticas reais de cada nação acabam se tornando muito diferentes entre os grupos cujas circunstâncias diferem daquelas dos que são maioria. Tais diferenças podem ser especialmente pronunciadas em comunidades de minorias, com menor renda, poder político e acesso à boa assistência médica para mães e crianças. Uma razão pela qual os Estados Unidos ainda têm sua população crescendo mais rapidamente do que a de outros países desenvolvidos é que eles possuem a maior disparidade entre ricos e pobres em uma nação avançada, e as famílias pobres com menos acesso à assistência médica e educação de alta qualidade têm taxas maiores de fertilidade. Geralmente, no entanto, as diferenças entre os países ricos e pobres ainda são o fator mais relevante, especialmente porque políticas nacionais são mais importantes do que o esforço mundial para estabilizar o crescimento populacional.

Nas nações menos desenvolvidas e mais pobres, a transição demográfica também está começando a acontecer, por mais que muitos desses países ainda tenham altos índices de crescimento populacional e ainda continuem crescendo por, pelo menos, mais algumas décadas. Mas a taxa de crescimento está desacelerando mesmo nesses países.

Ainda assim, o crescimento rápido e contínuo da população em países pobres está colocando uma pressão sem precedentes tanto no meio ambiente quanto no tecido social das famílias e comunidades. Em muitos países menos desenvolvidos, empobrecidos agricultores de subsistência invadem áreas que costumavam ser cobertas de florestas, cortando-as e queimando-as para ganhar a vida com dificuldade. No processo, mais florestas do mundo — inestimáveis por seu poder de absorver CO_2 e garantir uma rica rede de biodiversidade — são perdidas, especialmente nos trópicos e subtrópicos. E, como foi visto no Capítulo 9, a conversão de florestas em plantações muitas vezes diminui a incidência de chuvas.

A escassez de água doce está ameaçando muitas dessas mesmas áreas, uma vez que quantidades maiores de pessoas dominam os suprimentos de água potável e a infraestrutura de fornecimento dessa água para os moradores de áreas urbanas em cidades que cresce rapidamente. Em muitos países, populações em crescimento esgotaram reservas e aquíferos. Na Cidade do México, por exemplo, a maior cidade do hemisfério Ocidental, baixos índices de chuvas em 2009, aliados a uma infraestrutura inadequada e um rápido crescimento da população, levaram a cidade a cortar o fornecimento de água para centenas de pessoas em cinco ocasiões. Além disso, resíduos não tratados têm um terrível efeito na qualidade da água e pioram a ameaça de contaminação por doenças como a cólera.

O tecido social também é desgastado — não apenas pelo aumento nos números absolutos, mas também por uma tendência demográfica associada: a urbanização. Durante a maior parte da história da humanidade, não mais do que 15% das populações viviam nas cidades. No último século, entretanto, o padrão mudou radicalmente. No segundo semestre de 2008, pela primeira vez, mais da metade das pessoas no mundo vivia em cidades. Durante o século XX, enquanto a população mundial quadruplicou, a população *urbana* cresceu mais de dez vezes. Em nível mundial, todo o crescimento populacional no futuro próximo será em áreas urbanas, e a população rural está fadada a realmente diminuir. Em especial no mundo em desenvolvimento, quantidades maiores de pessoas estão se mudando das áreas rurais para as cidades. Mais de 90% do crescimento contínuo da população urbana deve acontecer em países em desenvolvimento. Na China, por exemplo, a população urbana cresceu, nos

últimos trinta anos, de menos de 200 milhões para mais de 600 milhões de pessoas, e os demógrafos projetam que durante os próximos quinze anos a população urbana chinesa vai ganhar mais 350 milhões de pessoas, mais do que a população inteira dos Estados Unidos. Quando o Comandante Mao assumiu o poder, em 1949, apenas 11% dos chineses viviam em cidades. Em 20 anos, estima-se que 70% da população da China esteja vivendo em áreas urbanas.

Também é válido notar que, em todo o mundo, uma porcentagem significativa da nova população urbana tem se mudado para áreas ao nível do mar, em cidades litorâneas que são vulneráveis ao aumento do nível dos oceanos, causado neste século pelo derretimento do gelo na Groenlândia e na Antártida, decorrente do aquecimento global.

A taxa de crescimento das populações urbanas ao redor do mundo na verdade desacelerou. Mas o ritmo do crescimento urbano, de acordo com o Fundo de População das Nações Unidas, é agora menos importante do que o tamanho absoluto dos aumentos, principalmente na Ásia e na África. E mesmo um ritmo mais lento de crescimento em áreas recentemente urbanizadas propõe grandes desafios. Tanto na África quanto na Ásia, o total da população urbana deve crescer 100% durante os próximos vinte anos. Lagos, a maior cidade da Nigéria, cresceu de 1,9 milhões em 1975 para 9,5 milhões em 2007, e tem previsão de chegar a 15,8 milhões em 2025. Lagos, Kinshasha (no Congo) e Dacca (em Bangladesh) são as três metrópoles com crescimento mais rápido no mundo.

O ritmo rápido de urbanização oferece muitas oportunidades para sistemas de edificação e transportes mais eficientes e incríveis aumentos na eficácia e conservação de energia. Algumas das mais importantes soluções para a crise climática envolvem novas políticas que aproveitam e desenvolvem o rico potencial do novo crescimento urbano mundial para se tornar muito mais eficientes energeticamente. No entanto, a urbanização tem sido acompanhada por

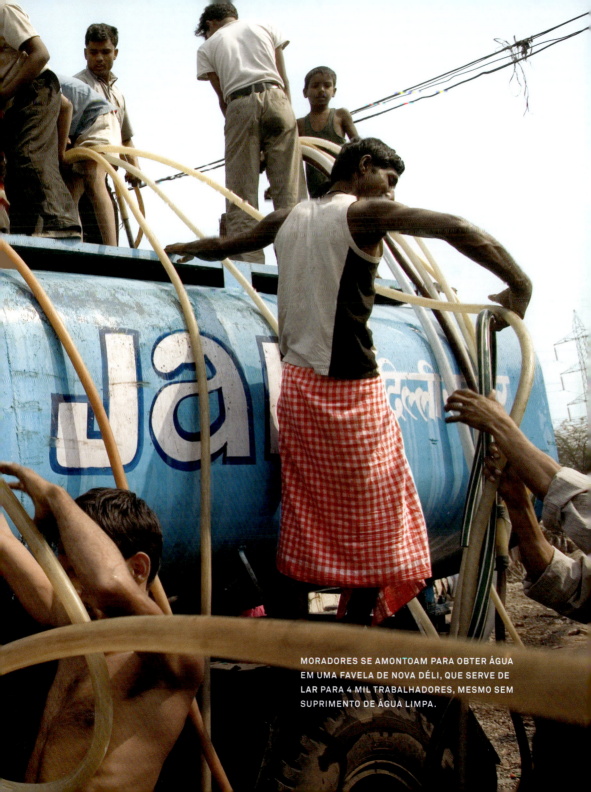

MORADORES SE AMONTOAM PARA OBTER ÁGUA EM UMA FAVELA DE NOVA DÉLI, QUE SERVE DE LAR PARA 4 MIL TRABALHADORES, MESMO SEM SUPRIMENTO DE ÁGUA LIMPA.

A URBANIZAÇÃO E O CRESCIMENTO DAS METRÓPOLES

Pela primeira vez na história da humanidade, mais da metade da população mundial vive em cidades. Enquanto a população mundial quadruplicou nos últimos cem anos, a população urbana cresceu mais de dez vezes. Em 2025, o mundo pode chegar a ter 27 metrópoles — áreas urbanas com mais de 10 milhões de habitantes. O rápido crescimento das metrópoles representa uma oportunidade para reduzir a emissão de gases de efeito estufa mundialmente. Áreas urbanas densamente habitadas e com infraestrutura energeticamente eficiente — incluindo bairros concentrados, menores percursos e engarrafamentos e verticalização — geram menos emissões de gases de efeito estufa per capita do que áreas suburbanas ou rurais. A pegada de carbono dos nova-iorquinos é mais de um terço menor do que a média norte-americana; os moradores de São Paulo têm 18% das emissões de um brasileiro médio. Noventa por cento do crescimento urbano está previsto para ocorrer em países em desenvolvimento.

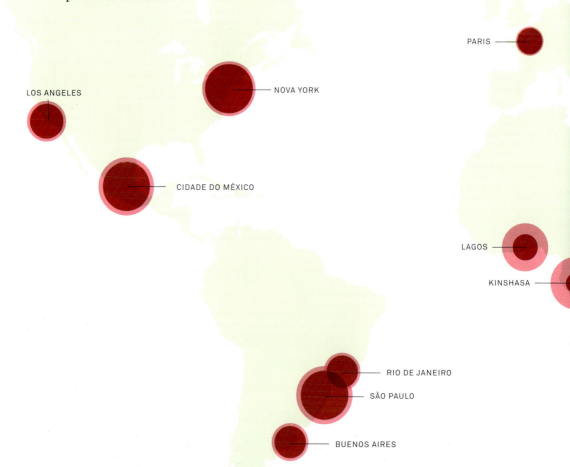

FONTE: United Nations Population Division; CIA World Factbook.

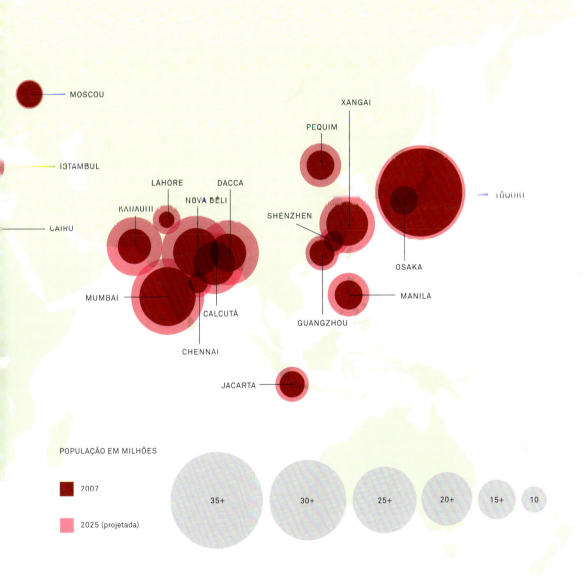

uma mudança no estilo de vida dos antigos moradores das zonas rurais e isso tem levado, na maioria dos países em desenvolvimento, a consideráveis aumentos no uso de energia pelos moradores urbanos, em comparação com os rurais.

Além disso, o atual padrão de urbanização coloca uma ênfase exagerada em beneficiar mais os carros e caminhões do que o transporte público. Isso leva a grandes aumentos de asfalto e concreto e a engarrafamentos, poluição do ar, maior uso de energia e maiores emissões de CO_2. Um especialista em planejamento urbano brincou que o princípio predominante que parece conduzir o planejamento da maioria das cidades hoje é o de ter certeza de que todos os carros estão felizes.

Ainda que o crescimento populacional mundial seja agora inteiramente urbano, os especialistas em demografia apontam que a migração das áreas rurais não é mais o maior fator na maioria desses crescimentos. Em vez disso, trata-se de um crescimento natural da população. Por isso, a estratégia efetiva para estabilizar o crescimento populacional urbano é, na verdade, a mesma que já começou a funcionar para estabilizar o crescimento populacional geral. Tudo leva de volta aos quatro fatores que a prática mostra que irão levar, inexoravelmente, a famílias menores, ritmos mais lentos de crescimento populacional e uma população mundial estável que pare de crescer na segunda metade do século — provavelmente com cerca de 9,1 bilhões de pessoas.

O mais poderoso entre os quatro fatores que, em conjunto, provocam a transição demográfica parece ser o primeiro: a educação de garotas. Quando as meninas são bem-educadas em grande número, elas encontram maneiras, quando crescem, de acelerar seu próprio fortalecimento. Elas, em geral, adiam a idade em que se casam e/ou começam a ter filhos. Colocam suas vozes ao lado das daqueles que estão trabalhando por melhor assistência médica para mães e filhos em seus respectivos países, resultando em maiores taxas de sobrevivência infantil. Mulheres educadas e fortalecidas também buscam modos de controlar sua própria fertilidade, para que possam determinar o número de filhos que desejam e o espaço que querem entre cada um deles.

É importante enfatizar, no entanto, que esses quatro fatores são necessários, e que nenhum deles pode ser deixado de fora. Por exemplo, em cada país, o declínio na mortalidade precede o declínio nas taxas de natalidade pela metade em uma geração ou mais. Esse fato cruel enfatiza a importância central dos índices de sobrevivência infantil.

Essa equação parece uma contradição e, à primeira vista, muitos entendedores casuais ficam confusos por menores índices de mortalidade levarem a populações menores. A explicação para esse aparente paradoxo foi mais bem expressa há mais de sessenta anos, por um chefe de estado africano, Julius K. Nyerere, que disse que "o mais poderoso contraceptivo é a confiança dos pais de que seus filhos vão sobreviver".

A conexão entre menores índices de mortalidade e populações menores não é o único aparente paradoxo descoberto pelos demógrafos. Muitos países que mantêm o aborto ilegal têm taxas de aborto bem maiores que os Estados Unidos, onde a prática é, na maior parte das vezes, legal durante os dois primeiros trimestres, com diretrizes que se tornam mais restritivas durante o segundo trimestre e quase proibitivas durante o último. Dados de países ao redor do mundo parecem mostrar que, quando as mulheres têm acesso a uma rede completa de serviços de saúde reprodutiva, existem muito menos gestações indesejadas que levam ao aborto.

A revolução das comunicações mundiais — principalmente a TV a cabo, internet e tecnologia dos telefones celulares — parece ter acelerado o movimento em direção à maior educação de meninas e ao maior fortalecimento das mulheres. Por exemplo, na Arábia Saudita, que costumava ter um dos maiores ritmos de crescimento populacional do mundo, 55% dos formandos em universidades agora são mulheres. E, con-

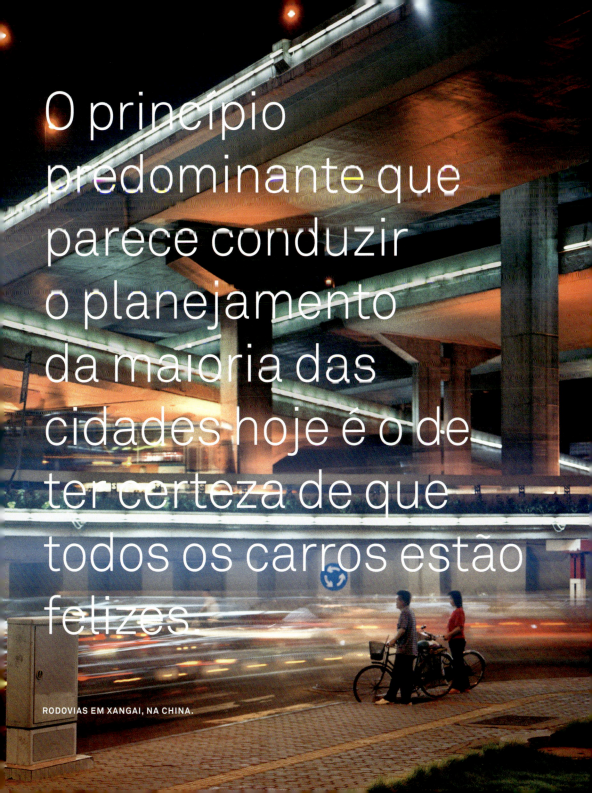

O princípio predominante que parece conduzir o planejamento da maioria das cidades hoje é o de ter certeza de que todos os carros estão felizes

RODOVIAS EM XANGAI, NA CHINA.

"O mais poderoso contraceptivo é a confiança dos pais de que seus filhos vão sobreviver".

JULIUS K. NYERERE

UMA MÃE OLHA PARA SEU BEBÊ EM UMA INCUBADORA, EM DUBAI.

forme o previsto, o ritmo do crescimento populacional na Arábia Saudita tem sido reduzido significativamente. De 1975 até 1980, o número médio de crianças por família era de 7,3; agora é de 3,2.

Em uma viagem recente a um país do Golfo Pérsico, conheci uma mulher que trabalhava como piloto de um 747. Ela usava seu quepe de capitã por cima do véu. Eu não perguntei quantos filhos ela tinha, mas posso apostar que era um número menor do que sua mãe ou avó tiveram.

Contrariamente, os países mais pobres com os maiores índices de mortalidade geralmente têm os ritmos mais rápidos de crescimento populacional. Eles também costumam ter a menor média de idade. A Nigéria, com uma das maiores taxas de mortalidade do mundo, tem a mais jovem população entre todos os países: a média de idade é de 15 anos.

A velocidade com que a população cresceu no século XX, aliada à velocidade da transição demográfica das últimas décadas, levou a históricas e desafiadoras interrupções no equilíbrio de gerações em muitas populações locais. No Japão, por exemplo, a média de crianças por família caiu tão rapidamente (e a imigração é tão severamente controlada) que o total da população começou a cair há quatro anos. Previsivelmente, o número de idosos em relação à porcentagem da população é mais alto do que nunca. A média de idade no Japão não é 15, como na Nigéria, mas 44,4 anos, quase três vezes mais.

Em diversos países, há simultaneamente altos índices de pessoas idosas e jovens, produzindo o que os especialistas chamam de "alta dependência demográfica". Em 1960, havia nos EUA 5,1 trabalhadores pagando o sistema de Seguridade Social para cada aposentado que recebia seu cheque da mesma Seguridade Social. Mas, hoje, essa proporção caiu para três pessoas trabalhando para cada uma aposentada, e o país está a caminho de uma proporção de dois por um. Obviamente, a sobrecarga financeira prevista para cada trabalhador é maior quando há menos força de trabalho e mais pessoas que estão acima da idade de aposentadoria.

Na maioria dos países em desenvolvimento, não há uma rede nacional de segurança para os idosos comparável ao sistema de Seguridade Social, e, consequentemente, o desejo normal de ter filhos é reforçado pela necessidade de ter alguém que, depois de crescido, possa cuidar dos pais no fim da vida. Em muitas culturas, o desejo natural também é acentuado por práticas religiosas e culturais que enfatizam os benefícios de dar continuidade ao nome da família e às tradições — e por hábitos herdados das sociedades anteriormente agricultoras, que valorizavam um grande número de crianças que poderiam ajudar nas plantações da família.

A prática tem mostrado, porém, que quando as crianças sobrevivem até a idade adulta em índices bastante altos, e quando os outros três fatores estão presentes, o desejo natural da maioria das pessoas por menos filhos parece sobrepor todos os outros fatores que impulsionam em direção às famílias maiores.

A velocidade do crescimento populacional tem, por si própria, sido um grande desafio social e político para os países com alto crescimento. Todos os sistemas de apoio — para a assistência médica, educação, seguridade social e todo o resto — estão no máximo de sua capacidade. E os políticos nesses países geralmente têm uma grande dificuldade em expandir esses sistemas rápido o suficiente para atender às necessidades de suas populações crescentes.

Além disso, quando o número de novos empregos fica defasado em relação ao rápido crescimento no número de pessoas que desejam entrar no mercado de trabalho, a inquietação social — especialmente entre os jovens do sexo masculino — pode levar à instabilidade política e a coisas piores. Inquietação social, falta de trabalho e degradação ambiental também desencadeiam grandes migrações de imigrantes ilegais através das fronteiras dos países, em busca de vidas prósperas, tranquilas e produtivas. E, claro, o impacto da crise climática — principalmente em países secos, que sofrem os duros efeitos de temperaturas mais altas e evaporação da umidade do solo — amplia a pressão para a migração.

Quando populações de migrantes empobrecidos adentram áreas que já são lar de pessoas com diferentes culturas, tradições, sistemas de crença e idiomas, a possibilidade de conflito e violência aumenta. O secretário-geral da ONU, Ban Ki-moon, citou o impacto da mudança climática no Chade Oriental como uma das principais causas da terrível violência na região vizinha de Darfur, no Sudão Ocidental. Quando o lago Chade foi drasticamente reduzido pelas secas, um grande número de chadianos cruzou a fronteira do Sudão. E, embora a principal causa da violência genocida ali esteja relacionada às decisões políticas tomadas pelo governo do Sudão e pelo fracasso da comunidade internacional em intervir, o cenário foi armado pela interação da crise climática com a demografia.

É irônico que, durante a Guerra Fria, muitos conservadores nos Estados Unidos tenham apoiado fortemente o controle de natalidade em países em desenvolvimento como uma estratégia para evitar instabilidades que pudessem ser exploradas pela União Soviética, em tentativas de inspirar revoluções comunistas. No início de sua carreira, George H.W. Bush foi um grande defensor do planejamento familiar internacional, e o presidente Dwight Eisenhower foi copresidente de administração do Planned Parenthood (paternidade planejada). Nos últimos anos, o Partido Republicano dos Estados Unidos tem feito da oposição ao aborto um dos elementos de maior destaque em sua agenda política. Os republicanos têm tendido a misturar a oposição ao aborto com a oposição a todas as assistências de controle de natalidade nos países em desenvolvimento, em virtude da declarada incapacidade de apoiar a segunda prática sem doar fundos às organizações que também disponibilizam a primeira.

Essa nova dinâmica política nos Estados Unidos teve um profundo efeito nos esforços internacionais para expandir a disponibilidade da assistência em controle de natalidade nos países em desenvolvimento.

Como principal resultado, entre os quatro fatores essenciais que proporcionam um crescimento populacional mais lento, aquele mais dificultado pela interferência política é o amplo acesso à contracepção. Mesmo que os outros três fatores para o crescimento lento estejam presentes, as mulheres têm que ter a capacidade de determinar o número e o intervalo de tempo entre seus filhos.

Os mais bem-sucedidos programas a lidar com a incapacidade das mulheres pobres em administrar sua própria fertilidade são aqueles que garantem "no mesmo pacote" assistência médica direcionada tanto para as mães quanto para as crianças. Grávidas podem receber cuidados pré-natais nessas clínicas que são de valor inestimável para o desenvolvimento saudável de seus bebês, cuidados para doenças e problemas que aflijam a elas e suas crianças e conseguir qualquer conselho e ajuda que queiram para administrar o intervalo de tempo até seu próximo filho — incluindo orientação para o caso de decidirem não conceber.

Parece haver uma correlação entre mulheres que buscam mais educação e fortalecimento e aquelas que escolhem ter menos filhos. A oposição à melhora na capacidade das mulheres em administrar sua própria fertilidade veio, claro, primeiramente de alguns grupos imersos em tradições culturais e religiosas que resistem há muito tempo ao fortalecimento feminino. Em algumas regiões, o fundamentalismo ortodoxo levou a tentativas de impedir até mesmo a educação de meninas e mulheres. Em áreas do Afeganistão e Paquistão controladas pelo Talibã, por exemplo, tem havido uma renovada pressão para fechar as escolas para meninas e repelir todo e qualquer avanço no fortalecimento das mulheres.

Na maioria dos casos, entretanto, a oposição ao fortalecimento feminino assume formas bem mais inofensivas (mas ainda onerosas). Muitas vezes, essa oposição reflete extensas reações da sociedade às perturbadoras reviravoltas provocadas pela globalização, ao acesso aos meios de comunicação modernos e

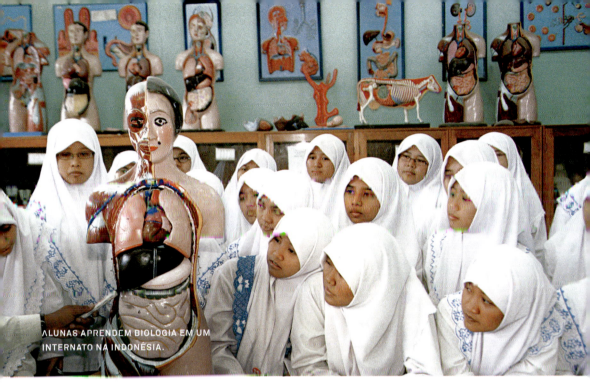

ALUNAS APRENDEM BIOLOGIA EM UM INTERNATO NA INDONÉSIA.

a outras mudanças culturais que ameaçam a estabilidade e a força das fontes há muito tempo estabelecidas de autoridade patriarcal.

Lentamente, a resistência a disponibilizar às mulheres métodos para controlar sua própria fertilidade está dando espaço ao crescente desejo das pessoas, em todos os lugares, de ter famílias menores.

Em 1994, eu liderei a delegação dos Estados Unidos no encontro da ONU, no Egito, sobre população e desenvolvimento e tanto desfrutei quanto aprendi com as extensivas negociações com representantes de países, grupos religiosos, ONGs e outros, do mundo todo.

Quinze anos depois do desenvolvimento do consenso no Cairo, é nítido que as políticas adotadas lá estão funcionando. Mas muitos países ricos e desenvolvidos fracassaram em cumprir as promessas de assistência que foram feitas no Cairo e a partir de então. Uma das principais razões para essa falta foi a recusa da administração Bush-Cheney em apoiar programas de controle de natalidade internacional caso houvesse conexões indiretas entre assistência contraceptiva e organizações que garantissem o acesso legal a abortos. Em parte, por causa da política de Bush, organizações internacionais foram forçadas a deixar de enfatizar a assistência ao controle de natalidade.

Há uma grande necessidade não preenchida de acesso ao controle de natalidade, e qualquer plano abrangente direcionado à crise climática precisa encontrar medidas para atendê-la. A continuidade dos progressos em estabilizar a população mundial em 9,1 bilhões, ou menos, depende da boa vontade dos países mais ricos em manter sua palavra e garantir o apoio que prometeram.

As políticas adotadas pelos EUA foram revertidas pelo presidente Barack Obama. Recursos adicionais são necessários para acelerar o progresso na educação de meninas, o fortalecimento das mulheres, assistência médica para crianças e mães e, especialmente, para garantir um maior acesso, em relação às mulheres dos países em desenvolvimento, aos métodos de decisão própria referentes ao número e ao intervalo de tempo entre seus filhos.

COMO UTILIZAMOS A ENERGIA

CAPÍTULO DOZE

MENOS É MAIS

COMO AS TURBINAS ESTÃO NO CENTRO DA GERAÇÃO DE ELETRICIDADE, QUALQUER GANHO NA SUA EFICIÊNCIA TEM IMPACTOS ENORMES. TURBINAS NOVAS E PRECISAMENTE DESENVOLVIDAS SÃO QUASE DUAS VEZES MAIS EFICIENTES DO QUE OS MODELOS MAIS ANTIGOS.

Avanços na eficiência com a qual utilizamos a energia oferecem as maiores oportunidades para reduzir seu consumo — e as emissões de CO_2 —, economizando dinheiro e aumentando a produtividade ao mesmo tempo. Esses avanços são, de longe, os mais eficazes em termos de custo entre as soluções para a crise climática e podem ser implementados com mais rapidez do que qualquer uma delas.

Além disso, a experiência daqueles que adotaram esse recurso demonstra que ele é praticamente inesgotável, pois a inovação em eficiência é, na acepção real da palavra, inerentemente renovável. Os ganhos de eficiência perduram por toda a vida do processo ou construção. Em nações e organizações que escolhem esse caminho, o sucesso gera sucesso. Quando a cultura da eficiência é infundida em uma organização, as melhores ideias de ganhos adicionais vêm de funcionários de todos os níveis.

Oportunidades de ganhos gigantescos podem ser obtidas em todos os setores da economia, principalmente em processamento industrial, construções residenciais e comerciais, geração de eletricidade, transportes e até mesmo no projeto das próprias cidades.

As enormes economias no custo e nas reduções da emissão de CO_2 provenientes das melhorias em eficiência não são especulativas, são reais. A geração elétrica total dos Estados Unidos converte apenas 33% do combustível em eletricidade, porém, usinas de geração combinada de calor e energia (CHP, *combined heat and power*) extraem duas vezes mais energia útil ao utilizar a energia duas vezes. Um estudo recente da Aliança Mundial pela Energia Descentralizada descobriu que o país poderia reduzir suas emissões totais de CO_2 em 20% e economizar 80 bilhões de dólares ao ano instalando usinas de CHP. E são possíveis outros tipos de economia no uso da eletricidade. Por exemplo, a Agência Internacional de Energia (IEA) descobriu que, "em média, cada dólar a mais investido em equipamentos e utensílios elétricos mais eficientes economiza mais de 2 dólares investidos em infraestrutura de geração, transmissão e distribuição de energia".

Quase todos os estudos chegam às mesmas conclusões e, mesmo assim, temos dificuldades em decidir implementar medidas de eficiência em larga escala.

De acordo com o especialista em eficiência Robert Ayres, em 1990, o sistema de energia norte-americano converteu 3% do seu potencial em trabalho produtivo. Após mais de um século de progresso técnico, os Estados Unidos convertem apenas 13% do trabalho na queima de combustível em trabalho produtivo, desperdiçando ainda 87% desse potencial. Uma das razões para essa falha é que as oportunidades estão distribuídas entre muitas tecnologias e cenários diferentes.

Contudo, especialistas em eficiência de energia identificaram várias oportunidades nas quais algumas das melhores economias de energia podem ser feitas:

▶ Captação e reciclagem da energia em forma de calor residual a partir da geração de eletricidade e dos processos industriais de calor intensivo.

Cada dólar investido om equipamentos elétricos mais eficientes economiza mais de 2 dólares investidos em geração de eletricidade.

AGÊNCIA INTERNACIONAL DE ENERGIA DOS EUA

O PROGRAMA LEED DOS ESTADOS UNIDOS CERTIFICA A ARQUITETURA NOVA E ALTAMENTE EFICIENTE. O ALDO LEOPOLD LEGACY CENTER NO ESTADO DE WISCONSIN, NOS EUA, OBTEVE O MAIOR RECONHECIMENTO DO LEED.

O CUSTO (QUASE SEMPRE NEGATIVO) DE REDUZIR GASES DE EFEITO ESTUFA

Fundada em 2006, a McKinsey & Company iniciou um famoso estudo sobre as diferentes formas de reduzir os gases de efeito estufa (GEE). O gráfico a seguir, conhecido como curva de custo de redução global de GEE, mostra a probabilidade de redução e os custos associados a aproximadamente duzentas das mais importantes oportunidades de redução de GEE.

Uma descoberta significativa é que quase 30% das reduções possíveis de emissões globais podem, na verdade, economizar dinheiro em curto prazo!

As opções na parte verde do gráfico têm custo negativo, indicando economias ou subsídios líquidos que tenham ultrapassado o tempo de vida de cada opção. A conclusão do estudo é que o mundo pode reduzir as emissões de CO_2 para estabilizar as concentrações na atmosfera a 450 partes por milhão de CO_2 com investimentos de 1,3% do PIB global estimado para 2030, principalmente em virtude das economias possíveis com os ganhos de eficiência.

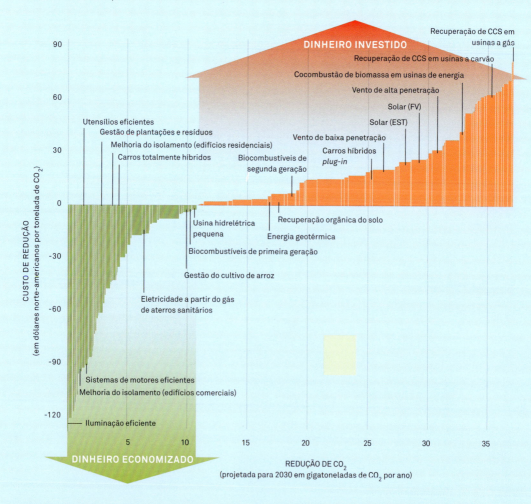

FONTE: Adaptado de McKinsey & Company. *Pathways to a low-carbon economy, Version 2 of the Global Greenhouse Gas Abatement Cost Curve*, 2009.

▸ Substituição de motores elétricos industriais ineficientes por motores modernos e muito mais eficientes.
▸ Isolamento adequado das construções em todos os setores — em especial residências.
▸ Substituição de janelas, sistemas de iluminação, aquecedores de água, utensílios e eletrônicos ineficientes por versões mais modernas e eficazes.
▸ Padrões superiores de economia de combustível para carros e caminhões, e melhor aproveitamento do transporte público.

As economias favoráveis com a introdução de ganhos de eficiência são claras e persuasivas. Qualquer nação que adote uma estratégia nacional determinada e persistente para implementar melhorias na eficiência com a qual a energia é convertida em trabalho produtivo logo descobrirá que esta é, de longe, a forma mais eficaz de economizar energia e reduzir a poluição responsável pelo aquecimento global.

Isso é verdade tanto para os países ricos quanto para os países pobres. A McKinsey & Company concluiu, em um relatório publicado em julho de 2009, que os Estados Unidos poderiam reduzir seu consumo projetado de energia em 23% até 2020 simplesmente fazendo investimentos economicamente benéficos em eficiência de energia. Um pouco antes, um relatório do Instituto Global McKinsey descobriu que os países em desenvolvimento "poderiam reduzir o crescimento da demanda de energia em mais da metade... e reduzir o consumo de energia em 22% em relação aos níveis projetados até 2020... Promover a produtividade de energia apenas na economia de países em desenvolvimento tem o potencial de reduzir em 15% as emissões globais de CO_2 em 2020, tornando-a essencial sob a perspectiva da mudança climática global".

Por exemplo, a Johnson Controls, uma das líderes em eficiência de energia industrial, aponta que as fábricas japonesas têm um nível de eficiência de 85% ou mais, enquanto as fábricas chinesas, de apenas 50%. Uma vez que 10% de redução na eficiência de uma fábrica representa o dobro de consumo de energia, o resultado é que as fábricas chinesas consomem, em média, 350% mais energia do que as fábricas japonesas para cada unidade produzida.

Os Estados Unidos passaram por um breve período de especial atenção aos ganhos de eficiência, de 1977 a 1985, num primeiro esforço sério para reduzir o consumo de petróleo após os embargos dos anos 1970, e os resultados foram assombrosos. Em resposta às políticas inteligentes e direcionadas por parte do presidente Jimmy Carter, as quais tiveram continuidade nos primeiros anos do governo de Ronald Reagan, o país reduziu o consumo de petróleo em 17% e aumentou a produção econômica em 27%. A dependência do petró-

A CALIFÓRNIA LIDERA O PROCESSO

Desde a crise de energia da década de 1970, a legislação do estado da Califórnia, EUA, vem incentivando a eficiência. Nos últimos 25 anos, o consumo de eletricidade per capita do estado se manteve estável, enquanto o do resto do país deu um salto de 60%.

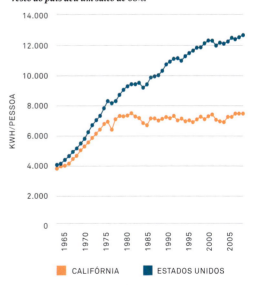

FONTE: Comissão de Energia da Califórnia.

NOVAS TECNOLOGIAS NA PRODUÇÃO DO AÇO, COMO A *THIN-SLAB CASTING*, PODEM ECONOMIZAR QUANTIDADES SIGNIFICATIVAS DE ENERGIA E REDUZIR AS EMISSÕES DE CO_2 E OS CUSTOS DE PRODUÇÃO EM ATÉ 20%.

leo importado pelos EUA caiu pela metade e, em resposta, a OPEP foi forçada a reduzir significativamente os preços do produto. Todavia, quando se permitiu que a ênfase na conservação perdesse força, o ritmo dos ganhos de eficiência desacelerou. Houve avanços contínuos e o consumo de energia por unidade do PIB norte-americano decresceu um terço entre 1985 e 2008. No entanto, a dependência do petróleo importado pelo país disparou, e os preços do barril começaram a subir rapidamente mais uma vez.

Um estado que não perdeu o foco na eficiência foi a Califórnia. Art Rosenfeld, membro da Comissão de Energia do estado que formulou a iniciativa de eficiência da Califórnia, afirma que o consumo de energia em seu estado cresceu rapidamente a partir do final da Segunda Guerra Mundial até o primeiro embargo do petróleo em 1973, assim como ocorreu no restante do país. Contudo, nas três últimas décadas, o consumo de eletricidade total *per capita* no estado na verdade não aumentou, embora a produção econômica por pessoa tenha quase duplicado. Enquanto isso, no restante do país, o consumo de eletricidade *per capita* aumentou mais de 60% no mesmo período, com praticamente os mesmos ganhos em termos de produção econômica.

Comparado a 1993, o índice de consumo de energia para cada dólar do PIB da Califórnia foi reduzido à metade e a economia total em termos de eficiência de energia para o estado foi de aproximadamente 1 trilhão de dólares. A experiência da Califórnia e de alguns outros estados comprova que o custo das medidas de eficiência que evitam o consumo de eletricidade é bem inferior ao custo da construção de nova capacidade de geração. Esses impressionantes resultados foram alcançados com a desvinculação dos incentivos ao aumento de consumo pelas empresas de serviço público, maiores padrões de eficiência em utensílios e construções e maiores requisitos de quilometragem para os automóveis do estado comparados aos do resto do país.

Na economia global como um todo, a dupla utilização do combustível para gerar eletricidade e energia térmica simultaneamente oferece as maiores oportunidades no que diz respeito a economias com eficiência de energia. Embora muitas das maiores oportunidades de economia significativa sejam específicas a algumas indústrias, e há literalmente centenas de exemplos, quatro são mencionadas com frequência pelos especialistas como entre as mais valiosas.

Em primeiro lugar, uma das maiores oportunidades de ganhos em eficiência em todo o setor industrial da economia global é a substituição de motores elétricos antigos e ineficientes por modelos modernos e muito mais eficientes, que se pagam em um curto período de tempo e alcançam ganhos de eficiência adicionais através da otimização dos seus sistemas movidos a motor.

De acordo com o Escritório de Eficiência Energética e Energia Renovável do Departamento de Energia dos Estados Unidos, "os equipamentos movidos a motor representam 64% da eletricidade consumida no setor industrial norte-americano". Na verdade, os motores elétricos estão espalhados por toda a indústria mundial e, em sua grande maioria, são extremamente ineficientes. Os motores elétricos também desempenham um papel importante na atividade industrial de todo o mundo.

De acordo com Amory Lovins, talvez o maior especialista em eficiência de energia do mundo, "os motores consomem três quartos da eletricidade industrial, três quintos de toda a eletricidade e mais energia primária do que os veículos de autoestrada. Esse consumo está altamente concentrado: aproximadamente metade de toda a eletricidade motora é consumida pelos milhões de motores maiores, três quartos pelos 3 milhões de motores maiores... Uma melhora abrangente em todo o sistema motor economiza em geral em torno da metade da energia e dá retorno em 16 meses aproximadamente". Além disso, acrescenta

Lovins, motores industriais mais eficientes quase sempre são menos barulhentos, mais confiáveis e mais fáceis de operar.

Os motores elétricos maiores quase sempre podem ser substituídos por modelos novos e mais eficientes, gerando economias em consumo de eletricidade que superam seu preço de compra em apenas algumas semanas. Até mesmo considerando o custo de tempo de produção perdido, necessário para substituir essas máquinas, a maior parte das fábricas é capaz de economizar e reduzir a poluição escolhendo modelos mais eficientes.

Em segundo lugar, a produção de aço exige, tradicionalmente, enormes quantidades de energia para derreter o metal e fundir as lâminas grossas que, então, são aquecidas mais uma vez para fundir o aço na forma desejada, sejam vigas, chapas, lâminas ou outras. Avanços recentes conhecidos por *thin-slab casting* (fundição de chapas finas) e *direct casting* (fundição direta) possibilitam a dispensa da segunda etapa de aquecimento e fundição, economizando prodigiosas quantidades de energia e emissões de CO_2. Nesse processo novo e mais eficiente, o aço é fundido diretamente do seu estado líquido para a forma final desejada. Muitos especialistas alegam que o produto resultante não é apenas 20% mais barato de produzir, como também mais leve e resistente do que o aço produzido pelo processo antigo. Embora essa nova tecnologia tenha sido empregada pela primeira vez em miniusinas, ela avançou até o ponto em que pode ser utilizada também nas grandes usinas.

Em terceiro lugar, o manuseio de fluidos com sistemas de bombas e tubulações é comum na maioria das usinas de produção e prédios comerciais. De fato, mais de um quarto da eletricidade consumida pelos sistemas industriais do setor produtivo é utilizado para acionar bombas. Além disso, os municípios utilizam inúmeras bombas na transferência e no tratamento da água e de seus resíduos. Contudo, os engenheiros tradicionalmente se enganavam ao superestimar o tamanho

Apenas no período entre 1990 e 2000, os cidadãos norte-americanos desperdiçaram um número de latas de alumínio suficiente para "reproduzir 25 vezes toda a frota aérea comercial".

INSTITUTO DE RECICLAGEM DE RECIPIENTES

FARDOS DE METAL AGUARDAM A RECICLAGEM EM SEATTLE, NOS EUA. A RECICLAGEM DO METAL PODE REDUZIR A NECESSIDADE DE ENERGIA EM 95%, COMPARADA À PRODUÇÃO DO METAL NOVO A PARTIR DO MINÉRIO.

das bombas e com frequência falhavam em otimizar a interação do sistema de bombas e tubulações como um todo. Substituindo bombas antigas e ineficientes por versões modernas, reprojetando os sistemas de tubulação para otimizar o fluxo eficiente de fluidos e selecionando o tamanho de bomba mais eficaz para cada tarefa, muitas empresas descobriram enormes economias de energia, aumentaram a produtividade, reduziram os custos de produção e manutenção e melhoraram a confiabilidade e a qualidade do produto.

Em quarto lugar, a maioria das refinarias de petróleo e muitas processadoras de produtos químicos baseiam-se em uma primeira etapa com bastante concentração de energia chamada "destilação", que muitos especialistas dizem poder ser lucrativamente substituída por uma técnica muito mais eficiente em energia conhecida por "separação de membranas". Os rápidos avanços no projeto e na manufatura de membranas altamente especializadas levaram a descobertas recentes de novas aplicações em muitos campos. Apenas nos últimos dez anos, membranas especiais foram desenvolvidas para a separação do gás nessas duas indústrias, necessitando de uma pequena fração da energia consumida no processo de destilação tradicional.

Em algumas indústrias, a reciclagem de materiais largamente utilizados pode reduzir de forma drástica as demandas de energia para o reprocessamento. Por exemplo, o maior emprego da reciclagem de papel também poderia economizar grandes quantidades de energia e ajudar a evitar o desmatamento no mundo.

A reciclagem proporciona ganhos ainda maiores no setor de alumínio. A produção de alumínio a partir da bauxita é um dos processos com maior gasto de energia da economia global. Entretanto, 95% da energia pode ser economizada processando-se alumínio reciclado em vez de se produzir quantidades novas a partir da bauxita. Mesmo assim, enormes quantidades de alumínio são descartadas todos os anos, enchendo os aterros sanitários desnecessariamente.

Somente nos Estados Unidos, mais de 50 bilhões de latas de alumínio são jogados fora a cada ano — mais da metade das 100 bilhões vendidas anualmente. O Instituto de Reciclagem de Recipientes divulgou que apenas no período entre 1990 e 2000, os cidadãos norte-americanos desperdiçaram um número de latas de alumínio suficiente para "reproduzir 25 vezes toda a frota aérea comercial". Grandes quantidades de alumínio também são descartadas, em vez de recicladas, na forma de utensílios e outros bens duráveis.

Outros 50 bilhões de recipientes em forma de garrafas plásticas de polietileno tereftalato (PET) são jogados fora pelos norte-americanos todos os anos, em vez de serem reciclados. A propósito, os cientistas descobriram que os ftalatos dessas garrafas são prejudiciais ao sistema endócrino e muitos médicos os associaram a deformidades sexuais em bebês, menor contagem de espermas, diminuição da qualidade do esperma e outros problemas de saúde. A Sociedade de Endocrinologia dos Estados Unidos alertou que os ftalatos e outros itens prejudiciais ao sistema endócrino são "uma preocupação significativa para a saúde pública".

Ao se levar em conta as 29 bilhões de garrafas de vidro e as 7 bilhões de garrafas e jarras de plástico de alta densidade que também são descartadas nos aterros sanitários a cada ano, em vez de serem recicladas, conclui-se que, em média, nove recipientes de alumínio, plástico ou vidro são jogados fora toda semana por cada homem, mulher e criança nos Estados Unidos. Se, em vez disso, eles fossem reciclados rotineiramente, a energia economizada para produzir novos recipientes seria equivalente à energia de 53,5 milhões de barris de petróleo cru importado ou à eliminação de toda a gasolina consumida por 2 milhões de automóveis.

Uma das maiores oportunidades em termos de ganhos de eficiência — que está presente na geração de eletricidade e em muitos setores industriais — envolve a captação do calor residual. Na realidade, a maioria das instalações industriais que utiliza grandes quantidades de calor pode capturar, de forma rentável, a energia térmica residual e reutilizá-la em seus próprios processos ou vendê-la para aquecer e refrigerar os prédios vizinhos. Elas também podem utilizar, ao mesmo tempo, o calor residual para gerar a própria eletricidade, reduzindo de forma significativa suas aquisições de eletricidade das empresas de serviço público e, portanto, reduzindo drasticamente as emissões de CO_2.

A utilização sequencial de energia em dois sistemas produtivos é chamada cogeração ou CHP (*combined heat and power*). Empreendedores como Tom Casten, presidente do Recycled Energy Development (Desenvolvimento de Energia Reciclada), demonstrou mais uma vez como as indústrias que desejam investir em tecnologias de cogeração podem se tornar mais eficientes e rentáveis em um curto período de tempo.

O Laboratório Nacional de Oak Ridge (ORNL) concluiu em um importante estudo que a CHP é "uma opção de energia comprovada e eficaz, aplicável em curto prazo, capaz de suprir a demanda atual e futura de energia dos EUA" e acrescentou, "a eficiência em energia, incluindo a CHP, é a fonte de energia mais barata e mais rapidamente aplicável disponível no momento".

COMO FUNCIONA A COGERAÇÃO

Os sistemas de cogeração, ou geração combinada de calor e energia (CHP), utilizam uma única fonte de combustível para criar e capturar tanto eletricidade como calor (em usinas de energia convencionais, dois terços do calor são desperdiçados). O calor capturado pode ser utilizado de várias formas, incluindo a geração de vapor para eletricidade e o aquecimento direto dos ambientes. A eficiência de uma usina de CHP pode chegar a 80 ou 90%

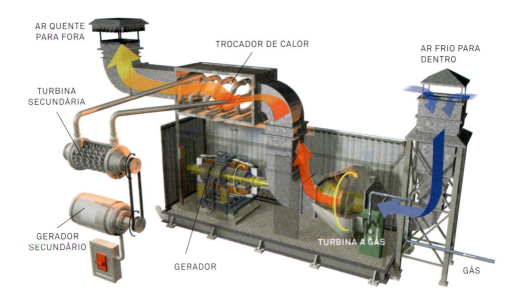

Nos Estados Unidos, um estudo do Departamento de Energia calculou em 2007 que o potencial de geração da CHP pelas indústrias que atualmente emitem calor residual reaproveitável é equivalente a 40% da produção das usinas de geração de energia a carvão que produzem eletricidade no país hoje.

O ORNL também calcula que até 2030 a ampla utilização da CHP em ambientes onde ela é rentável poderia "criar quase 1 milhão de novos empregos técnicos e altamente qualificados em todo o país. As emissões de CO_2 poderiam ser reduzidas em mais de 800 milhões de toneladas métricas por ano, o equivalente a retirar mais da metade da frota atual de veículos de passageiros das ruas dos Estados Unidos". De acordo com a análise do ORNL, se apenas 20% da capacidade de geração viessem da CHP nos Estados Unidos, "mais de 60% do aumento projetado para as emissões de CO_2 de hoje até 2030 poderia ser evitado". E 20% não é uma meta muito agressiva. Alguns países já expandiram o consumo da CHP, dos quais cinco obtêm hoje entre 30 e 50% da geração total de energia da CHP: Dinamarca, Finlândia, Rússia, Letônia e Holanda.

Na verdade, se toda a energia desperdiçada pelas fábricas dos Estados Unidos fosse capturada e reciclada, a quantidade de energia economizada poderia reduzir o uso de combustíveis fósseis e as emissões de CO_2 do país em aproximadamente 20%. Além disso, o valor de mercado real desses investimentos se pagaria em um curto período de tempo e ainda reduziria o custo total de energia.

Um recente estudo de especialistas do Conselho Norte-americano para uma Economia Eficiente em Energia (ACEEE) e da Associação Internacional de Energia Distrital (IDEA) concluiu que o setor industrial da economia possui "o maior potencial de crescimento em curto prazo. A maior parte dessa capacidade se concentra em sítios industriais com altas cargas de vapor".

Em âmbito mundial, a Agência Internacional de Energia dos EUA (IEA) relata que cinco setores da indústria que consomem grandes quantidades de calor em seu processamento — alimentos, papel e celulose, produtos químicos, metais e refino de petróleo — "representam mais de 80% da capacidade elétrica global total da CHP".

Infelizmente, essas indústrias ainda são exceções. De fato, quase todas as indústrias que consomem grandes quantidades de energia em forma de calor poderiam empregar de forma rentável as tecnologias de cogeração e reduzir drasticamente a sua conta de energia e o aquecimento global. No entanto, a IEA concluiu que, "apesar da maior atenção política na Europa,

> "A eficiência em energia, incluindo a CHP, é a fonte de energia mais barata e mais rapidamente aplicável disponível no momento."
>
> LABORATÓRIO NACIONAL DE OAK RIDGE

Estados Unidos, Japão e outros países, a fatia da CHP na geração da energia global permaneceu estagnada nos últimos anos em aproximadamente 9%".

Além disso, os Estados Unidos estão bem abaixo da média dos principais países industrializados e o ACEEE observa que uma das razões para isso é que "muitos administradores não estão cientes dos desenvolvimentos em tecnologia que expandiram o potencial de uma CHP eficiente em custo".

Porém, uma gama de especialistas concorda que a *principal* barreira para uma utilização mais abrangente da CHP nos Estados Unidos é que as empresas de eletricidade destinada a uso público bloqueiam ativamente seu uso por meio de várias práticas discriminatórias, desenvolvidas para maximizar seus lucros e evitar a concorrência da energia de baixo custo gerada pelos seus próprios clientes *in loco*.

Como o ORNL coloca, "muitas estruturas tarifárias atuais nos Estados Unidos, que vinculam as receitas e os retornos das empresas de eletricidade ao número de quilowatts-hora vendidos, são um desincentivo para que elas encorajarem a CHP e outras formas de geração *in loco* pelo próprio cliente". Como Tom Casten afirma, "a eletricidade é o mundo do custo adicional". E a maioria das pessoas está familiarizada com alguns dos abusos grosseiros desencadeados pela fórmula do "custo adicional" nos contratos do Departamento de Defesa dos Estados Unidos.

As empresas de eletricidade da maioria dos estados estão fazendo uso de várias técnicas para bloquear a utilização da CHP pelos seus maiores clientes. Com frequência, elas fazem petições para que os reguladores exijam que as instalações industriais com intenção de utilizar a CHP paguem por uma capacidade de geração de segurança cara, a fim de se proteger contra uma onda repentina de demanda no caso de o sistema CHP falhar. Embora isso pareça razoável a princípio, a tática é utilizada rotineiramente para elevar o preço da CHP, a fim de cobrir contingências altamente improváveis.

Não é incomum as empresas de eletricidade tentarem forçar seus clientes industriais a fazer grandes investimentos não rentáveis para se protegerem de uma contingência que, segundo análises estatísticas, tem chance de ocorrência de uma em 6 milhões.

O ACEEE ressalta que muitas delas também cobram "'taxas de saída' proibitivas dos clientes que constroem suas próprias instalações de CHP". A organização lista outras barreiras à CHP:

▸ A falha dos regulamentos atuais em reconhecer ou dar crédito para a eficiência superior da CHP e para as menores emissões resultantes da substituição de uma geração de eletricidade não mais necessária.

▸ Cronogramas de depreciação distorcidos dos investimentos em CHP, que podem durar até 39 anos, quando o verdadeiro cronograma de depreciação deveria ser de sete anos.

▸ A falta de padrões nacionais para a interconexão da CHP à grade elétrica, abrindo portas para que algumas empresas de eletricidade requeiram estudos que precisem proibitivamente de custos e equipamentos desnecessariamente caros como forma de desencorajar a utilização da CHP.

Existem generosos créditos tarifários para o investimento e a produção de energia renovável, mas até 2009 não há nenhum crédito para a CHP. Colocando de outra forma, os governos não oferecem quase nenhum incentivo para a indústria de energia empregar a eficiência da CHP. A maioria dos estados norte-americanos não reconhece a CHP como parte dos *renewable portfolio standards* (padrões de portfólio renovável) que muitos estados adotaram. Outra barreira importante é tratar a energia de uma usina de CHP local de forma similar à energia de uma usina de geração central remota, ignorando completamente o mérito da geração local de evitar investimentos em fios de transmissão e distribuição e as perdas nas linhas para transportar a energia da geração remota para os usuários. Se as usinas de CHP fossem devidamente pagas por evitar esses custos, os

EM ALGUNS BAIRROS DE TÓQUIO, ARRANHA-CÉUS OBTÊM O AQUECIMENTO E A REFRIGERAÇÃO POR MEIO DE SISTEMAS DE COGERAÇÃO COMBINADA DE CALOR E ENERGIA, COMO MOSTRADO ABAIXO. ESSES SISTEMAS PODEM SER DE 30 A 40% MAIS EFICIENTES DO QUE OS CONVENCIONAIS.

empreendedores se apressariam em construir uma geração local mais eficiente.

Além disso, o poder e a influência política das empresas de eletricidade têm sido usadas com frequência para bloquear mudanças em provisões regulatórias e legais obsoletas. Por exemplo, 49 estados norte-americanos proíbem o uso de fiação privada para o transporte de eletricidade através de uma rua pública. Uma universidade que instala uma usina de CHP é capaz de transportar vapor através das ruas públicas até todas as suas instalações, mas deve pagar tarifas exorbitantes para a empresa de eletricidade local fazer esse transporte.

A Califórnia e alguns outros estados desvincularam as oportunidades de lucro das empresas de energia da constante pressão para vender mais. Um projeto da Califórnia permite que essas empresas compartilhem as economias que a CHP e outros programas de eficiência em energia tornam possíveis para os clientes residenciais e comerciais. Se todos os estados adotassem uma abordagem semelhante, a necessidade de maior capacidade de geração cairia dramaticamente.

Ainda mais revoltante do que a prática das empresas de energia de bloquear o uso de tecnologias de cogeração que reduzem as emissões de CO_2 pelos seus maiores clientes é o fato de que essas empresas deixaram de desenvolver sua própria capacidade de geração para utilizar as redes de energia residual das fábricas dos clientes e novas usinas de tamanho apropriado próximas a esses clientes, que poderiam utilizar o calor como subproduto. Na realidade, a forma absurdamente esbanjadora com a qual o país gera grande parte da sua eletricidade duplica, sem necessidade, o consumo de combustíveis, os custos e as emissões de CO_2. Essas antigas usinas de eletricidade há muito estão além de sua vida útil programada, amparadas pelo seu direito de poluir. É chegado o momento de substituí-las por usinas de CHP distribuídas. Esta é uma das únicas e maiores fontes de redução rentável e significativa nas emissões de CO_2 em curto prazo.

O volume de energia desperdiçada é enorme. De acordo com o ORNL, "a energia perdida nos Estados Unidos com o calor desperdiçado no setor de energia é maior do que todo o consumo de energia do Japão". O Centro de Desempenho e Diagnóstico na Construção da Universidade Carnegie Mellon relata que 65% de toda a energia consumida para gerar eletricidade nos Estados Unidos a cada ano é perdida (o Instituto de Pesquisa em Energia Elétrica descobriu que aproximadamente 10% da eletricidade dos geradores também é perdida durante a transmissão e a distribuição). O Instituto Global McKinsey acrescenta: "com eficiências de conversão que variam de menos de 30% nos

> Sessenta e cinco por cento de toda a energia consumida para gerar eletricidade nos Estados Unidos a cada ano é perdida.
>
> UNIVERSIDADE DE CARNEGIE MELLON

geradores antigos a carvão a 60% em turbinas avançadas de ciclo combinado a gás, existem grandes oportunidades para reduzir as perdas tanto nas usinas de geração novas como nas existentes".

No entanto, há atualmente centenas de propostas de construção de usinas no mundo para gerar apenas eletricidade, desperdiçando de 40 a 65% do combustível no lugar de gerar calor e energia e atingir 65 a 95% de eficiência.

As possíveis economias são tão grandes que, de acordo com o McKinsey, "em muitas regiões faz sentido, economicamente falando, substituir as usinas de energia antigas e ineficientes, uma vez que as futuras economias de energia pagam o custo do investimento em equipamentos novos e mais eficientes". De acordo com a Fundação Nacional de Ciência dos EUA, uma típica usina de energia grande possui uma eficiência média de 30% com perdas adicionais de eletricidade durante a transmissão. Ao mudar para a CHP, junto à geração distribuída, poderíamos alcançar uma eficiência de 80% com praticamente nenhuma perda na transmissão.

Infelizmente, a maior parte dos reguladores das empresas de energia continua utilizando métodos defasados, tornando mais rentável para essas empresas vender eletricidade e desperdiçar dois terços da energia no combustível que consomem. As barreiras regulatórias que impedem que essa ineficiência seja evitada foram responsáveis por menos de 1% de melhorias de eficiência na geração de energia nos últimos cinquenta anos — desde que Dwight David Eisenhower foi presidente.

Ironicamente, a CHP foi utilizada pela primeira vez há 127 anos. No dia 4 de setembro de 1882, precisamente às 15 horas, Thomas Edison apertava o botão que começaria a operar a primeira usina de geração de eletricidade do mundo, ao sul de Manhattan. Esse botão acendeu as inovadoras luzes elétricas que ele havia instalado nos escritórios do *New York Times* e outros jornais importantes da época, corretoras de Wall Street, Bolsa de Valores e vários bancos importantes.

O *Times* divulgou no dia seguinte que as novas luzes eram "suaves e agradáveis aos olhos (…) sem odor nauseante, tremulação ou ofuscação". O repórter, referindo-se aos colegas do jornal, disse que as novas luzes haviam sido "testadas por homens que sacrificaram a vista o suficiente durante anos de trabalho noturno, que tinham como definir os pontos positivos e negativos de uma lâmpada, e a decisão foi unânime em favor da lâmpada elétrica de Edison contra o gás".

Da mesma forma, o mesmo observador ressaltou que "pouquíssimo calor emanava de cada lâmpada, não tanto quanto o do lampião a gás — um quinze avos do gás, disse o inventor". De fato, o calor residual das lâmpadas incan-

UMA LÂMPADA MELHOR

Enquanto as lâmpadas incandescentes de Thomas Edison eram mais eficientes do que os lampiões a gás, avanços desde aquela época aumentaram a eficiência da lâmpada mais de setenta vezes, medida pela quantidade de luz por watt de eletricidade.

LED (2010)
100+ LUMENS/WATT

FLUORESCENTE COMPACTA
60+ LUMENS/WATT

LED (2009)
20 A 50 LUMENS/WATT

INCANDESCENTE DE 100 W (MODERNA)
15 A 20 LUMENS/WATT

INCANDESCENTE (EDISON)
1,4 LÚMEN/WATT

VELA
0,3 LÚMEN/WATT

FONTE: Philips; Departamento de Energia dos Estados Unidos.

NO INSTITUTO DE PESQUISA EM ENERGIA ELÉTRICA DOS EUA, UMA INSTITUIÇÃO SEM FINS LUCRATIVOS, PESQUISADORES TESTAM A EFICIÊNCIA E O DESEMPENHO DE EQUIPAMENTOS ELÉTRICOS, DESDE GERADORES ATÉ LÂMPADAS E UTENSÍLIOS.

descentes de Edison era apenas uma fração do calor residual dos antigos lampiões a gás. Ainda assim, emitia apenas 1,4 lúmen (um lúmen é a unidade de medida padrão da luz visível) para cada watt de eletricidade consumido.

As lâmpadas incandescentes modernas são ainda mais eficientes, gerando de 15 a 20 lumens por watt, e as últimas versões geram acima de 20. As novas lâmpadas fluorescentes compactas (CFL, *compact fluorescent lightbulbs*) receberam muita atenção porque são quatro vezes mais eficientes no uso da eletricidade e duram quatro vezes mais. Enquanto as primeiras versões da CFL irritavam muitas pessoas com sua luz fraca comparada à das lâmpadas incandescentes a que a maioria das pessoas ainda estava acostumada, as versões mais novas são mais luminosas.

E uma forma ainda mais moderna de iluminação, o diodo emissor de luz (LED, *light emitting diode*), já atingiu 100 lumens por watt de eletricidade e sua eficiência está dobrando a cada 18 ou 24 meses. Dentro de um ano, versões mais recentes dessa LED devem ser disponibilizadas ao consumidor com designs que se encaixam nos soquetes padrão.

O potencial de economia com a ampla substituição da lâmpada incandescente pela nova LED é espantoso. Aproximadamente 12,5% da produção global de eletricidade é consumida em iluminação. Uma iluminação pública melhor e mais eficiente nas ruas é capaz de gerar economias especialmente grandes para as cidades.

Assim como a primeira lâmpada de Edison era bem menos eficiente do que a incandescente moderna, seu primeiro gerador — que recebeu o nome do famoso elefante africano de P.T. Barnum, Jumbo — era bem menos eficiente do que o de hoje. O Jumbo capturava apenas 3 a 4% da energia do carvão que Edison consumia para gerar eletricidade, enquanto os geradores atuais são dez vezes mais eficientes.

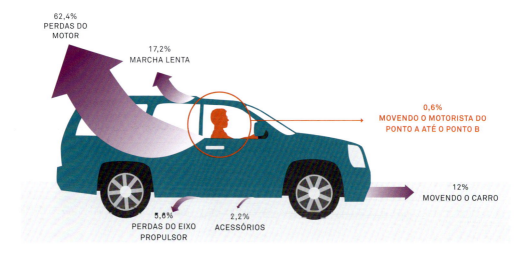

PARA ONDE VAI A ENERGIA DA NOSSA GASOLINA

Em decorrência das perdas de energia dos motores de combustão interna e outros sistemas que utilizam energia em carros convencionais, menos de 13% da energia contida em 4 litros de gasolina de fato move um carro normal. A maior parte dessa energia move o carro em si, da qual menos de 1% move a pessoa dentro do carro do ponto A até o ponto B.

FONTE: Departamento de Energia dos Estados Unidos; Amory Lovins, Instituto Rocky Mountain.

Mesmo assim, eles lançam dois terços do calor na atmosfera, em vez de reutilizá-lo para gerar mais eletricidade ou recapturá-lo para outros propósitos.

Embora o primeiro gerador de eletricidade de Edison fosse menos eficiente do que as instalações de geração de hoje, ele tinha o cuidado de capturar o calor residual e utilizá-lo de forma produtiva. Alguns anos após seu primeiro gerador entrar em funcionamento em Manhattan, Edison inspecionou pessoalmente outro sistema elétrico novo que havia sido instalado para gerar energia no Hotel Del Coronado em San Diego. Esse foi o primeiro hotel a obter aquecimento distrital da geração combinada de calor e energia.

Aquecimento distrital e aquecimento e refrigeração distritais são os nomes utilizados para descrever sistemas capazes de transferir o calor residual da geração elétrica para os prédios vizinhos. Em sistemas europeus típicos, a água quente do sistema CHP é bombeada sob as ruas de toda a cidade até os trocadores de calor instalados nos prédios, nos quais é utilizada para o aquecimento dos ambientes, e até os refrigeradores de absorção, para a refrigeração dos ambientes. Essa energia térmica é um subproduto da geração de eletricidade e substitui o combustível dos aquecedores de toda a cidade.

Na realidade, uma das orientações mais importantes para os especialistas em eficiência de energia é projetar sistemas de energia que evitem a transformação desta de uma forma para outra. Qualquer transformação desse tipo resulta inevitavelmente na perda de grandes quantidades de energia. Por exemplo, quando o gás natural é consumido para gerar a eletricidade utilizada nos fogões elétricos para gerar calor no preparo de alimentos, a transformação da energia apresenta uma perda de 65%; 10% do que sobra é perdido durante a transmissão e a distribuição da eletricidade; outras perdas ocorrem quando a voltagem é reduzida para a distribuição nas casas; e mais ainda é perdido quando a eletricidade é transformada de novo em calor no fogão.

As aplicações mais eficientes para o aquecimento distrital até agora tem sido o suprimento de energia térmica para grandes instituições como hospitais, universidades e bases militares, com a qual a instituição é capaz de aquecer todos os prédios por meio de uma única instalação e um único contrato.

Em anos recentes, o crescimento mais rápido dos sistemas distritais de aquecimento e refrigeração tem ocorrido nas áreas urbanas, com ênfase especial para os sistemas de refrigeração. Por exemplo, Helsinque, capital da Finlândia, há muito tempo recebe mais de 92% do calor para os prédios do sistema CHP, e gera tanta eletricidade que vende o excesso para outros países nórdicos. De acordo com um relatório da estatal Helsinki Energy de 2008, toda a nação da Finlândia recebe quase 50% do aquecimento dos ambientes dos sistemas de aquecimento distritais, e 75% desse calor é fornecido por usinas de CHP.

Um dos surpreendentes líderes em utilização de aquecimento distrital é a Rússia, que recebe mais de 30% da geração total de energia do sistema CHP e utiliza água quente do aquecimento distrital; a Alemanha e a China obtêm mais de 10%. Mas os outros países, incluindo os Estados Unidos, ainda não exploraram nem uma fração do potencial desse eficiente método de energia.

Unidades de CHP de menor escala foram bem-sucedidas na Europa e no Japão, fornecendo aquecimento e refrigeração para os prédios individualmente. Como exemplo, existem hoje mais de 50 mil casas no Japão com um dispositivo de CHP, seja um pequeno pistão ou uma pequena turbina, que opera somente quando a casa requer calor ou água quente, e então funciona apenas o suficiente para gerar calor. A eletricidade, como subproduto, gira o medidor ao contrário. Os sistemas têm eficiência de 90% e a comunidade ganha com isso.

Entretanto, esses sistemas e as usinas de CHP maiores ainda não são utilizados nos Estados Unidos e demais lugares em larga escala. Mas o crescente interesse por construções autogeradoras está começando a criar maior demanda por essas aplicações de menor escala.

Em 1882, Edison vendia eletricidade com corrente direta que, na baixa voltagem da época, poderia ser transmitida de forma rentável por 800 metros apenas. Seis anos mais tarde, Nikola Tesla, um brilhante imigrante sérvio empregado por um curto período por Edison, inventou a corrente alternada (CA) e, com o financiamento de George Westinghouse, iniciou seu próprio empreendimento para competir com Edison. O raio pelo qual a corrente alternada podia ser transmitida lhe concedeu uma vantagem tecnológica decisiva, e a energia por CA logo se transformou no novo padrão.

Como as empresas de energia que utilizavam os novos geradores de CA podiam atender muito mais clientes, logo começaram a construir geradores maiores em um esforço de obter economias de escala. Contudo, as grandes quantidades de carvão que esses geradores consumiam produziam índices inaceitáveis de poluição no ar e, nos anos de 1930, começaram a ser estabelecidos a alguma distância das áreas urbanas centrais. Em decorrência disso, eles não mais ficavam perto dos prédios grandes que poderiam facilmente utilizar a energia térmica residual que geravam. Os prédios instalaram aquecedores e consumiram mais combustível para gerar o calor que as usinas de geração de eletricidade simplesmente jogavam fora. Em uma época de combustível fóssil barato e pouca preocupação com os problemas de poluição do ar e aquecimento global, paramos de utilizar a energia duas vezes. O setor de eletricidade dos Estados Unidos e de outros lugares adotou o hábito de simplesmente descartar todo o seu calor residual na atmosfera.

Com o tempo, essa técnica ineficiente passou a ser considerada normal, e regulamentos para essas empresas foram desenvolvidos de forma a recompensar apenas o investimento de capital, exigindo que fossem transferidos todos os ganhos de eficiência aos clientes. Como resultado, em muitas jurisdições essas empresas não recebem nenhum incentivo para aumentar a eficiência captando e reciclando seu calor residual. É incrível como esse uso distorcido do poder regulador torna mais rentável para a maioria delas desperdiçar totalmente dois terços da energia do carvão, do gás e de outros combustíveis que consomem. Praticamente todo esse calor residual poderia ser recapturado de forma econômica no local da geração e utilizado com eficiência para gerar eletricidade adicional, reduzindo a necessidade de maior carvão e maior capacidade de geração.

O *Clean Air Act* de 1970 isentou as usinas antigas e ineficientes com a alegação de que elas eventualmente se esgotariam e seriam substituídas, mas o valor econômico desse direito de continuar poluindo em altos níveis lhes concedeu imortalidade virtual. A idade média das usinas de geração a carvão continuou aumentando, uma vez que essa distorção legal lhes dá uma vantagem econômica muito grande sobre as usinas novas e mais eficientes.

Como a energia do calor residual é gratuita e o CO_2 produzido em sua geração é emitido, seja o calor recuperado ou não, essa energia é efetivamente livre de CO_2. A captação dessa energia para substituir a queima de mais combustível do carbono reduziria simultaneamente as emissões de CO_2 e o custo da energia, aumentando a eficiência e a competitividade das indústrias e das empresas que, por sua vez, obteriam o benefício dos custos de eletricidade reduzidos.

Qualquer esforço sério para recapturar as enormes quantidades de energia desperdiçada a cada ano por ineficiência também deve priorizar as construções. O Programa das Nações Unidas para o Meio Ambiente estima que 30 a 40% das emissões de CO_2 no mundo são produzidas pelo aquecimento, a refrigeração e a iluminação dos prédios, nos quais a energia escapa como numa peneira. Os Estados Unidos estão no topo da ineficiência nas construções, que produzem quase 40% das suas emissões de CO_2.

As maiores economias de energia no ambiente da construção civil podem ser geradas pelo aperfeiçoamento das casas com sistemas de isolamento melhores. Infelizmente, conforme mencionado no Capítulo 15, as empresas que constroem casas têm interesses diferentes dos proprietários; como esforço para baixar o preço inicial de compra, com frequência elas instalam isolamento significativamente inferior ao necessário para garantir que a casa seja eficiente em energia.

Embora as práticas e a tecnologia da construção tenham melhorado em anos recentes, a maior parte dos códigos de construção ainda é baseada em conhecimento desatualizado e não reflete grande parte das oportunidades atuais disponíveis. Apenas como exemplo, muitos códigos locais exigem a iluminação constante de alguns espaços comuns e saídas de emergência, embora sensores modernos possam detectar quando as pessoas estão presentes e acender a luz. Os padrões nacionais dos códigos de construção podem retificar esse problema, embora a resistência política para mudar seja, como sempre, difícil de contornar.

A maioria dos avanços em eficiência requer um investimento antecipado que é ressarcido com o tempo, o que significa que os proprietários das casas sem recursos para o investimento inicial devem financiar essa despesa e depois adicionar o custo do capital ao retorno obtido na forma de conta de energia reduzida. O que esses proprietários precisam é de uma fonte de financiamento com juros baixos para pagar aumentos de eficiência, uma fonte prontamente disponível de conhecimento confiável sobre o que melhor funciona e uma rede de prestadores de serviços completos competindo para realizar auditorias de energia gratuitas ou de baixo custo como etapa inicial para identificar as opções mais eficientes e de menor custo para cada casa. Como mencionado no Capítulo 15, o atual foco obsessivo em perspectivas de curto prazo desencoraja ainda mais os grandes

O efeito acumulado das melhorias em eficiência nas casas pode ocasionar reduções significativas nas emissões de gases de efeito estufa. Essas melhorias variam desde a substituição de janelas antigas (acima à esquerda) e a instalação de melhores sistemas de isolamento (acima à direita) até a troca por utensílios eficientes (meio à esquerda) e lâmpadas fluorescentes compactas (meio à direita). Outras melhorias domésticas incluem o aquecedor de água solar instalado no telhado (embaixo à esquerda) e o telhado verde (embaixo à direita).

investimentos no presente, que serão pagos com economias que se estenderão por vários anos.

Enquanto houver essa tendência de pensamento, somada aos incentivos divididos entre construtoras e proprietários e à falta de familiaridade destes com as novas oportunidades de economia, o resultado será perdas enormes e desnecessárias na maioria das construções nos Estados Unidos e em muitos outros países.

Uma legislação pendente no Congresso norte americano exige auditorias de energia e o estabelecimento de padrões mínimos de eficiência quando casas novas forem construídas ou as antigas forem vendidas. Outros países — Alemanha, Suécia e Japão, por exemplo, já fizeram bom uso dessas leis.

Nos últimos anos, houve esforços para estabelecer padrões de construção verde, como a certificação Liderança em Energia e Design Ambiental (LEED). É tão grande a economia de energia e a consequente redução de CO_2 com a utilização de formas de construção novas e eficientes que a maioria dos proprietários pode se beneficiar de forma significativa aperfeiçoando suas casas com mais isolamento, melhor iluminação e melhores janelas.

Certamente, as casas antigas são, em geral, mais ineficientes, mas podem ser modernizadas com investimentos que praticamente são compensados em menos de três anos com contas menores de energia. Além disso, o aperfeiçoamento de prédios comerciais e residenciais ineficientes em energia criaria milhões de empregos nos Estados Unidos que não poderiam ser terceirizados. E, certamente, esforços semelhantes em outros países também criariam empregos e fortaleceriam a economia global.

Fornalhas, bombas de aquecimento e condicionadores de ar modernos normalmente economizam muita energia comparados às versões mais antigas que também recuperam o investimento feito em um curto período de tempo. Além disso, a ampla utilização de bombas de aquecimento no solo, em especial em construções novas (como discutido no Capítulo 5), também pode aproveitar a energia térmica natural da Terra para reduzir drasticamente as contas de aquecimento no inverno e de refrigeração no verão.

Uma das maiores fontes de desperdício de energia nos edifícios é o vazamento nos dutos. Como os vazamentos e o desperdício de energia que eles causam, estão ocultos em paredes, sótãos e porões, essas perdas normalmente são invisíveis, exceto quando chega a conta no final de cada mês. E, como não existe divisão entre a energia consumida e a energia desperdiçada quando chega a conta, não ocorre para a maioria das pessoas consertar os vazamentos nesses dutos.

Quando o estado da Califórnia começou a priorizar a eficiência de energia, descobriu que os dutos de ar residenciais deixavam escapar, em média, 20 a 30% do ar de aquecimento e refrigeração que passava por eles. Hoje, o estado exige índices de vazamento de menos de 6% e inspeciona cada sétima casa nova para fazer valer esse padrão.

Grande parte das janelas das construções é tão ineficiente que deixa escapar enormes quantidades de calor para fora durante o inverno e permite a entrada do calor de fora durante o verão. As janelas novas e muito mais eficientes no mercado atual são mais caras, mas são compensadas muitas vezes na forma de contas de energia significativamente menores para o proprietário, reduzindo a perda de calor no inverno em dois terços e o calor indesejado no verão pela metade. Nos prédios comerciais, muitos arquitetos redescobriram as vantagens de permitir que as pessoas abram as janelas, pois isso pode gerar economia de energia.

Arquitetos e construtores também estão dando uma atenção diferenciada ao projeto e à construção de telhados a fim de minimizar o calor absorvido do Sol no verão e reduzir a perda de calor no inverno. Telhados brancos e muito reflexivos são particularmente eficientes em áreas de grande utilização de ar condicionado.

UMA PISTA EXCLUSIVA PARA ÔNIBUS EM JACARTA, NA INDONÉSIA, PERMITE QUE O TRANSPORTE PÚBLICO ULTRAPASSE OS AUTOMÓVEIS EM HORÁRIOS DE PICO.

HÁ TESTES EM ANDAMENTO COM MOTORES DE AERONAVES MAIS LEVES E EFICIENTES. ESSE MOTOR PRODUZ 20% MENOS CO_2 DO QUE SEUS PREDECESSORES.

Com a expectativa de preços da energia mais altos e a maior pressão para reduzir o CO_2, as opções para aprimorar a eficiência da construção civil estão recebendo muito mais atenção. Os arquitetos demonstraram, nos últimos anos, muito mais interesse em investigar e utilizar projetos que minimizam a perda de calor e o consumo de energia, e muitos compradores e st3o comprando casas com maior alcance aos recursos que reduzem as despesas anuais de eletricidade, aquecimento e refrigeração.

Conforme discutido no Capítulo 3, o que é chamado de projeto solar passivo na nova construção pode fazer enorme diferença na quantidade de energia necessária para aquecer no inverno e resfriar no verão. Jardins no telhado também isolam as estruturas, reduzem a temperatura da construção durante o verão e a deixam mais quente no inverno.

Dentro de muitas construções residenciais, ganhos significativos em eficiência de energia estão disponíveis com a substituição de utensílios e sistemas eletrônicos por versões mais modernas e eficientes. O programa Energy Star do Departamento de Energia dos Estados Unidos fornece informações úteis aos consumidores sobre quais utensílios podem gerar mais economia com menor consumo de energia. Aquecedores de água mais antigos podem ser substituídos sem gastos excessivos ou envolvidos com sistemas de isolamento para reduzir as perdas de calor. Em muitas latitudes, aquecedores solares de água montados no telhado têm seu valor de compra compensado em um curto período e oferecem maior economia pelo tempo em que são utilizados.

Muitos aparelhos de TV, DVD e outros dispositivos eletrônicos nas casas desperdiçam prodigiosas quantidades de energia, mesmo quando desligados. Na realidade, essa energia é utilizada pelas televisões norte-americanas no modo *standby* que é necessária toda a geração de uma usina a carvão de 1.000 megawatts apenas para suprir a energia dos aparelhos *desligados*.

Praticamente todos os produtos e sistemas podem ser muito mais eficientes com o emprego de métodos modernos de projeto e fabricação assistidos por computador (CAD/CAM, *computer-aided design e computer-aided manufacturing*). Novas tecnologias de produção possibilitam a adoção de novos materiais e projetos que, em muitos casos, resultam em melhorias revolucionárias nos processos e produtos que seguiram o mesmo projeto básico por muitas gerações.

A oportunidade de reduzir a poluição responsável pelo aquecimento global no setor de transportes é enorme. O motor a combustão interna, por exemplo, tem eficiência de apenas 20%, enquanto a transição para veículos elétricos aumentaria instantaneamente a eficiência para 75%, embora os ganhos totais de eficiência dependam da fonte de eletricidade. Afinal, as usinas de geração a carvão têm apenas 35% de eficiência.

Como já sabemos há muito tempo, o confortável transporte público moderno, como os sistemas de trens urbanos, pode reduzir de forma drástica a energia consumida e o CO_2 produzido no setor. Novas tecnologias de motores, veículos híbridos e veículos elétricos *plug-in* possibilitam muita economia de energia e menor taxa de emissão de poluição no caso dos veículos particulares. Materiais novos e mais leves prometem ganhos muito maiores de eficiência para esses veículos. As melhorias compulsórias no rendimento da quilometragem foram responsáveis por grande parte dos benefícios obtidos pela frota de veículos até o momento. Os novos padrões mais altos adotados nos Estados Unidos em 2008 alcançarão economias maiores, embora ainda estejam bem abaixo dos da China, Europa e Japão.

Várias companhias aéreas estão investigando ativamente o uso de fontes alternativas de combustível, embora o reduzido conteúdo de energia de muitos biocombustíveis tenha convencido muitos analistas de que essa transição será difícil. No entanto, a empresa Boeing Aircraft está conseguindo progressos no desenvolvimento de materiais muito mais leves e resistentes na produção de aeronaves, os quais já estão obtendo ganhos de eficiência em energia.

Os obstáculos que impedem o aumento da eficiência incluem, de forma mais destacada, a falta de conscientização nacional, regional, local e individual da grandeza dessas oportunidades. Como somos criaturas de hábitos, a não familiaridade vigente com os possíveis ganhos em eficiência é composta pela inércia natural que impede que muitos tomem a iniciativa de captar economias de energia, mesmo que possam economizar dinheiro no processo.

Além disso, a falta de "pensamento sistêmico" inibiu a introdução dos ganhos de eficiência provenientes do redesenho e da reengenharia dos grandes sistemas. E a falta de sistemas de informação de alta qualidade e fáceis de usar, que identificam as oportunidades de novos avanços, contribuiu para as dificuldades em adotá-los.

Finalmente, o redesenho de sistemas maiores, como as cidades, possibilitará atingir economias muito maiores em eficiência. E, enquanto isso parecer visionário ou inalcançável demais, é importante lembrar que em nações como a China, a Índia, a Nigéria e outros países em rápido crescimento, novas cidades estão sendo planejadas a cada ano. A incorporação precoce desses novos princípios de projeto eficiente em energia pode gerar economias em massa.

Grande parte das soluções para a crise climática vai ser muito mais fácil de adotar quando as consequências do aquecimento global forem refletidas quanto ao custo das escolhas que fazemos. Porém, a maioria dos especialistas concorda que outros fatores, além do preço, também são extremamente importantes a fim de aproveitar as oportunidades de altos ganhos com os avanços na eficiência.

Como essas oportunidades são tão variadas e surgem em cenários tão diferentes, não há um único corpo de conhecimento que seja aplicável universalmente a todas as etapas a serem empreendidas. Praticamente a única característica comum é que todas essas etapas acabam economizando dinheiro e reduzindo a poluição pelo CO_2. Além do mais, não existe um "prestador de serviço" único capaz de eliminar o "fator inconveniente" que enfrentam aqueles que realizam melhorias em eficiência.

As empresas de energia seriam as fornecedoras óbvias de um pacote total de melhoras em eficiência, mas os incentivos distorcidos ao setor as compensam por vender mais energia e as penalizam por reduzir o consumo dos clientes. Como observado anteriormente, o estado da Califórnia e algumas outras jurisdições reviram os incentivos a essas empresas, permitindo que compartilhassem as economias proporcionadas aos clientes. Apenas essa mudança foi a responsável por uma parcela significativa da história de sucesso da eficiência em energia na Califórnia. A enormidade das oportunidades é um argumento poderoso para um programa nacional baseado na experiência da Califórnia e de alguns outros estados norte-americanos que assumiram a liderança nessa área. Entretanto, a montanha-russa dos preços mundiais do petróleo, que é sempre espelhada nos preços de energia de todos os tipos, esmoreceu o vigor nacional e frustrou o esforço sustentado, necessário para introduzir melhorias de eficiência generalizadas em toda a economia nacional e global. Em parte porque os efeitos da energia dos combustíveis fósseis no âmbito do aquecimento global não estão incluídos no preço da eletricidade ou do petróleo, os preços baixos ilusórios desencorajaram os investimentos em eficiência. Porém, o preço distorcido representa apenas uma pequena parcela do motivo para a nossa falha em utilizar ganhos de eficiência, pois eles são quase sempre rentáveis, independentemente do preço da energia.

O que mais precisamos é do tipo de visão, foco e determinação, por parte da liderança nacional, que vimos produzir avanços revolucionários nas empresas e políticas governamentais quando líderes visionários foram responsáveis por estimular as melhorias em eficiência.

A EFICIÊNCIA DE ENERGIA DEPENDE DE LIDERANÇA E VISÃO

Al Carey, presidente da Frito-Lay, e Arnold Schwarzenegger, governador da Califórnia, fazem um tour pela usina solar da Sun Chips, em Modesto, estado da Califórnia, EUA.

Entre as empresas mais bem-sucedidas na adoção de melhorias em eficiência, a principal razão para o sucesso é que, em quase todas as instâncias, um líder determinado e visionário motivou o compromisso da empresa com a eficiência. E, em muitas outras empresas, as falhas organizacionais e a falta de liderança impediram o reconhecimento e a adoção desses avanços.

A Frito-Lay, uma divisão da PepsiCo, é presidida por Al Carey, que obteve economias notáveis de energia enfocando uma forma de reduzir as emissões de CO_2 da empresa.

Sob a liderança de Carey, a Frito-Lay analisou cada componente das operações corporativas a fim de descobrir novos meios de eficiência e economia. Recentemente, a empresa instalou o maior sistema corporativo de energia solar do Arizona que, no ano passado, começou a utilizar esse tipo de energia para ajudar a produzir a Sun Chips na Califórnia (nesse sistema, o vapor produzido pelo Sol aquece o óleo em que os salgadinhos são fritos). A empresa também instituiu o programa "aterro sanitário zero" em quatro das suas usinas, com o intuito de reduzir a quantidade de resíduos para menos de 1%.

A empresa fez ainda várias mudanças que reduziram as emissões de CO_2 em quase 50 mil toneladas de 2006 para 2007. Reduções adicionais de mais 14% nas emissões de gases de efeito estufa foram igualmente identificadas, e a Frito-Lay definiu como meta atingir 50% de redução na poluição responsável pelo aquecimento global até 2017.

Outra estratégia que a Frito-Lay está adotando para atingir essa meta é reutilizar as caixas de papelão das embalagens. Ao reutilizar cada caixa cinco ou seis vezes, em média, a empresa reduziu seu consumo de papelão em 120 mil toneladas por ano. Quando as caixas finalmente se estragam, elas são recicladas.

A Frito-Lay também definiu como meta tornar sua frota de caminhões a mais eficiente do país em termos de combustível, convertendo muitos deles em veículos híbridos e treinando os motoristas para reduzir o consumo de combustível. Trocando os materiais que utiliza e reestruturando seus processos, a empresa está fazendo uma enorme diferença, além de demonstrar para outras empresas o que é possível fazer quando se tem um compromisso igualmente sustentável.

COMO UTILIZAMOS A ENERGIA

CAPÍTULO TREZE

A SUPER-REDE

EM XANGAI, NA CHINA, E EM OUTROS LUGARES DO MUNDO, O ENORME CRESCIMENTO DA DEMANDA POR ELETRICIDADE VEM SOBRECARREGANDO AS REDES ELÉTRICAS ATUAIS COM TECNOLOGIAS OBSOLETAS DE TRANSMISSÃO.

Há mais de um século, a nossa forma de pensar sobre a eletricidade vem sendo moldada pela predominância de enormes usinas elétricas centralizadas (abastecidas a carvão, energia hidrelétrica, nuclear ou gás) sempre conectadas aos consumidores em tempo real por redes de transmissão e distribuição. Quando o atual sistema elétrico foi implementado, o mundo inteiro se maravilhou. Na verdade, a Academia Nacional de Engenharia descreveu esse avanço como "o marco mais importante da engenharia no século XX" no ano 2000.

No entanto, problemas cada vez maiores e diversos novos avanços tecnológicos começaram a minar a validade dessa antiga forma de pensar. E, agora, já está muito claro que a nossa atual rede elétrica se tornou obsoleta e ineficiente.

Usineiros, órgãos de regulamentação e legisladores federais e estaduais estão se esforçando para entender como poderão se adaptar da melhor maneira possível para aproveitarem as novas tecnologias e novos padrões de geração, transmissão, distribuição, armazenamento e uso da eletricidade.

Mas existem inúmeros motivos para se acelerar a introdução desses avanços tecnológicos e a construção de novas redes inteligentes unificadas de proporções continentais — ou super-redes — nos EUA e em outros países. Isso irá reduzir de forma significativa as emissões desnecessárias de poluentes responsáveis pelo aquecimento global causadas pela ineficiência na transmissão, distribuição e no armazenamento de energia.

As tecnologias necessárias para se construir uma super-rede já estão todas bem desenvolvidas e disponíveis no mercado. O único ingrediente que ainda falta é a vontade política. O primeiro passo para a construção de uma super-rede nos Estados Unidos foi dado no começo de 2009, quando o presidente Barack Obama fez uma proposta formal deste projeto e incluiu a primeira fase de seu financiamento no pacote de estímulos econômicos.

Assim como os Estados Unidos se beneficiaram com o projeto nacional de um sistema interestadual de rodovias e depois com a "super-rodovia da informação" que veio a se transformar na internet, o desenvolvimento de uma rede inteligente nacional unificada poderia criar milhões de novos empregos e reduzir drasticamente as emissões de CO_2.

Além disso, com um projeto grande o bastante e o planejamento adequado, os Estados Unidos e outros países poderão criar também uma rede de banda larga expandida e de alta eficiência, instalando fibras óticas de alta capacidade nos mesmos canais escavados para as linhas de transmissão de alta voltagem que irão compor a espinha dorsal dessa nova rede elétrica.

O Laboratório Nacional de Tecnologia Energética (LNTE) do Departamento de Energia dos Estados Unidos propôs um projeto para balizar o desenvolvimento de uma rede moderna no país e "revolucionar o sistema elétrico, gerando tecnologias dignas do século XXI, que sejam capazes de fornecer processos eficientes de geração, transmissão e uso final da eletricidade, trazendo benefícios ao país inteiro".

É importante esclarecer quais são os quatro elementos interligados que compõem uma rede inteligente nacional unificada, ou super-rede:

▸ Linhas de transmissão de alta voltagem de longa distância muito mais eficientes e interligadas a todos os produtores de eletricidade, incluindo as novas fontes intermitentes: a solar e a eólica.

- Redes de distribuição "inteligentes" conectadas pela internet a medidores inteligentes em casas, subestações, transformadores e todos os outros elementos da rede de transmissão e distribuição.
- Unidades de armazenamento de eletricidade mais modernas, dinâmicas e eficientes instaladas ao longo de toda a rede de transmissão e distribuição, com a maioria dos equipamentos de armazenagem alocada perto ou dentro dos próprios aparelhos usados pelos consumidores finais. Interligação completa a todas as redes de transmissão e distribuição.

alvo que eles mesmos estabeleceram. Os dias dos funcionários responsáveis pela leitura periódica do seu medidor de energia elétrica estarão contados.

A rede inteira será digital, deixando de lado as velhas tecnologias analógicas e eletromecânicas. Ela poderá se automonitorar e, em grande parte, realizar reparos de forma automática. A rede inteligente irá eliminar uma boa parcela das quedas de energia, minimizar outra e auxiliar as concessionárias, informando-as em tempo real sobre os locais exatos onde reparos emergenciais forem necessários. Ela também for-

As tecnologias necessárias para se construir uma super-rede já estão todas bem desenvolvidas e disponíveis no mercado. O único ingrediente que ainda falta é a vontade política.

- Um serviço de inteligência distribuído, aliado a uma forte comunicação de mão dupla e bem abastecida de informações ao longo de toda a rede.

Um sistema de distribuição sob o formato de "rede inteligente" permitirá a cobrança de tarifas diferenciadas ao longo do dia, o que pode reduzir os preços da eletricidade e automatizar o processo com base nas preferências do consumidor. Os medidores inteligentes, um dos principais elementos de uma rede inteligente, ajudarão os consumidores a controlarem seus padrões de consumo elétrico. Os consumidores poderão determinar com antecedência o quanto eles querem gastar com energia por mês e então escolher uma série de aparelhos, equipamentos, lâmpadas e outros itens que utilizam eletricidade para ficar desligada por várias horas durante o dia e então chegarem ao valor

necerá informações muito mais precisas às concessionárias, úteis para o planejamento de futuros investimentos e construções. Modernizar a rede também poderá torná-la muito menos vulnerável ao que os especialistas em segurança nacional veem como uma crescente ameaça de atentados terroristas digitais que visam causar blecautes em grandes áreas.

Se bem projetada, a rede inteligente será mais confiável, segura, eficiente, barata e muito menos nociva ao meio ambiente. As redes antigas, como a dos Estados Unidos, também são vulneráveis a quedas de energia, que deixam milhões de pessoas sem abastecimento elétrico. O sistema atual também sofre com problemas de "congestão"; em razão da baixa capacidade de transmissão e a falta de elementos "inteligentes", a rede não tem meios para gerenciar com eficiência os fluxos de

A rede elétrica obsoleta dos Estados Unidos gera um custo de 206 bilhões de dólares por ano à sociedade.

EM AGOSTO DE 2003, O MAIOR BLECAUTE DA HISTÓRIA DA AMÉRICA DO NORTE AFETOU MAIS DE CINQUENTA MILHÕES DE PESSOAS, INCLUINDO TODA A CIDADE DE NOVA YORK.

energia provenientes de diversas estações geradoras que passam por gargalos ao longo da rede.

Uma rede moderna resolveria todos esses problemas. Só nos Estados Unidos, segundo o Laboratório Nacional Lawrence Berkeley, os blecautes e quedas de energia — que podem durar desde alguns segundos até horas — custam quase 80 bilhões de dólares por ano ao comércio e à indústria. Outras estimativas, que incluem consumidores residenciais e "alterações de qualidade" que causam mudanças repentinas na voltagem fornecida aos usuários comerciais de equipamentos elétricos sensíveis, elevam esse valor de perdas anuais a níveis ainda maiores. Nos Estados Unidos, algumas empresas de ramos mais sensíveis a essas variações de voltagem e rápidas quedas de energia já desistiram da construção de novas fábricas em lugares onde a qualidade do fornecimento elétrico é baixa.

Segundo estimativas feitas em 2007 pelo LNLB, a rede elétrica obsoleta dos Estados Unidos gera um custo de 206 bilhões de dólares por ano à sociedade. Uma rede inteligente mais confiável e eficiente poderá fomentar a competitividade e a criação de novos empregos. A organização Galvin Electricity Initiative, que estudou o impacto do atual sistema energético sobre a produtividade e a competitividade, concluiu que "pelo menos um trilhão de dólares do produto interno bruto do país já está sendo perdido a cada ano como resultado dessa ineficiência, e esse custo está crescendo ainda mais conforme a economia digital se expande".

Linhas de transmissão de longa distância modernas e mais eficientes deverão ser instaladas para que o verdadeiro potencial das fontes de energia não produtoras de CO_2 possa ser aproveitado. Por serem capazes de usar uma voltagem muito mais alta do que o comum na rede atual, essas linhas poderão transmitir grandes volumes de eletricidade por distâncias maiores e com baixíssimas taxas de perda. Como foi dito no Capítulo 12, a baixa voltagem usada por Thomas Edison para transmitir uma corrente contínua limitou drasticamente a distância pela qual a eletricidade

podia ser transmitida para pouco menos de 1 km. O sucesso da corrente alternada, criada por Nikola Tesla no final dos anos de 1880, veio em grande parte das taxas muito menores de perda da eletricidade ao ser transmitida por vários quilômetros.

Hoje em dia, por outro lado, tanto a eletricidade de corrente contínua (CC) quanto a de alternada (CA) pode ser transmitida por linhas modernas com taxas de perda muito baixas. Na verdade, a corrente contínua de alta tensão (CCAT) chega a ser mais eficiente do que a corrente alternada de alta tensão (CAAT) como tecnologia de transmissão de longa distância, mas essa vantagem se perde caso existam estações de conversão ao longo das linhas que consumam parte do abastecimento elétrico no meio do caminho. Esse é o principal motivo pelo qual quase 98% de toda a transmissão no mundo todo hoje seja feita através de CAAT.

As linhas de CCAT são, provavelmente, a melhor escolha para a transmissão de eletricidade de fontes solares e eólicas em pontos remotos — seja do deserto no sudoeste dos Estados Unidos, da Mongólia até a região leste da China, no deserto no noroeste da Índia até Deli, ou qualquer outro lugar. Uma vantagem das linhas de CCAT é que elas podem ser facilmente enterradas por um baixo custo em vez de instaladas em torres de transmissão, evitando assim grande parte da oposição pública a novas linhas de transmissão. Elas também podem ser usadas para interligar continentes, como o que está sendo proposto entre o norte da África e a Europa.

Sistemas de transmissão com níveis de voltagem ainda maiores e mais eficientes já existem em diversos pontos do mundo e novas instalações estão em fase de planejamento nas Américas do Norte e do Sul, no sul da África, Escandinávia, no oeste europeu e na Ásia. A China, que anunciou sua intenção de interligar suas três redes elétricas regionais instaladas no norte, centro e sul do país no próximo ano, está trabalhando duro para construir uma super-rede nacional de 800 quilovolts que deverá se firmar como o sistema mais avançado do mundo até 2020.

A SUPER-REDE ENTRE A EUROPA E O NORTE DA ÁFRICA

Uma nova rede elétrica de grande escala está sendo proposta para a Europa e o norte da África. Depois de construída, ela poderia fornecer energia à União Europeia, ao Oriente Médio e ao norte da África. O conceito DESERTEC foi criado para captar energia limpa e renovável no Saara, no norte da África e no Oriente Médio para ser transmitida ao longo de toda a área interligada pela super-rede. O projeto prevê que, até 2050, o sistema chegue a gerar 100 gigawatts de eletricidade.

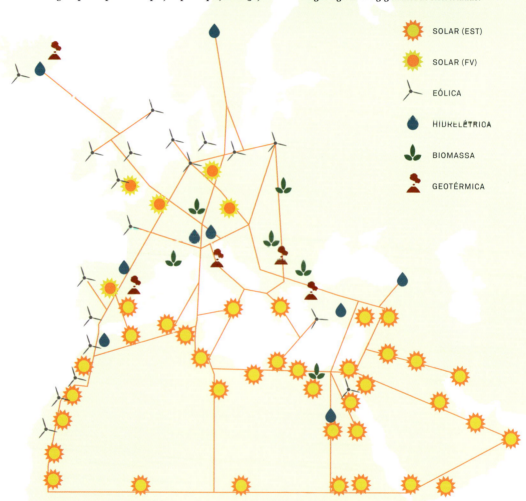

FONTE: Fundação DESERTEC.

Na Europa, diversos governantes estão se esforçando para desenvolver uma super-rede interligando a Europa ao norte da África e o Oriente Médio — onde o potencial para a geração de eletricidade solar e eólica é praticamente ilimitado. Ideias similares estão sendo discutidas na América do Sul, Ásia e Austrália — três regiões que possuem áreas com grande potencial solar e eólico em suas cidades.

A rede atual dos Estados Unidos é mais velha e menos eficiente do que as redes mais novas, equipadas com tecnologias e equipamentos de transmissão mais modernos. Por exemplo, a idade média dos transformadores das subestações é de 42 anos — o que está acima

Segundo um estudo feito pelo Instituto de Pesquisa de Energia Elétrica dos EUA, os benefícios para a sociedade trazidos pela modernização da rede elétrica irão exceder em quatro vezes os seus custos. Especialistas em energia estimam que a construção de uma rede nos Estados Unidos similar a que está sendo criada na China poderia reduzir os picos de perdas em mais de 10 gigawatts (o bastante para abastecer 2,5 milhões de casas) e as emissões de CO_2 em milhões de toneladas métricas por ano.

Existem dois motivos importantes para que a rede elétrica de transmissão e distribuição seja atualizada, possibilitando o uso de volumes maiores de energia

> "Os benefícios para a sociedade trazidos pela modernização da rede elétrica irão exceder em quatro vezes os seus custos."
>
> INSTITUTO DE PESQUISA DE ENERGIA ELÉTRICA DOS EUA

de sua vida útil projetada. A voltagem mais alta usada nos Estados Unidos hoje é de 765 quilovolts, embora existam poucas linhas com essa capacidade. Mesmo quando está operando corretamente, a rede dos Estados Unidos perde mais eletricidade durante o processo de transmissão do que as redes elétricas mais modernas.

A construção de uma super-rede moderna poderá suspender ou eliminar o gasto de dezenas de bilhões de dólares em novas usinas centralizadas, linhas de transmissão, subestações e outros elementos de distribuição. A combinação do dinheiro poupado com a prevenção de quedas de energia e maiores gastos com o antigo sistema poderá mais do que compensar os custos de uma rede moderna.

renovável. Além do fato de que as fontes renováveis de energia em geral se encontram em pontos distantes que exigem linhas de transmissão de alta voltagem, a rede também precisa contar com elementos inteligentes ligados pela internet a aparelhos amplamente disseminados de armazenamento de energia para compensar a natureza intermitente da eletricidade gerada por fontes solares e eólicas.

Na verdade, a crescente demanda pelo uso de fontes elétricas livres de carbono é um dos principais catalisadores do recente interesse pelo armazenamento de energia em concessionárias que precisam nivelar ou "estabilizar" os fluxos intermitentes de eletricidade produzidos por fontes solares e eólicas. Ambas, conforme foi mostrado nos Capítulos 3 e 4, possuem um potencial enorme para fornecer praticamente toda a eletricidade que os Estados Unidos consomem — e uma porcentagem muito alta do consumo da maioria dos outros países.

Atualmente, as eletricidades solar e eólica representam porcentagens relativamente pequenas do volume energético total que passa pela rede, e, portanto, as concessionárias ainda são capazes de gerenciar as consequências do fluxo intermitente sem que isso prejudique a rede.

No entanto, o fluxo elétrico é irregular porque a passagem de nuvens e o pôr do sol interrompem a produção de eletricidade solar, e as variações da velocidade do vento, juntamente a períodos de calmaria, interrompem a produção de eletricidade eólica. Com o aumento da porcentagem dessas fontes, a intermitência se tornará um desafio mais sério.

Hoje mesmo, a Bonneville Power Administration, na costa noroeste dos Estados Unidos, já está trabalhando para integrar mais de 2 mil megawatts de eletricidade eólica intermitente (o suficiente para abastecer duas Seattles) com todo o resto da eletricidade que a concessionária recebe de suas trinta e uma usinas hidrelétricas e uma usina nuclear. Depois de passar por uma expansão ao longo dos últimos dez anos, indo de 25 megawatts até o nível atual, espera-se que o volume de eletricidade eólica na carga máxima de 10.500 megawatts do sistema de balanceamento da concessionária triplique nos próximos três anos.

SOLUCIONANDO A INTERMITÊNCIA EÓLICA

Com seus tempos de resposta muito rápidos, novas baterias, como as baterias de sódio-enxofre, podem fornecer eletricidade a estações de transmissão quando a produção de uma fonte geradora for interrompida. Essa combinação produz uma corrente elétrica estável.

Muitas das baterias modernas que armazenam energia são capazes de fornecer grandes sobretensões de eletricidade em até dois milissegundos por períodos consideráveis de tempo. Esses sistemas podem ser interligados a redes de transmissão e distribuição que recebem fluxos intermitentes de eletricidade de fontes eólicas e solares, ativando automaticamente a liberação de eletricidade sempre que o fluxo de alguma fonte se alterar. Aliadas aos fluxos intermitentes de eletricidade em um padrão adequado, essas sobretensões contínuas e episódicas podem gerar um fluxo uniforme e contínuo de eletricidade com voltagens muito confiáveis, previsíveis e consistentes (veja a seção "Solucionando a Intermitência Eólica" à esquerda). Em comparação, até mesmo o gerador de turbina a gás mais rápido precisa de, pelo menos, quinze segundos para elevar sua produção energética até o nível de 4 megawatts — um tempo de resposta muito mais lento para se estabilizar fluxos intermitentes de fontes solares e eólicas.

Na verdade, as concessionárias possuem muitos geradores a gás (e alguns a carvão) de reserva que podem funcionar por períodos mais longos e previsíveis quando é preciso atender a um pico na demanda elétrica. Na maioria dos países, inclusive nos Estados

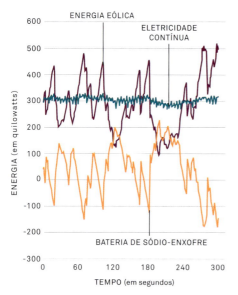

FONTE: NGK Insulators, Ltda.

Unidos, a diferença entre o consumo elétrico durante o horário de pico de demanda e o volume médio do consumo durante o resto do dia vem crescendo — em grande parte pelo uso mais intenso de ar-condicionado, lâmpadas e televisores maiores quando as pessoas voltam para casa do trabalho e antes de irem dormir. Além disso, os maiores picos ocorrem nos dias mais quentes do verão e duram apenas algumas poucas horas por ano.

Em geral, esses curtos períodos de pico de demanda são atendidos hoje com unidades geradoras a gás (e algumas a carvão) que são mantidas de reserva. No entanto, quando esses geradores à base de combustíveis fósseis ficam ligados — mesmo que em níveis baixos de produção, em um modo de "reserva operacional", eles estão sempre produzindo CO_2.

Um analista comparou a ineficiência dessa técnica com o volume de gasolina que alguém desperdiça ao cravar o pé no acelerador para chegar à velocidade máxima e depois pisar no freio para cortar o motor de novo. Qualquer um que dirija dessa forma está fazendo o pior uso possível de seu combustível, mas é basicamente assim que muitas concessionárias precisam operar seus geradores de combustíveis fósseis de reserva, graças aos padrões de carga e às tecnologias e recursos que elas possuem hoje.

Como resultado disso, a energia produzida por essas usinas é a mais suja e menos eficiente do sistema. Por isso, substituir essa técnica por estratégias de armazenamento traria múltiplos benefícios. Chris Shelton, vice-presidente da Electricity Storage Association, refere-se a essa combinação de armazenamento eficiente com usinas de energia movidas a combustíveis fósseis de "hibridização da rede".

Um estudo sobre as reduções de CO_2 decorrentes da troca dos geradores a carvão que são ativados em períodos de pico de demanda por equipamentos eficientes de armazenamento energético mostrou que os cortes poderiam variar de 76 a 85% de todo o CO_2 emitido por esses geradores.

Além disso, enquanto o consumo médio de energia está crescendo a uma taxa de 1,5 a 2% por ano, a demanda nos horários de pico está crescendo a uma taxa de 5 a 7% por ano. Cinquenta anos atrás, nos Estados Unidos, o consumo médio de eletricidade equivalia a quase 67% do consumo de pico. Hoje em dia, esse número caiu para 50%. O Departamento de Energia comprovou que "10% de toda a aparelhagem geradora e 25% da infraestrutura de distribuição dos Estados Unidos são utilizados menos do que quatrocentas horas por ano, ou seja, cerca de 5% do tempo".

A crescente disparidade entre o consumo médio e os picos de demanda que duram de três a quatro horas

VARIAÇÕES NA DEMANDA ELÉTRICA

Ao longo de um ano, o consumo de eletricidade varia de maneira considerável mês a mês e até mesmo de hora em hora. O consumo energético é maior no verão, por causa do uso de ar-condicionado. Esta tabela mostra a demanda em 2006 segundo a PG&E, uma concessionária da Califórnia. O consumo atingiu seu pico em 25 de julho, às 5 horas da tarde, durante uma onda de calor.

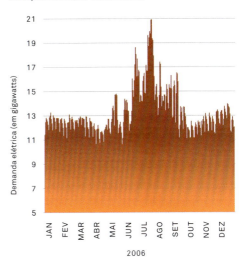

FONTE: Pacific Gas & Electric.

QUASE TODA A CAPACIDADE DE ARMAZENAMENTO DE ENERGIA ELÉTRICA DO MUNDO VEM DO BOMBEAMENTO DE ÁGUA. ESSES ENORMES CANOS TRANSPORTAM A ÁGUA NA USINA HIDRELÉTRICA DE VATTENFALL EM WENDEFURTH, NA ALEMANHA.

à noite nos dias de semana, quando o consumo quase dobra em muitos países desenvolvidos, chamou a atenção das concessionárias para os benefícios competitivos do armazenamento de eletricidade para os períodos de pico, minimizando ou evitando dispendiosos investimentos na ampliação da capacidade produtiva.

Infelizmente, o armazenamento de grandes volumes de eletricidade é difícil, pois ela precisa estar em constante movimento. A metáfora "enlatar raios" se baseia na imensa dificuldade encontrada para se conter a eletricidade em um determinado lugar até que seja necessário liberá-la novamente.

Em sua grande maioria, as tecnologias de armazenamento usadas hoje pelas concessionárias do mundo todo não armazenam a energia em si, mas sim o potencial para gerá-la. Introduzido pela primeira vez nos Estados Unidos em 1929, o sistema de "bombeamento" consiste em bombear água até um reservatório no alto de uma montanha durante a noite, quando há excesso de capacidade produtiva. Durante o horário de pico, a água é liberada e cai por turbinas hidrelétricas que produzem eletricidade durante os períodos de maior demanda — recuperando de 70 a 80% da eletricidade usada para bombear a água até o alto da montanha na noite anterior. Existem hoje mais de 150 pontos de bombeamento nos Estados Unidos e no mundo todo; essa tecnologia já bem desenvolvida é responsável atualmente por mais de 99% da capacidade mundial de armazenamento elétrico.

Diversas outras estações de bombeamento estão em fase de planejamento no mundo todo. No entanto, a utilidade dessa estratégia é limitada por muitos dos motivos pelos quais as usinas hidrelétricas — que eram responsáveis por 40% da produção elétrica dos Estados Unidos no começo do século XX — não terão um papel muito maior no futuro: a maioria dos melhores pontos disponíveis já está sendo utilizada, e não é fácil conseguir a aprovação de projetos para instalações dessa magnitude. Além de, é claro, essa opção não ser viável em áreas sem montanhas e/ou fontes adequadas de água.

A segunda tecnologia mais utilizada se chama armazenamento de energia em ar comprimido (do inglês *compressed air energy storage*, ou CAES), onde o ar é comprimido por um gerador a gás e armazenado em uma caverna subterrânea geologicamente adequada, como um domo de sal, de onde a energia pode ser recuperada, quando for necessário durante os horários de pico, pela liberação do ar que se expande e reproduz a maior parte da eletricidade usada para comprimi-lo. Embora essa opção seja quase tão eficiente quanto o bombeamento de água, a dependência de geradores a gás a torna menos atraente quando a eficiência energética geral e as emissões de CO_2 são levadas em consideração. Além disso, o uso dessa estratégia também é limitado pela disponibilidade de cavernas subterrâneas com todas as características necessárias. Novos esforços estão sendo feitos para que sejam desenvolvidos sistemas de CAES capazes de armazenar gás comprimido em grandes bolsões de água e contêineres acima da superfície. Existem atualmente apenas dois sistemas de ar comprimido de grande escala em cavernas subterrâneas, um no Alabama e outro na Alemanha, ambos usando domos de sal.

Esses métodos mais antigos de armazenamento — o bombeamento de água e a compressão de ar — têm características similares às antigas usinas geradoras centralizadas: eles gerenciam grandes quantidades de produção elétrica muito bem, mas não são ágeis, nem inteligentes; a eletricidade que flui por eles não pode ser desligada ou ligada de forma fácil e instantânea.

O armazenamento de outras formas de energia é muito mais fácil. O carvão e o petróleo, por exemplo, firmaram-se como nossas maiores fontes de energia não só por sua alta densidade energética, mas também porque são capazes de armazenar energia de forma eficiente e sem perdas por milhões de anos. No entanto, o pico de produção de petróleo nos Estados Unidos, em 1970, não significou muita coisa, já que, anos depois, o embargo do petróleo do Oriente Médio

UM PROTÓTIPO DO CHEVROLET VOLT COM SUA BATERIA DE ÍON-LÍTIO, QUE PODE ABASTECER O CARRO POR QUASE 65 KM. DEPOIS DISSO, UM PEQUENO MOTOR A GASOLINA GERA MAIS ELETRICIDADE, EXPANDINDO SUA AUTONOMIA PARA QUASE 500 KM.

fez com que o país fosse forçado a criar uma enorme reserva estratégica de petróleo capaz de atender a demanda interna durante um possível futuro corte do fornecimento.

Os estoques de biomassa queimados para gerar eletricidade podem apodrecer caso não sejam armazenados de maneira adequada, mas novas técnicas, como a torrefação, podem ampliar consideravelmente a vida útil em armazenamento dessas matérias-primas. Usinas de energia solar térmica concentrada produzem enormes quantidades de calor a partir da luz do Sol, fervendo grandes volumes de água para ativar geradores elétricos a vapor. Parte desse calor pode ser armazenada em tanques de óleo sintético ou sal derretido e depois utilizada quando nuvens encobrirem os painéis solares, garantindo o funcionamento dos geradores por algumas horas de cada vez. Esses tanques de armazenamento térmico também podem ser usados para manter a produção de eletricidade solar depois do pôr do sol — pelo menos por algumas horas.

Pêndulos mecânicos, que armazenam energia cinética no movimento de um enorme cilindro rotativo, também são usados para armazenar energia em alguns lugares, mas o tamanho e os custos dessas unidades têm limitado sua utilização para o armazenamento de grandes volumes de energia.

Alguns especialistas acreditam que o uso da nanotecnologia em aparelhos de armazenamento de energia elétrica em estado sólido levará ao desenvolvimento de uma estratégia capaz de tirar proveito da conhecida agilidade nos avanços dos chips em estado sólido, que têm seus preços reduzidos em 50% a cada 18 ou 24 meses. Outros acreditam que avanços revolucionários no armazenamento magnético de eletricidade já podem ser vislumbrados no horizonte. Ainda assim, por enquanto, a busca por formas eficientes e competitivas de armazenamento de energia elétrica continua sendo um grande desafio.

Na verdade, houve por muito tempo uma ideia bastante disseminada de que armazenar grandes volumes de eletricidade era tão difícil que o armazenamento nunca teria um grande papel na interação entre as concessionárias de energia elétrica e seus clientes. Nos últimos anos, no entanto, esse mito foi deixado para trás.

A maior parte dos esforços no ramo do armazenamento energético hoje se concentra no desenvolvimento de baterias de vários tipos. A competição para se desenvolver modelos mais eficientes de baterias está a todo vapor em diversos países, com muitos empreendedores e companhias de renome investindo milhões de dólares nesses projetos. Inúmeras novas fábricas de baterias estão trabalhando freneticamente para desenvolver e demonstrar formas criativas para se armazenar grandes volumes de energia elétrica em recipientes cada vez menores e mais baratos. O financiamento governamental para a pesquisa e desenvolvimento de muitos países vem se concentrando nesse desafio, e muitos empreendedores de risco e outros investidores estão encampando uma feroz disputa pelas soluções de melhor custo-benefício. Muitos avanços revolucionários vêm acontecendo e hoje é impossível prever quais novos modelos — ou modelos antigos drasticamente aprimorados — serão os vencedores.

As baterias de chumbo-ácido — inventadas em 1859 — ainda são as baterias recarregáveis mais utilizadas hoje. No entanto, elas não são práticas para sistemas de armazenamento de volumes maiores por causa de sua curta vida útil e seus altos custos de manutenção — embora alguns empreendedores tenham aprimorado há pouco tempo essa tecnologia de modos que podem torná-la competitiva em relação a muitas outras novas alternativas.

No entanto, a crescente demanda por armazenamento elétrico tem direcionado pesados investimentos para a pesquisa e o desenvolvimento de modelos totalmente novos de baterias, muito maiores e mais eficientes, que estão atraindo muita atenção.

Uma empresa japonesa de cerâmica, a NGK, hoje vende enormes baterias de sódio-enxofre de alta densidade energética e eficiência relativamente alta também. Criadas originalmente pela Ford em uma tentativa inicial de produzir carros elétricos, esse modelo foi adaptado para o mercado de energia elétrica no começo dos anos de 1990 pela NGK e pela Companhia de Energia Elétrica de Tóquio, que já as instalou em quase cem pontos de sua rede e em mais de duzentos outros no mundo todo, incluindo uma com capacidade de 9 megawatts que hoje é usada por três concessionárias dos Estados Unidos.

Embora cada uma dessas baterias seja cara (2.500 dólares por quilowatt), o custo da eletricidade que elas oferecem durante o pico de demanda é muito menor do que o que seria gasto para se instalar uma maior capacidade produtiva que só seria usada durante algumas horas por dia. Como elas são capazes de fornecer 1 megawatt de energia por seis horas (e podem ser instaladas em grupos capazes de fornecer volumes significativos de energia em um curto prazo), as baterias da NGK hoje são vistas por muitos como o modelo mais eficaz disponível em grande escala.

Em razão do seu tamanho e preço, essas baterias são adequadas para alguns casos, mas não para outros. E além desses dois fatores, elas também possuem uma outra desvantagem: apenas uma empresa no mundo as produz e o número de unidades disponíveis a cada ano é limitado, tanto que concessionárias de Abu Dhabi e na França já compraram toda a produção da empresa pelos próximos quatro anos.

Ainda assim, atualmente, as baterias de sódio-enxofre superam todos os outros modelos no mercado de armazenamento de energia em grande escala, embora a General Electric esteja se preparando para lançar uma tecnologia criada originalmente para motores híbridos de locomotivas, feita à base de haleto de sódio metálico, que supostamente terá um desempenho comparável ao das baterias da NGK.

Parte do desafio em se avaliar qual forma de armazenamento de energia é mais eficaz e atenderia melhor os setores de geração, transmissão e distribuição da indústria elétrica se encontra em prever os futuros avanços que, provavelmente, trarão drásticas reduções de custos e aumentos de eficiência. Um dos motivos pelos quais diversos líderes do mercado estão apostando em agrupamentos de baterias de íon-lítio como opção de armazenamento para até 10 megawatts é o fato de que empresas no mundo todo estão competindo para criar baterias de íon-lítio mais eficientes para serem conectadas a veículos elétricos híbridos.

As exigências ambientais e de segurança para as baterias de automóveis também servem como garantia aos administradores das concessionárias de energia elétrica de que as sucessivas gerações dessas baterias trarão sempre não apenas um maior custo-benefício como também mais segurança, menor impacto ambiental e uma maior aceitação entre o público. Esses fatores levaram muitos especialistas em armazenamento nas indústrias da energia e das concessionárias a pegarem carona na possível curva de redução de custos para as baterias de carros elétricos; e muitos deles estão trabalhando para agrupar essas baterias de carros e usá-las como uma frota coordenada de baterias capaz de suprir grande parte da demanda por armazenagem da indústria.

Essa crescente competição global para substituir os veículos com motores de combustão interna de baixíssima eficiência e alta emissão de poluentes direcionou uma quantidade enorme de financiamentos para a pesquisa e o desenvolvimento de novas baterias, potentes o bastante (além de seguras e pequenas o bastante), para criar carros e caminhonetes capazes de alcançar as mesmas velocidades e desempenhos dos modelos atuais.

Na verdade, a eminente disseminação de veículos elétricos híbridos e, logo depois, de veículos totalmente elétricos, irá alterar dramaticamente a capacidade para se armazenar imensos volumes de energia elétrica fora dos horários de pico, que poderão ser usados durante as quatro horas por dia em que a demanda elétrica é muito mais alta do que a média diária.

Como um veículo comum costuma ser usado para o transporte por apenas 4% do tempo, os novos modelos elétricos híbridos e totalmente elétricos sem dúvida terão um impacto maior sobre o armazenamento de energia do que sobre o transporte em si. Como cada uma dessas baterias armazena apenas um pequeno volume de eletricidade e continua disponível para o transporte o tempo todo, elas não são úteis como uma fonte estável de energia, mas possuem um enorme potencial para ajudar no gerenciamento dos picos de demanda.

O primeiro automóvel elétrico híbrido produzido em massa, o Toyota Prius, ainda usa uma bateria de hidreto metálico de níquel. No entanto, o automóvel híbrido "Volt", da General Motors, e os novos Prius totalmente elétricos que serão vendidos a partir de 2010 utilizam baterias de íon-lítio. A Great Wall Motor Company, da China, é uma das poucas montadoras chinesas com planos para lançar veículos elétricos com baterias de íon-lítio em 2010. A Nissan Motor Company anunciou em 2009 que irá comercializar veículos totalmente elétricos com baterias de íon-lítio, em 2010, e irá produzir o modelo "Leaf" para o mercado dos Estados Unidos em sua fábrica de Smyrna, no Tennessee. E o Tesla, um veículo totalmente elétrico fabricado nos Estados Unidos que já está no mercado, utiliza milhares de baterias de íon-lítio agrupadas na traseira do carro.

Já começou na China, Japão, Estados Unidos e União Europeia a corrida para garantir uma fatia do mercado nessa aguardada conversão em massa da frota de automóveis por modelos elétricos. Os incríveis ganhos de eficiência dos motores elétricos, se comparados aos de combustão interna, se aliaram ao crescimento das fontes de energia renovável livres de carbono e os benefícios sociais trazidos por estratégias baratas e eficientes de armazenamento de energia em

O CARRO ELÉTRICO TESLA ROADSTER TEM UMA AUTONOMIA DE MAIS DE 200 KM. AS BATERIAS DOS CARROS ELÉTRICOS PODEM SER USADAS COMO UM SISTEMA DE ARMAZENAMENTO ELÉTRICO ALTAMENTE DIFUNDIDO — APRIMORANDO ASSIM O DESEMPENHO DA SUPER-REDE.

veículos elétricos híbridos (que podem fornecer eletricidade à rede durante os picos de demanda), produzindo um dramático aumento dos gastos com pesquisa e desenvolvimento para que baterias melhores e mais baratas para VEHs sejam criadas.

A AES Corporation está instalando um sistema de 12 megawatts no norte do Chile que é composto por um agrupamento de baterias de íon-lítio feitas para ônibus híbridos. Ironicamente, essas baterias de lítio estão sendo usadas em um sistema elétrico que fornece energia para o funcionamento de minas de lítio no Chile, que é o segundo país com as maiores reservas de lítio do mundo, depois da vizinha Bolívia.

Uma das estratégias mais usadas pelas concessionárias de energia elétrica para reduzir a demanda energética durante os períodos de pico tem sido negociar contratos de fornecimento de energia com usuários de grande porte, que são forçados a desligar seus aparelhos por algumas horas de cada vez quando os picos de demanda afetam a capacidade produtiva do sistema. Isso, às vezes, é chamado de "sangria de carga". Esse tipo de estratégia já forçou muitas vezes a interdição dos trabalhos nas minas de lítio do Chile durante picos de demanda. Uma das melhorias de eficiência trazidas pelos novos grupamentos de baterias de íon-lítio será permitir que as operações de mineração de lítio não precisem mais ser interrompidas durante períodos de pico de demanda.

A American Electric Power (AEP) está usando baterias de íon-lítio em um sistema chamado Community Energy Storage (CES), que fornece armazenamento de eletricidade à rede de distribuição através de pequenas caixas com diversas baterias de íon-lítio operando em conjunto ao lado dos transformadores, que, em geral, atendem quatro ou cinco casas de um bairro (com centenas de transformadores ligados a cada subestação das concessionárias). Todas essas pequenas unidades de armazenamento podem ser operadas como uma frota através de controladores eletrônicos em cada subestação. Os benefícios dessa estratégia incluem menos quedas de energia, maior estabilidade do sistema e a instalação de uma infraestrutura de armazenamento que poderia acomodar a chegada de veículos elétricos híbridos.

Além de trabalhar na AEP, Ali Nourai também é presidente da Associação de Armazenamento Elétrico e um ávido apoiador da ideia de "levar o armazenamento de energia ao consumidor", o que transformaria a venda de serviços de armazenamento em uma nova fonte de renda para as concessionárias nessa adaptação ao mercado moderno de energia distribuída, trazendo altíssimos níveis de estabilidade aos serviços. Além de defender padrões flexíveis e uma forte competição, ele também vislumbra um futuro onde o armazenamento de energia acabará se tornando uma *commodity* à venda em toda a infraestrutura de distribuição elétrica do mundo. Por fim, ele acredita que "as concessionárias de energia elétrica deverão vender serviços de armazenamento".

Embora exista competição no mercado atacadista de eletricidade em todos os Estados Unidos, apenas alguns dos estados que permitem a competição no varejo têm mercados com total independência entre a geração de eletricidade e os serviços de transmissão e distribuição. Em algumas áreas, as concessionárias agora estão tentando convencer seus órgãos reguladores de que o armazenamento de energia deve servir de apoio à rede de transmissão e distribuição. Mas as regulamentações criadas para proteger a geração competitiva de eletricidade dificultam a aquisição direta de sistemas de armazenamento de energia pelas concessionárias. Além disso, deixar que essas concessionárias detenham ou controlem o acesso e as regras do armazenamento distribuído de energia poderia pôr em risco a flexibilidade da competição nesse ramo justo quando diversos empreendedores estão propondo excelentes ideias para opções muito mais baratas e eficientes de armazenamento de energia.

A capacidade por parte dos consumidores de comprar e operar seus próprios aparelhos tanto para a geração quanto para o armazenamento de eletricidade está avançando agora claramente em um ritmo que logo minará o modelo monopolista e começará a alterar a rede na direção de um modelo "altamente distribuído", muitas vezes chamado de "microenergético". A combinação de um armazenamento mais eficaz com redes de distribuição mais inteligentes sem dúvida irá acelerar a expansão da capacidade produtiva de pequena escala ao longo da rede, usando tudo, desde painéis fotovoltaicos nos telhados das casas até pequenos moinhos de vento em áreas onde eles forem viáveis.

Nos Estados Unidos, uma das questões políticas suscitadas pela microenergia é se havera, e em quais condições, a oportunidade para que os domicílios e pequenos negócios vendam parte da eletricidade por eles produzida — e armazenada durante os horários de pico — de volta à rede. A maioria das concessionárias vem lutando com todas as forças contra a ideia de "produção distribuída", que encorajaria e aceleraria a disseminação da microgeração de energia.

O argumento é que, em muitos casos, o preço a ser pago pela eletricidade gerada pelos clientes não seria justo para as concessionárias. O grande temor das concessionárias é ficarem com todos os custos fixos relativos à infraestrutura de transmissão e distribuição e das usinas centralizadas de geração e serem cada vez mais privadas dos lucros advindos das vendas de eletricidade, necessários para bancar a empresa e mantê-la lucrativa. A ideia de não apenas perder parte das vendas de eletricidade como também de competir com novas fontes geradoras espalhadas por toda a área de serviços das concessionárias criou uma má impressão na indústria — e fez com que algumas concessionárias aumentassem seus esforços para convencer as comissões reguladoras estatais e legisladores federais a criarem obstáculos para a disseminação da microenergia.

Embora as células fotovoltaicas instaladas em telhados ainda desempenhem apenas um pequeno papel, o número de instalações vem dobrando a cada ano em diversas áreas. A American Electric Power mostrou que o número de fontes renováveis de geração de eletricidade sob posse e controle de seus clientes "cresceu cerca de mil vezes na última década". Estados como Califórnia, Nova Jersey e Arizona se firmaram como líderes no processo de encorajar e financiar a disseminação da eletricidade FV. E na Alemanha, um dos líderes mundiais no ramo da energia solar, os painéis solares domésticos foram responsáveis por 90% de toda a energia solar produzida no país em 2008.

Com a projeção de cortes de preços e ganhos de eficiência, está claro agora que nós não estamos longe do dia em que um grande porcentual de toda a eletricidade será gerado de forma distribuída. Alguns analistas preveem que até metade de todos os domicílios dos Estados Unidos será capaz de gerar ao menos uma parte de seu próprio consumo elétrico com fontes renováveis dentro de dez anos.

Se essa previsão estiver correta, chega a ser difícil imaginar a magnitude do dinamismo competitivo e do crescimento econômico que serão gerados pela disputa pelo fornecimento de sistemas distribuídos de energia para dezenas de milhares de lares nos Estados Unidos e no mundo todo. O único movimento que chegou perto disso foi o imenso crescimento econômico e produtivo vivenciado quando a internet impulsionou a produção e venda de centenas de milhões de *laptops, smart phones* e outros novos aparelhos eletrônicos que agora se encontram amplamente disseminados pelo mundo todo e conectados à internet. A super-rede — que muitos chamam de "*electranet*" — irá criar novos mercados para geração, distribuição e armazenamento de eletricidade assim como a internet os criou para pequenos aparelhos que processam, transmitem e armazenam informações. Na verdade, os benefícios econômicos trazidos pelo amplo uso da geração e armazenamento de energia na próxima década irão transformar por completo a natureza do mercado de eletricidade.

> A super-rede (...) irá criar novos mercados para geração, distribuição e armazenamento de eletricidade assim como a internet os criou para pequenos aparelhos que processam, transmitem e armazenam informações.

Nos países em desenvolvimento, onde as redes de eletricidade ainda não são muito disseminadas, pequenos sistemas fotovoltaicos instalados em telhados estão se proliferando com grande rapidez em diversas áreas — consolidando-se na frente da antiga arquitetura elétrica dos países desenvolvidos assim como os telefones celulares encontraram enormes mercados nas nações em desenvolvimento com pouquíssimas redes de telefonia fixa. Harish Hande, um empreendedor do ramo fotovoltaico da Índia, contou o que aprendeu ao ouvir uma dona de casa de Mumbai: "Trezentas rúpias por mês é impossível, mas dez rúpias por dia eu posso pagar". (Dez rúpias equivalem a cerca de vinte e cinco centavos de dólar; um belo preço por energia para o dia inteiro.)

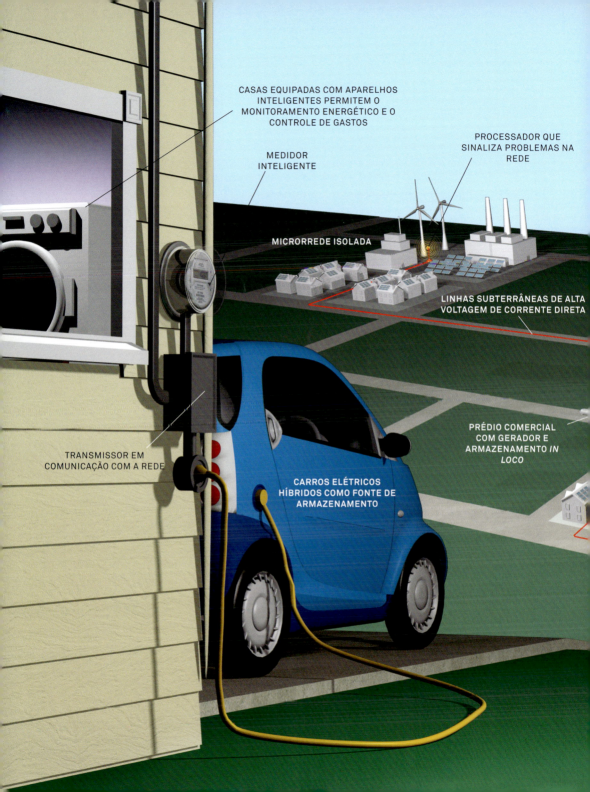

COMO FUNCIONARÁ UMA SUPER-REDE

Uma super-rede nacional unificada irá usar microprocessadores e sensores para distribuir informação e nivelar constantemente o suprimento e a demanda em todo o sistema. A super-rede é composta por diversas tecnologias diferentes, incluindo linhas de transmissão aprimoradas, baterias de pequena e grande escalas capazes de estabilizar fontes intermitentes de energia, como a solar e a eólica, instalações de microgeração como painéis solares em telhados e medidores e aparelhos inteligentes, que podem ajustar seu consumo de acordo com o abastecimento e as tarifas de energia. Ao longo de toda a super-rede, computadores ligados à internet irão facilitar a intercomunicação entre os componentes e os usuários finais, permitindo uma maior conservação, eficiência e a venda do excesso de eletricidade gerada pelos consumidores.

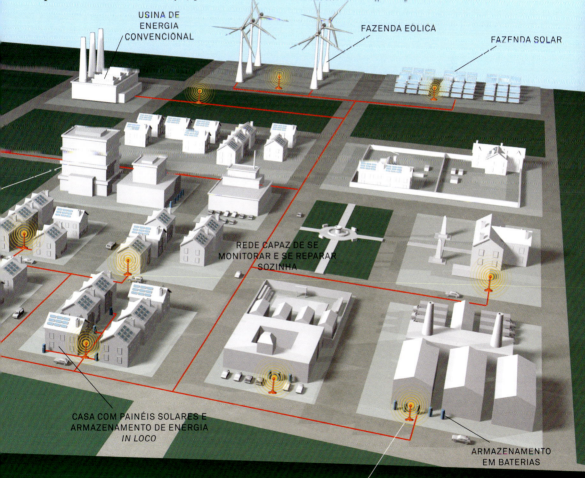

O Laboratório Nacional de Energia Renovável descreve a nova arquitetura de energia distribuída como "diversos pequenos equipamentos modulares de geração energética que podem se aliar aos sistemas de gerenciamento e armazenagem de energia e usados para aprimorar a operação do sistema de fornecimento elétrico, estejam esses equipamentos ligados à rede elétrica ou não". Esses sistemas de geração e armazenamento de energia deverão ser "instalados perto ou nos locais de uso" e incluir "células de combustível, microturbinas, motores recíprocos, métodos de redução de carga e outras tecnologias de gerenciamento energético. Sistemas combinados de calor e energia fornecerão eletricidade, água quente e aquecimento para processos industriais, aquecimento e ar-condicionado de espaços, refrigeração e controle de umidade, para aprimorar a qualidade do ar e conforto dentro dos prédios".

Por exemplo, existem duas opções para o armazenamento térmico doméstico. Um dos traços comuns da arquitetura "solar passiva" é a disposição estratégica de elementos de alvenaria ou outras porções de massa para absorver o calor do sol durante o dia e, então, liberá-lo de volta no interior da casa à noite. Arestas sobre as janelas voltadas para o sol podem ser projetadas para bloquear seus raios durante o verão, quando eles chegam por um ângulo mais alto, e permitir que a luz entre durante o inverno, quando o sol está mais baixo no céu e brilha sob essas arestas.

Entre os conjuntos comerciais, houve uma recente explosão de interesse por formas de armazenamento térmico de alta eficiência que reduzam drasticamente os gastos com ar-condicionado em prédios grandes. Ao produzir grandes quantidades de gelo à noite, quando os custos da eletricidade são menores, o proprietário ou administrador do prédio pode reduzir seus gastos com ar-condicionado no dia seguinte, usando o gelo feito durante a noite anterior. Embora essa tecnologia tenha um ótimo custo-benefício e já esteja disponível no mercado, seu uso tem sido limitado pelo já conhecido descompasso entre as prioridades daqueles que constroem os prédios e aqueles que pagam pelos seus custos administrativos. Além disso, se o consumidor paga uma tarifa constante de eletricidade que oculta a diferença entre o preço da eletricidade na média e nos horários de pico, não há incentivo algum para que o usuário final busque os enormes benefícios que as tecnologias de armazenamento de energia podem trazer.

O aumento da importância dada à eficiência energética no mercado imobiliário trouxe uma nova onda de interesse por essas opções. No entanto, é muito comum que os locadores de prédios ignorem os gastos com eletricidade, e a força do hábito tem atrasado a adoção dessas novas oportunidades de economia. Quando os proprietários e administradores de grandes prédios dão atenção às fases de projeto e construção, eles podem exigir a inclusão de tecnologias capazes de poupar e armazenar energia que irão reduzir drasticamente os custos operacionais diários e anuais desses prédios. Por exemplo, o novo prédio de alta eficiência do Bank of America em Nova York produz mais de 225 mil quilos de gelo todas as noites, o que produz mil toneladas de ar-condicionado para os horários de pico. Mark MacCracken, o criador do sistema, afirma que essa experiência é uma prova do quanto "é muito mais barato armazenar essa fonte de refrigeração do que a eletricidade para produzi-la".

Além disso, os incentivos econômicos que moldam o comportamento das concessionárias de energia elétrica distorcem qualquer esforço para se comparar de forma racional e objetiva os custos do armazenamento e os custos para a ampliação da capacidade produtiva. Elas são reembolsadas pela ampliação com lucros calculados sobre uma porcentagem dos custos. Por outro lado, como as concessionárias não são reembolsadas pelo armazenamento, quase nada foi investido nisso ou na pesquisa e desenvolvimento de melhores formas de armazenagem. Se a concessionária não tem garantias de que seu órgão regulador irá aprovar a recuperação dos investimentos feitos em armazenamento e se o órgão regulador não sabe como classificar os recursos de

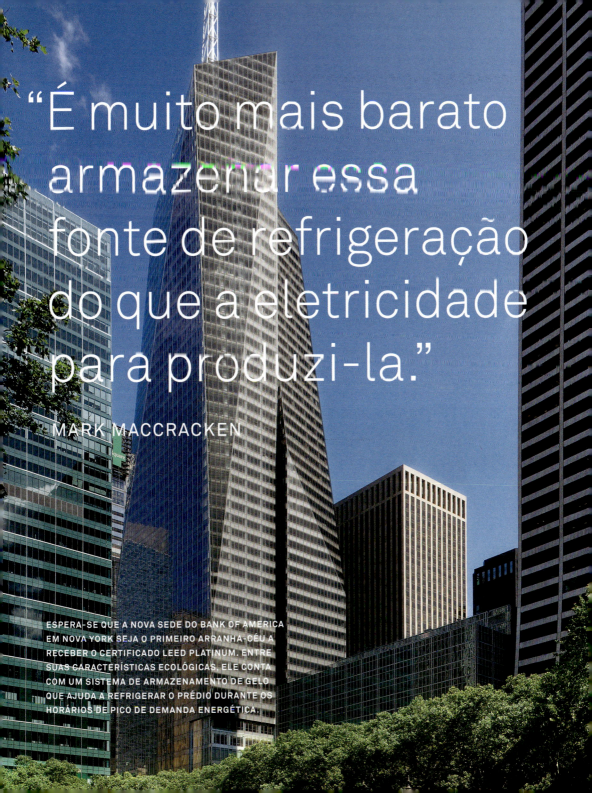

"É muito mais barato armazenar essa fonte de refrigeração do que a eletricidade para produzi-la."

MARK MACCRACKEN

ESPERA-SE QUE A NOVA SEDE DO BANK OF AMERICA EM NOVA YORK SEJA O PRIMEIRO ARRANHA-CÉU A RECEBER O CERTIFICADO LEED PLATINUM. ENTRE SUAS CARACTERÍSTICAS ECOLÓGICAS, ELE CONTA COM UM SISTEMA DE ARMAZENAMENTO DE GELO QUE AJUDA A REFRIGERAR O PRÉDIO DURANTE OS HORÁRIOS DE PICO DE DEMANDA ENERGÉTICA.

À NOITE, DETROIT (ACIMA) E WINDSOR, EM ONTÁRIO (ABAIXO), MOSTRAM NÍVEIS DIFERENTES DE DEMANDA ENERGÉTICA.

armazenagem, tudo fica como está. No entanto, alguns órgãos reguladores em Connecticut e New Hampshire, por exemplo, já conseguiram persuadir os legisladores a permitirem a inclusão dos gastos com aparelhos para o armazenamento de energia em suas tarifas.

Em diversos lugares, existem grandes implicações econômicas decorrentes do fluxo de classificação do armazenamento de energia elétrica em uma outra categoria. Dependendo dessa decisão, a concessionária terá ou não a chance de recuperar seus investimentos em armazenamento como parte da "recuperação de gastos" que pode ser incluída nas tarifas pagas pelos consumidores, trazendo lucros para compensar o risco assumido por elas.

ram a eficiência de três partes distintas do sistema elétrico: geração, transmissão e distribuição — todas ao mesmo tempo. No Texas, as vendas das baterias da NGK foram interrompidas por disputas sobre "quem poderia reclamar posse sobre a energia enquanto ela estiver armazenada nas baterias".

A Califórnia notificou a empresa, dizendo que, para vender suas baterias, ela precisaria "atender ao desafio de criar precedentes para os sistemas de armazenamento de energia em baterias como um recurso de transmissão recuperável no sistema de acesso à transmissão". Por sua vez, o Estado da Califórnia estava seguindo uma norma da Comissão Federal de Regulamentação Energética que exige uma rígida sepa-

Já é mais do que hora de revisarmos por completo as regras e regulamentações nacionais que vêm guiando a indústria elétrica há mais de um século.

Em alguns lugares, as concessionárias dedicadas apenas à geração de eletricidade podem ser proibidas de terem recursos de armazenamento se eles forem classificados como parte da rede de transmissão e distribuição. Por outro lado, em outros lugares, as leis estaduais proíbem que qualquer outra entidade além das concessionárias geradoras de energia detenha recursos de armazenamento, caso seus benefícios sejam vistos como parte do processo de geração de eletricidade.

Por exemplo, alguns órgãos reguladores impediram temporariamente que certas concessionárias dos Estados Unidos instalem baterias de sódio-enxofre porque os benefícios trazidos pelo armazenamento melho-

ração entre os recursos responsáveis pela geração de eletricidade no sistema e os encarregados pela transmissão.

É compreensível então que a concessionária californiana terceirizada que vinha tentando usar esse eficiente sistema de armazenamento tenha concluído que os órgãos reguladores estavam pondo em risco a capacidade da concessionária de recuperar os gastos feitos com recursos de armazenamento energético.

Por esses e outros motivos, já é mais do que hora de revisarmos por completo as regras e regulamentações nacionais que vêm guiando a indústria elétrica há mais de um século. As estruturas legais e regulatórias federais e estaduais para a geração, armazenamento, transmissão e distribuição de eletricidade são ainda mais antiquadas do que os próprios equipamentos da rede.

Muitas vezes, as regulamentações atuais e o senso comum impedem que as concessionárias e os consumidores de eletricidade invistam em uma maior eficiência e em sistemas de armazenamento de energia. É hora de desenvolver novas ideias, estatutos e normas que reconheçam, valorizem e facilitem a interação entre os recursos de geração, armazenamento, transmissão, distribuição e aqueles de propriedade dos consumidores — para produzir um sistema elétrico mais eficiente, funcional e menos danoso ao meio ambiente.

O desenvolvimento paralelo das concessionárias de energia elétrica ao longo dos últimos 120 anos e das regulamentações sobre todas as formas de investimentos, gastos e lucros dessa indústria tem sido resultado de uma forma de encarar o uso e a geração de eletricidade que hoje já é totalmente ultrapassada. O senso comum embutido nesse modelo obsoleto é que existe sempre uma conexão em tempo real entre a eletricidade que está sendo gerada e a que está sendo consumida. Além disso, como a maior parte do controle das concessionárias é de responsabilidade dos Estados, os órgãos reguladores ainda não tomaram a iniciativa de se concentrarem nos benefícios que vão além das fronteiras da pequena área delimitada pelo seu foco de atenção.

Mais de dez anos atrás, houve uma grande disseminação nos Estados Unidos da ideia de que as concessionárias de energia elétrica não deveriam mais continuar sendo monopólios verticais que controlam a geração, transmissão, distribuição e armazenamento de energia. A indústria elétrica foi então desregulada em partes em todo o país para que fosse criado um mercado competitivo para a geração de eletricidade. Mas a maioria dos Estados e dos outros países ainda não permite uma plena competição em toda a gama de serviços que são necessários para se gerar, transmitir, armazenar, distribuir e vender eletricidade da maneira mais eficiente possível.

A Comissão Federal de Regulamentação Energética começou a aprovar fórmulas de alocação de custos para diluir o custo da ampliação da capacidade de transmissão. No entanto, em muitos lugares, os reguladores ainda estão repassando os gastos totais com a construção de recursos de transmissão dentro das fronteiras do Estado para a base de tarifas que determina o preço da eletricidade aos consumidores da região.

Como disse Bruce Radford, "se você está construindo uma rede de transmissão para levar energia da Dakota do Norte até Chicago, isso significa que todos os custos com a infraestrutura de transmissão na Dakota do Norte serão repassados aos consumidores desse Estado". Alison Silverstein, ex-conselheiro sênior de políticas energéticas da Comissão Federal de Regulamentação Energética, afirma que "se nós decidirmos manter um sistema onde as concessionárias serão reembolsadas por seus 'gastos e terão um retorno extra', não estaremos incentivando ninguém a economizar dinheiro".

Os órgãos reguladores possuem diversas opções para alinhar os incentivos às concessionárias com o interesse público em se construir uma rede inteligente nacional unificada ou super-rede. Eles poderiam:

▶ Romper explicitamente a ligação entre a venda de eletricidade e os lucros das concessionárias através do que se chama de "desacoplamento".

▶ Oferecer incentivos de fixação de tarifas baseados no desempenho das concessionárias em conjunto com investimentos em uma rede inteligente e incentivos à interconexão com fontes renováveis, ampliações no armazenamento de energia e a geração distribuída.

▶ Eliminar os riscos iniciais de capital para as concessionárias que desejam investir na transmissão, eficiência do usuário final, geração distribuída e armazenamento *in loco*, garantindo a recuperação dos gastos com esses investimentos.

▶ Exigir que uma determinada porcentagem dos recursos das concessionárias seja investida em melhorias de eficiência e opções de resposta à demanda.

NO ESCRITÓRIO DAS MONTANHAS ROCHOSAS DO DEPARTAMENTO DE ENERGIA, OS GESTORES DO SISTEMA ENERGÉTICO DISTRIBUEM A HIDROELETRICIDADE POR TODA A REGIÃO OESTE DOS ESTADOS UNIDOS.

▸ Negar a recuperação completa dos investimentos de concessionárias que não incluírem aspectos inteligentes em seus projetos.

▸ Desenvolver padrões nacionais de interconexão e protocolos unificados em um esforço para eliminar as distorções na forma como a capacidade de produção elétrica está sendo desenvolvida hoje e facilitar a geração distribuída.

▸ Criar novas leis e regulamentações que permitam a alocação racional e mais eficiente dos custos e benefícios de uma nova super-rede entre todas as entidades comerciais envolvidas e a sociedade como um todo.

Infelizmente, a desregulamentação parcial das concessionárias foi um processo complexo e frustrado pelo poder político das concessionárias em suas disputas com os órgãos reguladores estaduais. E os exemplos obscenos de ganância e corrupção da Enron deixaram um gosto amargo nas bocas dos cidadãos que estavam convencidos do interesse por uma desregulamentação inteligente.

Como resultado disso, a inevitável implementação de uma infraestrutura elétrica distribuída foi apenas parcialmente completada. As concessionárias de energia elétrica continuam desempenhando um papel crucial e até os defensores da microenergia em geral reconhecem a necessidade de realizar essa transição de uma forma que proteja a economia do ramo energético como um todo dos possíveis problemas causados por gigantescas falências e pelo fardo de enormes gastos perdidos.

Ainda assim, a maioria dos especialistas concorda que agora é apenas uma questão de tempo até que a rede elétrica seja totalmente reformulada para integrar por completo processos distribuídos de geração e armazenamento em uma rede inteligente unificada que será muito mais eficiente e barata, além de muito menos danosa ao meio ambiente do que a rede atual.

OS OBSTÁCULOS QUE PRECISAMOS SUPERAR

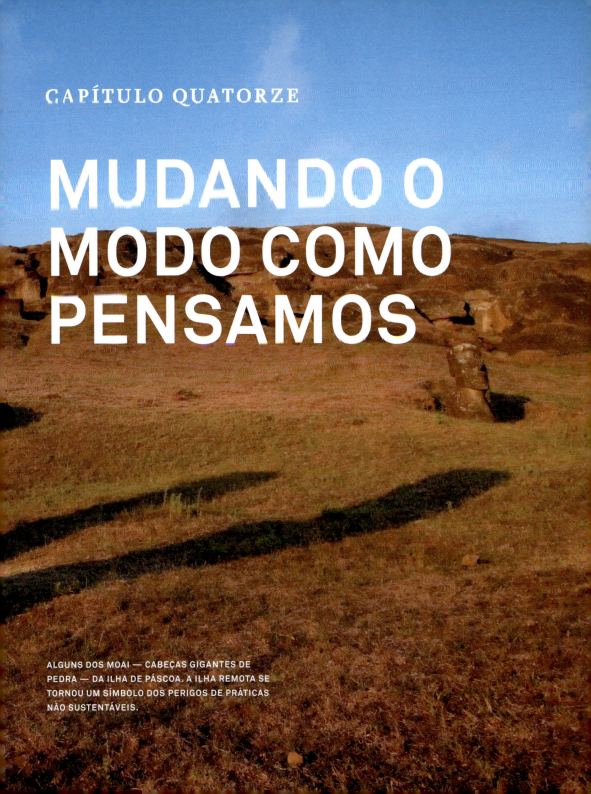

CAPÍTULO QUATORZE

MUDANDO O MODO COMO PENSAMOS

ALGUNS DOS MOAI — CABEÇAS GIGANTES DE PEDRA — DA ILHA DE PÁSCOA. A ILHA REMOTA SE TORNOU UM SÍMBOLO DOS PERIGOS DE PRÁTICAS NÃO SUSTENTÁVEIS.

Está cada vez mais claro que parte do desafio que enfrentamos para resolver a crise climática tem origem no modo como pensamos no assunto, tanto individual como coletivamente.

Por que a humanidade está falhando ao confrontar essa ameaça mortal sem precedentes? Como é que nós seres humanos processamos informações e fazemos escolhas que promovem a procrastinação global?

Na verdade, de acordo com psicólogos, neurocientistas e alguns economistas, há uma diferença enorme entre o mito geralmente aceito a respeito de como tomamos decisões e a forma como nós *realmente* as tomamos. De muitas maneiras, a maior parte da civilização moderna está baseada em estruturas de tomada de decisões que pressupõem a existência de um arquétipo de "pessoa racional", alguém que considera todas as informações disponíveis a respeito das decisões a serem tomadas, seleciona a evidência mais relevante para essa decisão, discute essa evidência com outras pessoas também racionais e, então, toma uma decisão racional e se mantém fiel a ela.

Esse protótipo surgiu na Inglaterra, na Escócia e em toda a Europa do final do século XVIII, como ponto culminante de um movimento filosófico chamado Iluminismo, que pregava a "lei da razão" como uma nova fonte de autoridade soberana para substituir os monarcas, a igreja medieval e o sistema feudal.

Não é uma coincidência que *A riqueza das nações*, de Adam Smith, a Declaração da Independência, de Thomas Jefferson, e o primeiro volume da *História do declínio e queda do Império Romano*, de Edward Gibbon, tenham sido publicados no mesmo ano, 1776. Os autores filosóficos do mundo moderno estavam repletos de otimismo, crença no progresso e de uma sensação entusiástica de que estavam construindo algo novo a partir das ruínas de uma velha ordem que estava desmoronando ao redor deles.

Os conceitos de democracia representativa e mercado capitalista foram baseados na suposição de que a razão poderia ser a força maior nas decisões que estariam acontecendo e que determinariam as relações humanas. Os julgamentos coletivos das pessoas racionais deveriam ser encontrados nos resultados das eleições democráticas, que somavam todas as decisões individuais dos eleitores no sentido de conduzir o barco do Estado. E o melhor guia para a economia deveria ser encontrado na "mão invisível" do mercado, que agregaria o resultado de uma rede de milhões de decisões econômicas individuais, para equilibrar a oferta e a procura por bens e serviços.

Essa crença dominante na lei da razão foi aprimorada pela natureza do ecossistema de informação do qual os habitantes do século XVIII dependiam. Graças ao desenvolvimento da imprensa escrita, três séculos antes, novas informações circulavam rapidamente entre públicos leigos, resultando em um conhecimento amplamente difundido. Havia um otimismo crescente de que cidadãos individuais, munidos do conhecimento anteriormente disponível apenas para as elites, poderiam tomar decisões próprias que produziriam melhores resultados políticos, sociais e econômicos do que a simples concordância com as imposições dos poucos que comandavam por poderes divinos.

A palavra impressa era acessível igualmente para qualquer um que aprendesse a ler e escrever. Pela primeira vez na história, qualquer indivíduo letrado, não importando a riqueza, a força ou as armas, poderia usar conhecimento e ideias como uma fonte de poder. A razão era o princípio que governava a junção de julgamentos e escolhas individuais em uma única rede de resultados. Como as emoções e os sentimentos eram reconhecidos como poderosos motivadores, entendia-se que a racionalidade determinaria as consequências. Como Benjamin Franklin escreveu em 1749, "Se a paixão conduz, deixe a razão tomar as rédeas".

texto, com o restante das proteções individuais incluídas na Declaração dos Direitos.

O impressionante sucesso dos Estados Unidos ao longo dos últimos duzentos anos (emulado por democracias aspirantes em todos os continentes) e o domínio do mercado capitalista na maior parte do mundo (especialmente depois de sua vitória ideológica sobre o comunismo, no final do século XX) servem como evidência do poder e da vitalidade sem precedentes desses dois conceitos, baseados na premissa da supremacia da razão nos interesses humanos.

Ambos os sistemas eram tradicionalmente vistos como autocorretivos. Fracassos de mercado seriam solucionados com o benefício das informações sobre as próprias falhas, sendo essas informações submetidas à lei da razão, com o propósito de encontrar progres-

Por que a humanidade está falhando ao confrontar essa ameaça mortal sem precedentes?

De acordo com essa visão, a razão poderia também ser empregada para sabiamente construir defesas que protegessem a lei da razão de ameaças bem conhecidas, inerentes à natureza humana. Por exemplo, já que o acúmulo de muito poder nas mãos de uma pessoa (ou de um pequeno grupo de pessoas) poderia desequilibrar as operações da razão, os fundadores dos EUA dividiram o poder entre governos estaduais e o governo federal, o qual subdividiram em três ramos com o mesmo peso. Essa divisão de poderes foi estruturada na Constituição dos Estados Unidos. Vale lembrar que os estados se recusaram a ratificar a Constituição até que as liberdades individuais determinadas pela Primeira Emenda — que, entre outras coisas, garante aos cidadãos livre acesso às informações sem interferência governamental — fossem incorporadas ao

sivamente melhores saídas para os problemas recém-descobertos. Por exemplo, quando os opositores apontaram as nada saudáveis consequências da concentração de poder econômico, o Congresso respondeu com leis antitruste e outras proteções. Quando a Grande Depressão dos anos 1930 abalou a confiança pública no mercado econômico, o governo adotou várias novas medidas de regulação para evitar que se repetisse uma quebra de mercado daquela magnitude.

Do mesmo modo, supunha-se que os eleitores responderiam aos fracassos políticos corrigindo-os, de preferência já na eleição seguinte. A chave para um funcionamento contínuo e tranquilo dos dois sistemas interligados era a liberdade de informação. Desde que pessoas racionais tivessem garantido o direito de livre acesso às informações, tanto na política como no

O aquecimento global tem sido descrito como o maior fracasso de mercado da história.

LIXO DESPEJADO NA TUNDRA, NOS ARREDORES DE ILULISSAT, NA GROENLÂNDIA.

comércio, seria possível resolver qualquer problema e continuar a marcha do progresso.

Parece que agora a crise climática está oferecendo uma ameaça inédita não apenas para as futuras condições de vida do planeta, mas também para a nossa confiança na capacidade da democracia e do capitalismo em reconhecer o que esse perigo representa e em responder a ele com a bravura, a força e a urgência necessárias. O aquecimento global tem sido descrito como o maior fracasso de mercado da história. E também é, por enquanto, o maior fracasso no sistema de governo democrático.

Na busca pelas razões por trás desses históricos fracassos idênticos, psicólogos e neurocientistas começaram a sugerir que a crise climática apresenta um desafio único e totalmente novo à nossa habilidade em usar a lei da razão como base para uma reação imediata.

As falhas específicas do mercado capitalista realçadas pela crise climática são discutidas com mais detalhes no Capítulo 15, ao passo que os obstáculos políticos para uma solução efetiva estão no Capítulo 16. Mas há algo mais básico na nossa relação com a crise climática que revela os erros fundamentais na maneira como temos conseguido pensar coletivamente no assunto até agora.

Nossa capacidade de reagir rapidamente quando nossa sobrevivência está em risco é em geral limitada aos tipos de ameaças aos quais nossos ancestrais sobreviveram: cobras, incêndios, ataques de outros seres humanos e outros perigos tangíveis aqui e agora. O aquecimento global não aciona esses tipos de reações automáticas.

Temos também demonstrado habilidade em reagir com urgência a indicadores associados a repetidas experiências com consequências danosas: o cheiro de um vazamento de gás ou a iminência da quebra de um banco, por exemplo. Podemos ser lentos para aprender esses tipos de reações habituais, mas, uma vez que as aprendemos, ganhamos a habilidade de responder a um estímulo apropriado quase automaticamente, quase sem precisar pensar.

Os fenômenos que alertam os cientistas em relação à crise climática que está se iniciando são, ao contrário, desconhecidos, porque não têm precedentes na experiência humana e parecem acontecer lentamente, em razão da vasta escala global do sistema ecológico sob ameaça. Em outras palavras, por causa de sua abrangência mundial, a crise se mascara como uma abstração.

Como resultado, as reações automáticas e semiautomáticas do cérebro, que garantiram nossa sobrevivência por milênios, são simplesmente inadequadas ao papel de motivadoras de novos comportamentos e modelos necessários para resolver a crise climática.

O impacto do aquecimento global parece remoto. Seus efeitos estão distribuídos ao redor do mundo em um modelo que torna difícil especificar uma relação clara de causa e efeito entre o que está acontecendo à Terra e o que está acontecendo a cada indivíduo em determinado tempo e lugar. Como ainda é difícil atribuir as consequências locais à catástrofe global, somos lentos para perceber seus efeitos imediatos e crescentes.

Entretanto, a percepção necessária dos impactos locais pode estar finalmente mudando, graças aos incríveis recordes de enchentes, secas, incêndios e tempestades. Mudanças inéditas na distribuição de formas de vida importantes para pessoas de determinadas regiões — seja o desaparecimento do salmão da costa da Califórnia, a perda de determinados pássaros canoros em diversas regiões ou as mudanças radicais na população de patos em lugares onde a caça a essa ave é comum — também despertaram alerta. Cada vez mais, cientistas têm mais propriedade para dizer que cruzamos uma linha a partir da qual é irresponsável não reconhecer a relação de causa e efeito entre o aquecimento global e os tipos exatos de consequências previstos há tanto tempo.

A evidência científica que forma a base do nosso entendimento sobre essa catástrofe iminente é inequívoca, mas por mais alarmante que essa declaração seja, ela carece de impacto emocional, pois suas conclusões apontam para "probabilidades" e desconhecidos "efeitos não lineares". Além disso, nossa espécie não tem memória histórica de nenhuma catástrofe comparável no passado e, portanto, nenhum ponto de referência emocional. E eis que estamos colocando na lei da razão um peso maior do que o que jamais fizemos no passado.

Pelo fato de os benefícios de resolver a crise se encontrarem no futuro, enquanto as soluções precisam ser providenciadas agora, a análise racional, por enquanto, tem se mostrado insuficiente para motivar a ação. Os comportamentos comuns que causam a crise climática — particularmente a irrefreável queima de carvão e óleo em todo o mundo — estão profundamente enraizados em nossa civilização. Como parece tão improvável que as mudanças de comportamento individuais causem impacto na crise global, é extremamente difícil para a razão desafiar as poderosas forças do hábito.

Cientistas que estudam o comportamento humano, a natureza do cérebro e a maneira como tomamos decisões desenvolveram uma compreensão sofisticada dos limites da nossa capacidade em confiar na lei da razão. Especificamente, eles descrevem com crescente precisão as limitações que circundam nossa capacidade em confiar na racionalidade, em concentrar as atenções em um problema particular e em aplicar reservas limitadas de força de vontade para resolver um problema que persiste por décadas ou séculos.

Felizmente, há um terceiro sistema cerebral que pode nos levar a tomar as decisões cruciais necessárias para garantir o futuro de nossa civilização. Neurocientistas e psicólogos comportamentais há tempos entenderam o processo pelo qual nós, seres humanos, individual e coletivamente, determinamos metas de longo prazo baseadas em avaliações e continuamos a buscá-las com dedicação por décadas, gerações e até mesmo séculos.

As grandes catedrais da Europa foram construídas por seres humanos tão vulneráveis às distrações e que desejavam gratificações a curto prazo tanto quanto nós. As pirâmides do Egito, Angkor Wat, no Camboja, e o Palácio de Knossos, na Creta minoica, estão entre os muitos exemplos de êxitos de múltiplas gerações pela nossa história. O Plano Marshall, a Otan e a unificação da Europa foram objetivos concentrados por um longo período.

Os cientistas conseguem agora monitorar como o cérebro humano toma decisões que motivam mudanças de comportamento. Eles aprenderam que decisões mantidas por longos períodos, baseadas em avaliações e com metas específicas, requerem um grande esforço de pensamento e são tomadas de maneira lenta, mas profunda. O córtex pré-frontal é a parte do cérebro que nos permite focar de modo firme na realidade que pretendemos construir para o futuro, por meio de esforços de longo prazo que comecem no momento presente. O dr. Greg Berns, da Universidade Emory, diz que "alguns pesquisadores têm especulado que a diferença entre os seres humanos e os outros animais está em nossa habilidade de formular uma imagem mental de consequências em períodos diferentes do atual e de nos preocupar com elas, e há uma ampla concordância de que o córtex pré-frontal, que é desproporcionalmente grande nos humanos em relação aos outros ani-

A LONGA BATALHA CONTRA O FUMO

Em 1964, quando um marcante relatório do Surgeon General chamado "Fumo e Saúde" oficialmente ligou o fumo aos problemas de saúde pública pela primeira vez, fumar era em geral tratado como um vício prazeroso, não uma emergência de saúde pública. A queda de 50% nos índices de fumantes nos Estados Unidos desde esse relatório é uma história de sucesso em longo prazo que ilustra como as transformações de atitudes e regulamentações podem mudar hábitos quase suicidas.

O pontapé inicial para o declínio dos índices foi dado quando o Surgeon General colocou alertas em maços de cigarro, em 1966, e pela Emenda de Saúde Pública para o Fumo de Cigarro, de 1969, que baniu propagandas de tabaco da TV e do rádio e colocou textos de impacto ainda maior nos maços.

Mesmo com sua base de consumidores caindo, os fabricantes de cigarros insistiam que não havia nenhuma prova de que seus produtos eram nocivos ou viciantes. O declínio na propaganda e o estabelecimento de centenas de acordos legais garantiram incentivo e financiamento para efetivas campanhas de educação pública e subsidiaram tratamentos contra o vício, acrescentando impulsos positivos ao movimento antifumo.

O consumo de cigarros, responsável por 90% de todos os cânceres de pulmão, é agora amplamente

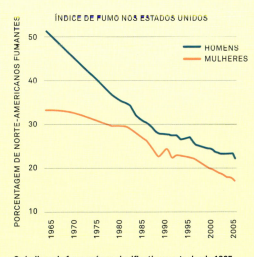

Os índices de fumo caíram significativamente desde 1965.

malvisto em público. Por meio de uma combinação de ações governamentais e progressos da sociedade, fumar se tornou estigmatizado. Os mais recentes estudos mostram que menos de 20% dos norte-americanos adultos fumam; o Centro de Controle e Prevenção de Doenças credita à diminuição do fumo a salvação de milhares de vidas a cada ano.

FONTE: Centro de Controle e Prevenção de Doenças dos Estados Unidos.

A CATEDRAL DE CHARTRES LEVOU MAIS DE UM SÉCULO PARA SER CONSTRUÍDA, COM VÁRIAS GERAÇÕES DE PESSOAS TRABALHANDO DURO EM UM OBJETIVO COMUM DE LONGO PRAZO.

mais, tem um importante papel nessa capacidade (...). Os humanos, sem dúvida, compartilham com outros animais os mecanismos que produzem hipérboles de resposta rápida, mas também temos a capacidade, aparentemente proporcionada pelo córtex pré-frontal, de tomar decisões que levam em consideração um intervalo de tempo muito maior".

Uma vez tomadas, essas decisões podem introduzir um forte comprometimento com a mudança do comportamento estabelecido e permitir uma enorme flexibilidade na busca de objetivos que tenham sido determinados.

Ao longo dos milênios de civilização humana, muitas vezes formalizamos o processo de tomar decisões de longo prazo baseadas em avaliações. Por exemplo, todas as grandes tradições religiosas em nosso planeta — incluindo Cristianismo, Islamismo, Hinduísmo, Judaísmo, Budismo, Taoismo e outras — envolvem importantes e consistentes lições sobre o valor de proteger e preservar a saúde de nosso ambiente e de servir como bons administradores das generosidades que ele nos provê. Entre os muitos papéis que desempenham na vida das pessoas, essas tradições religiosas têm buscado promover importantes valores coletivos como fatores que guiem as decisões dos fiéis que desejam viver eticamente. Se as pessoas escolhessem fazer desses valores uma prioridade, eles poderiam ter um papel crucial no sentido de reforçar a habilidade do ser humano em sustentar um comprometimento de múltiplas gerações com as mudanças agora necessárias para cumprir nosso papel de bons administradores do planeta Terra.

Os cientistas identificaram as partes específicas do cérebro, dentro do córtex pré-frontal, que nos mantém centrados, depois que decidimos perseguir uma meta pré-avaliada por um longo período. De modo significativo, eles também notaram que a área específica do cérebro humano — o córtex pré-frontal dorsolateral (CPFDL) — logo acima das têmporas pode enfraquecer em situações de grande estresse e que o esforço mental necessário

TRADIÇÕES RELIGIOSAS E CUIDADOS AMBIENTAIS

Não jogue lixo em qualquer lugar onde ele possa ser espalhado pelo vento ou arrastado pelas águas.

JUDAÍSMO (*Mishné Torá* de Maimônides)

NÃO CORTE AS ÁRVORES, PORQUE ELAS REMOVEM A POLUIÇÃO.

HINDUÍSMO (*Rig Veda*, 6:48:17)

Isto é o que deveria ser feito por aqueles que possuem bondade e que conhecem o caminho da paz: sejam capazes e honrados, francos e gentis no discurso, humildes e não vaidosos, alegres e fáceis de contentar, não sobrecarregados de tarefas ou frugais em seus modos, pacíficos e calmos, sábios e habilidosos, não orgulhosos ou severos com a natureza. Não tomem a menor das atitudes que os sábios possam reprovar mais tarde.

BUDISMO
(*Metta Sutta, Os ensinamentos de Buda sobre bondade*)

O mundo é belo e verdejante, e certamente Alá, seja Ele exaltado, fez de vocês seus administradores, e Ele vê como vocês se comportam.

ISLAMISMO (*Hadith* de pura autoridade, narrada por muçulmanos sobre a autoridade de Abu Sa'id al-Khudri)

Não perturbe o céu e não polua a atmosfera.

HINDUÍSMO (*Yajur Veda*, 5:43)

DEUS TOMOU O HOMEM E O PÔS NO JARDIM DO ÉDEN PARA O LAVRAR E O GUARDAR.

CRISTIANISMO
(*Bíblia*, Gênesis 2:15)

para manter sua função crucial pode se exaurir em casos de emoções extremas ou ansiedade. O CPFDL nos mantém centrados ao coordenar nossa habilidade em lembrar coisas de cabeça, planejar o futuro e administrar todas as coisas que competem pela nossa atenção. Desligue o CPFDL — com constantes e excessivos níveis de estresse, por exemplo — e estaremos presos ao aqui e agora, com pouca preocupação com o passado e hesitação perante o futuro. Sem surpresa alguma, há enormes evidências de que as sociedades modernas geram rotineiramente índices muito mais altos de estresse do que os que eram comuns nos séculos anteriores.

Uma grande fonte dos novos e extraordinariamente altos níveis de estresse é o ambiente de informações no qual a maioria de nós vive. Graças à evolução da cultura moderna e à onipresente mídia eletrônica, que nos servem um cardápio constante de distrações, podemos perder a capacidade de manter uma força de vontade coletiva que vinha se mantendo firme há décadas, justamente quando mais precisamos dela.

E parte da razão é que — ironicamente — os principais usuários das novas pesquisas sobre o cérebro são os marqueteiros e anunciantes de bens e serviços. A indústria da propaganda alimenta a massiva, cara e onipresente mídia eletrônica que está assegurada pela constante demanda por mais e mais consumo. Um típico norte-americano vê agora uma média de 3 mil mensagens de propaganda por dia.

Praticamente todos os gatilhos pavlovianos descobertos no cérebro humano são agora acionados por publicitários. Em parte como resultado disso, o consumo material em nossa sociedade alcançou níveis absurdos, decaindo levemente apenas no auge da pior crise econômica desde a Grande Depressão.

O CENTRO DE AUTOCONTROLE DO CÉREBRO

Cientistas do Instituto de Tecnologia da Califórnia estudaram como fazemos escolhas habituais para mapear as partes do cérebro que nos ajudam a considerar riscos e valores a longo prazo. Em exames de ressonância magnética, o córtex pré-frontal ventromedial (CPFVM) estava ativo em todas as decisões, mas o córtex pré-frontal dorsolateral (CPFDL) era ativado somente quando o autocontrole era usado. Quando o CPFVM era tentado por uma barra de chocolate, o CPFDL prontamente considerava os benefícios de uma maçã.

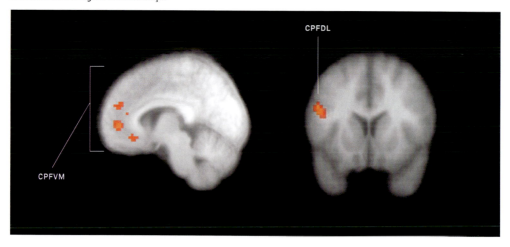

FONTE: CalTech/Todd Hare, de Todd A. Hare, Colin F. Camerer, Antonio Rangel: "Self-control in decision-making involves modulation of the vmPFC valuation system", *Science* 324 (2009).

As compras de roupas *per capita* nos Estados Unidos dobraram entre 1991 e 2005. Nos primeiros sete anos desta década, as dívidas domésticas nos Estados Unidos — provocadas por níveis sem precedentes de consumo — atingiram 138% da renda disponível. A produção *per capita* de lixo nesse frenesi de produção e consumo no país atingiu agora um índice assustador de 64 quilos por dia para cada homem, mulher e criança norte-americanos (quadro que inclui uma atribuição *per capita* do total combinado de lixo individual,

O crescimento do consumo de bens e serviços se tornou comparável à busca pela felicidade. Ainda que o nível de felicidade na sociedade norte-americana moderna — por qualquer parâmetro — não tenha aumentado com o nível de consumo. Os resultados são similares em outros países com grande consumo. Numerosos estudos encontraram níveis significativamente mais altos de bem-estar e felicidade em algumas sociedades com padrões de vida bem menores, medidos por renda e consumo *per capita*.

Praticamente todos os gatilhos pavlovianos descobertos no cérebro humano são agora acionados por publicitários.

doméstico, comercial e industrial — embora exclua a maior parte do lixo associado ao grande volume de produtos feitos na China e em quaisquer outros lugares e vendidos nos Estados Unidos. Ele também exclui o peso do combustível usado para gerar eletricidade).

De fato, a nova combinação de mídia eletrônica e publicidade de massa produziu uma cultura de consumo de massa constante, e que é bastante diferente de qualquer coisa vista antes na história da humanidade. Além das consequências econômicas e ambientais da farra consumista, as consequências psicológicas para a civilização são profundas. O norte-americano médio passa cinco horas por dia vendo televisão. A residência padrão, de acordo com a multinacional Nielsen, agora tem "mais TVs do que pessoas por casa". A maior parte desse tempo foi tomada das oportunidades de conversar com a família, os amigos e os vizinhos e de participar dos assuntos da comunidade e da vida democrática do país. Não é de se estranhar que o número de norte-americanos que diz concordar com a frase "Sinto-me excluído das coisas que acontecem ao meu redor" tenha quadruplicado.

Diversos estudos no relativamente novo campo da "pesquisa da felicidade" mostram que, depois de garantir as necessidades básicas de alimentação, abrigo, transporte e saúde, indivíduos e famílias param de obter ganhos tangíveis em seu senso de bem-estar com elevações de consumo. Somado a isso, os Estados Unidos triplicaram a produção econômica ao longo dos últimos cinquenta anos, com absolutamente nenhum ganho na percepção geral de bem-estar.

De acordo com dados do Bureau of Economic Analysis, o PIB quase quintuplicou no período de 1958 a 2008.

A distorção a respeito do que consideramos "valioso" e a confusão sobre o que pode nos fazer feliz são parcialmente provocadas pela obsessão por bens materiais. "Aquele que morre com mais brinquedos ganha" é encarado como uma piada referente ao nosso comportamento atual, mas analisando nossas atuais crenças quanto ao propósito da vida, isso é a mais pura verdade. De fato, o consumo se tornou, por si só, um objetivo.

Alguns psicólogos comportamentais e pesquisadores do cérebro recentemente começaram a ten-

tar descobrir o modo como desenvolvemos um sistema de avaliação comum para recompensas psicológicas e melhorias em nosso senso de bem-estar que possam ser quantificadas de maneira a refletir o quanto são valiosas para nós em comparação com ganhos em dinheiro, bens ou serviços. De muitas maneiras, o trabalho desses pesquisadores representa o que uma geração anterior poderia ter chamado de simples bom senso, mas é uma medida do quanto temos estado imersos na cultura de consumo, encontrando novo sentido na atribuição de valor monetário a coisas como as pessoas amadas, a apreciação de um ambiente bonito e a habilidade de ter uma opinião quando decisões da comunidade são tomadas.

Recentemente, alguns legisladores progressistas têm tentado identificar o que chamam de "subsídios psicológicos" que possam encorajar mudanças positivas necessárias para poupar energia e promover eficiência, conservação e energia renovável. Esses mesmos inovadores tentaram identificar "cobranças psicológicas" que servem como barreiras para as novas abordagens que poderiam levar as políticas para a direção correta. Removendo essas barreiras, eles esperam fazer maiores progressos.

Administradores de negócios sabem, há um bom tempo, que recompensas sociais podem ser mais importantes na motivação de mudanças positivas do que recompensas materiais. Atualmente, existe um esforço concentrado para que se use esse conhecimento no delineamento das políticas. Essas recompensas são às vezes chamadas de "empurrõezinhos" e, no contexto da mudança climática, podem ser simples como providenciar informação clara para as pessoas a respeito das consequências — positivas e negativas — das escolhas que elas estão fazendo.

Entretanto, quando se trata de convencer sociedades inteiras a fazer as transformações necessárias para estabilizar o clima da Terra, pesquisadores do cérebro e do comportamento recomendam abordagens

O consumo material em nossa sociedade alcançou níveis absurdos.

UM TÍPICO SUPERMERCADO NORTE-AMERICANO, COMO ESTE EM PORTLAND, ESTADO DE OREGON, EUA, CONTÉM MAIS DE 45 MIL ITENS DIFERENTES.

completamente novas para criar e comunicar políticas. Simplesmente divulgar os fatos não vai adiantar, dizem eles. A barreira da informação negativa, até apavorante, pode acionar a negação, a paralisia e, em última instância, a procrastinação.

Ela pode também acionar o que os psicólogos chamam de "tendência à ação única". Esse conceito profundamente enraizado no cérebro, combinado com nossa frequente confiança irrealista de que a tecnologia sozinha vai nos salvar, tem levado alguns a acreditar que uma vez que tenhamos nos convencido a agir, ainda poderemos simplesmente escolher uma única solução tecnológica para "consertar" o problema rapidamente.

Algumas das mais bizarras manifestações dessa desordem em nosso pensamento incluem a proposta de um eminente físico nuclear, Edward Teller, de colocar bilhões de tiras de papel alumínio em órbita ao redor da Terra, para refletir 2% da luz solar e esfriar o planeta. Uma proposta ainda mais extrema envolve lançar um gigantesco guarda-sol em órbita ao redor do sol, em um ponto onde ele iria cobrir parcialmente a Terra e reduzir a incidência de raios solares. As duas propostas ignoram o importante fato de que quantidades adequadas de luz solar são necessárias para o crescimento dos alimentos e o sustento de plantas e animais saudáveis. Felizmente, nenhuma dessas ideias está sendo levada a sério.

No entanto, algumas outras propostas para bloquear a incidência de raios solares têm, infelizmente, começado a atrair o apoio moderado de alguns cientistas que deveriam ser mais bem informados, mas que estão se desesperando cada vez mais com o fracasso dos sistemas políticos mundiais em responder à crise climática. Alguns eminentes grupos científicos começaram agora a discutir seriamente algumas dessas ideias. Uma delas consiste em liberar enormes quantidades de dióxido sulfúrico na atmosfera para bloquear uma porção dos raios solares que chegam à Terra.

Defensores dessa ideia admitem que isso pode provocar sérios efeitos colaterais, como a mudança da química de nossa atmosfera de uma forma que possa levar a danos irreversíveis que desconhecemos. Mas eles alegam que os vulcões injetam aproximadamente a mesma quantidade de SO_2 a cada uma ou duas décadas, aparentemente sem nenhum dano irreversível. Entretanto, a intermitência do SO_2 vulcânico é muito diferente do que a manutenção de um nível constante e artificial de SO_2 na atmosfera. Além disso, à medida que os níveis de CO_2 e outros gases de efeito estufa continuassem a aumentar na atmosfera, precisaríamos constantemente repor e aumentar as quantidades de dióxido sulfúrico que colocaríamos no céu. Se algum dia parássemos de fazer isso, repentinamente nos depararíamos com uma súbita aceleração do aquecimento global em uma escala de 2 a 4°C por década (contra 0,2°C de agora) – assim como o protagonista de *O retrato de Dorian Gray* sofreu uma assustadora aceleração no processo de envelhecimento quando a artificial, mas temporária, suspensão de seu envelhecimento repentinamente parou de funcionar.

Isso sem falar que a nuvem de dióxido sulfúrico que cerca a Terra negaria parcialmente a efetividade do esforço em substituir as formas atuais de produção de energia por painéis solares. E que, de qualquer forma, a tentativa de conter o impacto do aquecimento global por dióxido de carbono bloqueando os raios solares não contribuiria para conter as outras consequências do aumento do CO_2, como os sérios danos aos oceanos em todo o mundo por causa da acidificação.

Uma proposta mais positiva envolve pintar de branco telhados no mundo inteiro, para aumentar a quantidade de luz solar refletida da superfície. Se essa ideia funcionasse, dizem seus defensores, poderíamos pintar de branco estacionamentos, rodovias e partes de desertos. Mas, ainda que essa proposta dos telhados brancos em particular seja boa e mereça ser seriamente considerada, os benefícios seriam rapidamente anulados se continuássemos acumulando cada vez mais CO_2 e os outros poluentes do ar que causam o aquecimento global.

Outra gama de reparos tecnológicos — "geoengenharia", como todas essas propostas são às vezes chamadas — envolve tentativas de mudar a química dos oceanos de forma que seja possível aumentar a absorção de CO_2 com a estimulação de maiores florações de plâncton. Experimentos anteriores envolvendo o enriquecimento de certas regiões de oceanos com ferro falharam e não chegaram nem perto de processar a quantidade de carbono prevista, porque o processo pelo qual os oceanos absorvem CO_2 é muito mais complexo do que o que essa

e o Sol trazem um risco enorme de danificar a saúde do ecossistema de modo a ameaçar o futuro da civilização. Nós não devemos começar mais uma experiência global na esperança de que ela vá, de alguma maneira, apagar magicamente os efeitos daquela que já temos.

As únicas soluções significativas e efetivas para a crise climática envolvem grandes mudanças no comportamento e no pensamento humanos — mudanças que levam, por sua vez, ao uso disseminado de eficiência e conservação, a uma troca dos combustíveis fósseis pelos solares, eólicos e por outras formas renováveis de energia, e ao fim da queima de florestas e plantações e do esgotamento de solos ricos em carbono.

As únicas soluções significativas e efetivas para a crise climática envolvem grandes mudanças no comportamento e no pensamento humanos.

teoria originalmente sugeria. Programas de plantação maciça de árvores, por outro lado, fazem todo sentido e, como descrito no Capítulo 9, esses programas podem — se implantados em uma escala grande o suficiente — aumentar em grande medida a quantidade de CO_2 retirada do ar por árvores e florestas. Da mesma maneira, tentativas de aumentar a capacidade de absorção de CO_2 pelos solos (como descritas no Capítulo 10) podem ser ferramentas valiosas na estratégia múltipla para solucionar essa crise.

De qualquer forma, já estamos envolvidos em uma extensa e não planejada experiência global. Temos todas as evidências necessárias de que a interferência humana no equilíbrio natural do clima e na relação entre a Terra

Para conseguir promover essas mudanças, os cientistas que estudam o comportamento e o pensamento sugerem fortalecer as conexões entre as soluções para o aquecimento global e as soluções para outros desafios (econômicos, estratégicos e sociais) que parecem mais imediatos e podem induzir mais facilmente um desejo de fazer as mudanças necessárias.

Ao comunicar a urgência da crise climática, é importante usar uma linguagem relevante e coloquial e relacionar a virtude de solucionar a crise aos valores comuns e às metas almejadas que já provaram, no passado, sustentar compromissos coletivos de longo prazo. Somos inerentemente animais sociais, e nossa sobrevivência como espécie foi garantida não apenas pela sobrevivência dos indivíduos mais aptos, mas também por nossa habilidade em cooperar uns com os outros e em fortalecer laços sociais que tornem essas cooperações possíveis.

Além disso, há também evidências de que o legado transferido de uma geração a outra carrega consigo uma sensação de obrigação de reciprocidade, de fazer direito e passar seu legado para a geração sucessora também. Mesmo que sejamos inerentemente vulneráveis ao desejo de recompensa rápida e mesmo que tenhamos uma forte preferência por ações de curto prazo, essas preterências podem ser, e muitas vezes são, superadas por um desejo forte e inato de fazer o que é certo por aqueles com quem sentimos alguma conexão.

A estratégia que seguimos é de que devemos conceder às pessoas um papel ativo de ajuda na solução da crise e relacionar o valor daquilo que estamos encorajando-as a fazer com experiências pessoais que possuam significado emocional. Em vez de nos concentrarmos em eliminar todas as incertezas restantes, precisamos comunicar o grande motivo pelo qual devemos urgentemente começar a agir. Também precisamos estruturar as escolhas que se colocam diante de nós de modo a permitir que as mudanças necessárias pareçam mais simples e mais automáticas.

Uma vez que tenhamos encontrado maneiras de envolver esses valores comuns em novas regras sociais, nos beneficiaremos com o desejo natural das pessoas em seguir o caminho de outros em circunstâncias similares às suas e que estão ativamente se tornando parte da solução. Devemos prestar atenção ao alinhamento das escolhas individuais com os incentivos que as empresas têm para incentivar essas mesmas escolhas.

Também é importante planejar sistemas que deem à nossa sociedade retorno constante sobre o progresso que estamos conseguindo, para aprimorar continuamente a estratégia que decidimos seguir para a solução da crise. Felizmente, as novas tecnologias de informação que tornam essa comunicação possível podem desempenhar um papel crucial em nos manter nessa direção.

ESTUDANTES CHINESES PARTICIPAM DE UMA CAMPANHA DE PLANTAÇÃO DE ÁRVORES AO NORTE DE PEQUIM, COMO PARTE DE UM ESFORÇO NACIONAL PARA DETER A DESERTIFICAÇÃO.

OS OBSTÁCULOS QUE PRECISAMOS SUPERAR

CAPÍTULO QUINZE

O VERDADEIRO PREÇO DO CARBONO

A USINA DE CARVÃO AMOS, EM WINFIELD, NO ESTADO DE WEST VIRGINIA, NOS EUA, PRODUZIU MAIS DE 18 MILHÕES DE TONELADAS DE EMISSÕES DE CO_2 EM 2006.

É impressionante que, no exato momento em que parecíamos finalmente prontos para discutir a crise climática, tenhamos sido atingidos pela pior crise econômica mundial desde a Grande Depressão. Inicialmente, muitos acreditaram que essa derrocada financeira global iria interromper os progressos nas soluções da crise climática. Mas, na realidade, a relação entre esses dois monumentais desafios se mostrou bastante diferente. Especialistas em economia de todos os pontos de vista ideológicos logo reconheceram a necessidade de um grande estímulo econômico por meio de gastos governamentais. Os consequentes investimentos em larga escala nos projetos designados a criar milhões de empregos aceleraram o desenvolvimento de uma infraestrutura verde por meios que promovem soluções para a crise climática.

Mesmo assim, ainda não estamos empregando o poder da economia de mercado nesse assunto. É profundamente irônico que muitos daqueles que são contrários a importantes esforços para evitar catástrofes naturais tenham medo de prejuízos econômicos enquanto, ao mesmo tempo, se recusam completamente a permitir o uso de mecanismos de mercado para ajudar a solucionar a crise. A necessidade de mudança é urgente porque há sérias falhas na qualidade e na natureza das informações sobre o meio ambiente que circulam por aí.

O sistema atual pelo qual determinamos o que é bom e o que é ruim para nós é profundamente falho. Hoje em dia, a poluição responsável pelo aquecimento global — ou seja, toda a poluição — é descrita por economistas como um negativo "fator externo". Em linguagem popular, esse termo técnico econômico quer dizer: nós não queremos saber dessa coisa, então vamos fingir que ela não existe.

O dióxido de carbono, a mais importante fonte de poluição responsável pelo aquecimento global, é invisível, insípido e inodoro. Ele é completamente invisível para a matemática do mercado também. E, quando alguma coisa não é reconhecida no mercado, é muito mais fácil para o governo, as empresas e todo o resto de nós fingirmos que ela não existe. Mas o que estamos fingindo que não existe está destruindo a capacidade do planeta de ser habitável. Nós colocamos 90 milhões de toneladas disso na atmosfera a cada 24 horas, e a quantidade está aumentando a cada década.

O mais fácil, mais óbvio e mais eficiente modo de empregar o poder do mercado para resolver a crise climática é colocar um preço no carbono. Quanto mais protelamos, maiores são os riscos que a economia enfrenta ao investir em bens e atividades com altos níveis de carbono. O valor artificial definido para esses investimentos ignora a realidade da crise climática e suas consequências para os negócios. É como Jonathan Lash, presidente do Instituto Mundial de Recursos, recentemente disse: "a natureza não dá uma segunda chance".

Quando reconhecemos de forma precisa as consequências das escolhas que fazemos, nossas escolhas melhoram. Nosso mercado financeiro pode nos ajudar a resolver a crise climática se dermos a ele os sinais certos. Temos que dizer a nós mesmos a verdade sobre o impacto econômico da poluição, e temos que medi-lo. Precisamos interiorizar as questões externas.

O sistema de "registros nacionais", que ainda serve como espinha dorsal para determinar o Produto Interno Bruto (PIB) hoje em dia, é lamentavelmente

ESTA USINA DE CARVÃO EM ROME, ESTADO DA GEÓRGIA, NOS EUA, INSTALOU UM FILTRO EM 2008 PARA EVITAR EMISSÕES DE DIÓXIDO DE ENXOFRE E PARA ADEQUAR A EMPRESA AOS PADRÕES DE LIMPEZA DE AR ESTABELECIDOS PELO GOVERNO FEDERAL NORTE-AMERICANO. NOVAS REGULAMENTAÇÕES DA EPA PODERIAM EXIGIR LIMITAÇÕES DE CO_2 TAMBÉM.

"A natureza não dá uma segunda chance."
JONATHAN LAGH

UM FUNCIONÁRIO TRABALHA NA LIMPEZA DEPOIS DE UM VAZAMENTO DE ESGOTO PERTO DO RIO DE JANEIRO, NO BRASIL, QUE CAUSOU GRANDE MORTANDADE DE PEIXES EM CURSOS DE ÁGUA DA REGIÃO.

incompleto em sua atribuição de valores. Planejado principalmente nos anos 1930, o sistema é preciso em sua habilidade para contar todos os bens e serviços produzidos, incluindo bens capitais, mas perigosamente impreciso para contar recursos naturais e humanos.

John Maynard Keynes liderou um grupo de economistas que trabalhou durante os anos 1930 para fornecer aos políticos melhores ferramentas para impedir uma repetição da Grande Depressão. A despeito do brilhantismo com que realizaram sua tarefa, eles estavam restritos por suposições então vigentes em um mundo no qual países industrializados ainda possuíam colônias na África, Ásia e América Latina.

A era colonial chegaria ao fim algumas décadas depois, mas durante o período em que os registros nacionais estavam sendo planejados, parecia simples supor que os recursos naturais não deveriam ser contados da mesma maneira que os recursos capitais. Como resultado, termos dos registros nacionais como "depreciação", que eram usados rotineiramente para bens capitais como equipamentos, prédios, fábricas e outros investimentos fixos, simplesmente não eram empregados da mesma forma para materiais naturais, que na época pareciam praticamente inesgotáveis.

Para ser justo com os economistas que criaram o PIB, eles nunca tiveram a intenção de que ele fosse amplamente usado como uma medida do bem-estar geral. Eles estavam concentrados, nos registros nacionais, em produção doméstica. Entretanto, logo outros começaram a usar o PIB como uma fórmula para medir a saúde geral da economia de um país, quando essa não era a utilização para a qual o sistema havia sido planejado.

É irônico que um sistema de registros tão elaborado, que se apoiava na suposição de que os agentes da economia possuíam "informações perfeitas", tenha criado tantas entradas e saídas para um mundo desco-

PIB VERSUS IPG: "PRODUTO" VERSUS "PROGRESSO"

Enquanto o PIB é a medida padrão do desempenho da economia de um país, somando o valor de mercado de todos os bens e serviços, o indicador de progresso genuíno (IPG) é uma tentativa de medir a sustentabilidade dos lucros e o bem-estar socioeconômico de uma nação. O IPG adapta os dados de consumo pessoal do PIB somando os benefícios de trabalhos fora do mercado, como serviços domésticos não remunerados e voluntariado, e subtraindo custos sociais, como crime, poluição do ar e da água e perda de terras férteis e florestas. Ao longo dos últimos cinquenta anos, o IPG tem subido em um nível muito menor que o do PIB.

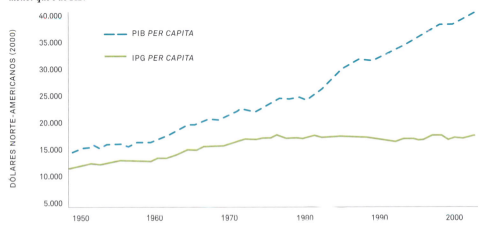

FONTE: Costanza, Robert et al. *The Pardee Papers*, janeiro de 2009 Jan; n. 4.

nhecido que era considerado seguro ignorar. A maioria das formas de poluição entra nessa categoria, por causa da falsa crença de que a Terra era tão vasta e complacente que despejar poluentes na natureza certamente não traria consequências que merecessem ser mencionadas nas folhas de balanço.

A consequência mais grave de considerar a poluição nos julgamentos rotineiros de negócios foi termos criado mercados "cegos" às consequências das decisões e dos planos de negócio, que resultaram em poluição irrestrita. Essa cegueira seletiva, em especial quando combinada com a confiança suprema de que os mercados estão constantemente nos ajudando a tomar decisões sábias, tornou extremamente difícil depender dos poderes do mercado para solucionar a crise climática. De fato, as forças de mercado não podem resolver a crise climática sozinhas. O mercado falha em obter o resultado correto na presença de fatores externos; uma intervenção política é necessária.

Considere essa analogia que descreve o que vemos e o que existe além do que vemos, mesmo que sejamos cegos a isso. Se você olhar o espectro eletromagnético do ultravioleta para o infravermelho, a porção desse espectro que é feita de luz que conseguimos enxergar com nossos olhos é uma faixa minúscula. Há muito mais lá fora, mas a natureza humana, sendo como é, nos leva a supor que o que vemos é o que realmente importa. E, como quase todo mundo faz o mesmo, vivemos muito bem desse jeito. O hábito de olhar apenas relatórios financeiros comuns significa olhar apenas para uma faixa minúscula desse espectro de informação. Também as informações sobre as práticas ambientais de uma empresa e de seus funcionários e outros fatores não financeiros são muito importantes.

O físico Werner Heisenberg descobriu que, na física quântica, o ato de observar transforma o que está sendo observado. Também parece verdade que, quando nós humanos observamos algo, o ato de observar nos afeta. As informações carregam um imperativo. Administradores de fundos de investimento que recebem relatórios financeiros diários passam a confiar fortemente neles, sem considerar outras informações importantes que não estejam ali incluídas. Como resultado, seus julgamentos são afetados pelas ferramentas das quais eles se tornam dependentes.

O psicólogo Abraham Maslow disse uma vez que "é tentador, se a única ferramenta que você tiver for um martelo, tratar tudo como se fosse um prego". Do mesmo modo, se a única ferramenta para analisar o que é valioso for uma etiqueta de preço, então aquelas coisas sem essas etiquetas podem começar a parecer sem valor. E aquilo que não está nas folhas de balanço pode começar a parecer invisível e sem importância.

Em uma economia de mercado como a norte-americana, todas as soluções para a crise climática serão mais efetivas e muito mais fáceis de implementar se colocarmos um preço no CO_2 e em outros poluentes que causam o aquecimento global. Precisamos usar as ferramentas certas para este trabalho. Uma vez que tivermos um preço para o carbono, a questão externa

> "O produto interno bruto (...) mede tudo, em resumo, menos aquilo que faz a vida valer a pena."
>
> SENADOR ROBERT F. KENNEDY

A PRÁTICA DO CORTE RASO, COMO NESTA FOTO TIRADA NO ESTADO DE WASHINGTON, NOS EUA, PODE MAXIMIZAR O LUCRO SOBRE A MADEIRA A CURTO PRAZO, MAS TEM UM ENORME CUSTO PARA O ECOSSISTEMA LOCAL.

negativa que era invisível e sem importância para o mercado se tornará visível e será incluída nas decisões dos integrantes desse mercado.

Há quarenta anos, Robert F. Kennedy lembrou aos norte-americanos que medidas como o índice Dow Jones e o PIB falham ao não considerar a integridade de nosso meio ambiente, a saúde de nossas famílias e a qualidade de nossa educação. Como ele afirmou, o PIB "não nos dá nossa sagacidade nem nossa coragem, nem nossa sabedoria ou aprendizado, nem nossa compaixão e nossa devoção ao nosso país. Ele mede tudo, em resumo, menos aquilo que faz a vida valer a pena". Sua perspicaz observação sobre o produto interno bruto representou uma rara demarcação da fronteira interna entre a democracia e o capitalismo e despertou uma discussão sobre onde colocar os limites apropriados entre as decisões que são deixadas nas mãos do mercado e as decisões que devem, por direito, ser tomadas na esfera da democracia.

O sistema filosófico do qual os Estados Unidos têm sido a personificação é o Capitalismo Democrático. Adam Smith escreveu A riqueza das nações no mesmo ano em que Thomas Jefferson escreveu a Declaração da Independência. A combinação de livres mercados e autogoverno pelos cidadãos livres da república norte-americana foi a responsável pela elevação dos Estados Unidos ao posto de nação líder mundial e pela prosperidade que o tornou invejado por povos de todo o mundo.

Ao longo de sua história, movimentos reformistas, como aqueles da era progressiva e dos direitos civis, dos direitos das mulheres e os movimentos ambientais dos anos 1960, visavam de maneira implícita remediar a situação apoiados em leis decretadas democraticamente contra os excessos e falhas nas operações das forças irrestritas de mercado.

A decisiva vitória do Capitalismo Democrático dos Estados Unidos e de seus aliados sobre o Comunismo da União Soviética nos cinquenta anos de lutas pós-Segunda Guerra Mundial levou a um período de inquestionável dominação filosófica das economias de mercado do mundo todo. O desaparecimento do Comunismo como um sério adversário para o Capitalismo Democrático levou à ilusão de um mundo unipolar com um superpoder. Ele também levou, nos Estados Unidos, a uma arrogante bolha de "fundamentalismo de mercado", que encorajou aqueles que se opõem às restrições regulatórias a ampliarem suas agressivas tentativas de mover as fronteiras entre a capitalismo e a esfera democrática, alegando que, com o tempo, o mercado iria solucionar com mais eficiência a maioria dos problemas e que leis e regulamentações que interferiam no mercado carregavam consigo um leve aroma do desacreditado adversário estatal que tínhamos acabado de derrotar.

Simultaneamente, mudanças no sistema político norte-americano — incluindo a televisão tomando o lugar de alguns jornais e revistas como mídia dominante — conferiram fortes vantagens aos opulentos defensores dos mercados irrestritos e enfraqueceram aqueles a favor de reformas legais e regulatórias.

Esse período de triunfo do mercado levou à diluição e à remoção de muitas proteções contra poluentes danosos e, ironicamente, coincidiu com a descoberta da comunidade científica de que os receios anteriores sobre o aquecimento global eram — segundo evidências que aumentaram rapidamente nos anos 1980 e 1990 — bastante subestimados. Mas todo o contexto político no qual esse debate se formou era, na época, fortemente inclinado às visões dos mercados fundamentalistas, que lutavam ferozmente para enfraquecer os obstáculos existentes e zombavam da possibilidade de que uma nova série de restrições mundiais fosse necessária para deter o perigoso despejo de poluição causadora do aquecimento global na atmosfera terrestre.

Poucos duvidam de que o renovado questionamento sobre a estrutura, as premissas e os efeitos do capitalismo vá levar a algo além de regulamentações mais firmes sobre os excessos e novos esforços para ampliar algumas regras além das fronteiras nacionais para cobrir o fluxo financeiro mundial. Entretanto, muitos aproveitaram a oportunidade para levantar questões sérias

A MINA DE OURO "SUPER PIT", EM KALGOORLIE, NA AUSTRÁLIA, PRODUZ CERCA DE 26 TONELADAS DE OURO ANUALMENTE. É TAMBÉM A MAIOR EXTRATORA DE MERCÚRIO DO PAÍS.

desempenho a longo prazo. Durante anos, os melhores investidores, incluindo o lendário Warren Buffett, entenderam isso. Mas, ainda hoje, a maior parte da comunidade investidora (constituída por gerentes de investimentos, executivos de empresas, administradores de fundos de pensão e membros de conselhos diretores, consultores de investimento e pesquisadores) age de modo a deixar a impressão de que o longo prazo simplesmente não importa mais.

Esse é um fenômeno relativamente novo. Há 35 anos, o período médio de posse de ações nos Estados Unidos era de quase sete anos. Mas, hoje, esse período caiu para seis meses e metas de ganhos trimestrais são uma obsessão para os analistas de mercado.

Como as evidências apresentadas no Capítulo 14 deixam claro, temos uma forte preferência por tomar decisões a curto prazo. Mas essa vulnerabilidade natural foi artificialmente [...] como as corporações e mer[...] ram a tomar a maioria de s[...] Muitos especialistas no m[...] tam que 75% ou mais do v[...] é construído ao longo de [...] anos — não por coincidê[...] tumava caracterizar a m[...] maioria dos acionistas es[...] prou há seis meses, esse [...] sões estão sendo conduz[...] de escolher vencedores [...] Estritamente falando, e[...] que tomou conta dos m[...] mou o ato em si de inve[...] que, para muitos invest[...] especulação ou aposta.

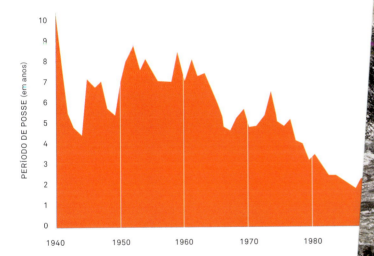

TEMPO MÉDIO DE POSSE DE AÇÕES

Nos anos 1950 e 1960, os investidores mantinham as ações por, em média, sete a [...] tante, em 1974, o período de posse ainda era de quase sete anos. Os investimentos for[...] à medida que o tempo médio foi caindo rapidamente ao longo das últimas quatro dé[...] investimento caiu para onze meses. Em agosto de 2009, estava em seis meses.

FONTE: Montier, James. *Behavioural investing*.

> "Há algo fundamentalmente errado em tratar a Terra como se fosse um negócio em liquidação."
>
> — HERMAN DALY

sobre as falhas fundamentais no modo como o mercado atua, pelo menos do jeito que o praticamos, e de como ele lida com os recursos naturais e a poluição — incluindo a poluição causadora do aquecimento global.

Todos conhecem o velho ditado: "nada há de mais poderoso do que uma ideia que chegou na hora certa". Eu gostaria de propor uma inferência ao pensamento de Victor Hugo: a maior fonte de poder destruidor é o colapso inesperado de uma ideia amplamente aceita que, de repente, é reconhecida como errada. No caso das hipotecas *subprime*, a ideia de que alguma alquimia própria do mercado financeiro mundial iria de alguma forma eliminar o risco inerente das hipotecas ruins, desde que elas fossem simplesmente agrupadas e vendidas como títulos, foi uma suposição que, repentinamente, entrou em colapso quando o mercado mundial percebeu, com um senso de naufrágio, que a maioria daquilo que estava sendo vendido com o rótulo triplo-A na verdade não tinha valor algum.

De maneira bastante semelhante, muitos investidores institucionais estão agora começando a suspeitar de que outra ideia que sustenta o valor de suas carteiras de investimentos está começando a ruir. Vários trilhões de dólares em "créditos de carbono *subprime*" dependem, de acordo com a avaliação deles, da crença de que é perfeitamente aceitável jogar 90 milhões de toneladas de CO_2 na atmosfera terrestre a cada 24 horas — e o custo zero das emissões de carbono reflete essa suposição. A comunidade científica mundial tem apresentado evidências irrefutáveis de que devemos parar rapidamente de queimar combustíveis derivados de carbono de modos que possam destruir o futuro da civilização humana. Os donos desses créditos logo vão encarar a conta no mercado. Eles estão, mais ou menos, como os donos de hipotecas *subprime* antes destes perceberem o terrível erro que haviam cometido.

Quanto mais investirmos em créditos de carbono *subprime*, mais estaremos ampliando os riscos encarados por nossa economia de investimentos "encalhados" em grande escala. As hipotecas *subprime* se torna-

ram "ativos tóxicos". E, c
tido em bens repentinan
quantia de investimento
uma forte dor de cabeça
de investimentos mergu
bono, cujo valor está pr
próximo, também repr
a nossa economia. Além
de alto-carbono têm m
mente seu valor. Infeli
ram defender seus valo
necessárias para soluci

A história da econ
das semelhantes, tard
causa de arrependime
das tulipas holandesa
Pets.com dos últimos
financeira de 2008 e
dial das bolhas espet
Problemas ambienta
regionais atingiram

Quanto mais fa
custo real de queim
bono da maneira co
crescer e mais dest
economista chama
que "há algo funda
Terra como se foss

Um segundo d
mercado opera atu
um preço para as e
confiança em lucr
os cálculos mais i
nhia está indo be
empresas pública
cionais que comp
exagerada em rel
indicadores dom

Numerosos
do real valor de u

A maioria das métricas de curto prazo que são agora usadas para conduzir decisões sobre compra e venda de ações é útil para tentar prever como os outros investidores irão reagir aos mesmos indicadores de curto prazo. As decisões ainda estão ligadas, na teoria, à habilidade de projetar desempenhos de longo prazo a partir de resultados rápidos. Mas as pressões que agora dominam o mercado levam os investidores a confiar cada vez mais em menores períodos de posse e maiores rotatividades. Isso, por sua vez, pressiona os administradores corporativos — especialmente os CEOs e diretores financeiros — a adequar suas próprias decisões visando maximizar bons resultados a cada noventa dias, quando os relatórios de ganhos por ações são apresentados.

O mercado é longo em relação ao que é curto e curto em relação ao que é longo. Essa inclinação ao curto prazo tem significantes repercussões negativas para a economia mundial. Se as empresas abdicarem dos investimentos que geram valor para gerenciar ganhos de curto prazo, isso irá danificar a vitalidade da economia no futuro. Uma perspectiva de curto prazo também interrompe a inovação e a pesquisa e desenvolvimento, diminui os investimentos em capital humano, incentiva ginásticas financeiras e desencoraja lideranças.

Como revertemos essa tendência à dominância da política de curto prazo? Primeiramente, a comunidade investidora deveria abraçar de modo genuíno o conceito de longo prazo. Isso significaria administrar carteiras de ações com uma perspectiva de investimentos duradoura, de aproximadamente cinco anos, ou durante um ciclo da economia. Para fazer isso, os gestores de carteiras e analistas precisam, de modo sistemático, levar em conta um número de fatores que não é rotineiramente contabilizado nos balanços hoje em dia — incluindo questões ambientais — em vez de se focar apenas nos retornos financeiros rápidos. É como Abraham Lincoln disse na época em que os EUA enfrentavam seu maior risco: "Temos que nos libertar, e então salvaremos nosso país".

Isso significa analisar as implicações de desafios econômicos, ambientais e sociais a longo prazo no lucros dos acionistas. Tais desafios incluem os futuros riscos políticos ou regulamentares, o alinhamento da administração e da diretoria com valores corporativos duradouros, qualidade de fontes pessoais de administração de capital, riscos associados à estrutura governamental, o ambiente, reestruturações/fusões e aquisições corporativas, consolidação da marca, ética corporativa e relações com os acionistas. Essas questões extrafinanceiras afetam claramente a habilidade de uma empresa em aumentar seu valor acionário, criar uma vantagem competitiva e gerar retornos sustentáveis a longo prazo.

Aliás, a fixação pelo curto prazo não é um problema encontrado apenas nos mercados. Minha vida progressa foi na política (sou um político em recuperação agora). Na primeira vez em que me candidatei, em 1976, acredito que tenha participado de uma pesquisa. Quando deixei a política, em 2000, era uma prática comum termos pesquisas da noite para o dia. Todos os dias. E, agora, o rastreamento de pesquisas segue continuamente. As decisões tomadas pelos políticos de hoje são influenciadas pelos fluxos de informação derivadas dessas pesquisas sem fim e da análise informatizada de seus dados.

Temos ouvido há muito tempo sobre os perigos dos CEOs responderem a relatórios trimestrais. O jornal *McKinsey Quarterly* informou que uma pesquisa com administradores descobriu que "mais de 80% dos executivos disseram que cortariam investimentos em pesquisa e desenvolvimento e marketing para garantir que atingiriam suas metas trimestrais". Isso não é um comportamento mercenário; é um comportamento previsível. Se os executivos são avaliados por conseguir ou não alcançar suas metas trimestrais de lucros, eles terão que agir de acordo. E, se não o fizerem, serão substituídos por alguém que fará. Isso acontece com frequência. O *McKinsey* acrescenta que "a maioria dos entrevistados disse que abriria mão de um investimento que oferecesse um retorno decente se isso significasse não atingir suas expectativas de ganhos trimestrais".

Há administradores que estão tentando quebrar esse padrão. Mas se os maiores investidores de uma

DEPOIS QUE ESSE RESERVATÓRIO DE CINZAS DE UMA USINA DE CARVÃO NO TENNESSEE, NOS EUA, SOFREU UM COLAPSO EM 2008, O SEDIMENTO DESTRUIU AS CASAS VIZINHAS E DANIFICOU FAZENDAS, ESTRADAS E O RIO EMORY. OS CIENTISTAS ALERTAM QUE AINDA EXISTEM RISCOS PARA A SAÚDE DOS MORADORES LOCAIS.

UM APIÁRIO CUIDA DE ABELHAS PRODUTORAS DE MEL NO OESTE DA FRANÇA.

O VERDADEIRO PREÇO DO CARBONO   335

companhia estão procurando por recompensas rápidas, então um administrador que adote um perfil de longo prazo não sobreviverá.

Investidores que queiram adotar perspectivas de longo prazo não deveriam encarar essa questão como um desafio para reconciliar sua consciência e interesse pelo planeta com a matemática que sai de seus escritórios de investimento. O que realmente é preciso é desafiar a estrutura do processo de tomada de decisões. Quais são os incentivos que conduzem os administradores? Qual a perspectiva de tempo? Que tipo de informação é levada em conta?

Considere este exemplo: há seis anos, um relatório do Instituto Mundial de Recursos e da empresa Sustainable Asset Management chamado "Changing drivers" analisou a intensidade de carbono nos lucros das indústrias automobilísticas. Eles então consideraram essa medida — intensidade de carbono nos lucros — e a integraram ao restante das análises tradicionais do valor das companhias desse setor, apontando um quadro mais preciso da sustentabilidade nos valores acionários ao longo do tempo.

O verdadeiro preço da queima de combustíveis derivados de carbono, como petróleo e carvão, incluiriam em um sistema perfeito de contabilidade — custos adicionais que hoje em dia são tradicionalmente ignorados. O preço de se falhar em relação à crise climática é, claro, incalculável — e uma vez que isso se torne suficientemente claro, exercerá uma influência enorme sobre nossas escolhas.

Quando nos referimos ao carvão, não incluímos atualmente no preço de aquisição os enormes danos causados pela comum prática da mineração de carvão no topo das montanhas. Muitos depósitos de car-

O VALOR REAL DE NOSSO ECOSSISTEMA

Em 1997, um grupo de pesquisadores estimou os lucros anuais dos "serviços" essenciais proporcionados por nosso ecossistema mundial em 44 trilhões de dólares. O total cobria apenas serviços de energia renovável, excluindo combustíveis fósseis e minerais não renováveis. Em comparação, o PIB dos Estados Unidos foi de 14,3 trilhões de dólares em 2008.

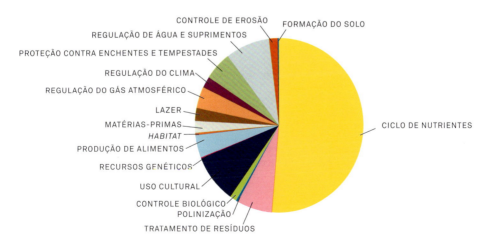

SERVIÇOS DE ECOSSISTEMA (valor mundial flutuante)
44 TRILHÕES DE DÓLARES (em valores de 2008)

FONTE: Robert Costanza et al. *Nature*, 15 de maio de 1997; 387.

vão no leste dos Estados Unidos — especialmente nos estados de West Virginia e Kentucky — são rotineiramente explorados pela extração sistemática de topos inteiros de montanhas, com os resíduos tóxicos sendo despejados em reservatórios de água próximos das bases dessas mesmas montanhas. Essa prática des-

UMA BREVE HISTÓRIA DO PREÇO DO PETRÓLEO

A instabilidade dos preços do petróleo — que são afetados por complexas questões políticas, especulações financeiras, problemas de segurança no golfo Pérsico e pelo clima, dentre muitos outros fatores — mostrou ser um caro obstáculo para o crescimento da economia sustentável. A rápida elevação dos preços em 2008 trouxe o petróleo de volta ao seu nível mais alto de todos os tempos — igual apenas ao pico durante a Guerra Irã-Iraque, quase trinta anos antes.

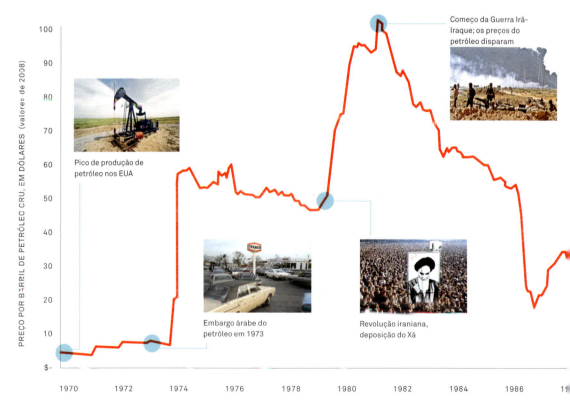

FONTE: Departamento de Energia dos EUA.

O VERDADEIRO PREÇO DO CARBONO 337

prezível já contaminou algumas fontes de água potável em Appalachia e causou estragos na vida de muitas famílias. As novas técnicas mecanizadas para extração dos topos das montanhas também eliminaram muitos empregos de mineradores de carvão.

Depois que esse mercúrio é, em grande parte, queimado por meios que geram a maior fonte de poluição por mercúrio do mundo. O mercúrio é, claro, uma eficaz neurotoxina que se acumula nos peixes. É de longe a maior causa de alertas de saúde para que se evite o consumo de muitas variedades de peixes que costumavam ser consideradas excelentes e seguras fontes de proteína.

Além disso, depois que o carvão é queimado, enormes quantidades de sedimento tóxico — o segundo maior volume de lixo tóxico produzido anualmente nos Estados Unidos — são inicialmente despejadas em reservatórios de acumulação. Em dezembro de 2008, mais de 3,7 bilhões de litros vazaram de um desses

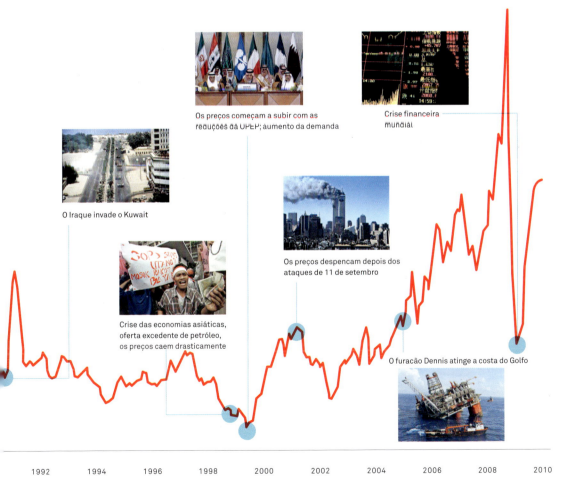

Os preços começam a subir com as reduções da OPEP; aumento da demanda

Crise financeira mundial

O Iraque invade o Kuwait

Crise das economias asiáticas, oferta excedente de petróleo, os preços caem drasticamente

Os preços despencam depois dos ataques de 11 de setembro

O furacão Dennis atinge a costa do Golfo

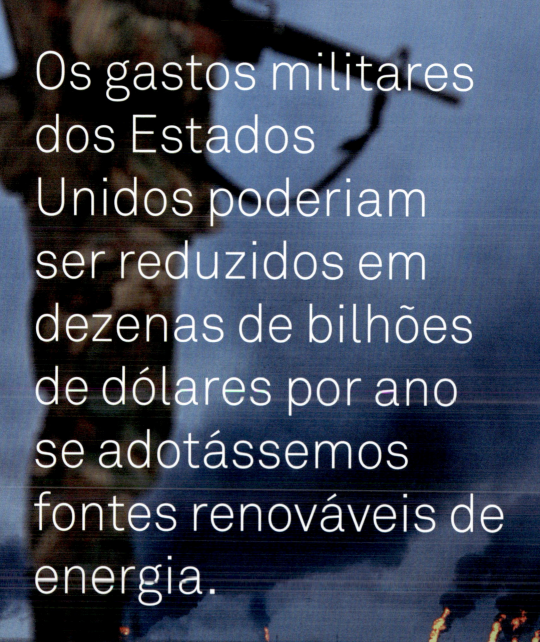

Os gastos militares dos Estados Unidos poderiam ser reduzidos em dezenas de bilhões de dólares por ano se adotássemos fontes renováveis de energia.

UM SOLDADO NORTE-AMERICANO POSICIONADO PERTO DE POÇOS DE PETRÓLEO EM CHAMAS NO KUWAIT, EM 1991.

reservatórios em meu estado-natal, Tennessee, obrigando famílias a deixarem suas casas e arruinando terras produtivas na comunidade vizinha, Harriman.

Ironicamente, graças ao nosso atual sistema nacional de contabilidade de ganhos, o custo da limpeza dos resíduos será adicionado ao nosso PIB como uma entrada positiva, enquanto o custo para as famílias de ter suas vidas interrompidas e o custo para o ambiente da poluição do rio e dos danos nas fontes de água potável não serão subtraídos de nosso PIB.

Nosso atual sistema de contabilidade também ignora o valor atual de todos os importantes serviços que ecossistemas saudáveis garantem, a maioria dos quais nós hoje damos como garantidos. O padrão previsto do derretimento das geleiras em regiões montanhosas que produzem água limpa e potável para centenas de milhões de pessoas é algo que consideramos garantido, mesmo que ele esteja desaparecendo. Solos saudáveis reciclam os nutrientes que tornam a agricultura moderna viável, mas ainda assim ignoramos com frequência essa função e contribuímos para sua destruição, com o pesado uso de pesticidas e fertilizantes à base de petróleo. Uma população saudável de abelhas poliniza muitas culturas de alimentos, sem mencionar as flores, e mesmo assim a ameaça sistêmica às abelhas pela degradação ambiental não é levada em consideração. Analisados em conjunto, os valores desse e de outros serviços de ecossistema ao redor do mundo foram calculados, em um estudo da revista *Nature* em 1997, em 44 trilhões de dólares por ano (em valores corrigidos de 2008) — e nenhum deles aparece nas contas das empresas ou do mercado.

Outra despesa causada por nossa dependência do petróleo e do carvão que não é incluída em nossas contas habituais são as cíclicas rupturas na economia global causadas pela instabilidade nos preços do petróleo nos mercados mundiais. Essas flutuações também levam o preço do carvão para cima e para baixo, porque há uma margem de substituição de combustíveis que acaba ligando os dois bens consumíveis.

A maioria das reservas de petróleo no mundo, hoje, não é de propriedade privada, mas sim controlada por governos soberanos. Os donos das maiores reservas agem dentro da OPEP (Organização dos Países Exportadores de Petróleo) em busca de dois objetivos estratégicos simultâneos. Eles devem aumentar os preços, claro, e, por isso, com frequência reduzem as cotas de produção, deixando o preço do petróleo muito mais alto do que ele seria de outra maneira, exatamente como qualquer cartel privado faria. Mas eles também têm em vista um segundo objetivo que não é bem compreendido entre os países consumidores de petróleo: eles estão altamente conscientes de seus interesses estratégicos em evitar a criação de uma vontade política no Ocidente que possa levar a esforços constantes — como os que estou defendendo neste livro — para que se façam os investimentos necessários para completar uma histórica troca do petróleo e carvão por fontes de energia renováveis.

Há produção de petróleo suficiente em países de fora da OPEP para limitar o poder da organização em ditar aumentos ou quedas súbitas de preços, e, por isso, o oligopólio não tem controle total dos preços nos mercados mundiais. E as tensões internas, envolvendo membros mais ricos, como a Arábia Saudita, e membros empobrecidos, como o Irã, também limitam a liberdade de movimento da OPEP. Mas, quando as condições de mercado permitem que ela assuma o comando, a organização tem poder suficiente para perseguir seus dois objetivos estratégicos às custas dos Estados Unidos e de outros países importadores de petróleo.

O mundo já passou por vários choques no preço do petróleo desde o primeiro embargo, em 1973. Esses choques originaram várias tentativas — logo abortadas — de se obter independência energética adotando agressivamente fontes renováveis de energia. Durante a administração do presidente Carter, vimos um impressionante começo de transição para as fontes renováveis e uma notável redução na quantidade de petróleo importado pelos Estados Unidos. Mas, assim que os preços foram

reduzidos novamente pela OPEP, os investimentos em energia renovável, como era de se esperar, secaram. E o governo Reagan, que assumiu em janeiro de 1981, sistematicamente desmantelou os programas governamentais de apoio à energia sustentável remanescentes — chegando ao ponto de simbolicamente retirar painéis solares já comprados e pagos do telhado da Casa Branca.

Em 2008, vimos esse ciclo se repetir quando a repentina alta do petróleo no primeiro semestre levou à maior onda de investimentos em energia renovável que os Estados Unidos já haviam conhecido. Mas, quando os preços foram reduzidos novamente, na segunda metade do ano, esses investimentos rapidamente cessaram.

Por razões discutidas anteriormente, é um erro confiar nos indicadores do mercado para tomar as melhores decisões sem a existência de um preço para o carbono. Mais do que isso, é iludir-se confiar nos indicadores quando eles partem de um mercado parcialmente manipulado e dominado por países soberanos que adotam estratégias de longo prazo, enquanto permanecemos reféns dos instáveis cálculos de curto prazo.

Há muitos outros custos envolvidos em depender tanto de combustíveis derivados de carbono que atualmente não estão incluídos na avaliação do nosso mercado em relação às decisões que estamos tomando. Apenas os gastos militares dos Estados Unidos atribuídos ao custo da proteção do golfo Pérsico para evitar um choque mundial do preço, e os relativos gastos militares dos Estados Unidos atribuídos à manutenção do fluxo de petróleo no Oriente Médio, poderiam ser reduzidos em dezenas de bilhões de dólares por ano se adotássemos fontes renováveis de energia. Um estudo acadêmico do ano passado estimou uma redução entre 27 e 73 bilhões de dólares por ano, dos quais algo entre 6 e 25 bilhões de dólares (ou mais de quinze centavos a cada 3,8 L de gasolina) são atribuídos apenas à demanda dos carros e caminhões norte-americanos.

Outro defeito amplamente conhecido no modo como o mercado de energia trabalha é um problema que os economistas chamam de "problema agente-princi-

NOVAS MANSÕES FORAM CONSTRUÍDAS ÀS MARGENS DE PÂNTANOS EM GALVESTON BAY, ESTADO DO TEXAS, NOS EUA.

pal". Essa expressão soa mais complicada do que realmente é. O que ela, na verdade, aponta é um conflito entre os incentivos de mercado que influenciam as decisões tomadas por um grupo e a realidade econômica de todos aqueles que são afetados por essas escolhas.

Por exemplo, muitos construtores e arquitetos de casas e prédios comerciais e agentes imobiliários são conduzidos por uma competição de curto prazo a reduzir rapidamente o preço inicial de compra ou aluguel de seus imóveis – mesmo que isso signifique economizar em um maior isolamento, janelas e sistemas de iluminação mais eficientes e detalhes no projeto que possam reduzir drasticamente o consumo de energia, beneficiando aqueles que irão comprar ou alugar seus prédios. Se os custos anuais dessas tecnologias energeticamente eficientes fossem incluídos nos cálculos feitos pelos construtores, suas decisões se aproximariam mais das escolhas daqueles que acabam pagando pelos custos operacionais. A maneira como as coisas são feitas hoje, no entanto, cria uma divisão estrutural que coloca construtores de um lado e proprietários e locatários do outro, criando discordâncias.

Em parte, como resultado desses problemas agente-principal, a maioria dos imóveis é altamente ineficiente no modo como usa energia. Na verdade, os imóveis nos Estados Unidos hoje respondem por quase 40% da poluição resultante do CO_2 lançado na atmosfera. As medidas defendidas no Capítulo 12 serão muito mais fáceis de implementar se soluções criativas para os problemas agente-principal forem usadas para solucionar esse tipo de problema no mercado de construção e em relação às tecnologias energeticamente eficientes.

Durante a época do petróleo barato, o preço da energia ocupava uma porcentagem muito menor nos custos totais de produção. Então, medidas para a redução de energia tinham uma urgência menor. Todos sabem agora que os dias de petróleo barato estão acabando, mas essa visão estratégica de nosso futuro energético não é refletida nos indicadores atuais de mercado. Então, ela deve ser imposta por ações governamentais no sentido de evitar uma catástrofe econômica (e, claro, ambiental).

O mais envolvente e sério problema agente-principal acontece entre nossa geração e todas as futuras gerações, que vão viver com as consequências de nossas decisões. Os motivos que têm nos levado a decisões a curto prazo, baseados em informações limitadas, a fim de maximizar os lucros rápidos, agora ameaçam causar danos catastróficos em nossos próprios tempos de vida. Os estragos para as gerações após a nossa serão ainda maiores. Temos que tomar decisões nos próximos anos não apenas considerando o efeito que elas terão sobre nós, mas também considerando o impacto sobre as futuras gerações. Somos, nesse ponto, representantes de nossos filhos e netos, o que significa que temos que, de alguma forma, unir o que parece certo para nós com o que é certo para eles.

Por todas essas razões, um plano efetivo para solucionar a crise climática precisa incluir soluções agressivas contra nossa equivocada confiança em indicadores de mercado que são enganosos em relação à energia derivada de carbono — indicadores que são tanto falhos em termos de estrutura quanto manipulados intencionalmente por países soberanos em busca do controle sobre nosso futuro energético.

Há três opções disponíveis para resolver o problema dos indicadores falhos do mercado:

▸ Um imposto por CO_2 que incorpore o custo ambiental real do carvão e do petróleo.

▸ O uso de um sistema de comércio de licenças de emissões (*cap and trade*), que alcança os mesmos resultados indiretamente, ao restringir a quantidade de CO_2 que pode ser produzida e distribuindo-a em cotas comercializadas.

▸ Regulamentação direta das emissões de CO_2 por leis como o *Clean Air Act*.

Por muito tempo, defendi a primeira opção — um imposto sobre CO_2 que é compensado por reduções equivalentes em outros setores tributários — como a maneira mais simples, direta e eficiente de conquistar o mercado como aliado na salvação do ecossistema do planeta. No entanto, uma das principais derrotas diante da ascensão do fundamentalismo de mercado nos Estados Unidos foi seu sucesso em criar uma enorme oposição no Congresso a qualquer novo imposto — mesmo aqueles contrabalanceados por reduções em outros setores tributários. As companhias de energia e petróleo, apoiadas pelas termelétricas a carvão destinadas a serviço público, providenciaram contribuições políticas, grande poder lobista e uma forte campanha de propaganda pública com fundos corporativos para garantir a oposição de muitos congressistas contra qualquer coisa que essas empresas sentissem que poderia prejudicar seus lucros.

É possível que essas atitudes mudem com o tempo, quando os benefícios de um imposto sobre CO_2 de "renda neutra" se tornarem mais bem compreendidos — e quando o reconhecimento das impensáveis consequências no fracasso em solucionar a crise climática começar a ocupar um papel maior no nosso conceito do que é certo e errado.

Nos últimos anos, alguns daqueles que se opunham ao imposto por CO_2 se tornaram favoráveis à ele. Por exemplo, Arthur Laffer, um republicano conservador que foi um dos arquitetos do plano inicial de redução de impostos do presidente Reagan, se uniu a um congressista republicano da Carolina do Sul, Bob Inglis, para apoiar minha proposta de um imposto sobre CO_2 em uma coluna que escreveram no *New York Times*, em 2008.

Para o futuro próximo, entretanto, é apenas otimismo imaginar que o sistema político norte-ameri-

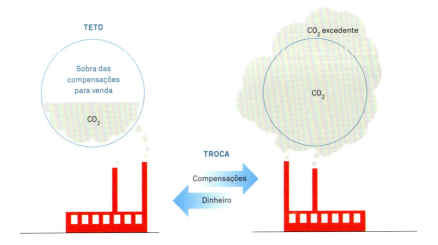

COMO O SISTEMA *CAP AND TRADE* FUNCIONA

*Em um sistema de comércio de licenças de emissões (*cap and trade*), as leis estabelecem o máximo permitido de emissões — o teto — para uma série de indústrias poluentes, como usinas de energia. Para cada tonelada de CO_2 que um poluidor reduzir abaixo desse teto, ele recebe uma compensação. As compensações podem ser compradas, vendidas, trocadas ou economizadas para o futuro, e qualquer instalação que tenha sido bem-sucedida em cortar emissões abaixo do nível legal pode então negociar suas compensações com aquelas extrapoluentes. Esse incentivo financeiro embutido para reduzir as emissões incentiva a obediência à lei e à inovação — e aumenta a eficiência com a qual os mercados reduzem a poluição.*

FONTE: Clark, Patterson. *The Washington Post*, 26 de fevereiro de 2009.

COMO O *CAP AND TRADE* AJUDOU A REDUZIR A CHUVA ÁCIDA

Durante os anos 1980, a chuva ácida – causada pelo dióxido sulfúrico (SO_2) emitido pelas usinas de energia – estava causando danos à água, ao solo e às florestas nos Estados Unidos e Canadá. As causas e os efeitos eram claros para qualquer observador, mas o que não era fácil de ver era como o problema podia ser tratado. A solução, um acordo de comércio de licenças de emissões (*cap and trade*) cobrindo as emissões sulfúricas, é instrutiva agora, quando precisamos abordar o ainda mais sério problema da mudança climática mundial.

Em 1988, legisladores, tanto do lado democrata quanto do lado republicano, trabalharam juntos para criar uma solução nova e de acordo com o mercado. Estava claro que, para reduzir a chuva ácida, as emissões de SO_2 teriam que ser cortadas em 10 milhões de toneladas, reduzindo os níveis dos anos 1980 à metade. Havia duas abordagens possíveis naquele momento. Fábricas que operavam com queima de carvão e usinas de energia poderiam aderir ao carvão menos sulfúrico de fornecedores estatais do oeste. Ou eles poderiam instalar filtros para reter o SO_2 antes que ele deixasse as chaminés, uma adaptação que a indústria alegava que custaria 6 bilhões de dólares por ano.

Em vez de implementar regulamentações rigorosas, o Programa de Chuva Ácida, que havia sido aprovado como parte da emenda *Clean Air Act*, de 1990, determinou um teto de emissões e permitiu que os usuários de carvão decidissem como atingi-lo. A proposta tinha embutido um incentivo para que fosse cumprida e superada: para cada tonelada de SO_2 que um poluente estivesse abaixo do limite, a EPA oferecia uma compensação que poderia ser trocada, vendida ou economizada para o futuro.

Membros do Congresso estiveram envolvidos em sessões de negociação por mais de 100 horas antes de o projeto ser aprovado, com 401 votos a 25 na Casa e 89 a 10 no Senado. O presidente George H.W. Bush fez da troca de emissões sua conquista no mercado ambientalista, dizendo: "Devemos estabelecer padrões rígidos, permitir a liberdade de escolha sobre como cumpri-los e deixar o poder dos mercados nos ajudar a dividir os custos de modo mais eficiente". As evidências mostram que o que aconteceu foi exatamente isso. Na primeira fase do programa, usinas regulamentadas reduziram emissões em 40% além do determinado. Em 2004, as emissões de SO_2 tinham caído 7 milhões de toneladas, retalhando os níveis dos anos 1980 a 40%. O Departamento de Energia norte-americano estima que os cortes nas emissões responderam por meros 0,6% dos 151 bilhões de dólares de custos totais de operação das instalações, e um estudo do Instituto de Tecnologia de Massachusetts (MIT) classificou o programa como "mais bem-sucedido na redução de emissões do que qualquer outro programa regulamentador iniciado na longa história do *Act*".

CONCENTRAÇÕES MÉDIAS DE CHUVA ÁCIDA

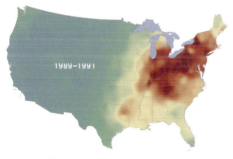

POLUIÇÃO DE CHUVA ÁCIDA (sulfatos)

BAIXA   ALTA

Dez anos depois de o programa de comércio de licenças de emissões (*cap and trade*) da chuva ácida ter sido estabelecido para regular as emissões de dióxido de enxofre e, depois, de óxido de nitrogênio, as concentrações de chuva ácida no leste dos Estados Unidos foram reduzidas entre 10 e 25%.

FONTE: Programa de Chuva Ácida da EPA.

cano seja incapaz de tomar uma decisão tão corajosa e controversa. Isso pode mudar, mas eu lembro vividamente o que aconteceu em 1993, quando convenci o presidente Clinton e sua equipe econômica a incluir uma versão do imposto sobre CO_2 (naquela época chamado de um imposto sobre BTU — *British thermal unit*) em nosso plano econômico. Com grande esforço, conseguimos convencer a Casa dos Representantes a adotar a medida, mas o Senado a recusou e a enfraqueceu até que ela fosse reduzida a praticamente nada.

Encarando a improbabilidade de conquistar apoio suficiente para um imposto por CO_2, os defensores mais espertos se concentraram na opção dois, o sistema de comércio de licenças de emissões (*cap and trade*). Na verdade, virtualmente todos os projetos de lei apresentados no Congresso, por membros de ambos os partidos, contemplavam um sistema *cap and trade* como seu mecanismo preferido para incluir os custos escondidos dos combustíveis derivados de carbono nas nossas contas de mercado. Essa abordagem é também a peça central da estratégia do presidente Obama para reduzir as emissões de CO_2 e a peça central da negociação mundial em Copenhague no final deste ano, que será discutida com mais detalhes no Capítulo 18.

Na minha opinião, a solução real incluiria tanto um imposto sobre CO_2 quanto um sistema *cap and trade*, e acredito que esta eventualmente será nossa escolha. Diversos países, a maioria deles na Europa, já decretaram as duas medidas. A Suécia, muitas vezes considerada o país com a estratégia mais avançada de redução de CO_2, adotou as duas medidas. Recentemente, ela aumentou seu imposto sobre CO_2, depois de uma experiência inicial que foi esmagadoramente positiva.

A terceira opção para reparar os indicadores equivocados do mercado em relação aos combustíveis derivados de petróleo envolve regulamentações governamentais das emissões de CO_2. Em conjunto com um imposto sobre CO_2 e/ou um sistema *cap and trade*, a regulamentação direta do CO_2 é uma medida muito efetiva. Além do mais, no início de 2007, a Suprema Corte dos Estados Unidos, dominada por conservadores, determinou formalmente que a Agência de Proteção Ambiental (EPA), sob supervisão do *Clean Air Act*, apresentasse uma consideração formal sobre

A solução real incluiria tanto um imposto sobre CO₂ quanto um sistema *cap and trade*, e acredito que essa eventualmente será nossa escolha.

regulamentar ou não o CO_2 como um poluente do ar coberto por lei. Considerando que o CO_2 é obviamente a mais perigosa forma de poluição do ar que enfrentamos, a maioria presumiu que essa decisão da corte iria inevitavelmente levar à regulamentação. E, no começo de 2009, a nova presidente da EPA, nomeada pelo presidente Obama, Lisa Jackson, iniciou os procedimentos formais que podem resultar nessa regulamentação.

Outra forma regulamentadora que promete acelerar a transição para a energia renovável vem na forma de uma ordem legal exigida dos produtores e vendedores de eletricidade para que eles obtenham uma grande e cada vez maior porcentagem dessa eletricidade a partir de fontes renováveis. Essa medida já foi decretada pelo estado da Califórnia e muitos outros estados, e já provocou o surgimento de novos investimentos em moinhos de vento e plantas de energia solar que não teriam sido construídas sem a determinação legal. Se essa medida for transformada em lei nacional — o que parece provável —, essa onda de investimentos em energia renovável crescerá rapidamente. Outros países, incluindo a China e as nações da União Europeia, adotaram essa atitude também. Muitas regiões e governos locais, fora dos Estados Unidos, fizeram o mesmo.

Entretanto, a regulamentação tem seus limites, e é claro que o mercado deve lidar com a montanha-russa do aumento e queda dos preços do petróleo com indicadores mais diretos e precisos para, finalmente, solucionar a crise climática.

Da maneira como opera atualmente, o mercado energético fracassa em integrar duas importantes variáveis que aumentam os atrativos da energia renovável como substituta para combustíveis derivados de carbono. Como foi apontado no Capítulo 2, a engenhosidade humana e a inovação nos dão a perspectiva de reduzir rapidamente o preço da energia renovável por meios que não estão disponíveis quando lidamos com fontes limitadas de petróleo e carvão. Ao fazer uma clara escolha pela adoção em larga escala de produção de energia por meio de fontes renováveis, garantiríamos um maior impulso para investimentos em pesquisa e desenvolvimento, o que reduziria o custo da energia renovável. Quanto maior o comprometimento que assumirmos, maior a produção que iremos garantir — desse modo, conquistando ainda mais reduções, já que economias em escala derrubariam os preços de moinhos de vento, painéis solares e outras tecnologias que convertem fontes renováveis em energia utilizável.

O lento ritmo das descobertas de petróleo, aliado à crescente demanda de nações que estão se industrializando rapidamente, como China e Índia, garante que os preços do produto — e, por conseguinte, os do carvão — continuem subindo por muito tempo, independentemente do instável sobe e desce a curto prazo. Em contraste, o preço a longo prazo da energia renovável certamente continuará caindo de maneira drástica.

Se estamos verdadeiramente preocupados com nosso futuro energético e ambiental, a escolha que devemos fazer é totalmente clara. Mas não podemos confiar nos indicadores de mercado para que façam essa escolha por nós.

Os mercados financeiros e o capitalismo estão em uma conjuntura crítica. A dominação da política de curto prazo sobre nosso sistema financeiro irá sufocar a inovação e danificar nossas economias, além de enfraquecer nosso sistema de pensão e, finalmente, corroer nosso padrão de vida. A comunidade de investimentos duráveis, que representa a significante maioria dos ativos em que se pode investir, precisa realmente adotar a mentalidade de longo prazo. A administração das empresas e a comunidade de pesquisa também precisam enxergar a longo prazo. Nossos meios de vida — e, mais importante, os meios de vida de nossos filhos e netos — dependem disso.

A crise financeira reforçou minha visão de que o desenvolvimento sustentável vai ser o condutor da mudança econômica e industrial dos próximos 25 anos. É imperativo que encontremos novas maneiras de usar as forças do capitalismo para lidar com essa realidade e, mais importante, para solucionar a crise climática.

Sustentabilidade e criação de valores duradouros estão fortemente ligadas. Empresas e mercados não podem operar isolados da sociedade ou do meio ambiente.

Hoje, os desafios de sustentabilidade que o planeta encara são extraordinários e completamente sem precedentes. As empresas e os mercados financeiros são mais bem preparados para lidar com esses aspectos quando as políticas governamentais e de mercado garantem os indicadores corretos. Há claramente maiores expectativas em relação às empresas, e consequências mais sérias para aqueles que caminham contra os limites da responsabilidade corporativa. Precisamos retornar aos princípios iniciais. Precisamos de uma forma mais responsável e duradoura de capitalismo. Temos que desenvolver um capitalismo sustentável.

O BEDDINGTON ZERO ENERGY DEVELOPMENT (EMPREENDIMENTO DE ENERGIA ZERO) EM SURREY, NA INGLATERRA, OBTÉM TODA A SUA ELETRICIDADE E O SEU AQUECIMENTO DE PAINÉIS SOLARES, APROVEITAMENTO DE LUZ NATURAL E COGERAÇÃO POR RESÍDUOS VEGETAIS.

OS OBSTÁCULOS QUE PRECISAMOS SUPERAR

CAPÍTULO DEZESSEIS

OBSTÁCULOS POLÍTICOS

O REI SAUDITA ABDULLAH ABRAÇA O PRESIDENTE DOS EUA GEORGE W. BUSH DEPOIS DE CONCEDER A ELE A ORDEM DO MÉRITO REI ABDUL AZIZ, EM JANEIRO DE 2008.

Precisamos com urgência de soluções para eliminar os obstáculos políticos que nos impedem de confrontar a ameaça mortal da crise climática para as futuras gerações. Essas soluções requerem decisões difíceis que só podem ser tomadas dentro dos sistemas políticos dos Estados Unidos e de outros países. Não há outra maneira. Para fazer isso, é crucial entender como e por que nossos políticos atuais falharam conosco, e depois poderemos aplicar as lições aprendidas para fazer mudanças políticas que irão encorajar os representantes eleitos a implementar soluções que irão nos salvar.

John Kenneth Galbraith uma vez brincou que "a política não é a arte do possível; ela consiste em escolher entre o desastroso e o desagradável". No caso da crise climática, nossa escolha tem sido encoberta pela confusão, gerada em grande parte por uma enorme campanha política de trapaças por parte de muitas corporações poluidoras de carbono.

Em primeiro lugar, o desastre que estamos encarando ainda não foi total e claramente reconhecido pelos eleitores. Em primeiro lugar, isso acontece porque a escala ampla, mundial, desse desastre tem disfarçado sua contribuição em catástrofes específicas que, se devidamente associadas ao aquecimento global, motivariam eleitores abalados a exigir ações. Mesmo o furacão Katrina — que foi exatamente o tipo de tempestade Categoria 5 que os cientistas por tanto tempo nos avisaram que se tornaria mais comum como resultado do aquecimento global — não levou muitos políticos do estado de Louisiana, EUA, a mudarem suas posições sobre o assunto.

Em segundo, as medidas necessárias para solucionar a crise climática parecem desagradáveis porque as emissões de CO_2 que devem ser reduzidas têm sido parte essencial de nossas atividades econômicas movidas a carvão e petróleo há mais de 150 anos. A magnitude e o domínio das políticas necessárias para descarbonizar as atividades mundiais representam um desafio único e inédito para o processo político (mesmo que milhões de bons empregos sejam criados no processo). Em outras palavras, as mudanças necessárias não tratam simplesmente de uma questão de correção gradual de curso como as que nossos políticos costumam fazer.

Além disso, dois outros fatores contextuais têm aumentado a oposição política a essas mudanças de larga escala nos Estados Unidos e em outros países industriais. A crescente globalização da economia mundial nas últimas décadas e a facilidade com a qual tecnologias avançadas de manufatura atravessam fronteiras levaram a uma intensa migração de empregos industriais dos países desenvolvidos para outros com níveis salariais mais baixos. Essa tendência aumentou o temor de que novas medidas que afetem os negócios de qualquer nação possam levar a perdas adicionais de empregos, se a participação de outros países não for necessária na divisão do "fardo" da mudança.

Em relação a isso, um dos desafios políticos globais mais complicados é lidar com o medo da perda de empregos em nações industrializadas e, ao mesmo tempo, responder aos países menos desenvolvidos, cujo argumento é o de que, já que eles não são os principais responsáveis pela crise climática, e já que sua renda *per capita* é apenas uma fração mínima daquela desfrutada pelos países mais ricos, simplesmente não se pode esperar que compartilhem os mesmos fardos.

A discussão entre os lados dessa divisão ricos-pobres foi acirrada pela recessão generalizada, que atingiu a economia do mundo bem quando uma análise efetiva das soluções para o aquecimento global estava

PASSEATA DE ESTUDANTES NORTE-AMERICANOS CONTRA A CRISE CLIMÁTICA EM BONN, NA ALEMANHA, EM 2001.

começando. Felizmente, no entanto, embora muitos tenham imaginado que a derrocada econômica atrasaria as ações em relação à crise climática, a perspectiva de milhões de novos empregos verdes na verdade conduziu ao progresso nas discussões sobre os desafios climáticos e econômicos ao mesmo tempo. Ainda assim, a campanha para aprovar uma legislação sobre o aquecimento global e decretar um tratado mundial de redução da emissão de gases de efeito estufa se transformou em uma épica batalha política nas últimas duas décadas — durante as quais o ritmo das mudanças na natureza acelerou dramaticamente.

Poderosas indústrias afetadas pelas propostas de solução da crise climática usaram todas as ferramentas políticas à sua disposição para se opor. Em 2009, por exemplo, uma empresa lobista a serviço de termelétricas e indústrias de carvão destinadas a serviço público enviou cartas forjadas contra a legislação climática para membros do Congresso norte-americano, a fim de criar a falsa impressão de que essas cartas vinham de cidadãos e organizações não governamentais. Comunidades especialmente dependentes do carvão se opuseram a qualquer medida que temiam poder afetá-los, ainda que de maneira desproporcional. E aqueles que se opunham ideologicamente a qualquer fortalecimento do papel governamental em administrar e implementar as mudanças necessárias se organizaram em contraposição a essas mudanças políticas propostas.

Nos EUA, embora o aquecimento global não devesse ser uma questão partidária, o Partido Republicano se aliou aos adversários da expansão governamental, e em recentes corridas eleitorais tem contado com empresas de petróleo e carvão como membros-chave de suas alianças políticas. Como resultado, os republicanos eleitos, com algumas distintas exceções, têm lutado contra qualquer ação significativa em relação ao aquecimento global. Muitos democratas também têm se posicionado contra essas ações — especialmente em regiões com uma grande dependência do carvão.

Mas a desproporcional e esmagadora oposição dos republicanos em cargos públicos em geral dá a impressão equivocada de que o assunto é de alguma maneira uma discussão partidária. E, como muitos partidários de ambos os lados tendem a seguir seus líderes, a divisão política nos Estados Unidos se aprofundou. Em 2008, quando uma pesquisa com norte-americanos com nível universitário questionou se as ações humanas eram responsáveis pelo aquecimento global — 75% dos democratas disseram sim, mas apenas 19% dos republicanos afirmaram o mesmo.

Contribuições de campanha motivadas por interesses especiais sempre desempenharam um papel importante na política e, claro, os interessados ligados ao petróleo e ao carvão têm tradicionalmente estado entre os maiores investidores. Além disso, a gigantesca influência das contribuições de campanha foi aumentada pelo ainda crescente domínio das propagandas de TV, em detrimento de discussões racionais. De fato, a histórica migração dos anúncios impressos para a televisão mudou radicalmente o equilíbrio de poder na

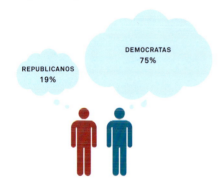

QUEM ACREDITA QUE OS HUMANOS ESTÃO CAUSANDO O AQUECIMENTO GLOBAL?

Uma pesquisa realizada nos EUA, em 2008, revelou que 75% dos democratas com nível universitário acreditam que o aquecimento global está acontecendo por causa de atividades humanas, enquanto apenas 19% dos republicanos com nível universitário concordam com isso.

FONTE: Pew Research Center for People & the Press. "A deeper partisan divide over global warming".

"PERFURE AGORA" E "PERFURE, BABY, PERFURE" ERAM SLOGANS POPULARES NA CONVENÇÃO NACIONAL REPUBLICANA EM 2008, NOS EUA.

PROMOÇÃO NA MÍDIA DO CETICISMO CLIMÁTICO

Negar e ridicularizar a ciência do aquecimento global é um recurso frequente dos noticiários dos EUA que tentam atrair os eleitores de direita — para alguns por interesses políticos, e também por causa da pressão na mídia para retratar um falso "equilíbrio" entre diferentes pontos de vista. Entre os maiores porta-vozes norte-americanos do ceticismo estão (em sentido horário, a partir do canto esquerdo superior) Rush Limbaugh, James Inhofe, Pat Buchanan, Glenn Beck, John Stossel, Lou Dobbs e Sean Hannity.

política — em particular nos Estados Unidos — por deixar mais clara a importância que os políticos depositam em levantar dinheiro suficiente para comprar os caros anúncios televisivos que atualmente definem a maioria dos resultados das eleições.

Em nenhuma política isso é mais evidente do que naquela relacionada ao clima. Empresas de petróleo e carvão e termelétricas a carvão destinadas a serviço público estiveram entre os maiores investidores na corrida eleitoral de 2008 dos EUA e os maiores anunciantes televisivos durante a campanha. Apenas nos três primeiros meses após a posse do presidente Barack Obama, grupos de interesse e corporações gastaram 200 milhões de dólares para ativar políticas energéticas dos Estados Unidos e se opor às ações referentes ao aquecimento global.

Considerando que, em média, os norte-americanos assistem hoje a cinco horas de televisão por dia (o que resulta em incríveis dezessete anos vendo TV durante o tempo médio de vida), eles são bombardeados por caríssimos comerciais criados com astúcia. Como apontado no Capítulo 14, esse fenômeno é responsável em parte pela orgia do consumo excessivo, mas é também responsável por uma distorção bruta e contínua na maneira como as decisões políticas são tomadas pelos representantes políticos eleitos hoje em dia.

O modelo político concebido pelos fundadores da América previa que discussões racionais, baseadas nas melhores evidências disponíveis, ocupariam o papel central no processo de tomada de decisões no país. Atualmente, no entanto, a visão dos eleitores norte-americanos em relação a questões importantes referentes a interesses especiais é primariamente moldada por caras campanhas publicitárias que querem fabricar "o consentimento dos governados" como se isso fosse uma outra linha de produtos.

Além disso, as mesmas empresas e seus aliados inundaram o Capitólio com um número inédito de lobistas contratados, dominando os 90 milhões de dólares gastos no *lobby* climático apenas em 2008. De acordo com um estudo do Centro de Integridade Pública, para cada membro da Câmara e do Senado dos EUA existem atualmente mais de quatro lobistas trabalhando em questões climáticas — um aumento de mais de 300% desde a apresentação no Congresso da última legislação sobre o clima há alguns anos. E os lobistas contrários a legislação climática superam os favoráveis em uma proporção de oito por um.

De modo ainda mais traiçoeiro, a integridade da democracia norte-americana tem sido envenenada por uma nova e sofisticada, bem planejada e generosamente financiada campanha determinada a confundir de maneira deliberada o público sobre o que a ciência nos diz realmente em relação à natureza e à gravidade da crise climática.

Esta nova técnica — criada para efetivamente enganar as pessoas ao distorcer de modo intencional a ciência — foi, na verdade, antecipada há décadas pelas empresas de tabaco. Eles geraram confusão, de maneira sistemática, sobre o consenso médico que associa o cigarro ao câncer de pulmão, enfisema, doenças cardíacas e outras ameaças mortais à saúde. O memorando de uma empresa de tabaco daquela época (recentemente revelado em uma ação judicial) resumiu o propósito de sua nova abordagem de propaganda: "A dúvida é nosso produto, uma vez que é o melhor meio de competir com o 'conjunto de fatos' que existe na mente do público em geral. É também a forma de estabelecer controvérsia".

Atualmente essa mesma prática antiética tem sido aperfeiçoada e ampliada pelos grandes poluidores de carbono, que não apenas adotaram a mesma estratégia usada pela indústria do tabaco como também empregaram alguns dos operadores veteranos daquela tentativa anterior a fim de criar sistematicamente dúvida e confusão sobre o consenso científico a respeito da ameaça do aquecimento global.

No final dos anos 1980, quando o consenso científico sobre o aquecimento global atingiu um ponto crucial e começou a atrair a atenção dos eleitores, muitas

"A dúvida é nosso produto, uma vez que é o melhor meio de competir com o 'conjunto de fatos' (...)."

MEMORANDO INTERNO DE UMA EMPRESA DE TABACO

EXECUTIVOS DA INDÚSTRIA DO CIGARRO ATESTAM NO CONGRESSO NORTE-AMERICANO, EM 1994, QUE A NICOTINA NÃO É VICIANTE.

"Reposicionar o aquecimento global como uma teoria, em vez de um fato."

MEMORANDO INTERNO DE UMA INDÚSTRIA DE COMBUSTÍVEIS FÓSSEIS

EXECUTIVOS DA INDÚSTRIA DO PETRÓLEO ATESTAM NO SENADO DOS EUA, EM 2008, QUE OS PREÇOS DO PETRÓLEO SÃO DETERMINADOS PELO MERCADO.

grandes empresas de petróleo e automobilísticas e termelétricas a carvão destinadas a serviço público uniram forças para lançar aquilo que só pode ser chamado de uma campanha publicitária para sabotar a integridade da própria evidência científica. Usando sofisticadas pesquisas psicológicas e de mercado, essas empresas começaram a agir em busca de um único objetivo que foi declarado em sua estratégia inicial (um memorando descoberto pelo jornalista investigativo Ross Gelbspan): "Reposicionar o aquecimento global como uma teoria, em vez de um fato".

Desde seu início, nos anos imediatamente anteriores à Eco-92 no Rio de Janeiro, em junho daquele ano, a campanha enganosa das maiores poluidoras de carbono cresceu até se tornar a maior tentativa nesse sentido que o mundo já viu. E, apesar de alguns de seus principais apoiadores corporativos terem sido obrigados, por pressão pública, a oficialmente retirar-se da campanha, ela continua hoje com toda a força. Na verdade, essa campanha criou uma maligna vida própria; não passa um dia sem que um comentarista de direita promova abertamente no rádio ou em um programa da TV a cabo a pseudociência dos contestadores.

A criação de uma rede completa de desinformação tem sido um dos elementos mais perturbadores dessa campanha publicitária. Os grandes poluidores de carbono criaram e financiaram dezenas de grupos de fachada. Eles pagam "cientistas" pouco conhecidos e com reduzida documentação oficial para despejar centenas de supostos estudos, cartas, livros, panfletos e vídeos, todos projetados com o propósito de levantar falsas dúvidas sobre praticamente cada aspecto do consenso científico emergente. Um outro memorando interno declarava que um de seus principais objetivos era "desenvolver uma mensagem e uma estratégia para moldar a opinião pública em escala nacional". Essa campanha fabricada encontrou um público receptivo de muitos cidadãos que, de modo compreensivo, prefeririam não tomar conhecimento de uma ameaça tão assustadora e potencialmente destruidora como a mudança climática global.

Alguns dos opositores, claro, não são mentirosos ou estão recebendo benefícios dos poluidores de carbono. No entanto, praticamente nenhum deles tem publicadas suas visões em jornais especializados, revistos por *experts*, e é provável que seus argumentos seriam simplesmente ignorados se não fosse o gigante megafone e a câmara de eco que eles encontram na rede de desinformação dos contestadores.

Segundo uma investigação jornalística, a ExxonMobil — a maior e mais rica dessas empresas — promoveu esse tipo de financiamento para quase quarenta grupos de fachada, ativos nos esforços em corromper a compreensão pública sobre a ciência do aquecimento global. Em apenas um exemplo desse fenômeno, pouco antes do lançamento da quarta unânime "avaliação" pelo Painel Intergovernamental de Mudanças Climáticas (IPCC) em janeiro de 2007 (que reforçou ainda mais o consenso científico de que o mundo precisa reduzir drasticamente a poluição por gases de efeito estufa), um dos grupos de fachada financiados pela ExxonMobil ofereceu 10 mil dólares para cada jornal que discordasse das descobertas consensuais da comunidade científica mundial.

Uma outra tática tem sido questionar com frequência a integridade de respeitados cientistas, alegando que de alguma forma é do interesse financeiro deles inventar a crise climática do nada, e então conseguir apoio para mais fundos de pesquisa. Essa acusação é profundamente irônica em dois sentidos. Primeiro, são os próprios oponentes que estão abertos a essas acusações, enquanto seus alvos estão apenas divulgando descobertas científicas legítimas. Segundo, se um eminente e legitimado cientista fosse capaz de refutar em definitivo e de modo satisfatório a realidade do aquecimento global provocado pelo homem perante a comunidade científica, essa pessoa provavelmente seria um dos mais célebres — e ricos — cientistas do século.

Os argumentos dos contestadores do aquecimento global são fraudulentos e muitas vezes sem sentido. Toda a campanha de desinformação é tão ofensiva à natureza básica do processo democrático que é tentador simplesmente ignorá-la com nada além de desdém. Mas, pelo fato de que as evidências que preocupam tanto os especialistas científicos ainda não são conhecidas de modo geral pelo público, esses profissionais céticos quanto ao clima têm tido um impacto surpreendentemente grande na política da questão.

A razão para esse impacto devastador foi claramente entendida pela rede contestadora desde o início da campanha. Um de seus consultores descreveu a lógica da estratégia com essas palavras: "Se o público vier a acreditar que as questões científicas estão definidas, sua visão a respeito do aquecimento global irá mudar de acordo com elas. Portanto, você precisa transformar a falta de certeza científica em uma questão principal no debate".

Os argumentos enganosamente atraentes e cínicos que eles lançam podem ser organizados de acordo com os estágios de contestação. De início, sua mensagem principal era de que o aquecimento global não é real, não existe. Eles ridicularizaram o consenso científico e pinçaram cada fragmento de informação que poderiam usar para enfraquecê-lo. Quando seus argumentos foram meticulosamente refutados, eles se recusaram a admitir os fatos e continuaram suas declarações mesmo assim.

Para escolher apenas um entre tantos exemplos: os contestadores promoveram com entusiasmo uma série em particular de medições da temperatura da Terra por satélites, que eles sustentaram que iria provar que o planeta está na verdade esfriando. Depois de análises mais elaboradas, foi comprovado que os autores daquele relatório tinham cometido erros em cálculos matemáticos e também tinham falhado em considerar o declínio dos satélites na órbita, o que distorceu grosseiramente as leituras de temperatura. Esses erros desmentiram por completo os resultados que os negadores haviam promovido tanto, e as descobertas recalculadas acabaram confirmando as evidências de consenso anteriores. Por fim, um dos autores foi obrigado a admitir os enganos e retratar publicamente seu argumento. Mas — pelo visto sem embaraço — ele tornou, mesmo assim, a repetir esse mesmo argumento em público.

Depois que vários anos de quebras de recordes de temperaturas globais e o rápido derretimento de geleiras no mundo todo minaram suas habilidades em convencer as pessoas de que a Terra não estava aquecendo, os contestadores mudaram para uma segunda linha de

> "Se o público vier a acreditar que as questões científicas estão definidas, sua visão a respeito do aquecimento global irá mudar de acordo com elas."
>
> MEMORANDO DE UM CONSULTOR POLÍTICO PARA A CASA BRANCA DURANTE O GOVERNO BUSH

argumentação. Embora o aquecimento global possa estar ocorrendo, disseram eles, ele é puramente um fenômeno natural que não tem nenhuma relação com as 90 milhões de toneladas de poluição causadora de aquecimento que lançamos na atmosfera todos os dias.

Como o papel central da poluição provocada pelo homem em relação ao aquecimento global se tornou mais compreendido e aceito, de modo geral, os contestadores se voltaram para uma terceira argumentação: os humanos podem ser um fator, mas o aquecimento global é predominantemente uma tendência natural. Nenhum de seus argumentos foi aceito por jornais científicos de referência, editados por especialistas, e algumas das declarações eram tão extremas que chegavam a ser risíveis. Por exemplo, um contestador afirmou que duas observações de Plutão, com um intervalo de quatorze anos, forneceram evidências do aquecimento desse planeta. Seu argumento era de que, se Plutão estava aquecendo ao mesmo tempo que a Terra, isso implicaria que mudanças na emissão de radiação do Sol eram a causa comum do aquecimento pelo nosso sistema solar — e que poderíamos livrar a poluição por gases de efeito estufa produzidos pelo homem de qualquer responsabilidade pelo aumento das temperaturas em nosso planeta. Mas considerando que Plutão leva 248 anos terrestres para traçar sua instável rota ao redor dos pontos mais longínquos do nosso sistema solar — entre 4,4 e 7,4 bilhões de km distante do Sol — é difícil imaginar que alguém tenha se deixado enganar por um argumento tão ridículo.

Por fim, a dra. Naomi Oreskes, da Universidade da Califórnia, cidade de San Diego, EUA, liderou uma equipe de pesquisadores que analisou uma amostra significativa de 10% de todas as publicações científicas avaliadas por especialistas sobre o aquecimento global que haviam sido publicadas em um período de dez anos. Ela descobriu que, entre 928 estudos na amostra randômica, absolutamente nenhum diferia da visão científica consensual sobre o aquecimento global. Como era de se esperar, alguns contestadores tentaram levantar dúvidas sobre o estudo da dra. Oreskes e alegaram que, na verdade, existiam 34 publicações que rejeitavam ou duvidavam da visão geral. Mesmo que essa afirmação estivesse correta, isso significaria que menos de 4% dos estudos globais discordariam do consenso. No entanto, depois de uma análise mais apurada, o autor da publicação foi obrigado a admitir que apenas um dos "estudos" que ele citou tinha discordado, e que, na verdade, o item não era um estudo, mas mais um artigo de opinião, publicado no Boletim da Associação Norte-americana de Geologistas de Petróleo por dois executivos do petróleo, um deles empregado da ExxonMobil. O artigo concluía que "não há influência humana discernível no clima global neste momento".

O argumento seguinte dos contestadores defendia que, mesmo que o homem esteja realizando contribuições significantes para o aquecimento global, bem, está tudo bem, porque o aquecimento global é provavelmente bom para nós. Essa declaração, como todas as outras, contrariou a opinião unânime do Painel Intergovernamental de Mudanças Climáticas. Mas, afinal, essa era a real intenção: semear dúvidas.

Uma variação mais comum desse mesmo tema é que, mesmo que não seja uma benção, é certo que o aquecimento global não é um problema sério; tudo o que temos a fazer são alguns ajustes mínimos para nos adaptar ao clima mais quente. Essa afirmação também é enganosamente tentadora, claro, mas, de novo, a questão não é ganhar uma discussão, mas sim criar confusão pública e, ao fazer isso, paralisar o processo político em face de algo que já é uma decisão difícil.

Os contestadores do aquecimento global insistem em outro argumento paralelo, afirmando que qualquer tentativa de solucionar a crise climática seria pior que a crise em si. Essa é uma abordagem mais tradicional, que é comumente adotada pelos poluidores que não querem pagar o preço da redução das emissões. Mas diversas análises econômicas, incluindo dois estudos definitivos de Sir Nicholas Stern, do Reino Unido, mos-

[Quanto você está disposto a pagar para solucionar um problema que pode não existir?]

[Se a Terra está ficando mais quente, por que a "linha de neve" está se movendo em direção ao sul?]

[Quem disse que a Terra está se tornando quente... Chicken Little?]

[Alguns dizem que a Terra está aquecendo. Alguns também diziam que a Terra era plana.]

Em 1992, o Conselho de Informação do Meio Ambiente (ICE), um grupo criado pelas indústrias de combustíveis fósseis, produziu esses anúncios para despertar dúvidas sobre o aquecimento global. O grupo era financiado por indústrias de carvão e energia elétrica.

traram que o custo para a despoluição é, na verdade, mínimo se comparado ao devastador custo econômico de permitir que os danos aconteçam.

O último recurso desses contestadores é sua alegação de que, se o aquecimento global é real, se ele é predominantemente causado pela poluição produzida pelo homem e se ele é, de fato, muito ruim para nós, então já é tarde para solucioná-lo de qualquer modo. Esse último argumento compartilha uma característica com todos os outros: ele conclui que o caminho correto de ação é não fazer absolutamente nada para acabar com a emissão da poluição causadora do aquecimento global na atmosfera. Essa é, com certeza, toda a razão para a campanha — e o motivo pelo qual as grandes poluidoras de carbono estão gastando tanto dinheiro nela.

Em parte, a campanha de propaganda dos poluidores de carbono teve tamanho sucesso em paralisar o processo político porque os noticiários abandonaram um de seus papéis tradicionais: o de julgar discussões importantes de domínio público. O declínio dos jornais impressos provocou demissões de repórteres experientes com tempo e condições de investigar grandes fraudes como essa. Como resultado, o público está mais vulnerável que nas décadas passadas às campanhas de enganação organizadas por ricos lobistas.

Com o encolhimento dos orçamentos, muitas organizações de imprensa se apoiaram em atalhos nas disputas por coberturas. Em vez de dedicar o tempo e os recursos necessários para investigar alegações contrastantes, eles em geral usam uma abordagem "sob um ponto de vista, sob outro ponto de vista" que pode sugerir uma falsa simetria entre os méritos de pontos de vista diferentes.

Essa atitude pode ser justificável quando empregada na cobertura de pontos de vista políticos divergentes baseados em opiniões subjetivas. E o conflito, afinal de contas, muitas vezes é um fator em sua essência interessante em qualquer história jornalística — se ele for legítimo. É grosseiramente inapropriado, no entanto, concentrar-se em conflitos falsos e artificiais como um modo de reportar o atual estágio do conhecimento científico relacionado a pontos que vêm sendo investigados com minúcia por processos científicos — especialmente quando um grande volume de artigos avaliados por especialistas resulta em uma visão consensual sobre o que a ciência mostra.

É como o renomado cientista climático Michael Oppenheimer disse em 1994: "O que eles têm feito é tentar pegar o conhecimento científico e colocá-lo no mesmo nível da opinião política. Afinal, se o conhecimento científico for o mesmo que uma opinião política, então a opinião de todo mundo é igualmente válida. Não há fatos. E, se não há fatos, não há valor maior em agir sobre os problemas ambientais do que em não agir".

Por exemplo, a existência da gravidade e a circunferência da Terra são fatos bem estabelecidos, e se algum grupo com muito dinheiro publicasse uma cen-

> "O que eles têm feito é tentar pegar o conhecimento científico e colocá-lo no mesmo nível da opinião política."
>
> MICHAEL OPPENHEIMER

OBSTÁCULOS POLÍTICOS 363

tena de estudos pseudocientíficos afirmando que a Terra é na verdade plana e que a gravidade é um completo engano, é difícil imaginar que algum jornalista sério daria a essas afirmações valor equivalente ao consenso científico. No entanto, isso é exatamente o que a mídia jornalística dos Estados Unidos e de diversos outros países tem feito há muitos anos no que diz respeito à ciência do aquecimento global. De um lado está o consenso da comunidade científica mundial; do outro — com o mesmo peso — estão as teorias malucas dos contestadores financiados pelas indústrias.

Um abrangente estudo de 2004 de todos os artigos sobre aquecimento global publicados ao longo de quatorze anos nos jornais The New York Times, Washington Post, Los Angeles Times e Wall Street Journal mostrou que 52,65% das reportagens dava aproximadamente o mesmo valor ao consenso científico e às visões dos contestadores que dizem que o aquecimento global não tem em absoluto nenhuma conexão com atividades humanas. De modo significativo, os autores Maxwell Boykoff e Jules Boykoff descobriram que durante os dois primeiros anos abrangidos por seu estudo, 1988 e 1989 (antes dos grandes poluidores de carbono organizarem sua intensa campanha publicitária), a cobertura da imprensa apresentava os consensos científicos de modo preciso.

Em 1989, Amoco, American Forest & Paper Association, American Petroleum Institute, Chevron, Chrysler, Cyprus AMAX Minerals, Exxon, Ford, General Motors, Shell Oil, Texaco e a Câmara de Comércio dos Estados Unidos formaram a Coalizão Global do Clima (GCC). Assim, começou uma campanha em massa de desinformação para negar a realidade do aquecimento global e a ligação entre o aquecimento global e as atividades humanas. Após o início dessa campanha, a cobertura da imprensa mudou a fim de dar igual valor para a pseudociência artificial comprada pelos poluidores de carbono.

Na primavera de 2009, surgiram documentos (em uma ação judicial) revelando que esses poluidores de carbono tinham autorizado e pagado uma revisão interna da evidência científica em 1995, e que seus próprios especialistas científicos e técnicos os alertaram sobre a visão geral estar "bem estabelecida e não podendo ser negada". Seus próprios especialistas também disseram a eles que as teorias contrárias dos contestadores "não oferecem argumentos convincentes contra o modelo convencional de que a emissão de gases de efeito estufa induz às mudanças climáticas". Ainda assim, os documentos recentemente revelados mostram que o "comitê operacional" dessa coalização de poluidores de carbono forjou a eliminação dessa parte do relatório e continuou apresentando ao público — inclusive aos futuros compradores de suas ações — uma visão que seus próprios cientistas censurados tinham dito a eles que não era correta.

> De um lado está o consenso da comunidade científica mundial; do outro — com o mesmo peso — estão as teorias malucas dos contestadores financiados pelas indústrias.

INTEGRANTE DA EQUIPE DO PRESIDENTE GEORGE W. BUSH, PHILIP COONEY FEZ EDIÇÕES FAVORÁVEIS ÀS INDÚSTRIAS NOS RELATÓRIOS CIENTÍFICOS GOVERNAMENTAIS SOBRE O AQUECIMENTO GLOBAL. ATUALMENTE, ELE TRABALHA PARA A EXXONMOBIL.

Em vez disso, essa coalizão distribuiu publicamente um "comunicado oficial" científico para jornalistas e legisladores de todo o mundo que afirmava que "o papel dos gases de efeito estufa nas mudanças climáticas não é bem compreendido". Em uma versão posterior, de 1998, eles mudaram o discurso e se concentraram na falta de certeza de que os resultados de qualquer aquecimento justificariam cortes profundos nas emissões.

Normalmente, a melhor prática para as empresas de capital aberto é revelar de imediato fatos importantes que tenham um impacto substancial no valor dessas ações. Ainda assim, essas empresas ocultaram informações criadas a seu pedido e relacionadas aos mais importantes dados científicos relevantes para o valor futuro de suas negociações. Como isso aconteceu enquanto o mundo estava tentando um acordo mundial para limitar os contínuos despejos de resíduos gasosos produzidos na queima de petróleo e carvão, eles devem ter sentido que, com tanto dinheiro envolvido, valia a pena não serem nada francos.

Na metade de 2005, as academias nacionais de ciência dos Estados Unidos, Reino Unido, China, Índia, Rússia, Brasil, França, Itália, Canadá, Alemanha e Japão apoiaram formalmente, a visão consensual declarada pelo IPCC. Ainda assim, os maiores poluidores de carbono continuaram sua campanha fraudulenta a fim de convencer a imprensa e o público do mundo todo de que a ciência estava em conflito. Em atitude espantosa, a mídia continuou, em geral, dando igual atenção às apresentações dos contestadores financiados pelas indústrias.

A mudança radical na cobertura jornalística que seguiu o lançamento da intensa campanha publicitária da indústria levou a um dramático enfraquecimento do apoio político às medidas para a redução da poluição causadora do aquecimento global. O auge da preocupação pública foi no final dos anos 1980, pouco antes do início da campanha publicitária. Mas, por ela ter "plantado" junto à mídia e ao público uma visão evidentemente falsa da ciência e da seriedade do aquecimento global, não é de se surpreender que as pesquisas de opinião pública logo tenham começado a mostrar o assunto decaindo cada vez mais na lista de ações prioritárias. Esse foi o resultado político que os poluidores compraram e pelo qual eles pagaram.

A partir de janeiro de 2001, o então presidente George W. Bush nomeou muitos dos contestadores que faziam parte da campanha de desinformação para cargos-chave em sua administração. Um deles, Philip A. Cooney, que havia conduzido o programa de desinformação para o Instituto Norte-americano de Petróleo, foi escolhido para comandar a política ambiental na Casa Branca. Cooney censurou com frequência as opiniões dos cientistas do governo em relatórios oficiais e substituiu o ponto de vista compartilhado pelas empresas de petróleo e carvão, assim fazendo da divisão executiva uma colaboradora ativa, durante oito anos, dos esforços para enganar o povo norte-americano sobre a seriedade e a urgência do aquecimento global.

Em uma abrangente reportagem investigativa de Sharon Begley, em 2007, a revista *Newsweek* relatou os resultados dessa campanha: "Desde o final dos anos 1980, essa campanha bem organizada e bem financiada de cientistas contrários, grupos de pesquisa organizados pelo livre mercado e pela indústria criou uma névoa paralisante de dúvida sobre as alterações climáticas".

Existe, claro, uma grande lista de tentativas fraudulentas de apresentar ao público informações que iludam as pessoas e os mercados em relação ao verdadeiro valor das empresas. O execrado financista Bernie Madoff, por exemplo, levou os seus investidores de fundo *hedge* a acreditar que ele estava colocando o dinheiro deles em ações quando, na verdade, estava operando o maior esquema Ponzi do mundo. Um grande número de bancos convenceu milhões de pessoas de que as chamadas hipotecas *subprime* estavam entre os investimentos mais seguros — apesar de os detentores dessas hipotecas não serem obrigados a fazer adiantamentos ou a apresentar comprovantes de renda habituais de que poderiam pagar regularmente suas prestações mensais. Quando a terrível verdade sobre o verdadeiro valor dessas hipotecas veio à tona, ela desencadeou a explosão da bolha imobiliária na segunda metade de 2007 e causou a pior crise financeira e derrocada mundial desde a Grande Depressão dos anos 1930.

Nós agora temos vários trilhões de dólares de créditos de carbono *subprime* nas mãos de indivíduos, fundos de pensão e outros investidores institucionais na figura de empresas, cujo valor é artificialmente inflado por representações enganosas e desonestas quanto à necessidade de restringir severamente a queima de combustíveis derivados de carbono a fim de poder preservar uma civilização sensata.

Deixando de lado as sanções morais aos autores o risco financeiro desse intenso tratamento fraudulento da ciência do aquecimento global — financiado em grande parte por dinheiro de acionistas, aplicado para produzir imagens enganosas sobre o assunto — é extremamente alto. Quando a verdade for conhecida de modo geral e as ações apropriadas para restringir as emissões tiverem começado, as "bolhas" do petróleo e do carvão provavelmente vão estourar. Quanto mais esperarmos, mais essas bolhas crescerão e maior vai ser o estouro. Aqueles que sofrerem danos financeiros serão colocados em uma posição não muito diferente da das vítimas de Bernie Madoff, que confiaram e se apoiaram na informação que ele lhes deu — para seu eterno arrependimento.

As empresas que se uniram para formar o GCC continuaram tendo lucros recordes, e os executivos que estavam no comando quando a farsa foi autorizada continuaram a receber grandes bônus (um deles recebeu um pacote de compensações de 400 milhões de dólares em seu último ano como CEO).

Em 2006, a Sociedade Real de Londres (a equivalente britânica da Academia Nacional de Ciências dos Estados Unidos) pediu publicamente à ExxonMobil para parar de deturpar a ciência do aquecimento global e expressou "desapontamento por uma visão imprecisa e enganosa das mudanças climáticas" que a empresa continuava a apresentar ao público. A Sociedade Real também forneceu uma análise mostrando que a ExxonMobil estava dando milhões de dólares a 39 grupos "que levavam desinformação ao público a respeito das mudanças climáticas (...)". No ano passado, por fim, a empresa foi pressionada a agir e anunciou que "des-

Embora os Estados Unidos sejam o alvo principal dessa campanha publicitária, este país está longe de ser o único. Ao redor do mundo, as visões contrárias dos contestadores que questionam o consenso científico sobre o aquecimento global ganham exposição eminente com certa regularidade. Novos artigos, colunas, editoriais, documentários de TV e comerciais têm aparecido com frequência em quase todos os países que possam ter um papel a desempenhar na formação de um consenso mundial. E, mais uma vez, porque a ciência do aquecimento global é relativamente desconhecida para a maioria das pessoas e mais difícil de ser

A ExxonMobil estava dando milhões de dólares a 39 grupos "que levavam desinformação ao público a respeito das mudanças climáticas (...)".

continuaria as contribuições a diversos grupos de pesquisa de políticas públicas cujo posicionamento sobre as mudanças climáticas pudesse desviar a atenção da importante discussão" sobre como produzir energia sem contribuir para o aquecimento global. No entanto, um acadêmico da Faculdade de Economia e Ciência Política de Londres descobriu em 2009 que, apesar da promessa da ExxonMobil, ela continuava com essa prática. "Se a maior empresa de petróleo do mundo deseja financiar a contestação das mudanças climáticas, então ela deveria ser franca sobre isso, e não dizer às pessoas que parou", disse o acadêmico Bob Ward. Enquanto a ExxonMobil realmente cortava o financiamento de nove desses grupos de desinformação, ela continuava a dar dinheiro para mais de duas dúzias de outras instituições engajadas na contestação climática, de acordo com um relatório publicado pela própria empresa.

aceita do que as informações sobre outras questões, os contestadores têm causado um impacto muito grande ao frustrar e atrasar os esforços globais para reduzir a poluição mortal.

Ironicamente, o declínio dos jornais impressos tem sido acompanhado pela emergência das novas formas de mídia — especialmente na internet —, que têm ajudado a revigorar as forças políticas que fazem pressão a fim de que haja ações contra o aquecimento global.

Em todo o mundo, novas organizações constituídas por pessoas comuns estão usando a internet para divulgar a verdade sobre a crise climática e para se organizar a favor de ações que possam resolvê-la antes que seja tarde demais. Nos Estados Unidos, fundei uma dessas organizações — a Aliança para a Proteção do Clima — que tem apresentado comerciais

ALIANÇA PARA A PROTEÇÃO DO CLIMA

A campanha Repower America leva anúncios na TV que apontam os benefícios de um novo plano de energia e incentiva a ação dos cidadãos.

A Aliança para a Proteção do Clima, fundada em 2006, é uma organização norte-americana sem fins lucrativos destinada a mudar o modo como as pessoas pensam em relação à crise climática e catalizar soluções.

Por meio de suas campanhas, a mensagem da Aliança é a de que nós podemos solucionar a crise climática, mas temos que conquistar o empenho da população e mudar a opinião pública.

A Aliança tenta despolitizar a crise climática. Ela é conduzida por um corpo de diretores equilibrado entre democratas e republicanos, e trabalha para construir uma base geral de apoio a fim de encontrar soluções para as mudanças climáticas.

Com base em minha experiência, eu acredito fortemente que os líderes políticos de ambos os partidos continuarão a ser tímidos em sua abordagem da redução da poluição causadora do aquecimento global até que exista uma base genuína de forte apoio para transformar o modo de produção de energia e dar outros passos que são necessários. Todo o trabalho da Aliança é voltado à divulgação da verdade sobre a escolha que agora temos que fazer.

A Aliança tem organizado um esforço nacional, popular, comunitário e apartidário a fim de mobilizar apoio para essas mudanças. Através de diferentes mídias, incluindo anúncios na TV, rádios, jornais e revistas, e-mails, campanhas na internet e shows, a Aliança oferece informação para que o público norte-americano apoie as soluções. Seus maiores projetos incluem o Repower America (http://www.repoweramerica.org), o We Can Solve It (http://www.wecansolveit.org) e o This is Reality (http://www.thisisreality.org). A Aliança também patrocinou Reuniões de Soluções que agregaram um número extraordinário de especialistas para a discussão de 32 tópicos relacionados à solução da crise climática.

Eu doei 100% dos lucros de *Uma verdade inconveniente* — o filme e o livro — para a Aliança. Tudo o que eu ganhar com este livro também irá para a organização.

O site da Aliança é http://www.climateprotect.org [em inglês].

na TV, rádio, internet, jornais e revistas, destinados a construir uma massa crítica de apoio às ações contra o aquecimento global. Essa organização também mobilizou mais de 2 milhões de pessoas para trabalhar em suas comunidades e dentro do sistema da política nacional norte-americana a fim de incentivar a adoção de soluções rápidas para a crise climática. Ao lado de outros cidadãos dedicamo-nos, durante a campanha presidencial de 2008, a conseguir que os candidatos dos dois maiores partidos adotassem posições favoráveis à tomada de ações. Ambos os indicados pelos principais partidos, Barack Obama e John McCain, apoiaram a adoção de novas leis para estabelecer tetos e reduzir as emissões da poluição causadora do aquecimento global.

A lição que deveríamos tirar ao observar a maneira como os poluidores de carbono desviaram o processo político do aquecimento global é de que o ativismo de grupos populares é essencial para construir uma base de apoio forte o bastante para derrotar uma oposição bem suprida financeiramente. Essa é a tarefa política nas mãos de cada um que queira ser parte da solução para a crise climática. É também importante conter os contestadores corporativos do aquecimento global, defensores de interesses próprios e responsáveis pelos esforços para intencionalmente sabotar a integridade do processo científico no qual o mundo precisa ser capaz de se apoiar para solucionar a crise. Além disso, os executivos da mídia jornalística precisam adotar padrões mais elevados para preservar a integridade de suas reportagens contra essas tentativas determinadas e contínuas dos grandes poluidores em corromper sua missão.

PESSOAS PROTESTAM DO LADO DE FORA DE UM ENCONTRO DE ACIONISTAS DA EXXONMOBIL, EM MAIO DE 2006.

AVANÇANDO COM RAPIDEZ

CAPÍTULO DEZESSETE

O PODER DA INFORMAÇÃO

A invenção dos computadores modernos, dos circuitos integrados e da internet, durante a segunda metade do século XX, estabeleceu o cenário para uma profunda transformação no papel desempenhado pela tecnologia da informação em quase todos os aspectos da civilização humana. Essa revolução da informação e o contínuo e rápido desenvolvimento de tecnologias de informação cada vez mais poderosas têm criado novas possibilidades e novas ferramentas para solucionar a crise climática.

Nossas habilidades como seres humanos em usar a informação para construir sofisticados modelos mentais do mundo ao nosso redor são indiscutivelmente as que mais nos distinguem de todas as outras criaturas vivas. Agora que estamos diante do inédito desafio de aumentar rapidamente nossa compreensão do sistema ecológico terrestre e do nosso lugar nele, é hora de nos concentrarmos em como podemos fazer o mais completo e criativo uso da tecnologia da informação para nos ajudar a:

▸ Visualizar a natureza real da crise climática.
▸ Construir modelos do impacto das atividades econômicas atuais e futuras no clima.
▸ Avaliar possíveis soluções.
▸ Reelaborar nossos processos, tecnologias e sistemas para reduzir e eliminar a poluição causadora do aquecimento global.
▸ Mobilizar um extensivo apoio à transformação da civilização.
▸ Auxiliar e apoiar os tomadores de decisões em suas escolhas de novas políticas, leis e tratados.
▸ Monitorar nosso progresso para a solução.

Antes de tudo, a capacidade de visualizar a natureza real da crise climática é essencial para desenvolver uma compreensão amplamente compartilhada da tarefa que agora encaramos.

Por causa do modo como o cérebro humano funciona, temos uma capacidade limitada de absorver dados sequencialmente, bit por bit. Na linguagem da informática, poderíamos dizer que temos uma "taxa baixa de bits". Na década de 1940, depois de muita pesquisa, a indústria telefônica dos Estados Unidos determinou que uma combinação de sete números era o máximo que uma pessoa comum poderia memorizar com facilidade (e então eles acrescentaram quatro). No entanto, uma criança com apenas algumas semanas de vida pode reconhecer rostos com uma precisão maior que a do mais sofisticado computador — até os últimos anos. De novo, na linguagem da informática, pode-se dizer que temos uma "alta resolução". Por sorte, os computadores avançados têm uma capacidade inigualável de integrar quantidades muito grandes de dados em padrões visuais reconhecíveis, que permitem ao cérebro humano entender o significado de bilhões de bits de dados simultaneamente.

Nós conhecemos a "cara" do nosso planeta pela primeira vez quando a primeira fotografia da Terra tirada por uma pessoa foi feita pelo astronauta Bill Anders, em 24 de dezembro de 1968, durante a missão da Apollo 8 — a primeira a deixar a órbita da Terra e viajar ao redor da Lua. A famosa imagem de nosso mundo nascendo no horizonte da Lua, conhecida como o "nascer da Terra", provocou uma significativa mudança em nossa percepção compartilhada de

"NASCER DA TERRA", FOTOGRAFIA TIRADA EM 24 DE DEZEMBRO DE 1968, DURANTE A MISSÃO DA APOLLO 8.

que vivemos em uma bonita e vulnerável esfera azul, rodeada pela vastidão negra do espaço. O poder dessa imagem levou à criação do Dia da Terra, à aprovação de importantes leis ambientais, à primeira conferência global sobre a ecosfera e ao movimento ambiental moderno. Já faz agora quase quarenta anos que a última fotografia da Terra foi tirada por uma pessoa longe o suficiente para ver o planeta inteiro, durante a última missão do projeto Apollo, a Apollo 17.

Imagine como seria ter uma imagem de TV com alta qualidade, ao vivo e em cores, da Terra rodando no espaço, 24 horas por dia. Imagine esse satélite carregando essa câmera de TV e pairando a mais de 1,6 milhão de km da Terra, diretamente entre ela e o Sol, de modo que toda a face do nosso planeta estivesse sempre iluminada.

estudam o aquecimento global perceberam há tempos que o mais importante fluxo de informação necessário para melhorar nossa compreensão sobre a crise climática eram os dados sobre a diferença entre a energia que entra na atmosfera da Terra comparada à que é liberada de volta.

Imagine se o mesmo satélite pudesse calibrar e coordenar muitas das outras medições feitas por satélites se movendo rapidamente em órbita baixa ao redor de nosso planeta, e nos ajudasse a integrar todos esses dados de novas maneiras.

Há uma década, a Academia Nacional de Ciências dos Estados Unidos (NAS) concluiu que deveríamos construir e lançar um satélite como esse em uma órbita especial ao redor do Sol em um ponto no espaço conhecido como Lagrangian 1 (L1), onde a gravidade da Terra

Imagine como seria ter uma imagem de TV com alta qualidade, ao vivo e em cores, da Terra rodando no espaço, 24 horas por dia.

Imagine se cientistas pudessem colocar instrumentos especiais no mesmo satélite, que iriam medir, pela primeira vez, a quantidade exata de energia vinda do Sol para a Terra e compará-la em tempo real com a quantidade de energia radiada pela própria Terra de volta ao espaço.

A razão pela qual essas duas medições são cruciais é que a diferença representa um cálculo preciso do aquecimento global. A temperatura em elevação na atmosfera da Terra é apenas uma medição indireta do problema oculto, porque muito da energia vinda do Sol é absorvida pelos oceanos e é apenas lentamente lançada na atmosfera. Os cientistas que

e a gravidade do Sol são precisamente equilibradas, de modo que um satélite ali posicionado permanecerá sempre exatamente entre eles, providenciando uma plataforma estável para observação contínua de toda a Terra. Como consequência do estudo da NAS, o Congresso dos Estados Unidos concordou e aprovou uma verba de 250 milhões de dólares para construir o satélite e lançá-lo em 2001.

Enquanto ele estava sendo construído, especialistas da Administração Nacional de Oceanos e Atmosfera (NOAA) dos EUA procuravam decidir como substituir um satélite mais antigo que já estava no ponto L1, alertando engenheiros na Terra sobre as grandes tempestades solares que podem interromper a comunicação dos telefones celulares, equipamentos de distribuição de energia e outros aparelhos sensíveis à emissão de grandes descargas solares. Do ponto L1, a luz dessas descargas solares é visível noventa minutos antes de o plasma da tempestade atingir o planeta. Esse é um tempo de alerta suficiente para adaptar os equipamentos eletrônicos sensíveis e evitar interrupções e reparos onerosos.

Como o satélite de alerta mais antigo (chamado Advanced Composition Explorer) estava prestes a parar de funcionar, a NOAA resolveu substituí-lo pelo satélite que iria medir o aquecimento global e fornecer constantemente uma imagem colorida da Terra.

Nós ainda não vimos essas teletransmissões ao vivo da Terra. O satélite velho não foi substituído porque a administração Bush-Cheney cancelou o lançamento dias depois de assumir, após a posse do dia 20 de janeiro de 2001, e obrigou a NASA a colocar o satélite em um depósito. Ele ainda está lá, nove anos depois, esperando para ser lançado. Como resultado, o satélite de alerta mais antigo pode parar de funcionar a qualquer momento, pois ele já passou dois anos da sua previsão de vida útil.

Um de seus instrumentos-chave já não funciona; o outro agora falha com frequência durante picos de descargas solares, quando é mais necessário. Diversas indústrias importantes em todo o mundo estão correndo riscos de exposição a graves prejuízos por danos

A TERRA VISTA PELO DSCOVR

Os atuais satélites de observação da Terra são limitados espacial e temporalmente. Por exemplo, satélites de órbita baixa (LEO) estão restritos pelo horário e conseguem registrar imagens apenas de uma porção da Terra em alta resolução (abaixo, à esquerda). O satélite DSCOVR, usando três tipos de instrumentos de medição, pode integrar seus dados com os de outros satélites a fim de criar a única visão de toda a esfera da Terra em alta resolução, 24 horas por dia, apresentando o equilíbrio de energia do planeta — pela primeira vez. A representação à direita mostra a visão das camadas de ozônio da Terra inteira, que seria possível graças aos instrumentos do DSCOVR.

DADOS DE UMA FRAÇÃO DA TERRA AO MEIO-DIA, FEITAS POR UM SATÉLITE LEO.

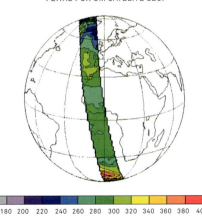

DADOS EM ALTA RESOLUÇÃO DO DSCOVR DO NASCER AO PÔR DO SOL.

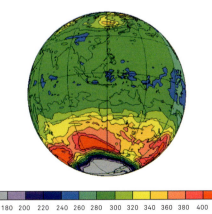

180 200 220 240 260 280 300 320 340 360 380 400

NÍVEIS DE OZÔNIO (unidades Dobson)

TRIANA, OU OBSERVATÓRIO CLIMÁTICO DO ESPAÇO PROFUNDO (DSCOVR)

Em 1998, a NASA propôs o lançamento do satélite Triana ao espaço, para providenciar imagens de alta resolução da Terra inteira, 24 horas por dia. Em 2000, o equipamento espacial foi aprovado pelo Congresso e programado para ser lançado em 2001. Resistências políticas da nova administração e táticas de atraso mantiveram o satélite — renomeado DSCOVR (Observatório Climático do Espaço Profundo) em 2003 — em solo e armazenado, mesmo já tendo sido pago pelos contribuintes norte-americanos.

Em um ponto único entre a órbita da Terra e o Sol — o ponto Lagrangian 1 (L1), onde o satélite permanece diretamente entre a Terra e o Sol o tempo inteiro — o satélite continuará garantindo imagens de um polo ao outro do lado ensolarado da Terra, um ponto de vista impossível para os satélites de órbita baixa (LEO) ou órbita geoestacionária terrestre (GEO).

O DSCOVR é equipado com uma câmera de TV e três instrumentos: EPIC (Câmera de Imagens Policromáticas Terrestres), um espectrorradiômetro de dez canais que obtém imagens coloridas; um radiômetro de três canais que mede, entre outras coisas, albedo e ozônio; e um magnetômetro de plasma, que mede campos magnéticos e ventos solares. As informações desses três aparelhos seriam integradas aos dados de outros satélites para uma visão sinótica (simultânea de todo o globo) da Terra. Essas imagens se tornariam uma fonte inestimável de percepção remota e simulação de modelos climáticos.

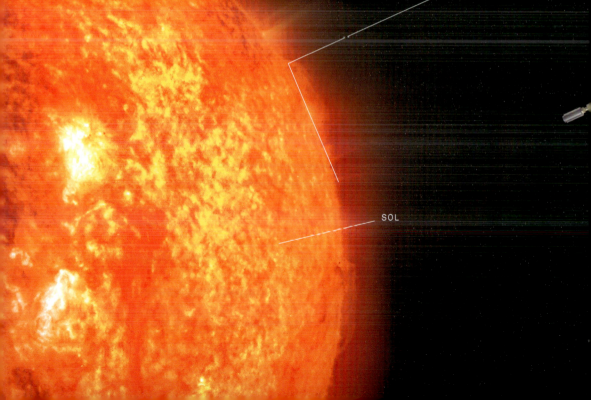

SOL

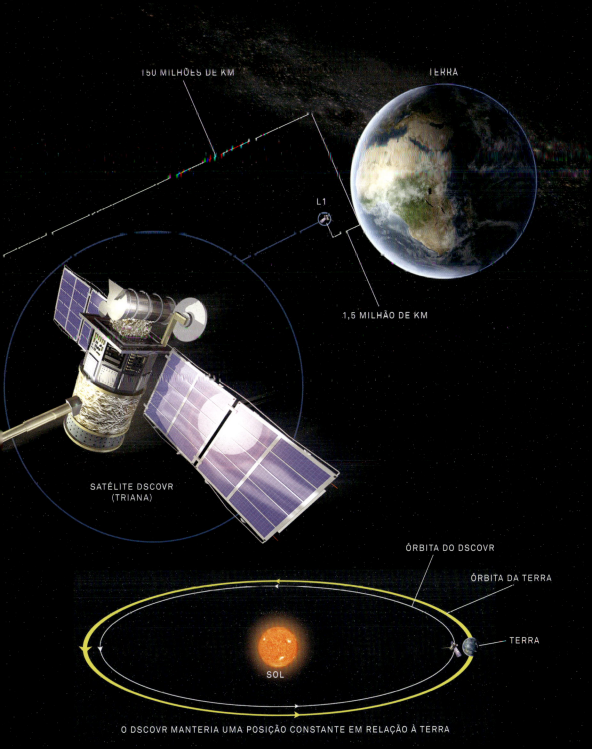

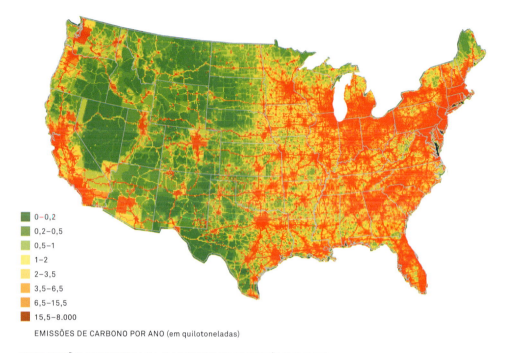

- 0–0,2
- 0,2–0,5
- 0,5–1
- 1–2
- 2–3,5
- 3,5–6,5
- 6,5–15,5
- 15,5–8.000

EMISSÕES DE CARBONO POR ANO (em quilotoneladas)

UMA VISÃO MODIFICADA DAS NOSSAS EMISSÕES DE CO_2

O Projeto Vulcan oferece uma nova e detalhada visão das emissões de CO_2 dos Estados Unidos, proporcionando aos pesquisadores visualizações de alta resolução da quantidade exata de CO_2 que está vindo de cada lugar. O projeto está sendo expandido para cobrir todos os países.

causados por essas descargas.

O presidente Barack Obama e os líderes do Congresso, particularmente os senadores Barbara Mikulski e Bill Nelson, anunciaram que são favoráveis ao lançamento desse satélite, que costumava ser chamado de Triana (por causa de Rodrigo de Triana, o vigia na nau principal da esquadra de Colombo que foi o primeiro a avistar o Novo Mundo, em 12 de outubro de 1492). O nome foi mudado no governo Bush para DSCOVR (Deep Space Climate Observatory) por defensores que esperavam que um novo nome levasse a administração Bush a se sentir de alguma forma dona do projeto. Adversários no Congresso e burocratas dentro da NASA que querem usar o dinheiro para outros propósitos inibiram até agora as tentativas do presidente e do líder do Congresso de prosseguir.

Ele já está construído e pago pelos contribuintes norte-americanos. Todos os instrumentos funcionam. A equipe científica reunida há uma década, antes de o presidente Bush cancelar seu lançamento, continua a postos, oferecendo voluntariamente seu tempo sob a competente liderança do dr. Francisco Valero, do Instituto de Oceanografia Scripps. Como a NASA diria, todos os sistemas estão prontos — exceto o sistema político. Aqueles que se opõem a qualquer ação para solucionar a crise climática têm ajudado a bloquear o lançamento, em parte porque sabem o quanto uma imagem constante da bela Terra rodando em telas de televisores e computadores do mundo todo, em tempo real, poderia ser poderosa para obter apoio para as soluções urgentes à crise climática.

É claro que os computadores podem nos ajudar a visualizar alguns aspectos da crise climática mesmo sem as vantagens de um sofisticado satélite no ponto L1. O Google Earth, por exemplo, organiza vastas quantidades de dados geoespaciais em formas que facilitam a localização de informações detalhadas sobre geografia, botânica, zoologia, sistemas rodoviários, população, indústria, agricultura e muitos outros fatores que são especificamente relevantes para cada lugar na face da Terra.

A capacidade dos computadores avançados em integrar, processar e apresentar complexos conjuntos de dados está provocando uma incrível mudança no nosso entendimento de fenômenos que jamais poderíamos esperar compreender no passado. Os mais rápidos e mais novos computadores podem filtrar enormes quantidades de dados, procurando pelas agulhas nos palheiros que são diretamente relevantes para as questões que nos interessam. Eles podem formatar esses dados em padrões que são bem mais acessíveis aos nossos cérebros do que infinitos bits de informação agrupados sequencialmente. Podem alterar artificialmente a escala e a velocidade do mundo

O número de informações sobre a Terra coletadas em segredo é muito maior do que o número de informações obtidas às claras pelos cientistas.

Um novo projeto desenvolvido por uma equipe liderada pelo dr. Kevin Gurney, na Universidade de Purdue, chamado Vulcan (em referência ao deus romano do fogo), possibilita agora visualizar a quantidade de emissões de CO_2 de qualquer localidade na América do Norte — e em breve de qualquer lugar no mundo. Outra nova ferramenta de computador desenvolvida pela mesma equipe da Purdue, a Héstia (nome da deusa dos laços familiares, simbolizada pelo fogo da lareira), torna possível enxergar um mapa térmico com o calor dos prédios, com o qual as comunidades podem obter uma clara compreensão de onde estão situados os prédios mais ineficientes. E há, literalmente, centenas de outros exemplos semelhantes.

a fim de deixar imagens grandes ou pequenas demais para nossa compreensão no tamanho exato para que possamos entendê-las. Processos que são extremamente lentos podem ser acelerados para nossa verificação, e processos que naturalmente ocorrem em um piscar de olhos podem ser desacelerados para nossas corretas análises.

Supercomputadores são atualmente usados como ferramentas para desenvolver novos projetos para tecnologias de energia renovável e aparelhos de eficiência avançada. Por exemplo, a biologia computacional é hoje essencial para a análise de novas enzimas úteis no processo da celulose; novos diodos com maior eficiência na emissão de luz; exóticos aparelhos de resfria-

 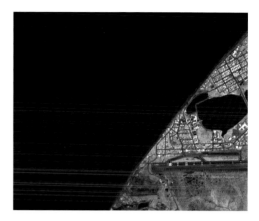

Em julho de 2009, os Estados Unidos liberaram mais de mil fotos de satélite do Ártico, anteriormente sigilosas, através do programa MEDEA. As novas imagens têm uma resolução de aproximadamente um metro — pelo menos 15 vezes mais detalhadas do que as imagens anteriores — e trouxeram novas informações inestimáveis aos pesquisadores climáticos. Estas duas imagens de satélite revelam a dramática variação no derretimento dos blocos de gelo perto de Point Barrow, estado do Alasca, nos EUA, de julho de 2006 (à esquerda) para julho de 2007 (à direita).

mento em estado sólido; novas e mais eficientes algas e outros organismos para a produção de biocombustíveis; e novas gerações de células fotoelétricas e óticas relacionadas.

As maiores e mais poderosas dessas máquinas levaram ao surgimento de uma forma de criação de conhecimento completamente nova. Além do raciocínio dedutivo (formular uma teoria e testá-la no mundo real para ver como ela se encaixa) e do raciocínio indutivo (coletar fatos empíricos e então tentar integrá-los a uma explicação geral), nós temos no momento uma nova abordagem que mistura aspectos das duas primeiras. A ciência da computação pode criar realidades simuladas — ou "modelos" — nas quais os experimentos podem ser conduzidos. Embora alguns cientistas puristas alertem que a ciência da computação é conduzida de formas que às vezes se mostram inadequadas às rigorosas exigências do método científico tradicional, o enorme poder dessa nova ferramenta de criação de conhecimento é extremamente impressionante.

A Agência Central de Inteligência (CIA), quando comandada por Robert Gates (atualmente secretário de Defesa dos Estados Unidos), na primeira administração Bush, aprovou um plano chamado MEDEA para permitir que cientistas ambientais tivessem acesso controlado de maneira cuidadosa às informações altamente sigilosas relevantes ao meio ambiente, coletadas por satélites espiões e outros sistemas secretos de coleta de informações controlados pela comunidade de inteligência, a fim de utilizá-las na melhor compreensão da crise climática. Essas informações são especialmente válidas porque há muitas delas. O número de informações sobre a Terra coletadas em segredo é muito maior do que o número de informações obtidas às claras pelos cientistas.

Há muitos exemplos de como o programa MEDEA revolucionou os conhecimentos científicos em diversas áreas. As primeiras medições da cobertura de gelo na calota polar do Polo Norte vieram do MEDEA. Quando os cientistas ambientais tiveram acesso pela primeira vez a esse precioso conjunto de informações anteriormente sigilosas, eles foram afligidos por seu gigantesco volume. Por exemplo, quando os cientistas que estudam as baleias tiveram acesso aos antes secretos bancos de dados dos microfones posicionados no fundo do oceano Atlântico para monitorar submarinos da antiga União Soviética, eles coletaram mais dados acústicos sobre as baleias azuis em um dia do que tudo o que já havia sido registrado pela literatura científica publicada até então. Um deles, Chris Clark, refere-se ao sistema como "o Telescópio Hubble acústico".

A administração Bush-Cheney também cancelou esse programa, mas a gestão Obama o ressuscitou sob o comando do diretor da CIA, Leon Panetta, e da chefe do Comitê de Inteligência do Senado, Dianne Feinstein.

A extraordinária informação coletada e processada pelo programa MEDEA terá valor incalculável para a comunidade de inteligência no monitoramento e na execução de um acordo climático mundial. Informações que antes eram consideradas impossíveis de serem coletadas — como dados da área de cobertura de árvores e do conteúdo de carbono de solos em todo

o mundo, e se eles estão aumentando ou decaindo em determinados locais — podem agora ser obtidas por meio de novos sensores de informação e transmissores automáticos de dados ligados aos sistemas de satélite.

Os computadores também podem nos ajudar a entender e fluxos mais cotidianos, mas ainda relevantes, de dados que são em geral agrupados de um modo que dificulta nossa compreensão. Por exemplo, o Google PowerMeter permite aos proprietários monitorar o uso de eletricidade em suas residências ou empresas em tempo real. Com medidores inteligentes sendo adicionados à rede de distribuição, será possível monitorar o uso de eletricidade em cada aparelho de TV, aquecedor de água e ponto de luz. Há diversos outros aplicativos e projetos semelhantes em desenvolvimento. Todos com a promessa de validar o velho ditado que diz que "você administra o que é capaz de mensurar".

Talvez a mais poderosa aplicação da tecnologia de informação na redução real das emissões da poluição causadora do aquecimento global venha com o uso de semicondutores baratos e "sistemas embutidos" nos maquinários e em todas as fases dos processos industriais para eliminar o desperdício, otimizando a efi-

 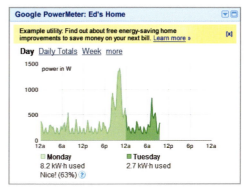

A nova geração de medidores inteligentes que está sendo instalada nos Estados Unidos e em outros países pode informar o consumo de energia em tempo real. Ferramentas como o Google PowerMeter (à direita) permitem que todos os consumidores vejam esse uso; as pesquisas mostram que, quando as pessoas veem o quanto usam, elas reduzem o consumo.

NO CORAÇÃO DA INFRAESTRUTURA DE INFORMAÇÃO NORTE-AMERICANA ESTÃO GIGANTESCAS CENTRAIS DE DADOS, QUE NO TOTAL CHEGAM A PRODUZIR 2% DAS EMISSÕES DE CO_2 MUNDIAIS.

ciência energética. Por exemplo, motores industriais em geral funcionam em um ritmo constante, mesmo que a carga de trabalho varie; ao ajustar com frequência as rotações por minuto do aparelho para a real carga de trabalho, em tempo real, esses equipamentos podem economizar enormes quantidades de energia que de outra forma seriam desperdiçadas. As interações entre bombas industriais e suas tubulações também podem ser automaticamente controladas por esses sensores, a fim de otimizar o manejo de fluidos e minimizar a energia necessária.

É claro que a automação do processo industrial não é nova. Máquinas numericamente controladas foram usadas pela primeira vez em 1950, quando eram programadas com tiras estreitas de papel com perfurações regularmente espaçadas. Então, em 1962, o MIT anunciou um progresso incrível na tecnologia, conhecido como ferramentas automaticamente programadas (APT). As APT — uma "linguagem universal de programação de Controle Numérico" — permitiam muito mais flexibilidade na programação e um vínculo bem maior entre diferentes máquinas e estágios no processo de manufatura. O desenvolvimento do software CAD/CAM levou à eficiente conexão entre os programas usados para projetar os produtos e os computadores controladores do maquinário que manufatura esses mesmos produtos. Atualmente, a grande maioria das novas máquinas incorpora alguma versão de uma ininterrupta integração entre projeto e manufatura.

À medida que sucessivas gerações de softwares se tornam mais sofisticadas, líderes de mercado estão integrando a eficiência energética à tecnologia de informação que eles utilizam. De acordo com alguns cálculos, o volume de informação que circula pela internet entre máquinas e sistemas embutidos hoje em dia supera de longe o fluxo de informação entre seres humanos.

Gradualmente, o uso de tecnologia de informação para eliminar o uso ineficiente de energia e a desnecessária poluição causadora do aquecimento global está se expandindo entre os processos industriais e comerciais para abranger o gerenciamento de toda a rede de produção e de entrega do produto. Por exemplo, nos Estados Unidos, há dois anos, aproximadamente 25% de todas as viagens dos caminhões de empresas eram feitas enquanto eles estavam vazios. Usando a tecnologia de informação, algumas empresas estão coordenando a movimentação de suas frotas para aproveitar essa oportunidade de entrega não utilizada, com o propósito de melhorar a eficiência, cortar custos e reduzir emissões de CO_2, ao mesmo tempo. A Federal Express economizou nos gastos de combustível com seus caminhões de entrega ao remapear suas rotas para eliminar o máximo de meias-voltas possível — reduzindo assim paradas desnecessárias no semáforo em que os motoristas muitas vezes ficam à espera de uma oportunidade para dar meia-volta e furar o trânsito fluindo na mão contrária.

Do mesmo modo, sensores automáticos que medem em tempo real a intensidade da iluminação natural podem ajustar a emissão de luz elétrica a fim de economizar eletricidade durante as horas em que elas não precisam estar com sua luminosidade máxima ou não precisam ser usadas. Aquecimento, ventilação e sistemas de ar-condicionado podem ser conectados através de sensores baratos, para maximizar o uso do ar que vem de fora através das janelas que se abrem quando as temperaturas externas tornam a ventilação natural mais apropriada e eficiente durante algumas horas do dia. Os sensores também podem alertar os donos dos prédios sobre falhas no isolamento e vazamentos nos dutos que operam escondidos nas paredes.

Economias muito maiores estão sendo feitas por empresas que utilizam análises computadorizadas para redesenhar processos integrados em sua totalidade. O redesenhamento de "sistema completo" leva aos significativos avanços que eliminam a poluição desnecessária e o desperdício de energia e de tempo. Meu exemplo favorito é sobre o que aconteceu quando a direção

MUITOS PEDÁGIOS ADOTARAM SISTEMAS DE IDENTIFICAÇÃO POR RADIOFREQUÊNCIA, QUE PERMITEM QUE OS MOTORISTAS PAGUEM AUTOMATICAMENTE. A DIMINUIÇÃO DO TRÁFEGO E DO TEMPO OCIOSO TAMBÉM REDUZIU O TEMPO DAS VIAGENS, O CONSUMO DE GASOLINA E AS EMISSÕES.

da Northern Telecom assumiu o compromisso, no final da década de 1980, de ser a primeira empresa a eliminar completamente o uso de nocivos clorofluorcarbonos. Sendo uma empresa canadense, a Northern Telecom estava ciente do significado do Protocolo de Montreal, de 1987, que determinava a gradual descontinuação desses produtos químicos. Como a Northern Telecom usava solventes de CFC-113 para limpar placas de circuito, os engenheiros da empresa e cientistas procuraram por substitutos apropriados. Ao não encontrarem nenhum que atendesse os requisitos, um dos engenheiros finalmente repensou a questão: "Em primeiro lugar, como essas placas de circuito ficam sujas?".

Essa reviravolta conceitual levou ao replanejamento de todo o processo para acabar com a exposição das pla-

cas de circuito recém-fabricadas aos contaminantes que tinham de ser removidos no fim do processo. O processo de "não limpeza" resultante originou placas de circuito melhores e mais baratas, e ao mesmo tempo eliminou os produtos químicos que estavam entre os culpados pelos danos à camada estratosférica de ozônio da Terra e que contribuíam fortemente para o aquecimento global. Depois, a Northern Telecom deu um passo adiante e dividiu sua descoberta com o resto da indústria, acelerando assim a descontinuação do uso desses produtos químicos também por seus concorrentes.

A empresa atingiu a meta de descontinuação em impressionantes nove anos e ganhou dinheiro fazendo isso. O valor de 1 milhão de dólares investido no desenvolvimento do novo processo gerou quase 4 milhões em seus três primeiros anos. E, desde então, os lucros continuaram na forma de custos reduzidos de produção graças à eliminação de uma etapa cara do processo que eles costumavam usar. Além disso, eu observei em primeira mão o orgulho sentido pelos funcionários da Northern Telecom por terem se unido em um processo colaborativo com um objetivo maior do que simplesmente aumentar os lucros corporativos — e a alegria que sentiram quando seu compromisso em fazer a coisa certa e garantir a liderança para toda a indústria resultou também em um aumento de seus ganhos.

Novos provedores de serviços estão agora surgindo para oferecer às empresas softwares de soluções para a tarefa de reelaborar todos os seus processos, economizar dinheiro e reduzir emissões. Uma dessas empresas, a Hara, adota a filosofia do "metabolismo organizacional", que engloba um sistema completo de análises sobre como o uso de energia e as emissões podem ser minimizados, tornando mais eficiente cada etapa dos negócios, à medida que matéria-prima, energia e mão de obra são "metabolizados" dentro da empresa em produtos ou serviços, desperdícios, salários e lucros.

Em muitos casos, o replanejamento de sistemas, processos e produtos leva à redução do consumo de matéria-prima, mediante substituição deste por inovação de materiais. Em se tratando da economia dos Estados Unidos como um todo, a segunda metade do século passado presenciou uma triplicação do total de produção em termos de valor dos produtos manufaturados e vendidos — sem qualquer aumento na tonelagem total dessa produção. Esse efeito, conhecido como "desmaterialização", surge em parte por causa da crescente importância da informação como parte daquilo que é vendido, mas também é provocado em uma proporção considerável pelo perspicaz e eficiente redesenhamento de produtos de maneiras que melhoram a qualidade e reduzem a quantidade de material usado.

Mesmo que estejam começando a fortalecer outras indústrias e organizações com novas ferramentas para solucionar a crise climática, as empresas de tecnologia de informação se deparam com a necessidade de redução de sua própria poluição causadora do aquecimento global. Atualmente, as emissões dessa poluição pela tecnologia de informação, principalmente de CO_2, somam aproximadamente 2% das emissões globais. E a previsão é de que, ao longo dos próximos dez anos, as emissões do setor da TI cheguem a quase o dobro. Por isso, líderes da indústria estão adotando medidas de replanejamento e reengenharia de seus sistemas, em uma tentativa de se tornarem muito mais eficientes e reduzirem drasticamente a poluição.

Centrais de dados, por exemplo, consomem grandes quantidades de eletricidade. O crescimento de servidores conectados à internet ocorreu tão rapidamente que gerou sérias deficiências que estão sendo no momento sistematicamente enfrentadas por muitas empresas. Computadores, impressoras e outros aparelhos e equipamentos de TI estão todos sendo colocados sob minuciosa análise em busca de formas de se cortar os gastos de energia e reduzir as emissões. O aumento do tráfego online, particularmente dos vídeos na internet, além de necessidades de armazenamento de dados e de recuperação de desastres, está se juntando a outros fatores para acelerar ainda mais o desenvolvimento das centrais de dados e dos equipamentos que as abastecem. Por exemplo, o número de servidores nos Estados Unidos triplicou durante os últimos dez anos. Ao instalar equipamentos mais eficientes do ponto de vista energético, consolidando e racionalizando bens, fazendo maior uso de "servidores virtuais" e otimizando o uso de energia e da necessidade de resfriamento, a indústria de TI está começando a assumir a responsabilidade por reduzir sua contribuição ao aquecimento global.

O uso de uma tecnologia de informação cada vez mais sofisticada para cortar a poluição causadora do aquecimento global nas empresas e empresas está também levando a uma crescente consciência das deficiências que resultam de leis e regulamentações ultrapassadas. Por exemplo, o sistema regulatório federal em relação a produção e distribuição de leite torna mais rentável para os produtores de laticínios transportar leite e seus derivados por milhares de quilômetros até distribuidores do outro lado do país do que vender os mesmos produtos na região onde eles são produzidos. Esse modelo absurdo e dispendioso continua em vigor simplesmente porque o sistema regulatório federal autoriza tamanho desperdício.

Em outras formas de produção agrícola, a combinação de sensores localizados no solo e sistemas de satélites estão encorajando fazendeiros a adotar modelos muito mais eficientes, conhecidos como "agricultura de precisão", que otimizam as misturas fertilizantes e aplicações aos variados tipos de solo existentes em um mesmo campo.

Muitas empresas que iniciam o processo de analisar e reduzir suas emissões de CO_2 logo descobrem que as viagens dos funcionários para ir e vir de reuniões em outras cidades são uma de suas maiores fontes de emissões evitáveis. Por isso, tem havido um grande aumento no uso de teleconferências e no desenvolvimento de ferramentas mais sofisticadas, como a "telepresença" da Cisco, que simula conversas cara a cara tão bem que muitas das viagens se tornam desnecessárias.

Custos de transporte na sociedade em geral também estão sendo reduzidos em algumas cidades do mundo pelo uso de sistemas eletrônicos de cobrança de pedágio, que eliminam filas dispendiosas, sinalização dinâmica de estradas que reduz os congestionamentos e tempo ocioso, e pedágios urbanos que distribuem melhor o uso das rodovias. Do mesmo modo, o crescente uso de identificação por radiofrequência (RFID) dos produtos que percorrem a cadeia de distribuição do atacado ao varejo está deixando o gerenciamento das mercadorias muito mais eficiente.

Defensores da privacidade têm feito alertas sobre o uso inapropriado e as consequências inadvertidas de onipresentes objetos de rastreamento para localizar, em tempo real, indivíduos que podem não querer ter cada um de seus movimentos observados. Outras consequências para a privacidade com a nova força da tecnologia de informação em toda a economia merecem uma contínua análise aprofundada.

Além disso, a crescente importância da TI na economia ressalta ainda mais a necessidade de acesso igualitário a computadores e outras fundamentais ferramentas de informação para indivíduos e famílias de baixa renda. Assim como os telefones já foram considerados opcionais, mas depois se tornaram essenciais para uma participação completa e igualitária na sociedade moderna, os computadores estão atingindo hoje em dia o limiar da indispensabilidade.

Inevitavelmente, o uso cada vez maior da tecnologia de informação em todos os setores da economia está produzindo tanto perdedores quanto ganhadores. Modelos de negócios antigos, criados em um ambiente de informações diferente, podem não ser mais competitivos. Jornais e revistas, por exemplo, estão atualmente em dificuldades na maior parte do mundo, enquanto formas eletrônicas de comunicação digital estão se tornando bem mais eficientes. Ao mesmo tempo que a revolução da informação continua ganhando impulso, transformações revolucionárias semelhantes estão acontecendo em muitos setores dos negócios e das indústrias.

O exemplo dos jornais ilustra alguns dos riscos que acompanham os benefícios dessas transformações. Antes de enfrentar uma competição eletrônica tão intimidadora, os jornais tinham uma arrecadação corrente que permitia a contratação de experientes jornalistas que podiam reservar bastante tempo para investigar, analisar e minuciosamente reportar histórias complexas que em geral levavam ao público informações valiosas sobre as operações do governo e o funcionamento de instituições sociais.

De fato, durante esses primeiros tempos do desenvolvimento do jornalismo de internet, o essencial das

SOFTWARES DE EXIBIÇÃO DIGITAL TORNARAM MINHA APRESENTAÇÃO SOBRE AQUECIMENTO GLOBAL MELHOR, MAIS FÁCIL DE ATUALIZAR E MAIS EFICIENTE.

histórias de melhor qualidade ainda tem origem nos jornais. Com as arrecadações dos jornais se esvaindo rapidamente, ainda não está claro se o jornalismo eletrônico vai, por si só, descobrir um novo modelo padrão que gere retorno suficiente para reconstruir um quadro comparável de experientes jornalistas investigativos com tempo e recursos suficientes para fazer o trabalho anteriormente realizado pelos jornais. A Current TV, uma rede a cabo e via satélite de notícias e informações, que eu fundei com Joel Hyatt em 2002, aliada ao seu portal na internet, o Current.com, está aplicando recursos consideráveis para financiar um grupo cada vez maior de jornalistas investigativos. Essa equipe, chamada Vanguard, viaja o mundo relatando com profundidade histórias que são depois distribuídas eletronicamente na Current TV e no Current.com.

Mas, mesmo que o jornalismo investigativo ainda seja raro no ambiente da nova mídia, as novas tecnologias de informação na internet estão conectando as pessoas umas às outras e a enormes centrais de informação relevante para qualquer desafio social no qual elas queiram se engajar. No final das contas, as soluções para a crise climática irão precisar de um engajamento público muito mais amplo no processo político, de uma espécie que as redes sociais e outras ferramentas da internet podem proporcionar.

Este livro, por exemplo, está sendo publicado junto a um site próprio, ourchoicethebook.com, que inclui uma "wiki de soluções" — um fórum moderado para o constante aperfeiçoamento e desenvolvimento das soluções sugeridas para a crise climática neste livro. Muitos dos críticos especializados que participaram de Reuniões de Soluções, que foram muito úteis para meus esforços em identificar as formas mais efetivas de solucionar a crise climática, concordaram em ajudar a moderar contínuas discussões de novas ideias, tecnologias, processos e inovações que podem ser usados para acelerar, em todo o mundo, as reduções necessárias da poluição causadora do aquecimento global, uma retirada mais rápida dos poluentes que já estão na atmosfera e o replanejamento de sistemas e processos que podem acelerar o surgimento de uma civilização mundial com baixo consumo de carbono.

Ferramentas da internet também são uma grande promessa de revigoramento para a autogovernança democrática e a mobilização de pessoas que queiram fazer parte da missão urgente de solucionar a crise climática. Por experiência própria, lembro quanta diferença fez quando transferi para gráficos computacionais a minha apresentação sobre a crise, antes baseada em slides que giravam em um carrossel Kodak. A facilidade com a qual eu podia integrar novas imagens e novas descobertas científicas aumentou incrivelmente e, logo depois dessa transição, comecei a perceber uma grande mudança na qualidade e na eficiência de toda a apresentação.

Já treinei mais de 3 mil pessoas em dezenas de países para promover constantemente apresentações atualizadas nas áreas onde elas vivem. O Climate Project, gerenciado por Jenny Clad, mantém comunicação com esses apresentadores ao redor do mundo principalmente pela internet e é capaz de compartilhar novos slides com as explicações e advertências necessárias com regularidade.

A Aliança para a Proteção do Clima, gerenciada por Maggie Fox, mantém contato semanal pela internet com mais de 1,2 milhão de membros, em uma tentativa de distribuir informação de alta qualidade sobre os desdobramentos da crise e os passos políticos imprescindíveis para motivar legisladores a adotar as soluções necessárias.

Paul Hawken, autor de *Blessed unrest*, descobriu que mais de "1 milhão — e talvez até 2 milhões — de organizações pró-sustentabilidade ecológica e justiça social", dedicadas a enfrentar os múltiplos desafios relacionados ao ecossistema terrestre, já se formaram ao redor do mundo — representando o que ele chama de "o maior movimento social em toda a história da humanidade". É difícil imaginar que isso fosse possível sem as novas ferramentas de internet das quais a maioria desses grupos depende.

Às vezes, a informação pode provocar mudanças por si só, ainda que na ausência de leis ou regulamentações. Por exemplo, a relativamente nova exigência legal para que informações nutricionais sejam apresentadas nos rótulos dos alimentos (nos Estados Unidos e em outros países) pressionou os produtores de alimentos para que eles melhorassem o conteúdo nutricional e eliminassem ingredientes não saudáveis, como a gordura trans.

Da mesma forma, depois que leis norte-americanas foram mudadas para exigir a divulgação dos poluentes do ar lançados pelas indústrias, os jornais e a mídia eletrônica em cada cidade começaram a listar os maiores poluidores. A pressão pública que resultou da divulgação dessa informação fez muitas empresas começarem a promover mudanças para saírem das listas dos maiores poluidores. As emissões tóxicas de fato caíram significativamente, mesmo sem uma nova determinação legal. A informação, por si só, uma vez revelada ao público, forçou a redução. Mas a informação precisa ser exibida com destaque suficiente para despertar a consciência pública.

Esse mesmo princípio se aplica à exposição da informação sobre o uso desnecessário de energia em casas e empresas. Depois que a Califórnia mudou suas leis para dar incentivos às instalações que reduzissem o consumo de energia (permitindo que as empresas dividissem as economias com seus clientes), a Southern California Edison apresentou aos seus clientes um demonstrador simples, mas convincente, que fica dentro das residências: uma bola de vidro brilhante, desenvolvida pela Ambient Devices, que muda de cor dependendo da quantidade de eletricidade consumida em determinado período; quando ela fica com uma coloração vermelho viva, esse é um sinal de que

OBSERVANDO O USO DA ENERGIA EM TEMPO REAL

Monitores para o uso de energia em tempo real existem em diferentes formatos e tipos, incluindo a reluzente Ambient Orb (à esquerda) e mais "medidores inteligentes" ricos em informações que exibem detalhados dados de custos e consumo. Estes dois monitores mudam de cor para identificar oportunidades de economizar gastos com energia.

Muitos especialistas concluíram que, quando se trata de energia, se pudermos vê-la, tentaremos economizá-la. O conceito pode se aplicar em breve a nossas casas, na forma de monitoramento em tempo real da energia.

Com o PowerMeter do Google, um projeto ainda em fase de testes enquanto escrevo este livro, os usuários com medidores inteligentes de força podem ver os picos e as baixas de seu próprio consumo, o que lhes permite adaptar seus hábitos e suas casas apropriadamente. O uso de energia em tempo real é mostrado pela web; ao desligar um aparelho, a queda no uso de energia torna-se rapidamente visível. A Microsoft e outras companhias estão testando programas *online* similares.

Medidores inteligentes visíveis dentro de casa — dos modelos portáteis (como os mostrados acima) às unidades embutidas para uso de aplicativos da internet — também estão sendo desenvolvidos rapidamente. Mostrando o consumo de eletricidade e gás, esses medidores serão equipamentos obrigatórios no Reino Unido em 2020.

A Ambient Orb oferece um retorno semelhante, embora em uma estrutura mais física. A esfera de mesa muda de cor conforme as alterações daquilo que está monitorando.

Originalmente projetada para reagir à entrada de dados dos índices da bolsa de valores, o aparelho foi modificado por um gerente da Southern California Edison (SCE) para reagir à entrada dos dados de sua empresa de serviços públicos. O gerente então distribuiu 120 das orbes para clientes da Edison, que foram orientados sobre como a mudança de cores iria alertar quando o consumo de energia alcançasse seu pico e quando o deixasse. Com as orbes como lembretes, os consumidores cortaram rapidamente grande parte de seus períodos de pico de uso de energia: 40%. A SCE estima que, instalando medidores inteligentes, seus clientes irão reduzir as emissões de gases de efeito estufa em pelo menos 365 mil toneladas métricas por ano.

Como o "efeito Prius" — a diminuição na pressão do pedal do acelerador pelos motoristas que veem a queda de combustível em seu painel —, medidores inteligentes associam o comportamento ao uso. De qualquer forma, os testes com medidores inteligentes, até o momento, mostram que o verdadeiro fator de incentivo é a associação aos preços. Consumidores em um projeto piloto na Califórnia reduziram seu uso total em 5%. Testes semelhantes na Irlanda e em Illinois mostram economias de energia de até 12%.

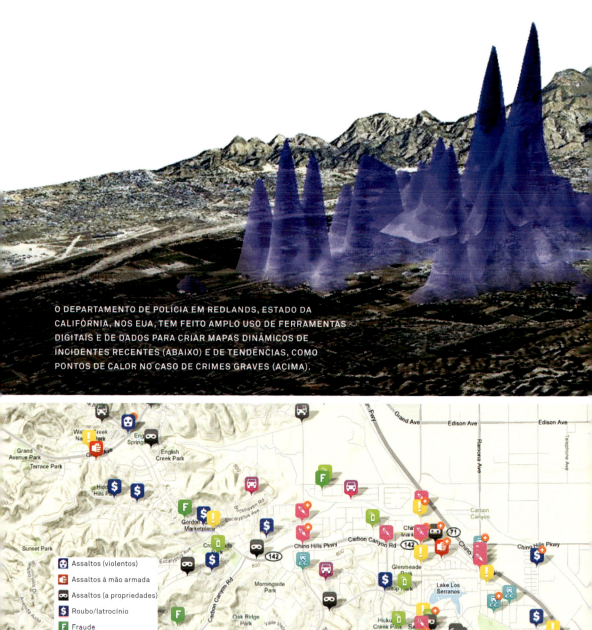

O DEPARTAMENTO DE POLÍCIA EM REDLANDS, ESTADO DA CALIFÓRNIA, NOS EUA, TEM FEITO AMPLO USO DE FERRAMENTAS DIGITAIS E DE DADOS PARA CRIAR MAPAS DINÂMICOS DE INCIDENTES RECENTES (ABAIXO) E DE TENDÊNCIAS, COMO PONTOS DE CALOR NO CASO DE CRIMES GRAVES (ACIMA).

- Assaltos (violentos)
- Assaltos à mão armada
- Assaltos (a propriedades)
- Roubo/latrocínio
- Fraude
- Perturbação do sossego
- Homicídio
- Vandalismo
- Dirigir alcoolizado
- Uso de drogas/álcool
- Roubo de veículos

o consumo está em níveis muito altos. Essa é uma maneira muito efetiva de alertar os proprietários de residências e de empresas sobre o nível do uso de energia a qualquer momento, mostrando a eles que existe atualmente uma oportunidade para que eles economizem dinheiro, modificando seu nível de consumo.

Por fim, a tecnologia de informação pode ser usada de formas criativas para ajudar e habilitar os tomadores de decisões nos governos, empresas, organizações cívicas e outros grupos em seus esforços para implementar essas soluções. Quando era vice-presidente, eu empreendi um desafio chamado "Reinventando o Governo", que visava replanejar os departamentos, agências e processos do governo dos Estados Unidos a fim de torná-los muito mais eficientes. Aprendi muitas coisas com inovadores da iniciativa privada e com governantes estaduais e municipais que haviam sido bem-sucedidos em tarefas semelhantes.

Um dos projetos municipais que mais me impressionou foi uma estratégia da polícia da cidade de Nova York, criada por Jack Maple, um ex-guarda de trânsito. Maple descobriu o valor das estatísticas computadorizadas agrupadas, nas quais todos aqueles que tomam decisões relevantes podem enxergar facilmente os padrões que elas revelam. Os dados são organizados de modo geoespacial e dispostos em uma grande tela visível, ao mesmo tempo, por todos os participantes — que dividem a responsabilidade de implementar rapidamente soluções para os problemas que são apresentados. Quando William Bratton foi nomeado chefe do Departamento de Polícia de Nova York, ele institucionalizou esse procedimento e reduziu drasticamente os índices de criminalidade em quase todas as categorias. Desde então, esse método — coloquialmente conhecido como CompStat — tem sido adotado em muitas outras cidades norte-americanas.

Um dos sistemas mais avançados foi desenvolvido pelo chefe de polícia de Redlands, na Califórnia, Jim Bueermann, que aplicou a técnica de CompStat para integrar setores residenciais, de recreação e serviços de terceira idade ao seu departamento de polícia e aperfeiçoou o processo com pesquisas sociais contínuas, em uma tentativa de fazer de sua cidade um ambiente mais seguro para crianças, idosos e famílias. "Precisamos entender a natureza e a localização dos fatores de risco — em famílias, comunidades, escolas, grupos sociais — e desenvolver estratégias que resolvam e previnam problemas comunitários. Somos pagos para pegar os criminosos, mas nosso lucro está nos outros métodos, de longo prazo, que estamos adotando para tornar a comunidade mais segura", disse Bueermann, acrescentando: "Mapear riscos e fatores de proteção nos permite aplicar os dólares dos impostos e os recursos dos parceiros de nossa comunidade onde há uma alta concentração de fatores de risco, estrategicamente otimizando o investimento em segurança pública e prevenção de problemas".

Acredito que este seja um dos melhores exemplos de como a tecnologia de informação, adequadamente usada, pode ajudar os responsáveis pelas decisões em seus esforços para solucionar a crise climática.

Chefes de estado, governadores e outros líderes regionais e prefeitos de cidades e municípios poderiam se beneficiar se desenvolvessem estatísticas computadorizadas de cada um dos maiores desafios que enfrentam e as integrassem e expusessem para grupos que incluem chefes de departamentos e outros investidores, em um esforço compartilhado para descobrir o que realmente funciona ou não. A tarefa que confronta os legisladores no esforço histórico para solucionar a crise climática vai exigir o uso inovador de cada nova ferramenta disponível.

AVANÇANDO COM RAPIDEZ

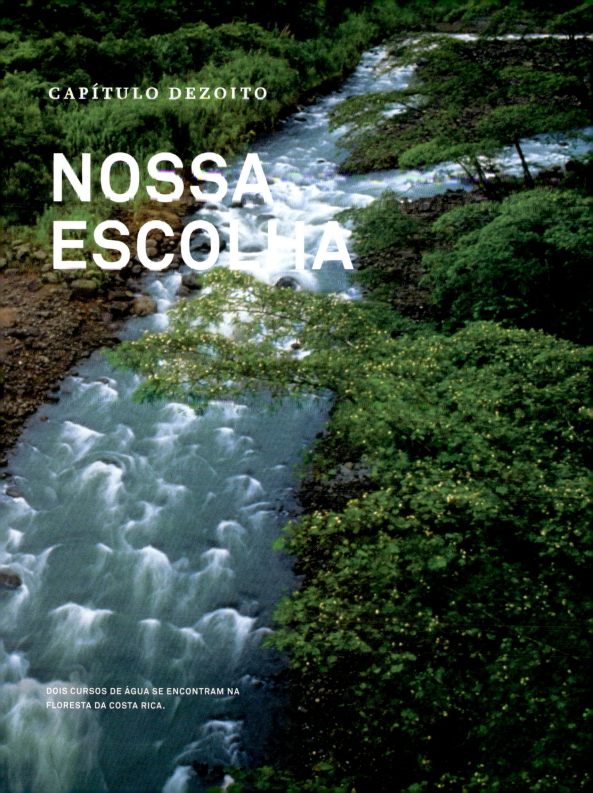

CAPÍTULO DEZOITO

NOSSA ESCOLHA

DOIS CURSOS DE ÁGUA SE ENCONTRAM NA FLORESTA DA COSTA RICA.

Como qualquer um, eu às vezes gostaria de poder voltar atrás e mudar alguns dos erros que cometi quando era mais novo. Mas nenhum de nós pode viajar para o passado a fim de desfazer erros, não importando o quanto suas consequências os evidenciem com o tempo.

Ainda assim, todos nós, em virtude da imaginação moral que possuímos, podemos muitas vezes espiar o futuro concebido a partir das escolhas que fazemos juntos hoje, mesmo antes de esse futuro ter nascido para aqueles que viverão com as consequências do que fazemos ou fracassamos em fazer no presente.

Daqui a não muitos anos, uma nova geração vai olhar para trás em nossa direção, nesse momento de decisão, e fazer uma de duas perguntas: ou eles vão perguntar algo como: "O que vocês estavam pensando? Vocês não viram a calota inteira do Polo Norte derretendo diante de seus olhos? Vocês não ouviram os alertas dos cientistas? Vocês estavam desatentos? Vocês não se importavam?".

Ou, em vez disso, eles perguntarão: "Como vocês encontraram a coragem moral para se erguer e resolver uma crise que tantos diziam que era impossível solucionar?".

Temos que escolher qual dessas questões queremos responder, e temos que dar nossa resposta agora — não em palavras, mas em ações.

A resposta para a primeira questão — "O que vocês estavam pensando?" — é quase dolorosa demais para ser escrita:

"Nós discordamos uns dos outros. Não queríamos acreditar que aquilo estava realmente acontecendo. Esperamos tempo demais. Nós não podíamos nem imaginar que seria possível o ser humano causar mudanças tão profundas em escala mundial. Não entendemos que tanto poderia dar tão errado tão rápido.

De alguma forma, perdemos a confiança na nossa própria capacidade de raciocinar juntos, com base nas melhores evidências apresentadas pelos nossos melhores cientistas. Mesmo quando os fatos já estavam claros, achamos que era impossível nos livrar da paralisia política induzida, em parte, por aqueles que sentiam com uma intensidade passional que não deveríamos fazer nada.

Mudar, afinal, é difícil. Por favor, tentem entender que é quase impossível fazer grandes mudanças rapidamente em escala global.

Tínhamos tantos outros problemas clamando por nossa atenção. Não vimos como as soluções para esses problemas estavam ligadas às mesmíssimas mudanças que deveríamos ter feito para salvar a integridade do ecossistema terrestre. Sei que isso não consola muito, mas nós realmente tentamos. Sinto muito".

A segunda questão — "Como vocês resolveram isso?" — é a que eu prefiro bem mais que respondamos, e aqui está a resposta que espero podermos dar:

"A grande virada veio em 2009. O ano começou bem, com a posse de um novo presidente dos Estados Unidos, que imediatamente alterou as prioridades para se concentrar em construir os fundamentos de uma nova economia de baixo carbono. A resistência a essas

O PRESIDENTE DOS EUA, BARACK OBAMA, DISCURSA SOBRE NOVAS TECNOLOGIAS DE ENERGIA COMO UM DOS PILARES DA ECONOMIA FUTURA DO PAÍS, NA BASE DA FORÇA AÉREA DE NELLIS, EM MAIO DE 2009.

Ficamos agradavelmente surpresos porque muitas dessas mudanças não apenas foram baratas, mas de fato lucrativas.

ELEVAÇÕES E CLARABOIAS FAZEM PARTE DO TELHADO VERDE DA ACADEMIA DE CIÊNCIAS DA CALIFÓRNIA, EM SÃO FRANCISCO, O PRIMEIRO MUSEU A GANHAR O CERTIFICADO LEED PLATINUM.

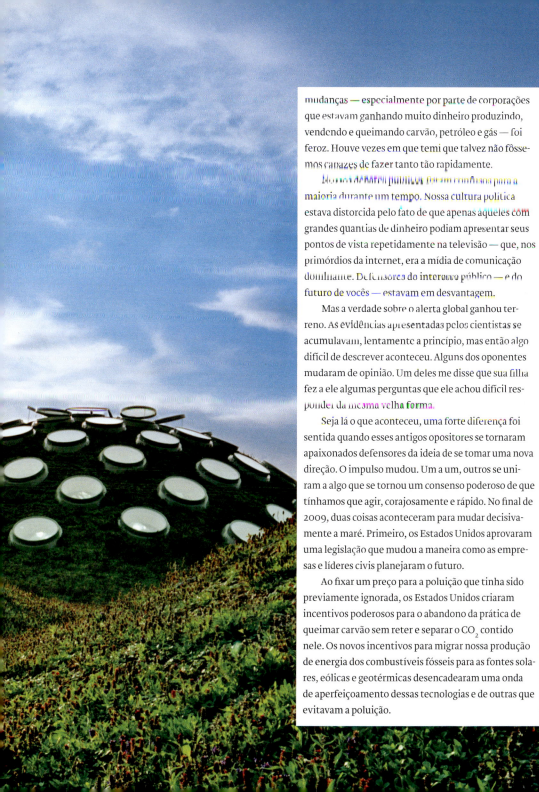

mudanças — especialmente por parte de corporações que estavam ganhando muito dinheiro produzindo, vendendo e queimando carvão, petróleo e gás — foi feroz. Houve vezes em que temi que talvez não fôssemos capazes de fazer tanto tão rapidamente.

Nossos decisores políticos foram confusos para a maioria durante um tempo. Nossa cultura política estava distorcida pelo fato de que apenas aqueles com grandes quantias de dinheiro podiam apresentar seus pontos de vista repetidamente na televisão — que, nos primórdios da internet, era a mídia de comunicação dominante. Defensores do interesse público — e do futuro de vocês — estavam em desvantagem.

Mas a verdade sobre o alerta global ganhou terreno. As evidências apresentadas pelos cientistas se acumulavam, lentamente a princípio, mas então algo difícil de descrever aconteceu. Alguns dos oponentes mudaram de opinião. Um deles me disse que sua filha fez a ele algumas perguntas que ele achou difícil responder da mesma velha forma.

Seja lá o que aconteceu, uma forte diferença foi sentida quando esses antigos opositores se tornaram apaixonados defensores da ideia de se tomar uma nova direção. O impulso mudou. Um a um, outros se uniram a algo que se tornou um consenso poderoso de que tínhamos que agir, corajosamente e rápido. No final de 2009, duas coisas aconteceram para mudar decisivamente a maré. Primeiro, os Estados Unidos aprovaram uma legislação que mudou a maneira como as empresas e líderes civis planejaram o futuro.

Ao fixar um preço para a poluição que tinha sido previamente ignorada, os Estados Unidos criaram incentivos poderosos para o abandono da prática de queimar carvão sem reter e separar o CO_2 contido nele. Os novos incentivos para migrar nossa produção de energia dos combustíveis fósseis para as fontes solares, eólicas e geotérmicas desencadearam uma onda de aperfeiçoamento dessas tecnologias e de outras que evitavam a poluição.

Ficamos agradavelmente surpresos porque muitas das mudanças não apenas foram baratas, mas, de fato, lucrativas. Muitas de nossas indústrias encontraram maneiras de mudar práticas desperdiçadoras e se tornar mais eficientes. Fazendeiros, criadores de gado e donos de grandes porções de terra começaram a plantar milhões de árvores e mudar a maneira como as plantações eram cultivadas e os animais eram criados.

As novas políticas levaram os proprietários de casas e empresas a isolar termicamente seus prédios, mudar seus telhados, luzes e janelas. Arquitetos, empreendedores imobiliários e construtoras começaram a projetar e a construir edifícios com carbono zero. Isso se tornou uma questão de honra. Pensamos em vocês e também ficamos orgulhosos com o que estávamos fazendo por nós mesmos. Primeiro lentamente, e depois com vigor, um senso de propósito coletivo surgiu entre nós. Isso nos ergueu e nos encorajou a fazer mudanças maiores na indústria, na agricultura, nos transportes e até mesmo na estruturação de nossas cidades.

Logo depois dos Estados Unidos começarem a mudar, em dezembro, todos os países do mundo se reuniram em Copenhague, na Dinamarca, para negociar um acordo global que muitos, até mesmo eles, pensavam ser impossível. Mas algo aconteceu lá também. Foi apenas o início da mudança mundial e, na época, muitos sentiram que muito pouco estava sendo feito — assim como muitos nos Estados Unidos haviam sentido que a legislação aprovada na véspera das discussões do acordo havia tido muito pouco alcance. Mas as novas diretrizes estabelecidas no acordo provaram ter tido muito mais força do que percebemos na época. Elas alteraram expectativas, planejamentos, pensamentos e, então — novamente devagar, no começo —, comportamentos.

Revelou-se que a China já estava mudando silenciosamente, por conta própria. A Índia foi mais lenta em começar a mudança, mas, em 2009, a união dos Estados Unidos e da China — então os dois maiores poluidores e causadores do aquecimento global do planeta — fez toda a diferença. A Europa, que estava na época nos estágios iniciais de seu processo de unificação, se juntou ao Japão para apoiar a proposta dos EUA e da China em estabelecer limites para o CO_2 e dos outros cinco poluentes retentores de calor que estavam causando a crise. De fato, tanto o Japão quanto a Europa tinham assumido uma liderança mundial crucial durante os primeiros anos do século XXI, quando os Estados Unidos abdicaram de sua responsabilidade.

Brasil e Indonésia — os dois países com maior desmatamento — convocaram as nações em desenvolvimento para se unir em um acordo que relacionou, pela primeira vez, a reversão do desmatamento em países pobres à drástica redução de emissões industriais nos países mais ricos.

Em todo o mundo, uma consciência sobre a crise climática cresceu, as pessoas preocupadas com vocês encontraram maneiras de pressionar seus líderes. Centenas de milhares, e depois milhões de movimentos populares surgiram. Conectando-se uns aos outros, principalmente online, esses grupos formaram uma poderosa 'grande aliança' de organizações não governamentais (ONGs) que concordou em sustentar uma agenda em comum para transformações sistêmicas na agricultura, manufatura, negócios e comércio. Os novos incentivos para a redução de carbono desencadearam fluxos de financiamentos para plantações de árvores, agricultura orgânica, restauração da fertilidade do solo, reformas educacionais — concentrando-se tanto nas meninas quanto nos meninos — e novas iniciativas de cuidados de saúde, com ênfase particular nos cuidados da criança e da mãe, que aumentaram as taxas de sobrevivência infantil e aceleraram um movimento mundial que resultou em famílias menores.

O acordo em Copenhague, embora criticado na época por causa da timidez do que foi ali aprovado, acabou se revelando apenas o primeiro passo. Logo depois, o tratado ganhou força. E então ganhou força mais uma vez. Nós deveríamos saber, imagino, que essa era a maneira como as coisas iriam acontecer. Lá atrás, em 1987, quando a súbita aparição de um enorme buraco na camada estratosférica de ozônio sobre a Antártida alertou o mundo para o início da primeira crise atmosférica mundial, a mesma coisa aconteceu. O primeiro tratado, em Montreal, também foi criticado por ser muito fraco. Mas enfim, ele foi reforçado logo depois em Londres e se fortaleceu. Dois anos depois, em Copenhague, as grandes mudanças ironicamente foram feitas. E, finalmente, ele funcionou! A camada de ozônio, como vocês sabem, já se recuperou quase por completo. Como resultado do que fizemos naquela

os fundamentos para uma prosperidade tão espantosa e a paz duradoura em um continente que tinha sofrido tanto com guerras e divisões por centenas de anos.

Deveríamos também ter sabido que, uma vez que nos concentrássemos nisso, seríamos brilhantemente bem sucedidos no desenvolvimento de novas tecnologias que permitiriam progressos muito mais rápidos do que qualquer um poderia crer que fosse possível em 2009. Afinal, os Estados Unidos levaram apenas oito anos e dois meses para pousar homens na lua e trazê-los de volta em segurança — desde que nós decidimos fazer isso, em 1961.

Embora a liderança tenha vindo de diversos países, quando os Estados Unidos finalmente acordaram para suas responsabilidades, restabeleceram a autoridade moral que o mundo tinha esperado deles.

época, vocês não precisam mais se preocupar com isso mais do que é necessário com o aquecimento global.

Nada disso estava claro no final de 2009. Embora a mudança já tivesse começado, as discussões continuaram.

Embora a liderança tenha vindo de diversos países, quando os Estados Unidos finalmente acordaram para suas responsabilidades, restabeleceram a autoridade moral que o mundo tinha esperado deles durante quarenta anos depois da Segunda Guerra Mundial. Vale lembrar que ninguém poderia ter imaginado o sucesso do Plano Marshall, iniciado em 1947, em estabelecer

Nós, nos Estados Unidos, tínhamos esquecido o quanto éramos bons em políticas de apoio às contínuas inovações na tecnologia. Já tínhamos feito isso antes — muitas vezes. Nossa experiência em construir ferrovias de costa a costa, uma rede elétrica em todo o país, o Sistema de Estradas Interestaduais, o Projeto Manhattan e a internet mostrou-se inestimável quando fomos construir uma super-rede nacional que permitiu o uso de quantidades quase ilimitadas de eletricidade vindas de geradores solares, eólicos e geotérmicos.

A indústria automobilística — que parecia estar morrendo nos Estados Unidos no início de 2009 — se

TRABALHADORES POSICIONAM ESPELHOS PARABÓLICOS EM SEUS LUGARES, EM UMA USINA DE EST, NA ESPANHA.

reorganizou com a ajuda do governo, reencontrou seu foco e conduziu a histórica conversão para carros elétricos, movidos pela nova eletricidade gerada por fontes renováveis e sem carbono.

Uma vez que, a nova direção estava estabelecida as nações competiram para desenvolver tecnologias melhores e mais baratas que aceleraram a guinada rumo às menores emissões de carbono. Na verdade, muitas das novas tecnologias com as quais vocês contam tiveram seu início nessa poderosa onda de inovação que foi desencadeada pela grande transformação que começou em 2009.

A energia empreendedora e o pensamento inovador que surgiram em partes do mundo em desenvolvimento, que antes eram consideradas sem esperanças, fizeram uma diferença maior do que qualquer um de nós poderia imaginar quando a transformação começou.

A mudança mais importante, que tornou essa transformação possível, é algo difícil de colocar em palavras. Nosso modo de pensar mudou. A Terra em si começou a ocupar nossos pensamentos. De alguma forma, deixou de ser aceitável participar de atividades que prejudicassem a integridade do meio ambiente mundial.

Os jovens do mundo todo tomaram a iniciativa nessa mudança de nossos pensamentos. As empresas que ficaram para trás perderam clientes e funcionários e, portanto, elas também começaram a mudar.

A possibilidade que conquistamos em 2010 de ver a Terra do espaço o tempo todo também desempenhou um papel sutil, mas cada vez mais intenso em nossa percepção constante de que todos dividimos o mesmo lar. Uma vez que a discussão sobre o fato de a crise ser real estava terminada, aceleramos a marcha e a mudança se tornou irrefreável.

Mais uma vez, deveríamos ter sabido que éramos capazes de tamanhas mudanças de conscientização. Mas tínhamos nos esquecido que gerações anteriores tinham acabado com a escravidão ao, logo de cara, mudar a maneira como os seres humanos pensavam sobre ela. Tínhamos esquecido dos dias em que

os Estados Unidos e a antiga União Soviética tinham dezenas de milhares de ogivas nucleares acopladas no topo de mísseis balísticos intercontinentais, prontas para serem lançadas umas às outras a qualquer momento. A desmontagem desses assustadores arsenais foi antecedida por uma semelhante e intensa mudança em nosso modo de pensar sobre a possibilidade de uma guerra nuclear.

Eu sei que esperamos demais. Gostaria que tivéssemos agido antes. Mas os problemas que deixamos para vocês, por mais difíceis que sejam, são nada em comparação ao que teria acontecido se a grande transformação não tivesse sido bem-sucedida. A perspectiva do futuro de vocês é clara nesse momento. As feridas que abrimos na atmosfera e no sistema ecológico terrestre estão cicatrizando. Em poucos séculos, seus descendentes irão agradecê-los por dar continuidade a esse percurso quando o equilíbrio climático saudável de nosso planeta estiver completamente restabelecido.

Poderia ter sido o contrário

O estabelecimento de um diálogo global contínuo na internet, concentrado nas soluções efetivas e definitivas para cada um dos problemas que precisavam ser resolvidos para efetuar a mudança, foi uma das chaves para o sucesso. As novas ferramentas para avaliar as melhores soluções e a partir daí desenvolvê-las e aperfeiçoá-las em cooperação aceleraram o progresso bem além do que qualquer um acreditaria ser possível. Parecia que todos estavam, de repente, fazendo sua parte. Nesse ponto, também, deveríamos ter sabido que éramos capazes de nos unir para apoiar uma causa tão urgente. Durante a Segunda Guerra Mundial, nossos pais fizeram exatamente o mesmo com os jardins da vitória, reciclando e mudando centenas de outras coisas em seus comportamentos rotineiros que eles mesmos não teriam imaginado serem possíveis antes do início da guerra. Essa coesão e esse propósito comum foi o que deu a eles confiança após a Segunda Guerra Mundial para criar as Nações Unidas, o sistema comercial mundial e instituições que, com todos os seus defeitos, evitaram depressões do tipo que se tornaram comum antes da segunda metade do século XX.

Na verdade, nos primeiros meses de 2009, tememos que uma outra depressão global pudesse estar reservada para nós, no final das contas. Nós também nos preocupamos com a guerra no Oriente Médio, em parte porque éramos tão dependentes do petróleo — e a maioria do petróleo facilmente recuperável estava concentrado no golfo Pérsico. A competição para assegurar acesso a suprimentos que já eram escassos estava causando tensões que poderiam ter provocado outra guerra, ainda maior.

Parece irônico agora que nosso comprometimento durante a grande transformação para uma economia de baixo carbono tenha sido o que restaurou a prosperidade econômica e desativou as tensões que deram margem aos temores de guerra. Uma vez que o mundo embarcou na jornada para curar nosso planeta e salvar o futuro de vocês, dezenas de milhões de novos empregos — incluindo profissões completamente novas — começaram a surgir. O distanciamento do petróleo e do carvão reduziu as tensões no Oriente Médio. O novo foco no reflorestamento e na recarbonização do solo criaram milhões de novos empregos em países em desenvolvimento. A difusão dos painéis fotovoltaicos e pequenos moinhos de vento impulsionaram a transformação da atividade econômica em países pobres.

A maior responsável pela solução da crise acabou sendo a incrível mudança na eficiência com que usamos energia. Assim que asseguramos um acordo mundial para fixar um preço para as emissões de CO_2 e de outros poluentes causadores do aquecimento global, todas as análises de negócios começaram a mudar.

Quando o acordo de Copenhague foi fortalecido por acordos subsequentes, todos entenderam a direção para a qual estávamos indo e enxergaram as vantagens de se mover mais rápido que os competidores. Já que ganhos em eficiência eram a opção mais fácil, de melhor custo-benefício e a mais prontamente disponível, houve uma total reavaliação nas práticas empresariais de todos.

O movimento mundial dos cidadãos contra a corrupção desempenharam um importante papel. Nós não tínhamos parado para pensar anteriormente em quantos dos erros cometidos tinham sido, na verdade, guiados por tomadas de decisões corruptas. Uma vez que a corrupção começou a ser rotineiramente exposta por ativistas civis, uma nova ética do serviço público surgiu.

Revelou-se que o sistema político tinha uma coisa em comum com o sistema climático: ele também é aquilo que os cientistas chamam de 'não linear'. Ele pode parecer se mover apenas na velocidade de uma lesma, mas então ele pode cruzar um ponto crucial a partir do qual subitamente se move à velocidade da luz. Foi o que aconteceu na década que começou em 2010. Depois que a mudança começou, ela adquiriu velocidade. Quando o impulso cresceu, ele se tornou irrefreável. Então, uma vez que começamos a pensar como uma civilização global, começamos a resolver outros problemas de maneira muito mais efetiva.

Os jovens carregavam consigo uma incrível paixão e comprometimento para enfrentar o desafio. Muitos que estavam na escola quando decidimos agir foram tão inspirados pela grande tarefa que mudaram suas áreas de estudo para se preparar para carreiras que permitiriam a eles desempenhar papéis significativos na garantia de nosso sucesso. O idealismo e a aparentemente inesgotável energia deles foi um recurso renovável do qual tínhamos nos esquecido.

Isso me lembrou o que aconteceu no dia em que o primeiro homem pousou na Lua em 1969, quando os engenheiros de sistema do Controle de Missão em Houston ergueram seus braços e comemoraram com alegria. A idade média deles naquele dia era de 26 anos — o que significa, claro, que, quando ouviram pela primeira vez o desafio do presidente John F. Kennedy, em 1961, eles tinham em média 18.

Em 2010, por todo o mundo, uma nova geração idealista tomou a iniciativa. Esses jovens trouxeram novas ideias, com sua paixão, compartilhando ambas

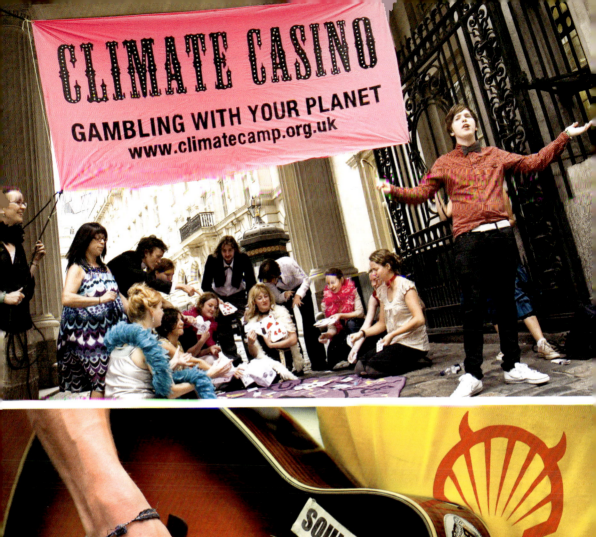

ATIVISTAS INGLESES BATALHAM PARA QUE SUA MENSAGEM SEJA OUVIDA, EM FRENTE À BOLSA EUROPEIA DO CLIMA, EM LONDRES (ACIMA) E NO "ACAMPAMENTO CLIMÁTICO" (CAMP FOR CLIMATE ACTION) EM BLACKHEATH.

uns com os outros. Em cada país, eles mudaram os tons políticos e culturais. Viram o mundo com novos olhares. Para eles, era simplesmente impensável que pudéssemos fracassar. Por causa deles, não fracassamos.

Com Deus como nossa testemunha, cometemos erros. Mas então, quando a esperança parecia desaparecer, erguemos nossos olhos para os céus e vimos o que tínhamos que fazer.

Eu peço apenas uma coisa para vocês, em troca daquilo que fizemos em seu nome: passem para seus filhos a coragem e a determinação de agir com ousadia e inteligência sempre que o futuro estiver em risco. Encontramos força na coragem e heroísmo daqueles que vieram antes de nós. Passem para aqueles que agora dependem das decisões de vocês a inabalável confiança de que a vontade e a visão coletivas são forças potentes demais para falhar. Vocês serão desafiados, como nós fomos. Mas eu sei que vocês não vão decepcionar aqueles que virão depois, assim como nós não decepcionamos vocês.

Tomem cuidado, porque alguns dos novos conhecimentos que adquirimos ao solucionar a crise geraram novas e potentes ferramentas que vocês devem usar com discrição, restrições e sabedoria.

O relato na Bíblia, no Torá e no Corão — sobre a tentação de Adão e Eva em comer o fruto da árvore proibida — é uma advertência sobre o poder de destruição do conhecimento.

Visto da perspectiva do espaço, nosso belo planeta é o Jardim do Éden para toda a humanidade, tanto a que está viva quanto a que ainda vai nascer. Em nossa época, sem perceber, de imediato, alcançamos o conhecimento e o poder para destruí-lo. Para nós, naquela época, e para vocês agora — mais uma vez como nas antigas escrituras — a questão é se temos a sabedoria e o autocontrole necessários para evitar esse resultado, e se os usamos.

A escolha é algo sensacional e possivelmente eterno. Ela está nas mãos da geração atual: uma decisão da qual não podemos fugir; e uma escolha para ser lamentada ou celebrada por todas as gerações seguintes".

FONTES DE PESQUISA

Para obter a lista completa de fontes consultadas em *Nossa escolha*, visite http://www.ourchoicethebook.com

ÍNDICE

Os números de páginas em itálico se referem às ilustrações.

A

Abdullah, Rei, 348-49
aborto, 236, 240, 241
Academia Nacional de Ciências (NAS), 374
ações, tempo de posse das, 331-32, 331
Administração Nacional de Oceanos e Atmosfera (NOAA), 374, 375
Adorno, Theodor, 24
AEP (Energia Elétrica Americana - American Electric Power), 287-88
AES Corporation, 287
África:
 cidades na, 224-25
 crescimento populacional na, 204, 206, 232, 239
 desflorestamento na, 41, 173-74
 energia eólica na, 87
 escassez de água na, 26, 232-33, 240
 genocídio na, 240
 plantação de árvores na, 194, 195
 qualidade do solo na, 198, 203, 204, 206, 207, 215, 222
 super-rede de eletricidade na, 278, 279
Agência Central de Inteligência (CIA), 380
Agência Internacional de Energia (IEA), 18, 244, 254
agricultura:
 acúmulo de nitrogênio, 46, 48, 49
 agricultura de precisão, 117, 386
 agricultura sem aragem, 117, 203, 215
 aragem, 200, 202-3, 221
 colheita sequenciada, 49, 123, 211, 220
 cultivos orgânicos, 211, 216, 217
 culturas combinadas, 122
 desmatar para, 41, 172, 174
 e aquecimento global, 206, 208, 209
 e solo, *veja* solo
 energia de biomassa a partir de, 116, 122, 123
 fertilizantes, 48-49, 146, 204, 211-12, 215, 386
 grãos geneticamente modificados, 124-25, 209
 infestações de insetos na, 209
 metano lançado na, 39
 na história, 200-204
 pesticidas na, 205
 plantio direto na, 117
 produtividade agrícola, 49, 198, 206, 209
 queimadas, 40, 44
 subprodutos de petróleo, 118, 120
 subsídios aos contribuintes, 212
água:
 aquíferos, 144
 disponibilidade da, 209, 231, 232-33, 240
 do derretimento do gelo, 339
 em sistemas de energia hidrelétrica bombeada, 283
 para produção de energia, 167
 poluição da, 137, 212, 392-93
 zonas mortas na, 49, 212
albedo, 44, 45
Alemanha:
 energia de biomassa na, 133
 energia solar na, 74, 289
Aliança pela Proteção do Clima, 366-68, 388
Allison, Graham, 164
Ambient Devices Inc., 388, 389, 391
ameaças à segurança, 18, 21
amônia, 49, 211-12
Anders, Bill, 4, 372
Anderson, Ray, 128
Antártica:
 derretimento do gelo na, 13, 232
 fim do buraco na camada de ozônio, 47
Aquecimento Distrital, 260-61
aquecimento global:
 absorção da luz solar no, 44
 causas do, 32, 46, 47, 49, 57
 ciência do, 54
 como falha de mercado, 303
 consequências do, 304, 330-31
 contestadores do, 24, 27, 354, 355, 358-66
 derretimento de gelo e permafrost, 13, 16-17, 39, 41, 42, 44, 206, 232, 359, 380
 desaceleração, 41
 dimensão do, 374
 dióxido de carbono, 32, 36, 39, 47, 172
 e agricultura, 206, 208, 209
 e carbono negro, 40, 41-42, 44
 e ciclo do carbono, 188
 e gases de efeito estufa, 34-35, 38, 47, 49
 e morte de árvores, 188
 e seca, 168, 188, 208, 209
 halocarbonetos, 44, 46-47
 metano, 36, 39, 41, 127
 monóxido de carbono, 47
 óxido nitroso, 49
areias betuminosas, 36-37
armazenamento de energia de ar comprimido (CAES), 283
Ártico:
 derretimento do gelo no, 41, 44, 206, 380
 dispersão de fuligem, 41
árvores:
 absorção de carbono nas, 187
 crescimento rápido, 123
 energia de biomassa das, 114, 123, 124
 plantio, 14, 189, 190, 193, 194, 315, 316-17
asteroides, 98
aterros, 126, 127-29, 252
ativismo, compromentimento compartilhado com, 18, 327
ativos tóxicos, 330
Austrália:
 energia geotermal na, 104, 110
 mineração de ouro na, 328-29
 seca na, 120, 208
automação do processo industrial, 383
automóveis:
 congestionamentos, 22-23, 266-67
 e o uso de energia, 260
 elétricos, 71, 91, 129, 269, 285, 286, 287-88, 287
 flex, biocombustíveis, 71, 118, 120, 269, 284, 286, 290
 o valor de, 335
aviões a jato, 268
Ayres, Robert, 244

B

bagaço (resíduos da cana-de-açúcar), 44, 117
Ban Ki-moon, 240
Begley, Sharon, 365
bens de consumo, 312-13
Berns, Greg, 305
Billion Tree Campaign, 194
biobutanol, 129
biocarvão, 132, 216, 218, 219-20
Biologia computacional, 379-80
biomassa celulósica, 123-24, 132
Boeing Aircraft, 269
Bolsa do Clima de Chicago (CCX), 222
Bonneville Power Administration, 280
Bornéu, orangotangos em, 175, 180, 184
Boykoff, Jules, 363
Boykoff, Maxwell, 363
Brasil:
 cana-de-açúcar no, 40, 113, 117-18, 118-19
 desflorestamento no, 41, 173, 174, 194
 e aquecimento global, 173
Bratton, William, 391
brometo de metila, 46
Bueermann, Jim, 391
Buffett, Warren, 331
Bunn, Matthew, 164
Bush, George H.W., 240, 344
Bush, George W., 348, 365, 378
butano, 46

C

CAD/CAM software, 383
Califórnia:
 eficiência energética na, 247, 249, 257, 265, 271, 388
 energia eólica na, 88, 89, 90, 345
 energia geotermal na, 99, 100
 energia solar na, 74
camada de ozônio, 36
 buraco na, 46, 47
 proteção da, 47
cana-de-açúcar:
 colheita, 112-13, 118-19
 energia de biomassa da, 117-18
 queima, 40, 44
capitalismo de mercado, 301, 303, 327, 330
captura e sequestro de carbono (CCS), 134-49
 aperfeiçoamento para, 140
 locais para, 134-35, 136, 143, 145, 147
 obstáculos para, 136, 145
 pesquisa, 138, 146, 148
 processo de, 141, 143
 questões de segurança, 136-38, 143-46, 147-48
carbono negro, 40, 41-42, 42, 44, 46, 47
carbono:
 imposto sobre, 342, 345
 no ecossistema, 210
 preço do, 148, 152, 172, 186-87, 191, 192, 222, 320, 325, 330, 335, 340
Carey, Al, 271
carros, *veja* automóveis
Carter, Jimmy, 88, 156, 247, 339
carvão:
 combustão em leito fluidizado, 140
 como fonte de energia, 52, 53, 54, 55, 57, 130
 e CCS, 136-38, 140, 141
 e gás natural, 55
 e resíduos tóxicos, 166-67, 333, 337, 339
 filtros, 321, 344
 mineração de topo de montanha, 137, 139, 335, 336, 337
 mudança do, 7
 poluição da queima de, 30-31, 32, 41, 54, 55, 137-38, 261, 304, 318-19, 337
 preço do, 156, 335-37, 339
 suprimentos de, 147
 transporte de, 53
casas:
 aparelhos de TV nas, 269
 construídas em pântanos, 340-41
 eficiência energética nas, 262-65, 269, 292
 energia geotermal nas, 111
 energia solar passiva para, 75, 269, 292

geração local de eletricidade nas, 289, 290
mal construídas, 342
medição de excedente nas, 68-69
moinhos eólicos para, 91
Casten, Tom, 253, 255
Catedral de Chartres, 306-7
células fotovoltaicas (PV), 55, 65-67, 70, 80, 72-73, 74 *ver* PV
Centro Mundial de Agroflorestas, 194
Cérebro:
"taxa baixa de bits" do, 372
centro de autocontrole, 310
córtex pré-frontal, 305
em tomada de decisões, 304-5, 307
padrões de dados no, 379
sobrecarga de informações no, 314
Chernobyl, 135, 155
Chevron, 129
China:
carbono negro na, 42, 42, 44
carvão na, 140, 147
crescimento econômico da, 21, 346
desertificação na, 20
e aquecimento global, 173
empréstimos americanos da, 21
energia eólica na, 78, 86
energia solar na, 74
lixo no, 127
plantação de árvores na, 184, 191, 194, 316-17
super-rede de eletricidade na, 21, 279
terras africanas pertencentes à, 174, 194
urbanização, 231-32
chorume, 127
CHP (calor e energia combinados), 130, 244, 253-55, 258, 261
Christner, Brent, 190
Chu, Stephen, 94
chuva ácida, 137, 344
chuvas fortes:
Amazônia, 190-1
e agricultura, 209
em aterros, 127
falta de, *veja* seca
formação de nuvens, 190
fuligem arrastada por, 44
Ciclo de Calvin, 185
ciclo de carbono:
em florestas, 185, 187, 188-89, 191, 315
no solo, 199, 203, 215, 222
ciclo hidrológico, 190-91
cidades, 10-11, 224-25
novos planejamentos para, 270
urbanização, 231-32, 234-35, 236
Círculo de Fogo, 95, 95
Clad, Jenny, 388
Clark, Chris, 381
Clean Air Act, 262, 321, 342, 344, 345
Climate Project, 388

climatização por bombeamento de calor do solo, 265
Clinton, Bill, 345
clorofluorcarbonos (CFCs), 44, 46, 384
Coalizão Climática Global (GCC), 363, 365
cogeração, *veja* CHP
combustão sem oxigênio, 54, 62-64
combustível a base de álgas, 129, 130, 131
combustível a base de biodiesel, 114, 122, 175
combustíveis fósseis, 21, 36
combustíveis fósseis:
fonte de energia, 52-55, 57
materiais reciclados de, 114
queima de, 32, 36, 36-37, 44, 49, 203-4, 216
Comissão de Energia Atômica, 152, 161
Comissão Federal de Regulamentação Energética, 295, 296
Comissão Reguladora Nuclear, 166, 168
Comitê Nacional Chinês para o Verde, 194
Companhia de Energia Elétrica de Tóquio, 285
CompStat, 391
Conselho Americano para uma Economia Energeticamente Eficiente (ACEEE), 254-55
Conselho de Defesa de Recursos Naturais, 130
Conselho Nacional de Pesquisa, 147
Constituição, EUA, 370
Cooney, Philip A., 364, 365
COVs (compostos orgânicos voláteis), 46, 47, 49
COVs em, 47, 49
crescimento populacional, 18, 52, 224-41
dimensão do, 231
e agitação social, 239-40
e taxas de mortalidade, 239
estabilização, 226, 228-29, 241
impacto de, 206, 226, 226-27, 231
mulheres e, 228-29, 236, 240-41
urbano, 231-32, 234-35, 236
criação de empregos, 265, 320
criação de gado, 38-39, 172, 174
Criação de valores de longo prazo, 346
crise climática, 30-49
aquecimento global, *veja* aquecimento global
causas da, 32, 46, 49, 172-73, 304
comunicando a urgência da, 315
contestadores da, 24, 27, 351, 354, 355, 358-66
divisão ricos-pobres na, 350
escala mundial da, 304
impacto da, 21, 27, 32, 36, 304
início da, 304

intervenção política necessária para, 325
obstáculos políticos para a solução da, 350, 352, 355, 358-66
publicidade midiática sobre, 354, 355, 358, 361, 362-65, 366, 368
crise econômica, 18, 21, 320, 330, 336, 350, 367
currículo, 297
curva de Keeling, 191

D
Daly, Herman, 330
Declaração da Independência, 300, 327
Deere, John, 201
democracia:
e mercado capitalista, 301, 303, 327, 330
lei da razão na, 300, 303, 304
propaganda vs., 27, 355, 358
tomada de decisões na, 327
Desenvolvimento de Energia Reciclada, 253
DESERTEC, 278, 279
desflorestamento, 41, 122, 172-84
causas do, 172, 181, 188
corte e queimada, 172, 173
corte raso, 326
emissões de CO$_2$ por, 32, 116, 172
escala do, 192, 194
impacto econômico de, 176-8, 182
mundial, 173, 174
desmaterialização, 385
desregulamentação de mercado, 327
Dia da Terra, 374
Diálogo das Florestas, 192
Dinamarca, energia eólica na, 78, 80, 86
diodos emissores de luz (LEDs), 259
dióxido de carbono (CO$_2$):
de combustíveis derivados de carbono, 54, 55, 136
e aquecimento global, 30-31, 32, 36, 39, 46, 172
e crescimento populacional, 227
e poluição do ar, 32, 36, 39, 44, 46, 147
efeito da fertilização, 189
invisibilidade do, 320, 327
supercrítico, 102-3, 140, 141, 143, 147
transportes, 140-43
visualização do, 378, 379
dióxido de enxofre, 49, 137, 314, 344
DSCOVR, 375, 376-77, 378
Dust Bowl, 198, 203

E
Eco-92, 358
ecossistema, valor do, 335, 339
Edison, Thomas, 55, 56-7, 258, 259, 261, 277
efeito Prius, 389

eficiência energética, 244-71, 292
Aquecimento Distrital, 260-61
casas modernizadas para, 262-65, 269
CHP, 130, 244, 253-55, 258, 261
em iluminação, 258-59, 383
liderança para, 271
novos processos para, 248, 250, 252, 270, 381, 383
obstáculos políticos para, 255, 257, 293, 344
oportunidades para, 244, 247, 249
perda de calor desperdiçado, 257-58, 259, 261-62
reciclando para, 250-51, 252
recuperação de calor desperdiçado, 252-55, 259-61
replanejamento completo de sistema para, 383, 385
substituição de sistemas antigos, 2, 43, 59, 262, 269, 270
Eisenhower, Dwight D., 240, 258
eletricidade:
AC (corrente alternada) e DC (corrente contínua), 261, 277
baterias, 280, 284-87, 295
blackouts, 276, 277
custo de armazenamento de, 55, 91, 283
custos da, 156-57
demanda crescente por, 55, 157, 272-73
desvantagens da, 55
e carvão, 57, 58
energia hidrelétrica bombeada, 282-83, 283
fontes de, 55, 129, 165
medição bidirecional, 68-69, 288
medidores inteligentes de, 381, 389, 391
microenergia, 288, 297
pegadas de carbono, 165
picos de uso de, 281, 285
problema da intermitência de, 70-71, 91, 280
produção de, 55, 59-60, 61, 69, 242-43
redes inteligentes, 70, 91, 129, 273-97
renovável, 279, 288
transmissão submarina de, 86
Eliot, T.S., 136
emissões tóxicas, revelação pública de, 388
energia de biomassa, 112-33
alterações genéticas na, 124-25
celulósica, 123-24, 132
custos de, 130
fermentação, 124, 129, 284
fonte constante de energia, 130
fontes de, 114, 116-17, 122
geradores combinados de calor e energia, 130
primeira geração, 116-18, 120-23, 125

processo termoquímico na, 125
segunda geração, 123-24, 125, 127-29
sustentabilidade, 116
terceira geração, 129-31
energia eólica na, 78, 80
energia eólica, 55, 58, 76-91, 345-6
abordagem da distribuição de energia, 91
custos da, 91, 130
limitações da, 91, 280
opositores à, 86, 88
produção mundial, 80
turbinas, 76-77, 79, 80, 81, 82-83
vantagens da, 84
energia geotermal, 55, 92-111
bomba de calor, 110-11
características da, 100
Círculo de Fogo, 95, 95
e coprodução, 110
em casa, 111
geisers e fontes termais, 95, 96-97, 98, 99, 100
metano recuperado na, 110
no centro da Terra, 105
origem da, 98
pontos hidrotérmicos, 94, 98, 100
potencial da, 94-95
preço da, 100, 107
SGE, 100-103, 105, 107-11
vantagens da, 95
energia hidrelétrica bombeada, 282-83, 283
energia nuclear, 55, 150-69
combustível disponível para, 164
custos da, 155-56, 158, 161, 168
declínio da, 152, 155, 157-58, 168
desafios administrativos da, 158, 161
e armas, 161, 164
fator de capacidade, 152
fusão, 166
mundial, 159
questões de segurança, 155-56, 157, 164-68
reação em cadeia, 152, 154-55, 154
reator de água pressurizada, 154
reator de leito de seixos, 160
reprocessamento, 156, 164-65
resíduo radioativo, 153, 155, 156, 165-68
subsídio governamental da, 156, 168
vantagens da, 152
energia solar, 55, 57, 58, 62-75
apoio governamental à, 74
células fotovoltaicas (FV), 55, 65, 67-70, 69, 72 73, 74, 288-89
EST, 62 63, 64, 65, 66-67, 68, 74, 91
opositores à, 74
passiva, 75, 269, 292
picos de geração de, 70
problema de intermitência da, 70-71, 280

escolha:
coletiva, 16, 315-16
consequências da, 312, 320, 324
veja também tomada de decisões
esgotos, gerenciamento de, 49, 231
espalhamento inelástico (uma forma de dispersão de nêutrons), 222
Espanha:
energia eólica na, 78, 80
energia solar na, 56-57, 65, 66-67, 74
espectro eletromagnético, 325
Espectroscopia de plasma induzida por laser, 222
Estados Unidos:
Capitalismo Democrático nos, 327
como superpotência, 327
Constituição, 301
déficit de orçamento, 18, 21
e aquecimento global, 173
energia de biomassa nos, 127-32
energia eólica nos, 78, 88-91, 89, 90
energia geotermal nos, 103, 108-9
energia solar nos, 74
mudanças políticas nos, 74
Seguridade Social, 239
etanol, 114, 116, 117-18, 120-23, 124, 125, 129, 175
Europa:
energia de biomassa na, 131-32
energia geotermal na, 109
super-rede de eletricidade, 277-79
extinção, 184, 186, 186, 304
ExxonMobil, 129, 145, 358, 360, 363, 366, 368-69

F
fazendas eólicas, possibilidade de ampliação das, 84
Feinstein, Dianne, 381
felicidade, 311
fertilizantes, 48-49, 146, 204, 211-12, 215, 386
Flannery, Tim, 219
florescimento de algas, 49, 212
florescimento de plânctons, 315
Floresta tropical amazônica, 170-71, 174, 184, 190-91
florestas tropicais, 170-71, 180, 184, 190
florestas, 170-95
biodiversidade das, 184, 186, 190
crescimento secundário, 189
densidade de carbono das, 184
desflorestamento, *veja* desflorestamento
no ciclo de carbono, 185, 187, 188-89, 191, 315
no ciclo hidrológico, 190-91
pragas de besouros, 188, 189, 189
primárias, 181
reflorestamento, 189-90, 193, 194
sustentabilidade, 124, 192
valor das, 172, 186-87, 190

Florida Power Light, 90
fontes de energia renováveis, 21, 57, 58, 345
mudança para, 340, 345
preço das, 346
veja também biomassa; geotermal; solar; eólica
fontes de energia, 50-61
combustíveis fósseis, 52-55, 57, 58
eletricidade, 52, 55, 59-60, 61
eólica, 55, 58, 78-91
madeira, 52, 54
renováveis, 21, 57, 58
solar, 55, 56-57, 57
formação de ozônio, 49, 210
forragem (resíduos de milho), 44, 123
fotossíntese, 114, 185, 198, 216
Fox, Maggie, 388
França, energia nuclear na, 156
Franklin, Benjamin, 301
Frito-Lay, 271
Ftalato, 252
fuligem (carbono negro), 40, 41-42, 44, 46, 47
fumo, 305, 355
Fundação Bill e Melinda Gates, 222
fundamentalismo de mercado, 327, 330, 343
fungos micorrízicos, 220, 221
Fungos, 199, 220-21
Furacão Katrina, 19, 350, 387
fusão, 166
FutureGen, 146-7

G
Galbraith, John Kenneth, 350
GalvIn Electricity Initiative, 277
gás de síntese, 125
gás natural:
afastando-se do, 21
como fonte de energia, 52, 54-55, 57
e carvão, 55
metano como, 39, 54, 127-28
poluição da queima de, 32
produção de, 55
queima de sobras, 33, 127
gases de efeito estufa, 34-35
halocarbonetos, 44, 46-47
redução dos, 41, 129, 130, 246
gasool, 117
gastos do consumidor, 310-12
Gates, Robert, 380
General Electric, 88, 285
geoengenharia, 315
geradores a vapor, 55
geradores hidrelétricos, 55
geradores, 55, 61, 280, 281
Gibbon, Edward, *A História do Declínio e Queda do Império Romano*, 300
Ginkel, Hans van, 204
GlobalSoilMap.net, 222
Google Earth, 379
Google PowerMeter, 381, 389

Gore, Al:
apresentações na mídia, 387, 388
e Chernobyl, 155
e energia geotermal doméstica, 111
e etanol, 117, 120
e proliferação de armas nucleares, 161
Grande Depressão, 301, 320, 324
Grande Transformação, 394-404
Green, Bruce, 94
Greenpeace, 174
Gurney, Kevin, 379

H
halocarbonetos, 44, 46-47
Hande, Harish, 289
Hara, 385
Hartemink, Alfred, 222
Hatfield, Jerry L., 208
Hawken, Paul, 128, 388
Heisenberg, Werner, 325
hera venenosa, 210
herbicidas, 203, 204
Herzog, Howard, 137
hexafluorido de enxofre, 46
hidrofluorocarbonetos, 46
Himalaias:
derretimento de gelo e neve nos, 42, 44
poluição nos, 42, 43
Hu Jintao, 194
Hugo, Victor, 330
Hyatt, Joel, 387

I
identificação por radiofrequência (RFID), 386
Ilha de Páscoa, 298-99
Ilhas Kerguelen, 98
Iluminismo, 300
incêndios florestais, 41, 42, 188, 189, 210
Índia:
carbono negro na, 42, 42, 43, 44
carvão na, 147
crescimento econômico, 346
energia eólica na, 78
Indonésia:
carbono negro na, 44
desflorestamento na, 41, 122, 174-75, 176-79, 192
e aquecimento global, 74, 173, 174-75
energia geotermal na, 100
indústria do tabaco, 355, 356
informação:
a partir de pesquisas, 332
centrais de dados, 382-83, 385
em modelos mentais, 372
equivocada, 320, 325, 358, 363-65
fluxo na internet, 383
liberdade, 301
opinião política vs., 362
poder da, 372, 379-82, 388
Inglis, Bob, 343

Instituto de Pesquisa de Energia
  Elétrica, 279
Instituto de Reciclagem de
  Recipientes, 252
Instituto Mundial de Recursos, 1/3,
  181, 192, 320, 335
Instituto Peterson, 21
Interface Flooring, 178
intermitência, problema de, 70-71,
  61, 280
Internet, 236, 274, 289, 366, 383, 385
IPG (Índice de Progresso Genuíno), 324
Islândia, geotermas em, 92-93, 102

J
Jackson, Lisa, 345
Jefferson, Thomas, 300, 327
Johnson Controls, 147
jornais, declínio dos, 21, 3, 55,
  386-87

K
Kamkwamba, William, 87
Keeling, Charles David, 190
Kennedy, Robert F., 327
Keynes, John Maynard, 324
Kidd, Steve, 156

L
Laboratório Nacional Brookhaven, 222
Laboratório Nacional de Energia
  Renovável, 124, 291
Laboratório Nacional Los Alamos, 222
Laboratório Nacional de Oak Ridge
  (ORNL), 253, 254, 255
Laffer, Arthur, 343
Lago Nyos, Camarões, 144
Lal, Rattan, 203-4, 209, 215, 216
lâmpadas compactas fluorescentes
  (CFLs), 258, 258-59, 264
lâmpadas, 258, 258-59
LaSalle, Timothy J., 215-16
Lehmann, Johannes, 219
Lei de Moore, 58, 68
Lei dos Aterros (1996), 127
Lincoln, Abraham, 332
Linden, Larry, 186-7
Linden, Nova Jersey, CCS usina
  em, 146
LNTE (Laboratório Nacional de
  Tecnologia Energética), 274
Londres, neblina em (1952), 41, 41
Lovejoy, Tom, 186, 191, 206
Lovelock, James, 219
Lovins, Amory, 168, 249
luz solar:
  absorção da, 44
  bloqueamento, 70, 280, 314
  fotossíntese, 114, 185
luzes elétricas, 258-59, 383

M
M.I.T.:
  em CCS, 137, 138, 143, 145, 146,
    147-8

na energia geotermal, 94-95, 109
na energia nuclear, 152, 165
na tecnologia APT, 383
má distribuição de renda, 350
Maathai, Wangari, 194
MacCracken, Mark, 292
madeira:
  como fonte de energia, 52, 54, 117,
    118-19
  demanda por, 172, 191, 194
  lenha, 44, 114
Madoff, Bernie, 365
Mantria Industries, 220
mapas de aquecimento térmico, 379
Maple, Jack, 391
Maslow, Abraham, 325
McCain, John, 368
McKinsey & Company, 246, 247, 257
medição de excedente, 68-69, 288
medo da perda de empregos, 350
mercúrio, 137, 328, 337
Metabolismo organizacional, 385
metano:
  captação e reutilização de, 39, 110,
    126, 127-28
  como fonte de energia, 54-55
  da criação de animais, 39
  e agricultura, 39
  e ozônio, 36
  na queima de combustível
    excedente, 33
  no aquecimento global, 36, 39, 41,
    46, 127
México:
  chuvas fortes no, 231
  cidades no, 10-11
  enchentes no, 25
microenergia, 288, 297
Mikulski, Barbara, 378
milho:
  e qualidade do solo, 211
  etanol de, 114, 116, 117, 118, 120-23
  queimando sobras de, 44
mineração de ouro, 328-29
modificações genéticas, 124-25, 209
moinhos eólicos:
  construção, 84, 87
  custos de manutenção, 84
  localização de, 85, 86
  mortes de pássaros pelos, 84
  pequenos, 91
  projetos de design de, 80, 84
monóxido de carbono, 46, 47, 47, 49
morte de pássaros, 84
motores Stirling, 64
movimento ambiental, nascimento
  do, 374
Moynihan, Daniel Patrick, 24
mudança:
  opositores à, 27
  resistência à, 394, 397
  transformativa, 312
mulheres:
  e crescimento populacional, 228-
    29, 236, 240-41

educação de, 228, 229, 236, 240,
  241
Myers, Norman, 172, 184

N
Nações Unidas:
  Billion Tree Campaign, 194
  Conferência Internacional sobre
    População e Desenvolvimento,
    229
  Fundo de População, 229
  Organização de Alimentos e
    Agricultura, 173, 181
  Programa para o Meio Ambiente,
    194, 262
"Nascer da Terra", 372, 373
negociações de Copenhague, 192,
  222, 345
Nelson, Bill, 378
NGK, 285
Nix, Gerald, 94
Nixon, Richard M., 156
Northern Telecom, 384-85
notícias, como entretenimento, 21,
  24, 27
Nourai, Ali, 288
Nova Zelândia, energia geotermal
  na, 106-7
nuvens:
  luz solar bloqueada por, 70, 280
  marrons, 44
  semeadura, 190
Nyerere, Julius K., 226

O
Obama, Barack, 21, 24, 241, 274, 345,
  355, 368, 378, 395
oceanos:
  cabos de transmissão submersos, 86
  energia solar absorvida por, 374
OPEP (Organização dos Países
  Exportadores de Petróleo),
  156, 339, 340
Oppenheimer, Michael, 362
Oreskes, Naomi, 360
óxido nitroso, 46, 49

P
Padrão de Combustíveis Renováveis,
  118
Padrão de Eletricidade Renovável 132
Padrão Nacional de Portfólios
  Renovável, 109, 255
padrões de vento, 78
Painel Intergovernamental de
  Mudança Climática, 21, 24,
  143, 204, 209, 358, 360, 364
País de Gales, energia eólica no, 82-83
Panetta, Leon, 381
Parque Nacional Yellowstone, 96-97
Pérsia, energia eólica na história da, 86
Peterson, Pete, 21
petróleo:
  como fonte de energia, 52, 54, 57,
    130

controle político do, 339
dependência do, 18, 21, 54, 116,
  117, 129, 247, 249
distanciando-se do, 21
embargos do Oriente Médio
  (1970s), 88, 107, 109, 117, 156,
  247, 283, 339-40
materiais reciclados de 114
pico de produção, 18
redução da queima do, 27, 54
preços do, 18, 54, 74, 88, 120, 130,
  249, 270, 336-37, 339, 357
produção extraterritorial, 19
recuperação de petróleo
  melhorado, 145
transporte de, 50-51
PIB (Produto Interno Bruto), 324
PIB (Produto Interno Bruto), 327
Pielmore, T. Boone, 18
pinosite, 130
placas tectônicas, 95
planejamento familiar, 229, 236, 239,
  240, 241
plantações alimenticias:
  e biodiversidade, 184
  energia de biomassa das, 116, 122,
    123
plantações de palma (dendê), 172,
  175, 194
plástico, reciclagem, 252
plutônio, 164
polícia, ferramentas digitais para
  390, 391
Pollan, Michael, O Dilema do Onívoro,
  212
poluição do ar:
  carbono negro, 41-42, 44, 46, 47
  como externalidade, 320, 325
  Compostos Orgânicos Voláteis
    em, 47, 49
  da queima de carvão, 30-31, 32,
    41, 54, 55, 137-38, 261, 304,
    318-19, 337
  dióxido de carbono, 32, 36, 39, 44,
    46, 147
  e gases de efeito estufa, 34-35
  fontes de, 32, 34-35, 46, 47
  halocarbonetos, 44, 46-47
  metano, 36, 39
  monóxido de carbono, 46, 47
  os custos de, 320, 325
  óxido nitroso, 46, 49
ponto Lagrangian 1 (L1), 374, 375,
  376, 379
pontos de calor, 95, 95, 98
pradarias, 223
  energia de biomassa das, 115, 123
  queimada das, 41
  recuperação das, 204
preços dos alimentos, 116, 120, 212
prédios energeticamente
  autossuficientes, 261
problema agente-principal, 340, 342
produção de carne, 215
programa LEED 245, 265, 293, 396-97

programa MEDEA, 380-81
Projeto Vulcan, 378, 379
Protocolo de Kyoto (1997), 47, 192
Protocolo de Montreal (1987), 44, 46, 384
publicidade:
consumidor, 310-11
política, 352
propaganda, 355, 358, 361, 362-65, 366, 368

R
Radford, Bruce, 296
radiação:
infravermelha, 44, 54
solar, 44
razão, lei da, 300-301, 303, 304
Reagan, Ronald, 88, 247, 340, 343
reciclagem, 114, 250 51, 252
redes inteligentes, 70, 91, 129, 272-97
DESERTEC, 278, 279
e China, 21, 279
elementos das, 274, 275, 290-91
incentivos para, 296-97
obstáculos para, 295-96, 297
potencial das, 279-81, 284-86, 288-92
sistemas de transmissão, 277, 297
registros nacionais, 320, 324
regulamentação da indústria do leite, 386
Reino Unido:
energia eólica no, 85, 86
energia solar no, 347
"Reinventando o Governo," 391
relâmpagos, 188
Reserva Estratégica de Petróleo, 284
resíduo radioativo, 153, 155, 156, 165-68
resíduos florestais, energia de biomassa de, 114, 123-24, 130
resíduos, 302-3
aterro, 126, 127-28
consumo e, 311
energia de biomassa dos, 114, 117, 123-24, 130
industrial, 137-38
na agricultura, 219
radioativo, 153, 155, 156, 165-68
sem tratamento, 231
responsabilidade, 192, 194
Reuniões de Soluções, 12, 387-88
Revelle, Roger, 190
Revolução Agrícola, 200, 203, 204
Revolução Científica, 52
revolução da comunicação, 236, 289, 366
Revolução Industrial, 52
risco sísmico, 105, 107
Roosevelt, Franklin Delano, 198
Rosenfeld, Art, 249
Royal Dutch Shell (empresa petrolífera), 129, 145

Royal Society of London, 366

S
Salomão, Rei, 27
satélites:
e energia solar, 71
observadores da Terra, 375, 376-77
órbita terrestre baixa, 375
veja também DSCOVR; programa MEDEA; Triana
Schlesinger, William H., 204, 216
Schwarzenegger, Arnold, 271
Schweiger, Larry, Última chance, 187
Science, 132
seca, 120, 168, 188, 189, 208, 209, 231
selênio, 70
separação de membrana, 252
Serviço de Florestas Canadense, 188
Sexta Grande Extinção, 184, 186
SGE (Sistema Geotérmico Estimulado), 100-103, 105, 107-11
Shearer, David, 216
Shelton, Chris, 281
silício, 69-70
Silverstein, Alison, 296
sistema de incentivos financeiros, 342-45
sistema de mercado:
alternativas para reparação, 342-44
inadequação do, 303, 320, 325, 327, 330-32, 340, 346
Sistema de Troca de Emissões de Gases Estufa da União Europeia (EU ETS), 222
sistemas de troca direta (DX), 111
Smith, Adam, Riqueza das nações, 300, 327
Smits, Willie, 175, 180
Sol:
albedo (reflexo) do, 44, 45
como fonte de energia, veja energia solar
e fusão, 166
radiação solar do, 44
solo, 196-223
biocarvão no, 132, 216, 218, 219-20
camada superficial do, 198
em pântanos, 206
erosão do, 184, 196-97, 198, 200, 201, 203, 204
fertilidade do, 116, 123, 132, 198, 211-12, 215, 219, 222
no ciclo de carbono, 199, 203, 215, 222
qualidade do, 184, 184, 198, 200, 203-4, 206, 209, 212, 215, 221-22
regeneração do, 220, 222
temperatura do, 189

Southern California Edison (SCE), 388, 389
Stamets, Paul, 220
Stern, Sir Nicholas, 360
Streck, Charlotte, 204, 206
subsídios psicológicos, 312
super-rede de eletricidades, veja redes inteligentes
sustentabilidade, 116, 132, 332, 346, 388

T
tecnologia APT, 383
tecnologia da informação, 372, 379-82, 385-88, 391
televisão, 269, 311
Teller, Edward, 314
tendência à ação única, 314
Tennessee Valley Authority (TVA), 156, 157, 168
Tennessee, resíduos tóxicos no, 138, 333, 337, 339
térmica solar concentrada (CST), 62-63, 64, 65, 66-67, 68, 74, 91
Terra, 5, 373, 375
centro da, 105
complacência da, 325
crosta da, 105, 144
impacto da civilização humana na, 32, 226
pontos de calor, 95, 95, 98
reflexividade da, 44, 45, 374
temperaturas da, 359
terrorismo, ameaças do, 18, 21, 164
Tesla, Nikola, 55, 261, 277
tetrafluoretano, 46
tetrafluoreto de carbono, 47
tomada de decisões:
a curto prazo, 331-32, 335, 346
a longo prazo, 304-7, 310, 331, 332, 335
coletivas, 16, 315-16
impacto futuro da, 342
incentivos de mercado para, 342
informações sobre, 312
na democracia, 327
racional, 300-301, 355
reações aprendidas em, 303
sistemas cerebrais para, 304-5, 307
Torre do Bank of America, Nova York, 292, 293
torrefação, 132, 284
Torres de Energia, 56-57, 64, 66-67, 70
a partir do espaço, 71
linhas de transmissão, 91
preço da, 67, 71, 74, 80, 130
redes inteligentes, 70, 91
Transição Demográfica, 229, 231, 236, 239
transporte:
carros, veja automóveis

cobrança eletrônica de pedágios, 384, 386
combustíveis líquidos, 128-30
eficiência energética em, 260, 269-70
gás de aterros para, 127-29
motores a diesel, 44, 122
motores a jato, 268
motores de combustão interna ineficientes, 129, 286
poluição causada por combustíveis, 32
transporte público, 236, 266 67, 269
Triana, 376-77, 378
turbinas, 59-60, 242-43
eólicas, 76-77, 79, 80, 81, 82-83, 85
gás, 280
hidrelétricas, 283
hidrotérmicos, 94, 100, 102
movidas a vapor, 154-55
Tyndall, John, 54

U
União Internacional das Organizações de Pesquisa Florestal (IUFRO), 188
urânio, 152, 154, 156, 164, 167
urbanização, 231-32, 234-35, 236
Usina nuclear Three Mile Island, 150-51, 155, 157
usinas hidrelétricas, 55, 283
uso da terra:
dimensão do, 192
e qualidade do solo, 200, 206
poluição causada no, 32, 36, 204

V
Valero, Francisco, 378
vapor de água, 39, 49
Vaticano, energia solar para, 72-73
Vattenfall, 146, 147, 282
veículos elétricos híbridos (VEHs), 71, 91, 286
veja também florestas
Venter, Craig, 129
Vonnegut, Kurt, 12
vulcões, 95

W
Ward, Bob, 366
West, Ford B., 212
Westerling, A.L., 188
Westinghouse, George, 261
Y
Yap, Arthur, 208

Z
"zero aterros," 271
zonas mortas, 49, 212

AGRADECIMENTOS

Eu sou grato, antes de mais nada, à minha mulher, Tipper, por seu apoio e incentivo — aos meus filhos, Karenna, Kristin, Sarah e Albert, ao meu cunhado, Frank Hunger, e à minha família inteira por seu incentivo, assistência e amor.

Um obrigado especial a princípio aos meus dois incríveis assistentes de pesquisa, Brad Hall e Jordan Pletzsch, por fazerem um trabalho verdadeiramente extraordinário ao rastrear, avaliar e verificar centenas de fatos, imagens, citações, estudos e análises que foram essenciais para este livro. Sob o comando de Kalee Kreider (que tem proporcionado uma assistência inestimável ao meu trabalho sobre clima), eles também organizaram, em meu nome, a maioria das mais de trinta Reuniões de Soluções dos últimos três anos. Em relação a isso, eles assumiram o excelente trabalho de Elliot Tarloff, que organizou as primeiras Reuniões de Soluções e também realizou um grande volume de pesquisas. Um de meus dois assistentes de pesquisa em O ataque à razão, Elliot generosamente permaneceu mais um ano, atrasando sua entrada na faculdade de Direito, para iniciar para mim a pesquisa neste projeto. Roy Neel habilmente gerenciou toda a equipe aqui em Nashville para garantir apoio constante em todos os aspectos deste projeto, mesmo quando a equipe assumiu o controle do andamento do trabalho. Beth Richard Alpert fez com que tudo corresse nos eixos e coordenou todos os telefonemas e encontros para este projeto ao longo dos últimos anos. Seu papel como minha suplente no comando da equipe é indispensável. Conor Grew também tem sido indispensável e incansável em me ajudar de diversas formas — especialmente nas viagens. Lisa Berg e Patrick Hamilton também desempenharam importantes papéis de apoio, assim como Elizabeth Spencer, Bill Huskey, Anna Katherine Owen e todos os outros membros da equipe. E um obrigado especial a Dwayne Kemp por sua maestria culinária — inclusive na maioria dos sábados e domingos, quando o trabalho nesse projeto se intensificou durante o ano passado.

Sou especialmente grato a muitos renomados cientistas e engenheiros que participaram das Reuniões de Soluções e que, na maioria dos casos, permaneceram envolvidos no projeto mandando novos materiais, descobertas de pesquisas, artigos nas fases finais de revisão e respostas às questões que surgiram depois das sessões das quais eles participaram. Sua compreensão e suas explicações realmente são o coração da obra. Antes de listar aqueles que fizeram parte, gostaria de citar aqueles que realizaram uma revisão completa do manuscrito depois de terminado e examinaram cada detalhe de todas as 416 páginas, para garantir que elas reflitam os melhores conhecimentos científicos e de engenharia disponíveis. A maioria deles também participou de uma ou mais Reuniões de Soluções. O prof. Rosina Bierbaum, reitor da Escola de Recursos Naturais e Meio Ambiental da Universidade de Michigan, reuniu e liderou esse grupo, que incluiu o prof. Jim McCarthy, professor de Oceanografia Biológica e ocupante da Cadeira Alexander Agassiz na Universidade de Harvard; dr. Henry Kelly, presidente da Federação de Cientistas Americanos; dr. Mike MacCracken, cientista-chefe dos Programas de Mudança Climática do Instituto Climático e prof. Henry Pollack, professor de Geofísica da Universidade de Michigan. Outros que conduziram detalhadas revisões de um ou mais capítulos foram prof. Rattan Lal, professor de Ciência do Solo na Universidade do Estado de Ohio; prof. V. Ramanathan, professor de Ciências Oceânicas Aplicadas e ocupante da Cadeira Victor Alderson e Professor Distinto de Ciências Climáticas e Atmosféricas no Instituto Scripps de Oceanografia da Universidade da Califórnia, San Diego; dr. Amory Lovins, Cofundador, presidente e cientista-chefe do Instituto Rocky Mountain; prof. Dan Schrag Professor de Ciências da Terra e Planetárias na Universidade de Harvard e Diretor do Centro da Universidade de Harvard para o Meio Ambiente; prof. Mike McElroy, professor de Estudos Ambientais e ocupante da Cadeira Gilbert Butler na Universidade de Harvard; prof. Matthew Bunn, professor associado de Políticas Públicas na Escola de Governo John F. Kennedy da Universidade de Harvard; dr. Joe Stiglitz, ganhador de um prêmio Nobel e Professor da Universidade de Columbia; profa. Laura Tyson, S.K. e ocupante da Cadeira Angela Chan em Administração Mundial na Escola de Negócios Haas da Universidade da Califórnia, Berkeley; Alison Silverstein, ex-conselheira sênior de Políticas de Energia na Comissão Federal Regulamentadora de Energia; Ross Gelbspan, escritor e jornalista ganhador do prêmio Pulitzer; dr. Drew Shindell, especialista em ozônio e climatologista no Instituto Goddard para Estudos Espaciais da NASA; dr. Gavin Schmidt, criador de modelos climáticos no Instituto Goddard para Estudos Espaciais da NASA; dr. Joe Romm, editor de Progresso Climático e Senior Fellow do Centro para o Progresso Americano; prof. Jeff Tester, professor Croll de Sistemas de Energia Sustentáveis na Universidade Cornell; dr. Howard Herzog, engenheiro diretor de Pesquisa do Laboratório para Energia e Meio Ambiente do MIT; Tom Casten, presidente do Desenvolvimento de Energia Reciclada; prof. Greg Berns, ocupante da Cadeira Distinta de Neuroeconomia e diretor do Centro para Neuropolíticas da Universidade Emory; prof. Leon Fuerth, ex-conselheiro Nacional de Segurança para o vice-presidente Al Gore e professor pesquisador de Relações Internacionais na Universidade George Washington; dr. Thomas Lovejoy, ocupante da Cadeira de Biodiversidade do Centro Heinz; prof. Hans Rosling, professor de Saúde Internacional no Instituto Karolinska e diretor da Fundação Gapminder; e muitos dos meus parceiros e associados no Generation Investment Management: Mark Ferguson, Colin le Duc, Peter Knight, Lila Preston, Duncan Austin e Nicholas Kukrika.

Os cientistas e especialistas que contribuíram enormemente para este projeto e aos quais sou extremamente grato — são Gail Achterman, diretor do Instituto para Recursos Naturais da Universidade do Estado de Oregon; Justin Adams, chefe da Unidade de Negócios para Empreendimento na BP Alternative Energy; Brent Alderfer, vice-presidente executivo da Iberdrola Renewable Energies USA; dr. Paul Alivisatos, professor de Química, Ciências Materiais e Nanotecnologia na Universidade da Califórnia, Berkeley; J. Vincent Allwein, presidente e CEO da CCS Materials Inc.; dr. Graham Allison, diretor do Centro Belfer para a Ciência e Relações Exteriores e professor de Governo ocupante da Cadeira Douglas Dillon na Escola de Governo John F. Kennedy em Harvard; dr. Alan Andreasen, professor de Marketing na Escola de Negócios McDonough da Universidade de Georgetown; Duncan Austin, diretor do Generation Investment Management; Ricardo Bayon, sócio e cofundador da EKO Asset Management Partners; dra. Sally Benson, diretora do Projeto Climático e de Energia Global da Universidade Stanford; dr. Greg Berns; Scott Bernstein, presidente do Centro para Tecnologia de Vizinhança; Stan Bernstein, conselheiro sênior de Políticas no Fundo de População das Nações Unidas; dr. Roger Bezdek, presidente da Management Information Services Inc; dra. Rosina Bierbaum; Tom Blees, escritor; David Blood, cofundador e sócio sênior da Generation Investment Management; Hon. Sherwood L. Boehlert, ex-membro da Casa de Representantes dos EUA; dr. James Boyd, Senior Fellow na Recursos para o Futuro; Wes Boyd, cofundador da MoveOn; dr. Peter Brewer, cientista sênior do Instituto de Pesquisas do Aquário de Monterey Bay; Carol Browner, assistente do presidente dos Estados

Unidos para Energia e Mudanças Climáticas; William Bumpers, chefe do Grupo Climático Mundial na Baker Botts LLP; dr. Matthew Bunn; Brett Caine, vice-presidente sênior e administrador-geral da Divisão de Serviços On-line da Citrix; James Caldwell; gerente-geral assistente para Relações Ambientais do Departamento de Água e Energia de Los Angeles; David Calley, fundador e presidente do Southwest Windpower Inc; Andres Carvallo, chefe de Tecnologia da Informação da Austin Energy, Tom Casten, Ed Cazalet, vice-presidente e cofundador da MegaWatt Storage Farms Inc; Andrew Chang, analista sênior de Energia da Aliança para Proteção Climática; Robin Chase, fundador e CEO da GoLoco; Amit Chatterjee, fundador e CEO da Hara Software Inc; Nathan Cheng, diretor da Johson Controls; dra. Ellen Chesler, diretora da Iniciativa Eleanor Roosevelt para Mulheres e Políticas Públicas na Hunter College da Universidade da Cidade de Nova York; Yet-Ming Chiang, professor ocupante da Cadeira Kyocera no Departamento de Ciências Materiais e Engenharia no Instituto de Tecnologia de Massachusetts; dr. Robert Cialdini, professor regente de Psicologia e Marketing na Universidade do Estado do Arizona; dr. Chris Clark, diretor I.P. Johnson do Programa de Pesquisas Bioacústicas da Universidade Cornell; Craig Collar, gerente sênior do Desenvolvimento de Recursos de Energia, Concessionária Pública do Distrito n.º 1 do Condado Snohomish; Craig Cornelius, diretor do Hudson Clean Energy Partners; dr. Robert Correll, vice-presidente de Programas no Heinz Center; Peter Corsell, presidente e CEO da GridPoint; dr. Pedro Moura-Costa, presidente da EcoSecurities; Peter Darbee, presidente do Conselho Administrativo, CEO e presidente do PG&E Corporation; dr. Stefano DellaVigna, professor associado de Economia na Universidade da Califórnia, Berkeley; John Doerr, sócio da Kleiner Perkins Caufield & Byers; dr. David Eaglesham, vice-presidente de Tecnologia da First Solar; Carter Eskew, sócio fundador e diretor administrativo do Glover Park Group; Mark Ferguson, diretor de investimentos do Generation Investment Management; Maggie Fox, CEO e presidente da Aliança para Proteção Climática; dr. Peter Fox-Penner, diretor do Brattle Group; Joel Freehling, gerente de Inovações Triple Bottom Line do ShoreBank; dr. Stephen Freyer, pesquisador sênior gerente na Divisão de Pesquisas Químicas e Engenharia da BASF; Leon Fuerth; dr. Yang Fuqiang, vice-presidente da Fundação de Energia; John Gage, Sócio da Kleiner Perkins Caufield & Byers; dra. Kelly Sims Gallagher, professora associada de Políticas de Energia e Ambientais na Universidade Tufts; Ross Gelbspan; Julius Genachowski, presidente da Comissão Federal de Comunicações; Paul Gipe, escritor e analista de Energia Eólica; Paul Gorman, fundador e diretor executivo da Parceria Religiosa Nacional pelo Meio Ambiente; Kevin Grandia, Gerente de Operações no DeSmogBlog; dr. Martin Green, professor scientia na Universidade de New South Wales; dr. Kevin Gurney, professor assistente no Departamento de Ciências Terrestres e Atmosféricas e no Departamento de Agronomia da Universidade de Purdue; dr. James Hansen, diretor do Instituto Goddard para Estudos Espaciais da NASA; dr. Volker Hartkopf, professor de Arquitetura e diretor do Centro para Desempenho e Análise de Edificações na Universidade Carnegie Mellon; Professor Syed Hasnain, presidente do Conselho Administrativo da Comissão Geleira e Mudança Climática do Governo de Sikkim; Dave Hawkins, representante da Lead Industry Relations na Divisão de Relações Exteriores na Califórnia ISO; David Hayes, secretário substituto de Interior; Dennis Hayes, presidente e CEO da Fundação Bullitt; Tim Healy, cofundador, CEO e presidente do Conselho Administrativo da EnerNOC Inc.; dr. Stefan Heck, diretor da McKinsey & Company, chefe da McKinsey Global Cleantech Practice e da Iniciativa Especial de Mudança Climática da América do Norte; Ben Heineman, conselheiro sênior da WilmerHale e Senior Fellow no Centro Belfer para Ciências e Relações Internacionais na Escola de Governo John F. Kennedy da Universidade de Harvard; dr. Howard Herzog; Michael Heyek, vice-presidente sênior da Transmission for American Electric Power; dr. William Hogan, professor de Políticas de Energia Globais e ocupante da Cadeira Raymond Plank na Escola de Governo John F. Kennedy da Universidade de Harvard; James Hoggan, presidente da James Hoggan & Associates e Fundador do DeSmogBlog; dr. John Holdren, assistente do presidente para Ciência e Tecnologia, diretor do Escritório de Políticas para Ciência e Tecnologia; dr. Wen Hsieh, sócio da Kleiner Perkins Caufield & Byers; Chi-Hua Chien, sócio da Kleiner Perkins Caufield & Byers; Emily Humphreys, Fellow na Aliança para Proteção Climática; dra. Meg Jacobs, professora associada de História no Instituto de Tecnologia de Massachusetts; dr. Mark Jacobson, professor de Engenharia Civil e Ambiental na Universidade Stanford; Michael Jones, gerente de Soluções na Google; Van Jones, fundador da Green for All e Senior Fellow no Centro para o Progresso Americano; dr. Bill Joy, sócio na Kleiner Perkins Caufield & Byers; Thomas Kalil, assistente especial para o reitor em Ciência e Tecnologia na Universidade da Califórnia, Berkeley, e diretor suplente para Políticas do Escritório para Ciência e Tecnologia da Casa Branca; dra. Elaine Kamarck, conferencista em Políticas Públicas no Centro Belfer para Ciência e Relações Internacionais na Escola Kennedy de Governo da Universidade de Harvard; Erin Kassoy, diretor de Desenvolvimento de Soluções e Análises na Aliança para Proteção Climática; dr. Henry Kelly; Joseph Kerecman, gerente administrativo da APX Inc.; dr. Gerhard Knies, Gerente de Projeto da DESERTEC para o Clube de Roma; Kevin Knobloch, presidente da União de Cientistas Envolvidos; Ben Kortlang, da Kleiner Perkins Caufield & Byers; Orin S. Kramer, sócio principal da Boston Provident LP; dr. Tim LaSalle, CEO do Instituto Rodale; dr. Rattan Lal; dr. W. Henry Lambright, professor de Administração Pública e Ciência Política na Escola Maxwell de Cidadania e Relações Públicas da Universidade Syracuse; Jonathan Lash, presidente do Instituto de Recursos Mundiais; dr. David Lashmore, fundador da Nanocomp Technologies; Anne Lauvergeon, CEO da AREVA; dr. Henry Lee, conferencista em Políticas Públicas e diretor Jassim M. Jaidah Family do Programa de Meio Ambiente e Recursos Naturais do Centro Belfer para Ciências e Relações Internacionais da Escola Kennedy de Governo da Universidade de Harvard; dr. Anthony Leiserowitz, diretor do Projeto Yale sobre Mudança Climática e cientista pesquisador na Escola de Estudos Florestais e Ambientais da Universidade de Yale; Lawrence Lessig, professor na Escola de Direito de Harvard e diretor da Fundação Centro Edmond J. Safra pela Ética na Universidade de Harvard; dr. David Lewis, vice-presidente sênior da HDR Decision Economics e economista-chefe da Consultoria HDR; dr. Lawrence Linden, fundador e provedor do Fundo Linden pela Conservação; dr. Thomas Lovejoy; dr. Amory Lovins; David Lowish, diretor do Generation Investment Management; dr. Lee Lynd, professor de Engenharia e professor adjunto de Biologia na Dartmouth College; Jim Lyons, vice-presidente de Políticas e Comunicações na Oxfam America Inc; Wangari Muta Maathai, vencedor de um prêmio Nobel e fundador do Movimento do Cinturão Verde; Mark MacCracken, CEO da CALMAC Manufacturing Corporation; dr. Mike MacCracken; dra. Allison Macfarlane, professora associada de Ciência e Política Ambiental na Universidade George Mason; Birger Madsen, diretor e sócio na BTM Consult ApS; Arni Magnusson, diretor administrativo da equipe de Energia Sustentável Mundial do Glitnir Bank; dr. Charles Maier, professor de História e ocupante da Cadeira Leverett Saltonstall na Universidade de Harvard; dr. Arjun Makhijani, presidente e engenheiro-chefe num Instituto para Pesquisa de Energia e Ambiental; dr. Ulrike Malmendier, professor associado de Economia na Universidade da Califórnia, Berkeley; dr. Thomas Mancini, gerente do Programa para Concentração de Energia Solar no Laboratório Nacional Sandia; dr. Asgeir Margeirsson, CEO da Geysir Green Energy; dr. James McCarthy; Bill McDonough, diretor fundador da William McDonough + Partners; dr. Mike McElroy; Des McGinnes, gerente de desenvolvimento de negócios para o Noroeste na Pelamis Wave Power Ltd; Kathleen McGinty, ex-secretária do Departamento de Proteção Ambiental da Pensilvânia; dr. Richard McGregor, professor assistente de Estudos Religiosos na Universidade Vanderbilt, Bill McKibben, acadêmico residente em Estudos Ambientais na Universidade Middlebury e fundador do 350. org; Mark Mehos, gerente do Programa de Concentração de Energia Solar no Laboratório Nacional de Energia Renovável; dr. John Melo, CEO da Amyris Biotechnologies; dr. Gilbert Metcalf, professor de Economia na Universidade Tufts; dr. David Meyer, professor de Sociologia na Universidade da Califórnia, Irvine; dr. David Mills, Fundador, presidente do Conselho Administrativo e chefe de Ciência da Ausra; Lesa Mitchell, vice-presidente da Fundação Kauffman; David Mohler, vice-presidente e chefe de Ciência da Duke Energy; dr. Mario Molina, vencedor de um prêmio Nobel, professor de Química e Bioquímica na Universidade da Califórnia, San Diego, e presidente do Centro Molina para Estudos Estratégicos em Energia e Meio Ambiente; dr. Ernest Moniz, professor de Física e professor distinto, ocupante da Cadeira Cecil & Ida Green no Instituto Massachusetts de Tecnologia; dr. Read Montague, professor no Departamento de Neurociência da Baylor College de Medicina, diretor do Laboratório Humano de Neuroimagem e diretor do Centro para Neurociência Teórica; dr. Fred Morse, conselheiro sênior para Operações nos EUA da Solucar Power Inc; Michael Mudd, CEO da FutureGen Alliance; dr. Sendhil Mullainathan, professor de Economia da Universidade Harvard; Walter Musial, engenheiro diretor no Laboratório Nacional de Energia Renovável; Steve Nadel, diretor executivo do Conselho Americano para uma Economia Energeticamente Eficiente; dr. Michael Nelson, professor visitante de Comunicação, Cultura e Tecnologia na Universidade Georgetown; dr. Ken Newcombe, CEO da C-Quest Capital, Bo Normark, vice-presidente sênior da ABB Grid Systems; dr. Ali Nourai, presidente do Conselho Administrativo da Associação de Armazenamento de Eletricidade e gerente de Recursos de Energia Distribuída na American Electric Power; dr. Thoraya Obaid, diretor executivo no Fundo de Populações das Nações Unidas; dr. Eddie O'Connor, fundador e CEO da Mainstream Renewable Power; David Palecek, sócio da McKinsey and Company; Ben Parco, fundador e CEO da Parco Homes; dr. Marty Peretz, editor-chefe do The New Republic; Susan Petty, chefe de Tecnologia da AltaRock Energy Inc.; dr. William Pizer, Senior Fellow na Recursos para o Futuro; John Podesta, presidente e CEO do Centro para o Progresso Americano; George Polk, fundador e CEO do Projeto Catalisador e presidente do Conselho Administrativo do Comitê Executivo da Fundação Climática Europeia; dr. Henry Pollack; Lila Preston, gerente da Generation Investment; Bill Prindle, vice-presidente da ICF International; Bruce Radford, presidente da Public Utilities Reports Inc; dr. Mario Ragwitz, cientista sênior no Departamento de Politicas de Energia e Sistemas de Energia no Instituto Fraunhofer para Pesquisa de Sistemas e Inovação (ISI); dr. V. Ramanathan; dr. Antonio Rangel, professor associado de Economia no Instituto de Tecnologia da Califórnia; Dan Rastler, diretor de Programas no Instituto de Pesquisas de Energia Elétrica; Bill Reinert, gerente nacional de Tecnologia Avançada na Toyota Motor Sales; Michael Renner, pesquisador sênior no Instituto Worldwatch; dr. Heather Cox Richardson, professor de História da Universidade de Massachusetts, Amherst; dr. Rick Riman, professor de Ciência de Materiais e Engenharia na Universidade Rutgers; Jim Robo, presidente e executivo-chefe de Operações no FPL Group Inc; dr. Joe Romm; Ted Roosevelt IV, diretor administrativo do Barclays Capital; dr. Arthur Rosenfeld, membro da Comissão de Energia da Califórnia; Niki Rosinski, diretor do Generation Investment Management; dr. Hans Rosling; Joe Rospars, sócio-fundador da Blue State Digital; dr. Jonathan Sackett, ex-diretor Laboratorial Associado do Laboratório Nacional Argonne; dr. William Schlesinger, presidente do Instituto Cary de Estudos do Ecossistema; dr. Gavin Schmidt; dra. Juliet Schor, professora de Sociologia na Boston College; dr. Daniel Schrag; Allan Schurr, vice-presidente de Estratégia e Desenvolvimento da IBM Global Energy and Utilities Industry; Larry Schweiger, presidente da Federação Nacional de Vida Selvagem; Brent Scowcroft, presidente do Scowcroft Group; Tim Searchinger, acadêmico visitante e conferencista em Relações Públicas e Internacionais na Princeton's Woodrow Wilson School; dr. Eldar Shafir, professor de Psicologia e Relações Públicas no Departamento de Psicologia da Woodrow Wilson School de Relações Públicas e Internacionais em Princeton; Jigar Shah, fundador e chefe de Operações Estratégicas na SunEdison; dr. David Shearer, cofundador e cientista-chefe da Full Circle Solutions; Chris Shelton, chefe de Estabilidade de Rede e Eficiência na AES Corporation e vice-presidente do Conselho Administrativo da Associação de Armazenamento de Eletricidade; dr. Drew Shindell; Alison Silverstein; Cameron Sinclair, cofundador e "eterno otimista" da Architecture for Humanity; dr. Kirk Smith, professor de Saúde Ambiental Global na Escola de Saúde Pública de Berkeley, Universidade da Califórnia; Malcolm Smith, diretor da Arup Urban Design; dr. Anthony Socci, Fellow Senior em Ciências e Comunicação na Sociedade Metereológica Americana; George Soros, fundador e presidente do Conselho Administrativo do Instituto Open Society; dr. KR Sridhar, diretor fundador e CEO da Bloom Energy; Paul Stamets, Micologista, escritor e fundador da Fungi Perfecti; dr. Robert Stavins, professor de Negócios e Administração, ocupante da Cadeira Albert Pratt na Universidade Harvard e diretor do Programa de Economia Ambiental de Harvard; dr. Peter Stearns, professor de História e pró-vice-reitor da Universidade George Mason; dr. Joe Stiglitz; James Stoppert, presidente e CEO da Segetis; dra. Charlotte Streck, diretora da Climate Focus; Bob Sussman, conselheiro sênior de políticas da Agência de Proteção Ambiental; dr. Richard Swanson, fundador e presidente da SunPower Corporation; Trey Taylor, cofundador e presidente da Verdant Power Inc; dr. Jeff Tester; Christine Tezak, analista sênior em Pesquisa de Politicas de Energia e Meio Ambiente na Robert W. Baird & Co; Lee Thomas, presidente aposentado e executivo-chefe de Operações da Georgia-Pacific Corp.; dr. Tore Torp, gerente de projetos da StatoilHydro; Tom Tuchman, Presidente da U.S. Forest Capital LLC; dra. Laura Tyson; Philippine de T'Serclaes, analista da Divisão de Políticas, Eficiência Energética e Mudança Climática na Agência Internacional de Energia; dr. Francisco Valero, distinto cientista pesquisador no Instituto Scripps de

Oceanografia da Universidade da Califórnia, San Diego; Charles Vartanian, gerente de projetos para Desenvolvimento de Recursos de Energia Distribuída na Southern California Edison; Cronin Vining, da ZT Services; Charles Visser, gerente de tecnologia no Programa de Tecnologia Geotermal do Laboratório Nacional de Energia Renovável; dr. Kevin Volpp, professor associado de Medicina e Administração de Assistência em Saúde na Universidade da Pensilvânia, diretor do Instituto Leonard Davis do Centro de Economia de Saúde para Incentivos de Saúde; dra. Diana Wais, diretora e coordenadora do Instituto AEDP; Kevin Wall, CEO da Control Room; dr. Robert Watson, ex-chefe da IPCC, diretor da Gestão Internacional de Ciência Agrícola e Tecnologia para o Desenvolvimento e copresidente da Gestão Científica de Ozônio Estratosférico; dr. Duncan Watts, cientista diretor de Pesquisa no Yahoo! Research e Fellow pesquisador sênior adjunto na Universidade de Columbia; Laurie Wayburn, cofundadora e presidente da Pacific Forest Trust; dr. Eicke Weber, diretor do Instituto Fraunhofer para Sistemas de Energia Solar ISE; dr. David Weinberger, Fellow no Centro Berkman para Internet & Sociedade de Harvard; David Wells, sócio da Kleiner Perkins Caufield & Byers; dr. Todd Werpy, vice-presidente de Químicos & Biocombustíveis na Archer Daniels Midland Company; dr. Drew Westen, professor de Psicologia na Universidade Emory; dr. David Wheeler, Senior Fellow no Centro para Desenvolvimento Global; Mason Willrich, Chair, Califórnia ISO Comissão de Governadores; dr. Ryan Wiser, cientista da equipe de Mercados Elétricos e Grupo de Políticas do Laboratório Nacional Lawrence Berkeley; Iain Wright, gerente de projetos da BP Alternative Energy; dr. Charles Wyman, ocupante da Cadeira Ford Motor Company em Engenharia Ambiental na Universidade da Califórnia, Riverside; David Yeh, associado do Generation Investment Management; Linda Zall, da Agência Central de Inteligência do Programa MEDEA; dr. Shi Zhengrong, fundador, presidente do Conselho Administrativo e CEO da Suntech; dr. Qianlin Zhuang, chefe de vendas e operações comerciais (Ásia) da GE Energy; e Cathy Zoi, secretária assistente para Eficiência Energética e Energia Renovável do Departamento de Energia.

Quero agradecer à Aliança pela Proteção Climática, chefiada por Maggie Fox (e por Cathy Zoi quando este projeto começou) por toda sua ajuda no patrocínio das Reuniões de Soluções e por proporcionar contribuição extra nas pesquisas. Tenho orgulho de doar tudo que ganhar com este livro para a Aliança, como fiz com *Uma verdade inconveniente*.

Também quero agradecer aos meus sócios no Generation Investment Management por sua generosa ajuda em revisar o traçado do livro em seu início, lendo capítulos selecionados para garantir a exatidão factual, e lendo o manuscrito inteiro ao final.

Igualmente, meus sócios na Kleiner Perkins Caufield & Byers (KPCB) foram de uma prestatividade incalculável ao revisar o esboço e ajudar a responder às perguntas detalhadas. Tanto o Generation quanto a KPCB compareceram a todas as Reuniões de Soluções e recrutaram CEOs e líderes empresariais para se unir aos cientistas, engenheiros e especialistas em tecnologia e política, para garantir que as profundas discussões se beneficiassem de seu conhecimento e experiência comercial e de mercado.

Para revelar totalmente os fatos, algumas das informações que coletei para este livro fora das reuniões também são resultado da minha filiação à Aliança pela Proteção Climática, Generation Investment Management e Kleiner Perkins Caufield & Byers. Como advogado e homem de negócios, eu também invisto em companhias de energia alternativa.

Quero agradecer ao amigo Steve Murphy, ex-CEO da Rodale, e a Maria Rodale, CEO e chefe do Conselho Administrativo da Rodale, por sua crença e comprometimento com este livro, e por toda a maravilhosa ajuda que a Rodale garantiu ao longo da trajetória. Sou especialmente grato à minha extraordinária editora, Karen Rinaldo, que também é vice-presidente sênior, gerente-geral e publisher da Rodale, por seu talento, dedicação e energia — e pelas sugestões crucialmente importantes sobre a melhor forma de apresentar este material. E também: Colin Dickerman, vice-presidente e diretor de Publicações; Julie Geiringer, diretora de vendas; Yelena Gitlin, diretora de publicidade; Beth Lamb, vice-presidente associada e publisher associada; Francesca Minerva, diretora de vendas especiais; Bob Niegowski, diretor de direitos; Ellie Prezant, gerente de comunicação corporativa; Robin Shallow, vice-presidente sênior e diretor de comunicação corporativa; Malcolm J. Gross, Esq.; e Gena Smith, editora assistente.

Mais uma vez desfrutei da oportunidade de trabalhar com meu amigo Charles Melcher, que é simplesmente o melhor em arquitetura, design e produção de livros. É difícil agradecer adequadamente aos homens e mulheres da Melcher Media que dedicaram tantas horas — dia e noite — às figuras, gráficos e trabalhos relacionados, incluindo: Kurt Andrews; Erin Barnes; Christopher Beha; Peter Bil'ak, Typotheque; Duncan Bock; Michael Brenner, gerenciador de design; Adam Bright; David E. Brown; Dennis Bunnell; Alicia Cheng, gerenciadora de design; Amélie Cherlin; Daniel del Valle; Max Dickstein; Danielle Dowling; Bonnie Eldon; Alissa Faden; Don Foley, ilustrador; Marilyn Fu; Sarah Gephart, gerenciadora de design; Sallie Gmeiner; Barbara Gogan; Filomena Guzzardi; Stephanie Heimann; John House; Coco Joly; Tami Kaufman; Terry Klockow; Eleanor Kung; Peter Lucas; Phil MacDonald; Lisa Maione; Parlan McGaw; Marie Mulcahy; Lauren Nathan; Brian Payne, Sr.; Richard Petrucci; Tom Rielly; Lia Ronnen; Holly Rothman; Jessi Rymill; Genevieve Smith; Erin Slonaker; Erin Sommerfeld; Lindsey Stanberry; Shoshana Thaler; Scott Travers; Rebecca Wiener; Lee Wilcox; Nancy Wolff e Megan Worman.

Don Foley, em minha opinião o melhor artista gráfico do mundo para este tipo de material, foi muito habilidoso ao criar as ilustrações — e paciente ao modificá-las repetidas vezes para alinhar os detalhes às proporções conceituais das melhores ciências e pesquisas disponíveis. Obrigado pelo trabalho espetacular, Don! Charles Melcher e sua equipe forneceram um rico menu de imagens para nossa escolha, e outros ofereceram sugestões para imagens específicas. Sou grato a todos os fotógrafos cujos trabalhos aparecem neste livro. E particularmente quero agradecer ao meu amigo Yann Arthus-Bertrand, por generosamente providenciar muitas imagens de seu espetacular portfólio. Além disso, mais uma vez grato à National Geographic por doar o uso de muitas de suas maravilhosas fotos para este livro. E obrigado a Tom Mangelsen por sua foto dos pinguins que abre a Introdução.

Quero agradecer à minha amiga Natilee During por mais uma vez oferecer voluntariamente seu tempo para editar muitos dos meus capítulos rascunhados; ao meu amigo e sócio Joel Hyatt e ao meu amigo Mikle Feldman pelos importantes conselhos e ao meu agente e amigo Andrew Wylie, por seus conselhos e por mais uma vez trabalhar habilmente nas várias providências cruciais para a publicação deste livro.